朝永振一郎

スピンはめぐる

成熟期の量子力学

［新　版］

江沢洋 注

みすず書房

『スピンはめぐる』新版刊行にあたって

本書は著者あとがきに記されているように，もとは中央公論社の雑誌『自然』に連載されたもので，それに新たな章を加えた最初の版は1974年に同社から出版された．著者の没後，岡 武史氏によって *The Story of Spin* として英訳もされ，シカゴ大学出版会より1997年に刊行された．その後，中央公論新社の事情で原著の重版が途絶え，その間には「英訳でしか手に入らないというのは多くの物理学徒にとって損失です」という声も挙がっていた．そこで，朝永振一郎『量子力学』I・IIを刊行しているご縁もある小社からの刊行の許可を中央公論新社に求め，ご厚意により発刊が可能となった．

実際，本書は『量子力学』の別巻にも喩えられる性格をもっている．『量子力学』の序文で著者は，その第I巻を量子力学の幼年時代の記述であるとしているが，本書は，『量子力学』I・IIのあとの成熟期を，スピンを軸にして，前二書とちがった肩のこらない形式で1940年までたどっている．それは量子力学と相対論を結びつけようとする時代であり，原子核物理学がめざましく発展した時期であった．

本書は言わば当時を近体験する旅であり，スピンの量子力学に至る思考をたどり直し，「古典的記述不可能」な概念の真髄に迫る旅である．その道程の随所に，原論文を読みこんで自身も歴史的な仕事を遺した著者ならではの洞察が光っている．第1話はいきなり複雑でこみ入ったスペクトルの多重項の話から始まっているが，これは『量子力学』I，第4章「原子の殻状構造」の中の28・29節でもひととおり解説されているスピン概念の前史で，そこにより深く分け入るところから本書の旅が始まるのには深い理由がある．しかし冒頭の部分を難解に感じる場合には，『量子力学』の上記の箇所と第3章「前期量子力学」の16節の（i），17・18節を予習・復習されれば，よりスムーズに本書の本文に入ってゆけるだろう．

この新版では，読者が実際に式の導出の過程をたどったり，関連文献にあたったりしやすいよう，新たに脚注および巻末付録Aを補足し，本文全体をSI単位系による表記に改めた（旧版の表式については巻末付録Cを参照されたい）．付録Bは，旧版刊行から40年を経る間に追加されたスピン関連の知見への手がかりとしていただきたい．

以上の補足・改訂のすべてに関して江沢 洋氏のお力添えを請い，全面的なご尽力を賜った．また，旧版の編集担当者であった石川 昂氏にも，企画から編集の細部にわたるまでご協力をいただいた．英語版の訳者である岡 武史氏には多くの写真画像をご提供いただいた．ここに深くお礼を申し上げる．

みすず書房編集部

[目　次]

第1話　夜明け前 …………………………………………………… 1
> 1922年から1925年にかけて，スペクトルの多重項やゼーマン効果の起源を求めゾンマーフェルト，ランデ，パウリの三人はそれぞれの流儀で追いつ追われつしていたのです．

第2話　電子スピンとトーマス因子 ……………………………… 27
> パウリの「古典的記述不可能な二価性」を説明するために提出された自転電子モデルは，トーマス理論があらわれてはじめてパウリによって裁可されました．

第3話　パウリのスピン理論とディラック理論 ……………… 51
> 量子力学の生まれたあとに残されたスピンと相対論化の2つの問題は，ディラックのアクロバットによって一挙に解決をみました．

第4話　陽子のスピン …………………………………………… 75
> 陽子スピンは意外な問題がきっかけになって決められましたが，そこには日本人を含む三人の物理学者の織りなす面白い話があるのです．

第5話　スピン同士の相互作用 ………………………………… 93
> 長い間ほんとうの答えを待っていた強磁性の問題も，じつは電子がスピンを持つフェルミオンであるという高踏的な事柄からはじめて説明されました．

第6話　パウリ－ワイスコップとユカワ粒子 ………………… 113
> クライン－ゴルドン方程式を拒否して，自然が満足するのはディラック方程式だけだと言ったディラックに対して，パウリは1934年にお返しをしました．

第7話　ベクトルでもテンソルでもない量 …………………… 135
> 相対論が世に出て20年の間，等方的な3次元空間やミンコウスキ世界のなかに神秘的なスピノル族という種族が棲んでいることをだれも

| 気づきませんでした.

第8話　素粒子のスピンと統計 …………………………… 155
| スピンと統計の一般的な関係は，じつはローレンツ変換に対する共変性とか，ドゥブロイ-アインシュタイン関係といった基本的な要請だけから導かれるのです.

第9話　発見の年"1932年" …………………………… 177
| 1932年の中性子発見以後の歴史は，量子力学をもってしても攻撃不可能と考えられていた原子核内聖域の壁がひとつひとつ取り払われていった歴史でありました.

第10話　核力と荷電スピン …………………………… 193
| ハイゼンベルクからフェルミへ，そしてユカワへ，という順序で核内聖域の壁が取り払われていった過程から，スピンの兄弟分「荷電スピン」の概念が生まれました.

第11話　再びトーマス因子について …………………………… 219
| トーマス理論から因子 1/2 が出てきたが，これはその理論の正しさを証拠立てるものか，それとも偶然の一致なのか，というイェンゼンの宿題にぼくは答えてみたのです.

第12話　最終講義 …………………………… 251
| 今日はかたくるしい話はやめて，これまでの話を補足し，1925〜1940年ころの日本の様子がどうであったかということを心に浮かぶままに話してみましょう.

参照文献　275
あとがき　283

付録（作成：江沢 洋）　1
　　A　補注
　　B　スピン，その後
　　C　電磁気関連の旧版の表式（CGSガウス単位系）

画像・資料リスト　46
新版へのあとがき　49
索　　引　55

第1話　夜明け前
――スペクトルの多重項をめぐる模索の時代――

　今日から何回か「スピンはめぐる」という話をしましょう．話はスピンを中心にしてすすめますが，うまくゆけば，スピンだけでなく，量子力学がどんな経過で発展していったか，というようなその成熟の歴史が浮かび上がってくるかもしれない．それをひとつねらってみようというのです．それでは今日は電子のスピンという考えがどんな状況のなかから生まれてきたか，そんな話からはじめましょう．自転している電子，つまり電子スピンの考えは，ご承知のようにウーレンベック（G.E. Uhlenbeck）とカウシュミット（S.A. Goudsmit）が 1925 年に言い出したことになっています．しかしそれが出てくるまでにいろいろややこしいいきさつがあったのです[1]．事のはじまりは，スペクトル・タームの多重性やその異常ゼーマン効果の発見なのですが，そこから電子スピンの考えが生まれるまでには長い模索の歴史があった．そのへんのことを今日はお話しましょう．

＊

　ご承知のように水素原子のスペクトルについては，1913 年にボーア（N. Bohr）がはじめて理論を与えました．それによれば，水素原子のスペクトル・タームは主量子数 n，副量子数 k，および磁気量子数 m によって定められることになる．そのとき n も k も整数値 1, 2, 3, ……をとり，かつ $n \geqq k$．そして n は電子軌道の大きさに，k はその形に関係する[2]．そのほかに k は $\hbar$ 単位ではかった軌道角運動量の大きさという意味も持っている（以後，角運動量は特にことわらない限りいつもこの単位ではかることにします）．さらに磁気量子数 m は，k を与えたとき

$$-k \leqq m \leqq k \tag{1-1}$$

---

1) 1925 年には著者は京都の第三高等学校の 3 年生であった．したがって，この話は，というより少くとも第 2 話くらいまでは著者が後から勉強したことになる．

N. ボーア (1885 - 1962)

を満たす正負の整数値をとり, それは磁場をかけたとき角運動量ベクトル k の磁場方向成分という意味を持っている. 不等式 (1-1) によって, 許される m の値は $2k+1$ 個ありますが, それに応じてベクトル k に対して許される方向も $2k+1$ 個になる. それを角運動量の方向量子化と呼ぶことはご存知でしょう.[3] さらにこの方向量子化からゼーマン効果があらわれ, 磁場のないときの 1 つのターム[4]が磁場によって $2k+1$ 個の準位に分裂するものと考えられます（ただしこの考えはだんだん修正されます）.

ここで k と m との選択規則を思い出しておきましょう. それは

$$k \begin{array}{c} \nearrow k+1 \\ \searrow k-1 \end{array} \qquad (1\text{-}2)$$

$$m \to \begin{array}{c} \nearrow m+1 \\ m \\ \searrow m-1 \end{array} \qquad (1\text{-}3)$$

です. その意味は, 遷移において k の変化は ± 1, m の変化は ± 1 または 0 しか起

2）図 n-1 参照. 朝永振一郎『量子力学』I, みすず書房 (1969, 第 2 版). p. 125 の図 34 より. 軌道に添えられた数字は, 大きい数字が主量子数 n, 下つきが副量子数 k.

3）図 n-2 参照. 朝永振一郎『量子力学』I, 図 36 より.

4）タームとかスペクトル・タームとは: 原子の出す光の波数 (1/波長) が 2 つのエネルギー準位の差を hc で割ったもので表わされることから, エネルギー準位の符号を変えて hc で割ったものをターム（項）という. 本文の図 1 は Na と Mg 原子のそれを表す. 左側の数字の単位は cm^{-1} である. 朝永振一郎『量子力学』I, p. 90, p. 93 を参照. 今日では, ここの波数の 2π 倍を波数と呼ぶ.

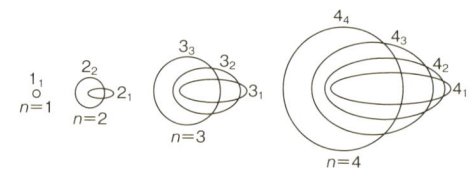

図 n-1　水素原子における電子軌道

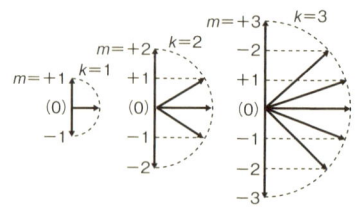

図 n-2　角運動量ベクトルの方向量子化

り得ないということです.

ところで，水素以外の原子についてもnとkとmとを指定してスペクトル・タームを分類することができます．というのは，水素以外の原子でも，スペクトル・タームの相当数のものは，原子のいちばん外側にある1個の電子（これを「光る電子」と呼びます）だけが励起している状態に対応しているからです（そのほかに複数の電子が励起している状態も当然ありますが，ここではそれを論じません）．そしてこの光る電子は，近似的に残りの電子（それを「芯の電子」と呼びます）と原子核とでつくられる電場のなかで動いていると考えてよく，またこの場はひとまず球対称と考えられるでしょう．そうすれば，光る電子の軌道はやはりn, k, mによって定まることになる．このとき，水素の場合と同様に，nやkやmは整数で，その物理的意味に変わりはありません．ただ光る電子は原子の外側をまわっていますから，nの最小値は一般に1より大きい．さらに分光学では

$$\begin{aligned}&k=1 \text{のタームを} S \text{ターム}\\&k=2 \text{のタームを} P \text{ターム}\\&k=3 \text{のタームを} D \text{ターム}\\&\qquad\vdots\qquad\qquad\vdots\end{aligned} \qquad (1\text{-}4)$$

と呼ぶこともご存知でしょう.

ところが間もなく，nとkで決められるタームがじつは1重でなく，接近したいくつかの準位からできていることがわかった．つまり多重構造ですね．たとえばアルカリ類のタームは，Sターム以外はどれも近接した2個の準位からなっている．すなわち2重項であることがわかった．このときSタームは例外的に1重ですが，あとで説明するように，これとて潜在的には2重項の性質を持っていて，磁場をかけるとそれが2個の準位に分かれる．そういうわけで，アルカリ原子のタームはすべて2重項であると考えます　図1にNaのスペクトル・タームの例を与えておきます．図でタームをあらわす記号$S, P, D, \cdots\cdots$の頭につけた数字2は，それらが2重項であることを示すためのものです．一般にこの数字を多重度と言います

もうひとつの例としてアルカリ土類のタームをあげておきます．すなわち図1の右側にあげたのはMgのタームです．この図を見ると次のことに気がつきます．すなわち，タームは2組に分類ができ，その一方の組ではすべてのタームが1重，もう一方ではSタームを除きすべて3重になっている．このとき，Sタームはどちらの組でも1重で，それをどうして区別するかというと，3重項組のSタームも

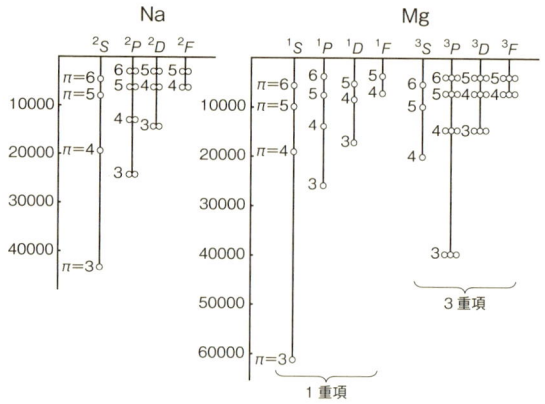

図1 アルカリ類（左）とアルカリ土類（右）のスペクトル・ターム[5]

1重項組のSタームも見かけ上区別できませんが，前者は磁場をかけると3個の準位に分かれる．そういう意味でそれは潜在的3重性を持っており，したがってそれは3重項の組に入れられる．それに対し，後者は磁場をかけても分裂は起らず，したがって真性の1重項とみなされる．図で$S, P, D,$ ……の頭につけた数字1とか3とかはタームの多重度をあらわすものです．

こんなふうにスペクトル・タームに多重性があると，準位をあらわすのに量子数n, k, mだけでは不足なことは明らかです．そこでゾンマーフェルト（A. Sommerfeld）は1920年に第4の量子数jを導入して4個の量子数n, k, j, mを用いることを考えました．そして彼はこのjを「内部量子数」と名づけました．このときnとkとはいままでと全く同じ意味を持つもので，つまり光る電子の軌道の大きさと形を決める量子数です．それに対して，物理的意味はあとで考えることにして，1つの多重項内のいくつかの準位を区別するために量子数jを用いるのです．ゾンマーフェルトがこれを「内部量子数」と呼んだのは，1つの多重項内部で準位を区別するための量子数という意味でしょう．次に量子数mですが，これは原子を磁場のなかに入れたとき，n, k, jで決まっていた準位がさらにいくつかのサブ準位に分裂するので，それらを区別するための量子数です．この分裂は，やはりゼーマン効果の一種ですが，jを考えない昔のものとは一般に異なった分裂の仕方をし，したがって

5）巻末の参照文献にあげられている F. Hund, *Linienspektren* の S. 31 の図である．

この m は，不等式 (1-1) には必ずしも従いません．そしてゼーマン効果であらわれるサブ準位の個数も間隔も，多くの場合，昔のものと違っていることが実験でわかっています．〔あとでお話しますが，m は (1-1) のかわりに $-j \leqq m \leqq j$ を満たします．〕

さてゾンマーフェルトは，j を適当にとると，j に対する選択規則が

$$j \to \begin{matrix} \nearrow j+1 \\ \to j \\ \searrow j-1 \end{matrix} \qquad (1\text{-}5)$$

A. ゾンマーフェルト
(1868 - 1951)

のようになることを見出しています．一方，k に対しては昔の (1-2) がそのまま成り立ちます．また m は，昔の m とちがった意味を持っているにもかかわらず，選択規則が (1-3) であることを実験は示している．

さらに実験によれば，多重度に対しても選択規則がある．実験によれば，同一の多重度を持つターム間か，あるいは多重度が 2 だけ異なるターム間にしか遷移は起らない．さっき与えたアルカリ類原子ではタームは 2 重項しかなく，またアルカリ土類原子では 1 重項と 3 重項としかなく，したがってこの選択規則に引っかかる事例は出てきません．しかし，たとえばチタンでは 1 重項，3 重項のほかに 5 重項が出るし，バナジウムでは 2 重項のほかに 4 重項と 6 重項が出ます．そのとき 5 重項と 1 重項の間や，6 重項と 2 重項の間に遷移は実際起らないのです．

ランデ (A. Landé) はこの多重項間の遷移規則を定式化するために

$$R = \frac{\text{多重度}}{2} \qquad (1\text{-}6)$$

という数を，ひとつの補助的な量子数として導入しました．すなわち

$$\begin{matrix} 1 \text{重項で} & R = 1/2 \\ 2 \text{重項で} & R = 1 \\ 3 \text{重項で} & R = 3/2 \\ \vdots & \vdots \end{matrix} \qquad (1\text{-}7)$$

です．そうすると多重項間の選択規則は

A. ランデ (1888 - 1975)

W. パウリ (1900 - 1958)

$$R \begin{matrix} \nearrow R+1 \\ \rightarrow R \\ \searrow R-1 \end{matrix} \quad (1\text{-}8)$$

となる．

*

　それでは内部量子数としてどんな数値を用いればよいか．そのときまず選択規則 (1-5) が成り立つようにそれを決めるわけです．しかし (1-5) だけから j は決まりません．すなわち (1-5) が成り立つように何らかの j が決まったとしても，その j に任意の数を共通に加えたものもまた (1-5) を満たします．多重項の分類やそのゼーマン効果については，ゾンマーフェルト，ランデ，そしてパウリ (W. Pauli) の 3 人が 1922～23 年ごろから 1925 年にかけて追いつ追われつ論じてきたのですが，現に 3 人それぞれに異なる値を内部量子数や補助量子数に対して与えている．

　図 1 に Na と Mg のスペクトル・タームを示しましたが，この図で S タームはすべて見かけ上 1 重ですから 1 つ丸○を用い，P タームや D ターム……については 1 重項では 1 つ丸○で，2 重項は 2 つ丸○○で，3 重項は 3 つ丸○○○であらわしました．われわれの問題はこの丸のひとつひとつに内部量子数の値を指定することです．ところがいま言ったように，この指定の仕方にゾンマーフェルト流，ランデ流，パウリ流という 3 つの流儀がある（この呼び方では長くなりすぎるので，以後それを S 流，L 流，P 流と呼びます）．表 1 と表 2 とにそれぞれの流儀での内部量子数の例を与えておきました．表 1 の○○のなかに書いてある数はアルカリ類の 2 重項に対する内部量子数の値，表 2 の○と○○○のなかに書いてある数は，それぞれアルカリ土類の 1 重項と 3 重項に対するそれです．それぞれの流儀によって量子数の数値がちがっているので，量子数をあらわす文字もそれぞれの流儀ごとに変えてあります．すなわち内部量子数を S 流では j，L 流では J，P 流では j_P と書きました．また多重度に関係する補助量子数も，L 流では (1-6) の R を用いますが，S 流では $j_0 \equiv R - \dfrac{1}{2}$ を，P 流では $r \equiv R + \dfrac{1}{2}$ を用います．また S, P, D, F……をあら

表1 アルカリ様2重項の内部量子数

		^2S	^2P	^2D	^2F	
	$k=$	1	2	3	4	……
S流 $j_0=\dfrac{多重度-1}{2}=\dfrac{1}{2}$	$j_a=$	0	1	2	3	……
	$j=$	⓵⁄₂	(1/2)(3/2)	(3/2)(5/2)	(5/2)(7/2)	
	$j_a=k-1,$		$|j_a-j_0| \leqq j \leqq |j_a+j_0|,$		$-j \leqq m \leqq j$	$(1-9)_\text{S}$
L流 $R=\dfrac{多重度}{2}=1$	$K=$	$\dfrac{1}{2}$	$\dfrac{3}{2}$	$\dfrac{5}{2}$	$\dfrac{7}{2}$	……
	$J=$	①	①②	②③	③④	
	$K=k-\dfrac{1}{2},$		$|K-R|+\dfrac{1}{2} \leqq J \leqq |K+R|-\dfrac{1}{2},$		$-J+\dfrac{1}{2} \leqq m \leqq J-\dfrac{1}{2}$	$(1-9)_\text{L}$
P流 $r=\dfrac{多重度+1}{2}=\dfrac{3}{2}$	$p=$	1	2	3	4	……
	$j_P=$	③⁄₂	(3/2)(5/2)	(3/2)(7/2)	(7/2)(9/2)	
	$z=k,$		$|k-r|+1 \leqq j_P \leqq |k+r|-1,$		$-j_P+1 \leqq m \leqq j_P-1$	$(1-9)_\text{P}$

わす量子数としてP流では昔の通りkを用いますが，S流では$j_a = k-1$を，L流では$K = k - \frac{1}{2}$を用いています．表のなかにある式 (1-9)$_S$, (1-9)$_L$ および (1-9)$_P$ は，副量子数と多重度とが与えられたとき，内部量子数を決めるのにどういう処方が用いられるかを，それぞれの流儀ごとに示したものです．

いまS流を例にとって説明すると，まず (1-9)$_S$ の左端にある $j_0 = \frac{多重度 - 1}{2}$ を用いて多重度から補助量子数 j_0 を決め，次にその右の$j_a = k-1$を用いてj_aを決め，さらにその右の不等式 $|j_a - j_0| \leq j \leq |j_a + j_0|$ を用いて許されるjの値を決め，最後に最右端の不等式 $-j \leq m \leq j$ を用いて，それぞれのjごとに許されるmを決める．このmの個数$2j+1$は，その準位がゼーマン効果でいくつに分裂するかを与えます．L流やP流についても同様です．このようにして計算したのが表の丸のなかの数字です．ひとつ実際にやってごらんなさい．こうして得られたS流，L流，P流の量子数は

$$j = J - \frac{1}{2} = j_P - 1$$
$$j_0 = R - \frac{1}{2} = r - 1 \qquad (1\text{-}10)$$
$$j_a = K - \frac{1}{2} = k - 1$$

によって互いに結びつけられています．その結果，どれも選択規則を満足している．さらに磁気量子数mについては，どの流儀で計算しても同一の結果が得られます．1重項と3重項に対する表は，表2(a)と(b)に与えておきます．ここで内部量子数と磁気量子数を計算する処方は，2重項の場合と同様 (1-9)$_S$, (1-9)$_L$, (1-9)$_P$ です．

さて，3つの流儀で用いられる内部量子数の話をしましたが，それぞれに一長一短があります．あとでお話しますが，現在ではS流が一番よいことになっている．しかし，当時はなにぶん模索時代で，その優劣がなかなか決まらなかったのです．ですから，しばらくの間ひとつの流儀にしぼらないまま話を進めます．そのほうが模索時代の空気がよく感じとれるでしょう．

多重項に内部量子数を指定する3つの流儀の話はこれぐらいにして，それでは多重項がなぜあらわれるか．これに関する当時の人たちの考えを話しましょう．

今日の話のはじめに言ったように，ここで問題にしている原子スペクトルにおいては，いちばん外側の1個の電子が芯のまわりをまわっていると考えています．このとき芯を球対称と考える限り，外から磁場のようなものをかけない以上，光る電

表2 (a)　アルカリ土類1重項の内部量子数

		^1S	^1P	^1D	^1F	……
	$k=$	1	2	3	4	……
S流	$j_a=$	0	1	2	3	……
$j_0=0$	$j=$	⓪	①	②	③	
L流	$K=$	$\frac{1}{2}$	$\frac{3}{2}$	$\frac{5}{2}$	$\frac{7}{2}$	……
$R=\frac{1}{2}$	$J=$	①/₂	③/₂	⑤/₂	⑦/₂	
P流	$k=$	1	2	3	4	……
$r=1$	$j_P=$	①	②	③	④	

表2 (b)　アルカリ土類3重項の内部量子数

		^3S	^3P	^3D	^3F	……
	$k=$	1	2	3	4	……
S流	$j_a=$	0	1	2	3	……
$j_0=1$	$j=$	①	⓪①②	①②③	②③④	
L流	$K=$	$\frac{1}{2}$	$\frac{3}{2}$	$\frac{5}{2}$	$\frac{7}{2}$	……
$R=\frac{3}{2}$	$J=$	③/₂	①/₂③/₂⑤/₂	③/₂⑤/₂⑦/₂	⑤/₂⑦/₂⑨/₂	
P流	$k=$	1	2	3	4	……
$r=2$	$j_P=$	②	①②③	②③④	③④⑤	

子のエネルギーはその軌道面の傾きには関係しないはずですね．しかし，もし芯が球対称でなく，たとえば角運動量を持っているようなら話は変わります．このときには，芯はその角運動量に附随して磁気能率を持つでしょうから，原子の内部にそ

の角運動量を軸とする軸対称の磁場ができるでしょう．そうすれば，この内部磁場による一種の内部的ゼーマン効果の起ることが考えられる．すなわち軌道角運動量ベクトルがこの対称軸に対して方向量子化され，その傾きのひとつひとつに対して内部磁場と軌道運動との間の磁気的な相互作用の値が異なるでしょうから，n と k とで決まっていたタームはいくつかの準位に分裂することになる．これが多重項のあらわれる原因だ，そういうのが当時の人たちの考え方でした．

しかし，このようにして起る内部ゼーマン効果は，外から磁場をかけたときのゼーマン効果とひとつちがう点があります．すなわち，外磁場で起るゼーマン効果のときには，副量子数 k が与えられたとき，(1-1) に従って角運動量は $2k+1$ 個の方向に方向量子化され，1つのタームは $2k+1$ 個の準位に分裂すると考えられました．しかし内部ゼーマン効果の場合には分裂準位が $2k+1$ 個に達しないことがある．それは次の事情によるのです．

いま芯の角運動量を r とし，光る電子の軌道角運動量を k とします．そうすると，それらの合成である全角運動量

$$j = r + k \qquad (1\text{-}11)$$

の大きさは $r+k$ より大きくはなり得ないし，$|r-k|$ より小さくはなり得ません．したがって，全角運動量 j の大きさ j は

$$|r-k| \leq j \leq |r+k| \qquad (1\text{-}12)$$

という範囲の整数値だけをとります．このことから，j に対する可能な値の個数は

$$\begin{cases} 2r+1 & r \leq k \text{のとき} \\ 2k+1 & r \geq k \text{のとき} \end{cases} \qquad (1\text{-}13)$$

ということになる．ですから，内部ゼーマン効果での準位の個数，すなわち多重項の準位数は，$r \leq k$ であるか $r \geq k$ であるかに従って，$2r+1$ になるか $2k+1$ になるかのどちらかである，という結論が導かれる．

次に，こうした多重項を持つ原子に外から磁場がかけられると，こんどは外磁場によるゼーマン効果があらわれますが，それはどのように起るか．あとでお話しますが，その磁場があまり強くないなら，全角運動量 j がさらに磁場方向に対して方

---

6) 内部ゼーマン効果による準位の分裂の個数は，r と k の相対的な方向・向きの個数に等しいので，j の大きさの個数に等しいことになる．

向量子化されます．そのときには j の磁場方向成分 m は

$$-j \leqq m \leqq j \qquad (1\text{-}14)$$

で与えられる整数値をとり，それに応じて多重項内のそれぞれの準位がさらに $2j+1$ 個のサブ準位に分裂する．これが多重項のゼーマン効果だと考えられる．

それでは，この考え方で実験事実が説明できるか．それを見るために，ためしに $r=0$ とおいてみましょう．そうすると，すべての k に対して (1-13) の第1式が成り立ち，したがって準位の個数は常に1です．ですから，このときは1重項だけがあらわれます．Mg の1重項は，こういう事情で説明できるようにみえますね．次に $r=1$ とおいてみましょう．そうすると，このときも (1-13) の第1式がすべての k に対して成り立ち，したがって準位の個数は常に $2r+1=3$ になります．しかし，これで Mg の3重項が説明できたとは言えない．なぜなら，実験事実では Mg の S タームの準位数は常に1であって3ではないから．また1重項にせよ3重項にせよ，ゼーマン効果のときあらわれるサブ準位の個数についても，この考え方では事実と合わない．

さらに (1-13) を用いてアルカリ類原子の2重項を説明しようとすると，整数の r をとったのではだめです．そこでためしに $r=\dfrac{1}{2}$ としてみると，ここでも (1-13) の第1式が k の如何にかかわらず成り立ち，したがって準位数は $2r+1=2$ となります．しかしアルカリでも S タームの準位数は1ですから，これも2重項の説明にはならない．

そういうわけで，芯の角運動量が多重項の起源だ，と考えるのは無理なようにみえる．しかしながら，表1や表2をつくるとき用いた処方 $(1\text{-}9)_S$，$(1\text{-}9)_L$，$(1\text{-}9)_P$ のなかの不等式が，いま失敗した考え方で用いた不等式 (1-12) や (1-14) とによく似た形をしているところから，実際の原子をどれぐらい忠実に再現しているのかはあとでしらべることにして，実際の原子の代用となる一種のモデルをつくり，それについて実験事実の説明をしようという考えがランデの心に浮かびました．ランデの言いかたをすれば「代用モデル」(Ersatzmodell)[7] です．

*

それではランデの考えを説明しましょう．ランデはこの代用モデルで，芯は角運動量 R を持ち，その大きさ R は

$$R = \frac{多重度}{2} \tag{1-15}_L$$

で与えられると考えました．さらに，光る電子の軌道角運動量はKであり，その大きさKは

$$K = k - \frac{1}{2} \tag{1-16}_L$$

であるとします．ここでkは言うまでもなく副量子数です（ボーアの理論ではkがとりもなおさず軌道角運動量であったが，ランデの代用モデルではそこをちょっと変えたわけです）．そしてこの2つの角運動量の合成，すなわち系の全角運動量

$$\boldsymbol{J} = \boldsymbol{R} + \boldsymbol{K} \tag{1-17}_L$$

をつくるとき，$\boldsymbol{J}$の大きさJに対して不等式

$$|R-K| + \frac{1}{2} \leqq J \leqq |R+K| - \frac{1}{2} \tag{1-18}_L$$

が成り立つものと考えます．このとき$|R \pm K|$が整数か半整数かに従って，許されるJは半整数か整数になる．この合成の処方は，不等式（1-12）と異なって，左右両辺に$\pm \frac{1}{2}$がついていることに注意してください．さらに外から磁場をかけたとき，$\boldsymbol{J}$の磁場方向成分mに対しては，不等式

$$-J + \frac{1}{2} \leqq m \leqq J - \frac{1}{2} \tag{1-19}_L$$

が成り立つものとする．ここにも$\pm \frac{1}{2}$があらわれていることに注意してください．このモデルでは，さっき失敗したやり方のkのかわりに$K = k - \frac{1}{2}$を用いたり，不等式のほうももとの（1-12）と$\pm \frac{1}{2}$だけ異なったものを用いたりして，失敗点を改善している．表1のなかに内部量子数や磁気量子数を決めるためのL流

7）第一次世界大戦勃発後，ドイツでは海外からの輸入が途絶え日常生活には甘味料，コーヒー，染料など多くの代用品（Ersatz）が出まわった．この状況は1918年に大戦が終結した後もつづいた．追放された皇帝に代わって登場した大統領は「応急代用品」とよばれた．実際，代用輻射体という言葉を使ったクローニッヒの論文を見て，ハイゼンベルクは書き送っている（1925年5月20日）：「代用輻射体はランデの論文で「対応原理の不分明な汚れた応用」という意味をもつようになっている．それを聞くと，ぼくは戦時中の代用マーマレードを思い出す．すぐにも使うのをやめてくれ」（J. Mehra and H. Rechenberg, *The Historical Development of Quantum Theory*, vol. 2, p. 235）．参考：臼井隆一郎『コーヒーが廻り世界史が廻る』（中公新書），中央公論新社（1992）．

処方 (1-9)$_L$ を与えておきましたが，その背後に彼はこんな代用モデルを考えていたのです．

表1には，量子数を決めるのにL流処方のほかにS流やP流のそれをかかげておきました．ですからS流の代用モデル，P流の代用モデル，といったものも考えられます．たとえばS流についていえば，次のように考えればよい．

まず芯の角運動量を j_0 と書くと，その大きさ j_0 は

$$j_0 = \frac{多重度-1}{2} \quad (1\text{-}15)_S$$

である．また軌道角運動量を j_a と書くと，その大きさ j_a は

$$j_a = k-1 \quad (1\text{-}16)_S$$

である．さらにこの2つの角運動量を合成して全角運動量

$$\boldsymbol{j} = \boldsymbol{j}_0 + \boldsymbol{j}_a \quad (1\text{-}17)_S$$

をつくるとき，$\boldsymbol{j}$ の大きさ j に対して不等式

$$|j_0 - j_a| \leqq j \leqq |j_0 + j_a| \quad (1\text{-}18)_S$$

が成り立つ．次に外磁場をかけたときの $\boldsymbol{j}$ の方向量子化に対しては，不等式

$$-j \leqq m \leqq j \quad (1\text{-}19)_S$$

が成り立つ．このモデルでは，さっきの失敗モデルを改善するのに軌道角運動量を k でなく $k-1$ にしようというのです．そうすれば不等式 (1-12) を変える必要は起らない．なにしろゾンマーフェルトは方向量子化の元祖ですから，これを変えるのはいやだったのでしょう．これに対してランデが $\frac{1}{2}$ をあちこちにつけるやり方をしたのは，あとでお話する間隔規則というものが正しく出ることを目あてにしたのです．

それではゾンマーフェルト自身このモデルを考えていたかというと，次にお話するようにそうではないのです．ですからこのモデルはぼく流のS流モデルなのです．じつはゾンマーフェルトの考えも，実質的には，いま話したモデルと同じなのですが，彼は j_0 が芯の角運動量であるとか，j_a が軌道角運動量であるとか，そういう言いかたをしていないのです．彼の言いかたをそのままここに紹介しますと，彼

はまず"われわれは内部量子数jを原子の励起状態での全角運動量であると仮定する．そして，この全角運動量は，励起していないときの原子の角運動量j_0と，励起の角運動量j_a（Impulsmoment j_a der Anregung）とのベクトル和で与えられるものと仮定する．さらにj_0に対しては，Sターム，Pターム，Dターム……の順に$j_0=0, 1, 2, ……$の値をとるものと仮定する云々"と言っています（ここで"励起していないときの"と言っているのは"主量子数n最小のときの"という意味ではなくて軌道角運動量最小という意味で，のちの論文で彼は"S状態での"と言いかえています）．そして彼は$j_0 = \dfrac{多重度-1}{2}$を出発点におかず，彼の仮定から多重度を計算すると，それは$2j_0+1$になる，という言いかたをしている．しかしこの結論は，実験に合わせるには$j_0 = \dfrac{多重度-1}{2}$ととるべし，と言っているのと同じことで，結局彼のやったことは，実質的には，いまさっき話したぼく流のS流モデルにほかならない．

　新量子力学の洗礼をすでに受けているきみたちは，ぼく流S流モデルの話を聞いてすぐぴんときただろう．新量子力学では軌道角運動量の大きさはkでなく，$l=k-1$だ．だからゾンマーフェルトのj_aはまさに軌道角運動量lそのものだ．そうすれば全角運動量が$j=j_0+k$でなく$j=j_0+j_a$になるのはまさに当然で，そう考えれば，このモデルは，さっき言った失敗モデルを新量子力学で救ったものにほかならない．しかし，当時のゾンマーフェルトは，j_aを軌道角運動量とは呼ばずに，それを「励起の角運動量」と呼んでいる．なぜそんな無理な言いかたをしたかというと，当時角運動量0の軌道は核とぶつかるので実現しないという考えが支配的だったからでしょう．彼は1928年に，彼の有名な著書 *Atombau und Spektrallinien* に対する『波動力学的追補版』（*Wellenmechanischer Ergänzungsband*）というのを書いていますが，そのなかで軌道角運動量の大きさが$l=k-1$であることを新量子力学によって導き，そのページに次のような脚注をつけている．"私の本の最終版で私は$j_a=k-1$を導入し，ランデのg公式（これについてはあとで話します）の議論などでkのかわりに$j_a=k-1$を用いるべきだと要請した．当然のことながら，いささか適切でなかった記法j_aをやめて，これからはそれをlと書くことにしよう"と．

　しかしながら，励起角運動量と最低角運動量とをベクトル的に合成すると全角運動量が得られる，という考え方は，モデルとしてはいささか無理ですね．そういうわけで，ランデはゾンマーフェルトの考えたようなものは代用モデルとは言えない，

と言っている．

次にP流の代用モデルですが，このモデルは軌道角運動量 $\boldsymbol{k}$ には手を触れずに，そのかわり不等式（1-12）や（1-14）の左右両辺に ±1 をつけることによって失敗モデルを改善したものといえます．しかし，あとで話すようにパウリはモデルを信用せず，一貫してモデル的思考を排除している．ですから，ここでP流モデルについてはこれ以上触れないことにします．

＊

それでは代用モデルの考えから何が導かれたか．まずランデは彼のモデルを用いて多重項に対する間隔規則を導くことに成功しました．ここで間隔規則とは，1つの多重項内で，隣り合う準位間の間隔が非常に簡単な比になっているという規則です．それではその話に入りましょう．

電子が軌道をめぐるとき，そこに磁気能率が発生することはご存知でしょう．そのとき，角運動量を $\hbar$ 単位ではかることに対応して，磁気能率をボーア磁子単位ではかるのが便利です．ボーア磁子とは，ご存知のように

$$\text{(ボーア磁子)} = \frac{e\hbar}{2m} \tag{1-20}$$

です（ここで e は電気素量で，電子の電荷は $-e$ です．念のため）．そうすると，軌道角運動の磁気能率を μ_K と書いたとき，それは

$$\mu_K = -\boldsymbol{K} \tag{1-21}$$

で与えられます．[8] ここで $\boldsymbol{K}$ は言うまでもなくランデ流の軌道角運動量です．さらに芯のほうも角運動量 $\boldsymbol{R}$ を持っているので，これまた磁気能率を持つでしょう．そこでそれを μ_R と書くことにして

$$\mu_R = -g_0 \boldsymbol{R} \tag{1-22}$$

を仮定します．ここで g_0 は未定で，あとで実験に合うように決めます．一般に角

8）角運動量との関係は次のようにして得られる．電子が半径 a の円軌道を速さ v で運動しているとしよう．円周上の1点を電子は単位時間に $v/(2\pi a)$ 回通過するから電流にすれば $I = -ev/(2\pi a)$ になる．これは磁気能率（電流×電流のかこむ面積）$\pi a^2 I = -eva/2 = -emva/(2m)$ をもつ．これは，角運動量を $mva = K\hbar$ と書けば $-Ke\hbar/(2m)$ となり，ボーア磁子 $e\hbar/(2m)$ を単位にとって μ_K と書けば（1-21）となる．

表3 3重項内準位の間隔比

^3S	^3P	^3D	^3F
③/₂	①/₂ ③/₂ ⑤/₂	③/₂ ⑤/₂ ⑦/₂	⑤/₂ ⑦/₂ ⑨/₂
	←→ ←→	←→ ←→	←→ ←→
	1 : 2	2 : 3	3 : 4

運動量には磁気能率が附随しますが，磁気能率の大きさと角運動量の大きさの比を g 因子と呼びます．すなわち

$$g = \frac{|磁気能率|}{|角運動量|} \tag{1-23}$$

です．g 因子を導入すると，軌道運動に対しては $g=1$ ですが，芯に対しては $g=g_0$ です．

原子のなかにこういう2つの磁気能率 μ_K と μ_R とがあると，その間に磁気的相互作用があらわれ，したがって原子のエネルギーは，普通の，n と k とで決まる軌道運動のエネルギーのほかに，磁気的エネルギーが付け加わります．この付加エネルギーの存在によって原子のエネルギー準位も小さな変化を受けますが，その準位変化を W_{mag} と書くと，それは，芯の磁気能率が一点に集中していると考えられる場合には，

$$W_{\text{mag}} = \text{const} \cdot (\boldsymbol{R} \cdot \boldsymbol{K}) \tag{1-24}$$

の形をしている（この const がどんなものかは次回で議論することになるでしょう）．そこで問題は $(\boldsymbol{R} \cdot \boldsymbol{K})$ を計算することです．ここで計算と言うのは，$(\boldsymbol{R} \cdot \boldsymbol{K})$ を，R, K および J であらわすことです．

この計算は J の定義式 (1-17)$_\text{L}$ からすぐできます．すなわち (1-17)$_\text{L}$ の両辺の2乗をつくり，移項するだけで

$$(\boldsymbol{R} \cdot \boldsymbol{K}) = \frac{1}{2}(J^2 - K^2 - R^2) \tag{1-25}$$

が得られ，したがって準位の変化 W_{mag} は

$$W_{\text{mag}} = \text{const} \cdot \frac{1}{2}(J^2 - K^2 - R^2) \tag{1-26}$$

です．そこでこの式から，1つの多重項内で相隣る準位間の間隔比はすぐ計算でき

ます．すなわち，この式で K と R とを指定しておいて，或る J とその隣の J，すなわち $J-1$ との間の W_{mag} の差をとればよい．したがってそれは

$$\Delta W_{\text{mag}} = \text{const} \cdot \frac{1}{2}\{J^2-(J-1)^2\} = \text{const} \cdot \left(J-\frac{1}{2}\right) \quad (1\text{-}27)$$

です．表3にアルカリ土類の3重項に対して，この式から得られた間隔比を与えておきました．ランデは膨大な量の実験データから，He や Li などの軽い原子を除き，それが実験とよく合うことを確かめました．

これで多重項内準位の間隔比の話は終りにしますが，次回でお話するように比だけでなく間隔値そのものの計算もできます．じつはこの間隔値の研究から，多重項の原因が磁気的相互作用（1-24）にあるとする考えをランデ自身捨てることになるのです．間隔比を導く研究をやっているとき，神ならぬ身のランデはそんなことは夢にも予想していなかったのでしょう．彼はむしろ（1-27）が実験とよく合うので，彼のモデルに大きな希望をかけていたはずです．このいきさつは次回でお話します．

*

もうひとつ代用モデルからランデが計算したのは，多重項のゼーマン効果に関するものです．さっきお話したように角運動量 K や R に附随して（1-21）や（1-22）のように磁気能率 μ_K や μ_R があらわれますから，原子全体は

$$\boldsymbol{\mu} = -(\boldsymbol{K} + g_0 \boldsymbol{R}) \quad (1\text{-}28)$$

という磁気能率を持つことになります．そうすると，磁場 B のなかにおかれた原子のエネルギーは，磁場のないときのそれに

$$E_B = -\frac{e\hbar}{2m}(\boldsymbol{B} \cdot \boldsymbol{\mu}) \quad (1\text{-}29)$$

を付け加えたものになり，その結果，原子の準位も磁場の存在によって変化します．このとき外からかける磁場が内部磁場にくらべて弱い極限と強い極限では，簡単な近似計算でそれを出すことができます．

B が弱いときからはじめましょう．まず考えねばならぬことは，B がないときには全角運動量 $J=K+R$ は当然保存量だが，B があると J の大きさ J は保存されるとは限らないことです（これに対し J の B 方向成分 m は磁場の強さに無関係に保存されます）．しかし B がじゅうぶん弱いなら，J はやはり近似的に保存され

ると考えてよいでしょう．これからの計算はこういう近似で進めます．
　まずはじめに $g_0=1$ とおいてみましょう．このときは

$$\mu = -(K+R) = -J \qquad (1\text{-}28')$$

が成り立ちます．したがって，このとき $(B\cdot\mu)=-(B\cdot J)$ で，これは磁気量子数 m を用いると $=-B\cdot m$ になる．ですから，準位の変化を W_B とすると，(1-29) から

$$\begin{aligned}W_B &= E_B \\ &= \frac{e\hbar}{2m}B\cdot m, \quad -J+\frac{1}{2} \le m \le J-\frac{1}{2}\end{aligned} \qquad (1\text{-}30)$$

が得られます（ここで $\dfrac{e\hbar}{2m}$ のなかの m は電子の質量で，磁気量子数の m ではありません．ちょっとまぎらわしいが我慢してください）．この場合のゼーマン効果では1つの準位が $\dfrac{e\hbar}{2m}B$ 間隔のサブ準位に分裂し，サブ準位の個数は $2J$ です（S流量子数 j を用いればそれは $2j+1$ になることを注意しておきましょう）．一般にサブ準位間隔がこのようになるゼーマン効果を正常ゼーマン効果と言います[9]．古典的なローレンツ-ラーマーの理論ではこの型のゼーマン効果以外のものはあらわれないはずですが，次にお話するように $g_0 \ne 1$ のときは，もっとちがった型のゼーマン効果が出てくる．それで，そういう異型のものを異常ゼーマン効果と呼びます．実験によれば，1重項のゼーマン効果はすべて正常ですが，ほかの多重項では，少しの例外を除き，すべてそれは異常です．それでは $g_0 \ne 1$ の場合に進みましょう．
　g_0 が1でない場合に (1-28') は成り立ちません．すなわち μ は $-J$ と等しくはならず，したがって (1-29) の $(B\cdot\mu)$ は保存量になっていません．そういうわけで $g_0 \ne 1$ のときは (1-29) 自身を準位の変化 W_B とすることはできません．しかし，B が小さい場合には近似的に

$$W_B = -\frac{e\hbar}{2m}(B\cdot\langle\mu\rangle) \qquad (1\text{-}29')$$

で与えられることが知られています．ここで $\langle\mu\rangle$ は $B=0$ のときの μ（それはやはり J とちがって時間的に変動する）を時間的に平均したものです．そしてこのとき μ の J 方向成分 $\mu_\parallel$ を用いて $\langle\mu\rangle=\langle\mu_\parallel\rangle$ が言えます[10]．このとき $\mu_\parallel$ を具体的に書

9）朝永振一郎『量子力学』I，みすず書房（1969）の pp. 73-76, pp. 191-193 を参照．

くと，$\boldsymbol{\mu}_\parallel = \dfrac{(\boldsymbol{J}\cdot\boldsymbol{\mu})}{J^2}\boldsymbol{J}$ です．そこで (1-28) を $\boldsymbol{\mu} = -\{\boldsymbol{J}+(g_0-1)\boldsymbol{R}\}$ の形に書いておいて，それを $\boldsymbol{\mu}_\parallel$ の式に代入すると，すぐ

$$(\boldsymbol{B}\cdot\langle\boldsymbol{\mu}\rangle) = -\left\{1+(g_0-1)\dfrac{(\boldsymbol{J}\cdot\boldsymbol{R})}{J^2}\right\}(\boldsymbol{B}\cdot\boldsymbol{J})$$

が得られます．ここで間隔規則の場合に (1-25) を導いたのと同様な論法で $(\boldsymbol{J}\cdot\boldsymbol{R}) = \dfrac{1}{2}(J^2+R^2-K^2)$ が得られますから，

$$(\boldsymbol{B}\cdot\langle\boldsymbol{\mu}\rangle) = -g(\boldsymbol{B}\cdot\boldsymbol{J}), \qquad (1\text{-}31)$$

$$g = \left\{1+(g_0-1)\dfrac{J^2+R^2-K^2}{2J^2}\right\} \qquad (1\text{-}31')$$

が直ちに導かれます．したがって $g_0 \neq 1$ の場合には (1-30) のかわりに

$$W_B = \dfrac{e\hbar}{2m}Bgm, \qquad -J+\dfrac{1}{2} \leqq m \leqq J-\dfrac{1}{2} \qquad (1\text{-}32)$$

が出てきます．これがランデの代用モデルから導かれる異常ゼーマン効果の式です．ちなみに (1-31) は，$|\boldsymbol{\mu}_\parallel|$ が $|\boldsymbol{J}|$ に比例していて，その比が g である，と読むことができますが，その意味でこの g を原子全体の g 因子と考えてよい．

一方，ランデは当時，山のように蓄積されていた実験データから g に対する実験式を求めました．そうしたところ，それは

$$g_{\text{exp}} = \left\{1+\dfrac{J^2-\dfrac{1}{4}+R^2-K^2}{2\left(J^2-\dfrac{1}{4}\right)}\right\} \qquad (1\text{-}31)_{\text{exp}}$$

であることがわかった．これと (1-31′) とをくらべると，まず

$$g_0 = 2 \qquad (1\text{-}33)$$

---

10) 磁場をかけないとき全角運動量 (1 17)$_\text{L}$ が 定ということは，$\boldsymbol{R}$ と $\boldsymbol{K}$ が図 n 3 のように $\boldsymbol{J}$ を軸に歳差運動していることであって，その運動は非常に速い．磁場をかけても，それが弱ければ，このことは第 0 近似として成り立つので，(1-29′) が得られる．また，歳差運動ということから時間平均 $\langle\cdots\rangle$ に対して

$$\langle g_0\boldsymbol{R}+\boldsymbol{K}\rangle = g_0\langle\boldsymbol{R}\rangle+\langle\boldsymbol{K}\rangle = g_0\boldsymbol{R}_\parallel+\boldsymbol{K}_\parallel = (\text{一定})$$

が成り立ち，$\langle\boldsymbol{\mu}\rangle = \langle\boldsymbol{\mu}_\parallel\rangle$ が言える．

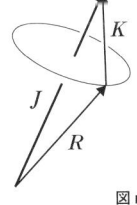

図 n-3

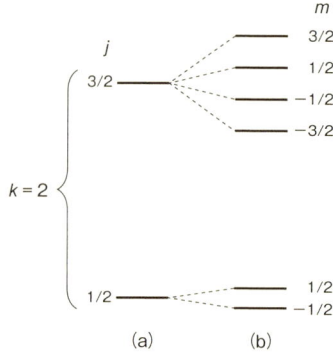

図2 ^2P タームのゼーマン効果
(a) 磁場のないときの2重項準位.
(b) 磁場による準位の分裂. 準位およびサブ準位の横に書いた数は量子数 j および m.

ととるべきことが暗示される. しかし, この g_0 をとっても実験値と理論値とは完全には一致しません. なぜなら $(1\text{-}31)_{\text{exp}}$ には $(1\text{-}31')$ のなかになかった奇妙な $\frac{1}{4}$ が存在しているからです. ですから g 因子に関しては, ランデの代用モデルも間隔規則のようにうまくはゆかない. しかし, $(1\text{-}31')$ と $(1\text{-}31)_{\text{exp}}$ とがとにかくよく似た形をしていることから, 彼は彼の代用モデルに大いに希望をかけている. それは, パウリをして, ランデよモデルを過信するなかれ, と言わせたほどだったのです. ちなみに3つのモデルのなかでL流以外のものでは, こんなよい一致は出てきません. ランデが (1-26) や $(1\text{-}31')$ を導くとき, 彼のモデルを特徴づける関係, すなわち (1-6) や $(1\text{-}9)_{\text{L}}$ の不等式などをどこにも用いていないことから, 他の流儀でもやはり (1-26) や $(1\text{-}31')$ と同じ形の式が導かれます. たとえばS流ならば, (1-26) のかわりに

$$W_{\text{mag}} = \text{const} \cdot \frac{1}{2}(j^2 - j_a^2 - j_0^2) \qquad (1\text{-}26)_{\text{S}}$$

が, $(1\text{-}31')$ のかわりに

$$g = 1 + (g_0 - 1)\frac{j^2 + j_0^2 - j_a^2}{2j^2} \qquad (1\text{-}31)_{\text{S}}$$

が得られ, 結果のちがいは, そこに用いられる量子数の値のちがいから出てくるのです. 図2に ^2P タームのゼーマン効果を模式的に与えておきます.

それでは話を強磁場の場合に移しましょう. 強磁場のゼーマン効果の実験はパーシェン (F. Paschen) とバック (E. Back) とが共同で大規模に行ないました. そういうことから, このゼーマン効果はしばしばパーシェン-バック効果と呼ばれます.[11] この2人の実験から, 強磁場においては, 分裂したサブ準位の間隔はすべて $\frac{e\hbar}{2m}B$ の整数倍になっていることがわかりました. なかにはこの整数がすべて1で,

---

11) パーシェン-バック効果については, 菊池正士『原子物理学概論』上, 岩波書店 (1952), p. 223, 230 を参照. その量子力学については小谷正雄『量子力学』, 岩波書店 (1951), p. 202.

見かけ上,正常ゼーマン効果のように見えるものもあります.しかし理論的に言うとそれは見かけだけのことなのです.

強磁場の場合のモデル的考察は弱磁場のときよりずっと簡単です.それは次のような事情によります.外からかけた磁場が内部磁場よりはるかに強大であるとすれば,原子の芯も,光る電子も,強い影響を外磁場から受け,したがって内部磁場の影響はまったく無視してよい.そうすれば,軌道角運動量 K と芯の角運動量 R は別々に外磁場 B に対して方向量子化されるであろう(ここでランデ流を用いることにします).言いかえれば,K の B 方向成分を m_K,R の B 方向成分を m_R とすると,m_K と m_R は

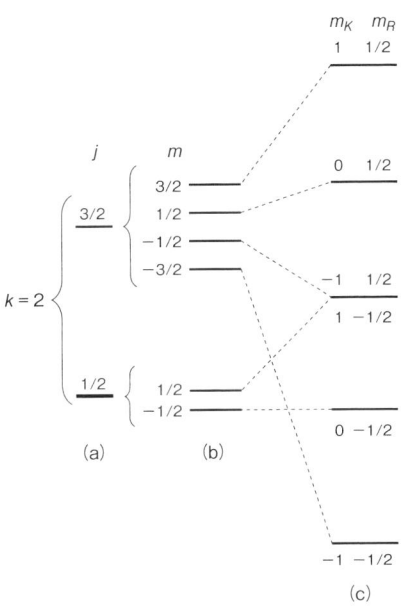

図3 ^2P タームのパーシェン-バック効果 (a),(b)は図2と同じ.(c)パーシェン-バック効果のサブ準位.サブ準位の上または下に書いた数は量子数 m_K と m_R.

$$-K+\frac{1}{2} \leq m_K \leq K-\frac{1}{2}, \quad -R+\frac{1}{2} \leq m_R \leq R-\frac{1}{2} \quad (1\text{-}34)$$

を満たす整数値または半整数値だけをとることになる.このとき磁気量子数 m が

$$m = m_K + m_R \quad (1\text{-}35)$$

で与えられることは明らかです(前に言ったように J の大きさ J は B が大きいときには保存しませんが,J の B 方向成分 m は保存します).そこで(1-28)を用いると,磁気能率 μ の B 方向成分は $(m_K+g_0 m_R)$ となり,これを(1-29)に代入すると,直ちに

$$W_B = \frac{e\hbar}{2m} B(m_K + g_0 m_R) \quad (1\text{-}36)$$

が得られる.そこで,これを実験とくらべて g_0 を決めることができます.すなわち分裂した準位の間隔が $\frac{e\hbar}{2m}B$ の整数倍であることから,g_0 は整数でなければな

らないことが言え，さらに，分裂の仕方から見て

$$g_0 = 2 \qquad (1\text{-}37)$$

ととらねばならぬことがわかる．このとき弱い磁場の場合とちがって，(1-36) の式は L 流モデルだけでなく，S 流でも P 流でも，どれを使っても同じに出てくる．〔角運動量の B 方向成分については流儀に関係なく同一の結論が出ることを前に話しましたね．〕そして $g_0=2$ とおいたとき，実験との合致もぴったりです．ですから弱磁場の場合の (1-33) は単に"暗示される"だけでしたが，こんどはぴったりとそれが決定されたとみてよい．さらに (1-37) は，アインシュタイン－ドゥハースの実験など強磁場の実験によって直接確かめることもできます（この実験については後の機会に触れます）．図3に ^2P タームのパーシェン－バック効果を示しておきます．図にはまた磁場を弱から強に変化させたとき，サブ準位がどう移動するかを示してあります．図からわかるように，強磁場のもとでは $j=\frac{3}{2}$ に属するサブ準位と $j=\frac{1}{2}$ に属するそれとが混り合ってしまいます．それは強磁場のもとで j が保存しないことを如実に示します．

*

さて，このように代用モデルからいろいろなことが導かれました．しかし，芯の角運動量を多重項の起源とする考え方から奇妙な事態が出てくる．この点は，ランデも含めていろんな人によって指摘されている．例についてそれを説明しましょう．たとえば Na の基底状態は図1が示すように ^2S 状態ですが，これはランデ流に言えば，全角運動量 $J=1$ を持っている（表1をごらん）．ところで Mg$^+$（Mg の1価正イオンのこと．以後一般に原子 A の1価，2価，……正イオンを A$^+$, A^{++}, ……というふうに書きます）は Na 原子と同数の電子を持っており，その結果 Na とよく似たスペクトル・タームを持っていることが実験的に知られています．事実，Mg$^+$ の基底状態は ^2S で，これまた角運動量 $J=1$ を持っているはずです．ところで Mg$^+$ に電子を1つ付け加えると Mg 原子になりますね．ですから Mg の芯は Mg$^+$ にほかならない．そんなら，その芯は角運動量1を持っているかというと，表2に示されているように，それは $R=\frac{1}{2}$ または $R=\frac{3}{2}$ です．だから Mg$^+$ に外

---

12) 磁性体を1つの軸のまわりに自由に回転できるようにして，軸方向に磁化すると，磁性体が回転するという実験．これは磁気回転効果とよばれる．p. 110 を参照．

から電子が接近するとき，イオンが芯になる瞬間 J は突如として 1 から $\frac{1}{2}$ あるいは $\frac{3}{2}$ に変わらねばならぬ．ランデはこの事態をあまり気にしていないようでしたが，パウリはこれをきわめて不自然な事態だとした．さればこそパウリは代用モデルの使用を避け，その過信を警告しているのです．

　当時，He 原子において 2 つの電子がともに $n=1$, $k=1$ の軌道をまわっているのが基底状態だと考えると，そのイオン化エネルギーの計算値が実験とまったく合わないことにいろいろな人が注目していました．ランデは理論と実験間のこの不一致の理由として，"He のなかの 2 つの電子の一方は芯に属し，他方は光る電子であって，2 つは原子のなかでまったくちがう役をしている（たとえば前者の g は 2 で，後者の g は 1 だというようなこと）．だから，それがともに $n=1$, $k=1$ の軌道をまわることはあり得ない云々"と言っている．この考え方に対しパウリは，1923 年 10 月にまとめた論文で，ランデのように"2 つの電子がまったくちがう役をしている"という点を He 問題説明の根拠づけに用いることは，まさにモデル過信であって，むしろ逆にその点こそ代用モデルの重大な欠陥なのである．そして He のこの問題は全然別の観点から説明せねばならぬと主張している．そういうわけでパウリは多重項に関する彼の論文で，はじめから次のように言っている．"現在考えられているモデルはとうてい満足なものとは思えないから，モデルにたよらずに，実験事実だけから多重項に関するもろもろの法則性を追究しよう云々"——

　事実，つづいてあらわれたパウリの論文で，彼は一貫して軌道角運動量とか，芯の角運動量とか，あるいは全角運動量とかいったような，モデル的含意を持つ言いかたを極力避け，量子数 k，量子数 r，量子数 j_P という言いかたをしている．また，便宜上 S 流の j を用いるときにも，それを「全角運動量」と呼ばずに，わざわざ「全角運動量量子数」と呼び，しかもそれを「磁気量子数 m の最大値」として定義している（"j を全角運動量だと仮定しよう"というゾンマーフェルトの言いかたと対照的ですね）．ゼーマン効果においては，もとの準位の上下に対称的なサブ準位の配列があらわれますが，パウリにとっては，このサブ準位に直接番号づけをするという点で，m は実験と直結したもっとも基本的な意味を持つものなのです．そして j のほうは，彼にとっては，m の最大値として定義される間接的なものである．ランデやゾンマーフェルトを逆立ちさせたようなこういう論理が，実験事実だけを基礎にしてモデルにたよらない，という彼の行きかたの特徴なのです．

　それならパウリがどういう方法で，どういう法則性を見つけたか．彼はそこで彼

独特の面白い論法を見せているんですが，時間がきてしまったので，残念ながらそれは割愛します．ただ今日の講義を終る前に，いかにもパウリのパウリらしい話がありますから，それを付け加えさせてください．

それは，パウリがモデル的思考をほんとに一切やっていなかったかという点です．実際は話が逆で，ゾンマーフェルトやランデよりはるか以前に，彼もモデルを用いていろんなことをやったらしいのです．彼は1923年10月にまとめた論文のなかで，ランデのモデル過信を警告した注の次に，もうひとつ注を付けて言っている．"代用モデルの考えは1923年にゾンマーフェルトやランデが最初に発表し，彼らはそれを用いていろんなことを論じた．しかし，代用モデルから導かれる結論と実際の原子のふるまいとの類比については，自分はずっと前から (schon seit längerer Zeit) すでにそれを知っていた云々．"つまり代用モデルの利点も欠点も，すみからすみまでパウリはすでに知っていたのです．パウリという人はこういう人なのです．彼は，ほかの誰よりも早くいろんなことに気がついていて，それを徹底的にしらべあげているが，自分で完全に納得するまでそれを発表しない．そういう一種の完全癖を彼は持っているようです．ですから彼は，多重項の起源が原子の芯にあるという考えの欠点も，おそらく"ずっと前から"かぎつけていて，それが彼をして実験事実だけから法則性を見出そう，という行きかたをとらせたのではないでしょうか．その過程で，多重項の起源は芯ではなくて電子自身にある，という考えが

---

13) パウリは1924年に原子核が角運動量をもつとし，それによる磁場でスペクトル線の超微細構造 (Satellite) を説明するという考えを提出している (W. Pauli, Zur Frage der theoretischen Deutung der Satelliten einiger Spektrallinien und ihre Beinflussung durch magnetische Felder (スペクトル線の陪線 (Satellite) とそれらへの磁場の影響の理論的意味についての問題), *Naturwiss.* **12**(1924)741-743). そして，ノーベル賞受賞講演で，これがカウシュミットとウーレンベックが電子のスピンの仮説を提唱するのに影響したと思うと言っている (「排他律と量子力学」，中村誠太郎訳，中村誠太郎・小沼通二編『ノーベル賞講演・物理学6』所収，講談社，1978), pp. 76-96. 特に p. 84 を見よ). これに対してカウシュミットは「自分たちは影響を受けていない．パウリの論文を知ったのは5年後のことだったから」と書いている (S.A. Goudsmit, Pauli and Nuclear Spin, *Physics Today*, June (1961)18-21. 引用は p. 19 から).

なお，パウリは上記の1924年の *Naturwiss.* の論文で長岡半太郎・杉浦義勝・三島徳七の論文 (The Fine Structure of Mercury Lines and the Isotopes, *Japanese Jour. Phys.* **2**(1923) 121-162, 167-278; Isotopes of Mercury and Bismuth revealed in the Satellites of their Spectral Lines, *Nature* **113**(1924)459-460) を引き，「核の構造とそれによる核の場のクーロン場からのずれを超微細構造の原因とする長岡らの考えを，その一般的な意味において試みに採用する」と言っている．パウリは，また長岡と高嶺俊夫の論文 (Anomalous Zeeman Effect in Satellites of the Violet Lines(4539)of Mercury, *Phil. Mag.* (6)**29**(1915)241-252)の測定は理論とよく一致すると述べている．

長岡らのこれらの研究については板倉聖宣・木村東作・八木江里『長岡半太郎伝』，朝日新聞社 (1973), pp. 351-355, 402-438 を見よ．

1924年ごろ彼の頭のなかで結晶しつつあったと思われます．そういえば，彼がランデに警告したとき，"He原子の2つの電子が，一方は芯，一方は光る電子，というふうにちがった役をすることこそモデルの欠陥だ"と言っていましたね．そのときすでに，多重項の起源はそれぞれの電子自体にあることを彼はかぎつけていたみたいですね．そしてやがてパウリはその考えを発表し，それを受けて1925年にウーレンベックたちの自転電子の考えが生まれてきた，と言えそうです．それでは，われわれの主人公スピンの登場場面を次回に残して，今日はこれで終りにしましょう．[13]

第2話　電子スピンとトーマス因子
——自転電子仮説とパウリの裁可——

　前回，スペクトル・タームの多重構造は一種の内部ゼーマン効果だ，という考えと，それをもとに代用モデルの考えが出てきた話をしましたね．そして代用モデルを使って多重項に関するいろんなことが説明されていった経過を話しました．こうしてかずかずの成果が得られましたが，一方パウリが早くから指摘したように，このモデルに重大な問題点が含まれていることも事実です．さらに，代用モデルに大きな希望をかけていたランデもまた1924年ごろになると，彼の考えの基礎を疑わせる事実を発見しました．それは何かというと，2つの角運動量（芯と軌道との）の間の磁気的相互作用によって多重項内準位の間隔が決まる，という考えからは，実験とまったくちがった結論しか出てこないことをランデが見出したのです．そこで今日は，このランデの悲しい発見からはじめましょう．

*

　ここではアルカリ類原子，あるいはそれに類似のイオンに話をかぎることにします．ランデはたくさんの実験データから2重項内準位間隔の値に関して，ひとつの実験式を見出しました．その際，ランデが式を見つける手がかりにしたのは，ゾンマーフェルトが1916年に言い出した微細構造公式というものです．ランデがなんでこんな古めかしい式をたよりにしたか，それは理由のあることなのですが，そのへんの説明をしだすとたいへんですからここでは省きます．ただゾンマーフェルトの理論が何をねらったものなのかということを，かいつまんで話しておきましょう．
　ゾンマーフェルトは1916年ごろ，水素原子に関するボーア理論に相対論をとり入れると，電子の相対論的質量変化が，S軌道，P軌道，D軌道，……でそれぞれ異なることを見出しました．そうすると，非相対論では同じnに属するタームがSもPもDもみな重なっていたのが，相対論を考えに入れると，それらが分離

することになる．ですからnだけで決まると思っていた水素原子のタームは，微細な間隔を持ったいくつかの準位の集まりになる．これがゾンマーフェルトの考えです．彼の計算によれば，分離した準位の間隔は[14]

$$\Delta W_{\text{rel}} = +2\frac{\mu_0}{4\pi}\left(\frac{e\hbar}{2m}\right)^2\frac{1}{a_{\text{H}}^3}\frac{Z^4}{n^3k(k-1)} \quad (2\text{-}1)$$

になるというのです．こういう現象は水素以外にHe^+，Li^{++}，Be^{+++}でも起るはずですから，(2-1)にはZをつけておきました．この(2-1)は副量子数kを持つ準位と$k-1$を持つ準位との間隔値で，nは言うまでもなく主量子数です．またa_{H}はボーア半径で，それは

$$a_{\text{H}} = 4\pi\varepsilon_0\frac{\hbar^2}{me^2} \quad (2\text{-}2)$$

です．公式(2-1)がすなわち微細構造公式と呼ばれるもので，H，He^+，Li^{++}，Be^{+++}などについての実験で，実際にタームの分離が観察され，その間隔がこの公式とよく合うことが確かめられています．

いまの話からおわかりのように，この理論での準位の分離は，同一のnを持ち，異なるkを持つ準位同士の分離の話です．ですから，アルカリ2重項内の準位の分離とはまったく別のものです．〔アルカリ2重項の2つの準位は同一のnと同一のkを持っています．だからこそ，それを区別するのに新しい量子数jが必要であった．〕

ランデは，それにもかかわらず，アルカリ2重項内の2つの準位の間隔値が(2-1)とよく似た公式であらわされることに気がついたのです．すなわち彼は，副量子数kを与えたとき，そのターム内準位の間隔が

$$\Delta W_{\text{alkali}} = +2\frac{\mu_0}{4\pi}\left(\frac{e\hbar}{2m}\right)^2\frac{1}{a_{\text{H}}^3}\frac{(Z-s)^4}{n^3k(k-1)} \quad (2\text{-}3)$$

の形の公式でよく再現されることを見出しました．ここで(2-1)のZのところに$(Z-s)$がきているのは，現実のアルカリ原子では，光る電子に働く電場が$\frac{1}{4\pi\varepsilon_0}\frac{eZ}{r}$でなく，内部の電子によって遮蔽された$\frac{1}{4\pi\varepsilon_0}\frac{e(Z-s)}{r}$だからです．そして実験値から，(2-3)を用いて逆にsを計算して，それが納得のいく値を持っていることを示しました．たとえば$n=2$，$k=2$の2重項間隔の実験値からLi，

---

14) μ_0とε_0は真空の透磁率と誘電率である．$\mu_0 = 4\pi \times 10^{-7}$ kg m/C^2，$\varepsilon_0 = 1/(\mu_0 c^2) = 8.854 \times 10^{-12}$ C^2/(N m^2)．cは光速である．

表 4 [15]

	Li	Be$^+$	B^{++}	C^{+++}		Na	Mg$^+$	Al^{++}	Si^{+++}
$\Delta W/(hc)$	0.34	6.9	30.9	68.5	$\Delta W/(hc)$	17.2	91.5	238	460
s	2.0	1.9	1.9	2.2	s	9.0	8.9	9.1	9.4

Be$^+$,B^{++},C^{+++} および Na,Mg$^+$,Al^{++},Si^{+++} に対して s を計算すると,表 4 にあるような値が出る.表を見てわかるように,Li 組では $s\cong 2$,Na 組では $s\cong 9$ と出ましたが,Li 組では内部電子の個数が 2 であり,Na 組でのそれは 10 であることからみて,得られた s はきわめて合理的なものです.彼はさらに $n=3$,$n=4$,$n=5$ などの 2 重項もしらべているが,いずれもうまく説明がつく.そういうわけで,(2-3) はよい実験式だと言えましょう.

それでは代用モデルから実験式 (2-3) を導くことができるか.ランデの代用モデルでは,R に附随する磁気能率 μ_R と,K に附随する磁気能率 μ_K との間の磁気的エネルギーが $W_{\mathrm{mag}}=\mathrm{const}\cdot(R\cdot K)$ で与えられ,その結果,多重項内準位間隔は $\Delta W_{\mathrm{mag}}=\mathrm{const}\cdot\left(J-\dfrac{1}{2}\right)$ で与えられる,ということになっていましたね(前回の (1-24) と (1-26),(1-27) をごらん).ところで,ここにあらわれる const の中身について前回では何も言いませんでした.それをこれから求めましょう.

*

前回話したように,芯が磁気能率を持つと,原子内に軸対称の内部磁場があらわれる.そうすると,光る電子はその磁場のなかで一種の内部ゼーマン効果を起し,それが多重項出現の原因だと考えられる.しかし,この考えで W_{mag} や ΔW_{mag} の式の const を計算しようとすると,ややこしい計算が必要になるので,少し立場を変えて,次のような考えで進むのが得策です.すなわち,芯によってつくられる磁場が軌道電子に作用すると考えるかわりに,軌道電子によってつくられる磁場が芯に作用すると考えるのです.いま原子の中心に原点をとり,電子の動径を r,速度を v と書きます.そうすると,ビオ-サバーの法則に従い,原点には

$$\mathring{B}=-\frac{\mu_0 e}{4\pi}\frac{[r\times v]}{r^3} \tag{2-4}$$

---

15) $\Delta W/(hc)$ の単位は cm^{-1}.

という磁場ができます．そこで電子の軌道角運動量をランデ流に K とすると，(2-4) は

$$\mathring{B} = -\left(\frac{\mu_0 e\hbar}{4\pi m}\right)\frac{1}{r^3}K \qquad (2\text{-}4')$$

と書けます．そこで芯の磁気能率 μ_R が原点に集中しているものとすると，$\mathring{B}$ と μ_R 間の磁気エネルギーは，普通のゼーマン効果の場合と同様（前回の (1-29) を見よ）

$$E_{\text{mag}} = -\frac{e\hbar}{2m}(\mathring{B}\cdot\mu_R) \qquad (2\text{-}5)$$

です．そこで $\mathring{B}$ として (2-4′) を用い，また $\mu_R = -g_0 R$ を用いると（前回の (1-22) を見よ），直ちに

$$E_{\text{mag}} = -2\frac{\mu_0 g_0}{4\pi}\left(\frac{e\hbar}{2m}\right)^2\left(\frac{1}{r^3}\right)(K\cdot R) \qquad (2\text{-}6)$$

が導かれます．このとき $\left(\dfrac{1}{r^3}\right)$ は時間とともに変動しますから，これを直接 (1-24) の W_{mag} とすることはできませんが，この $\dfrac{1}{r^3}$ の時間平均を $\left\langle\dfrac{1}{r^3}\right\rangle$ としたとき，W_{mag} は近似的に

$$W_{\text{mag}} = -2\frac{\mu_0 g_0}{4\pi}\left(\frac{e\hbar}{2m}\right)^2\left\langle\frac{1}{r^3}\right\rangle(K\cdot R) \qquad (2\text{-}6')$$

で与えられ，したがって

$$\Delta W_{\text{mag}} = -2\frac{\mu_0 g_0}{4\pi}\left(\frac{e\hbar}{2m}\right)^2\left\langle\frac{1}{r^3}\right\rangle\left(J-\frac{1}{2}\right) \qquad (2\text{-}6'')$$

が導かれます．

これで const の中身がわかりましたが，(2-6″) を用いて問題の間隔値を計算するには $\left\langle\dfrac{1}{r^3}\right\rangle$ がわからねばならない．この平均値は，電子がクーロン場を動くときにはちゃんと計算できます．そのときポテンシャルを

$$V(r) = -\frac{1}{4\pi\varepsilon_0}\frac{Ze}{r} \qquad (2\text{-}7)$$

とおくと，ボーアの理論によれば

$$\left\langle\frac{a_{\text{H}}^3}{r^3}\right\rangle = \frac{Z^3}{n^3 k^3} \qquad (2\text{-}8)$$

です．ただし n は主量子数，k は副量子数（それは軌道角運動量でした），a_{H} はボーア半径 (2-2) です．ここでボーア理論のかわりにランデの代用モデルを用いる

なら軌道角運動量は K ですから，(2-8) のかわりに
$$\left\langle \frac{a_\mathrm{H}^3}{r^3} \right\rangle = \frac{Z^3}{n^3 K^3} \qquad (2\text{-}8')$$
を用いるほうがコンシステントでしょう．

さて，ここでアルカリ2重項の場合に話を限りましょう．そうすると，(2-6″) のなかの $J-\frac{1}{2}$ を K としてよいことがわかります．したがって
$$\Delta W_\mathrm{mag} = -2g_0 \frac{\mu_0}{4\pi}\left(\frac{e\hbar}{2m}\right)^2 \frac{1}{a_\mathrm{H}^3}\frac{Z^3}{n^3 K^2} \qquad (2\text{-}6)_\mathrm{L}$$
が得られます．さらに前回お話した g 因子の計算で，代用モデルによって導いた式 (1-31′) の J^2 のところを $J^2-\frac{1}{4}$ でおきかえる必要があった（前回の $(1\text{-}31)_\mathrm{exp}$ を見よ）．ですから，ここでも K^2 のかわりに $K^2-\frac{1}{4}$ を用いたほうがよいかもしれない．そうすれば $\left(K^2-\frac{1}{4}\right) = \left(K+\frac{1}{2}\right)\left(K-\frac{1}{2}\right)$ で，かつランデの K は副量子数 k と $K = k-\frac{1}{2}$ で結びつけられていることからみて，$(2\text{-}6)_\mathrm{L}$ の K^2 のかわりに $k(k-1)$ を用いるほうがよいだろう．そう考えると，結局
$$\Delta W'_\mathrm{mag} = -2g_0 \frac{\mu_0}{4\pi}\left(\frac{e\hbar}{2m}\right)^2 \frac{1}{a_\mathrm{H}^3}\frac{Z^3}{n^3 k(k-1)} \qquad (2\text{-}6')_\mathrm{L}$$
が導かれる．

ところで，この式は電子がクーロン場で動いているものとして計算したものです．ですから，それを一般の原子にあてはめるには，Z のかわりに $Z-s$ を用いて遮蔽による補正をせねばならない．そうすると $(2\text{-}6')_\mathrm{L}$ のかわりに
$$\Delta W''_\mathrm{mag} = -2g_0 \frac{\mu_0}{4\pi}\left(\frac{e\hbar}{2m}\right)^2 \frac{1}{a_\mathrm{H}^3}\frac{(Z-s)^3}{n^3 k(k-1)} \qquad (2\text{-}6'')_\mathrm{L}$$
がよかろう，という結論になります．

このようにしてランデ流の考えからは，準位間隔が $(2\text{-}6'')_\mathrm{L}$ になることがわかりました．これと，実験式 (2-3) とをくらべると，よく似たところもあるが，大きな食いちがいもある．それは，

(i) (2-3) の $(Z-s)^4$ のところが $(2\text{-}6'')_\mathrm{L}$ では $(Z-s)^3$ になっており，

(ii) (2-3) の右辺の頭で符号 + のところが $(2\text{-}6'')_\mathrm{L}$ では − になっており，

(iii) (2-3) の右辺の頭の因子 2 のところが $(2\text{-}6'')_\mathrm{L}$ では $2g_0$ すなわち 4 になっている．

の3つです．このうち (i) のちがいは致命的で，$(2\text{-}6'')_\mathrm{L}$ で実験値から s を決め

ると，表4とちがってとんでもない値が出てくる．ここでランデは磁気的相互作用が多重項の原因だという彼の考えがだめであることを認めざるを得なくなりました．なおランデは (ii), (iii) の食いちがいを見落しているようです．彼の計算をたどってみると，"間隔"というせいか，符号についてはあまり神経質に考えていなかったようで，また $g_0=2$ を計算の途中でうっかり取り落してしまった個所がある．

じつはランデが代用モデルを用いて $(2\text{-}6'')_L$ の計算をやる以前に，ハイゼンベルク (W. Heisenberg) は1922年ごろ，彼独自のモデルで Li 2 重項の間隔を計算しているのです．彼のモデルも大すじではランデ・モデルと似たものですが，彼は彼の計算結果が実験値とよく一致すると報告しています．またロシュデストウェンスキ (D. Roschdestwenski) という人も同様な計算をやったそうですが，この2人が実験と合う結果を得たのは，じつは Z が小さいからでした．

このような経過があって，ランデは1924年4月に書きあげた彼の論文の最後を次のような文章でしめくくっています．"……スペクトル多重項内の準位間隔を磁気的相互作用によって説明することは，ロシュデストウェンスキやハイゼンベルクらが Li に関して得た成果にもかかわらず，それを最後として，もはや受け入れることはできない云々."しかし彼はこれをさらっと述べているだけです．事実は事実として受け入れるよりしかたない，と彼は達観したのでしょうか．──

*

それでは，そのころパウリは何をしていたか．彼は例のランデへの警告をのせた論文を1923年10月に書きあげてからほぼ1年間，論文を書いていません．[16] たぶんその間，彼は芯という考え方につきまとう重大問題の解決に向かって彼の考えをだんだん煮つめていたのでしょう．そしてやっと1924年12月にひとつの論文を書きあげました．彼はその論文で当時支配的であった考え方，すなわち原子の芯は K シェルにある，という仮説の批判からはじめ，そして多重項のあらわれるのは，芯と光る電子の相互作用のためではなく，電子自身が持つ特性のあらわれであるとい

---

16) パウリは1923年10月と1924年12月の間に2つの論文を書いている：Bemerkungen zu den Arbeiten "Die Dimension der Einsteinschen Lichtquanten" und "Zur Dynamik des Stosses zwischen einem Lichtquant und einem Elektron" von L.S. Ornstein und H.C. Burger, *Zeitschr. f. Physik*, **22** (1924) 261-265 (1924年1月受理); Zur Frage der theoretischen Deutung der Satelliten einiger Spektrallinien und ihrer Beeinflussung durch magnetische Felder, *Naturwissenschaften*, **12** (1924) 741-743 (1924年8月提出). 後者については p.24 の注13を参照．原子核が角運動量をもつという可能性に言及したこの論文には著者も p.76 で触れている．

う主張にはじめて踏み切ったのです.

　代用モデルの考えがなおはなやかに成果をあげていた1923年ごろ，多くの人々は，芯というものはKシェルにあると考えていました．ぼくが前回芯の考えをきみたちに紹介したとき，原子内の電子のうちいちばん外にある「光る電子」を除いた残りの電子を全部芯にくり入れました．しかし，実際に角運動量$\boldsymbol{R}$を持ち$g_0=2$を持つのは，残りの電子のなかでもKシェルにある電子だけだ，という考えがそれです．そのときKシェル以外の閉じたシェル（Lシェル，Mシェル……）のなかにある電子は，角運動量にも磁気能率にも寄与しない，と考えられていたのです．彼はまずこの考え方に対する批判からはじめました．

　彼は，もし芯がKシェルにあるなら，Kシェルの電子は，Zの大きい場合，非常に高速度で運動するから，相対論の影響を強く受けるはずだ，そうすれば磁気能率と角運動量の比も大きな相対論的補正を受けるはずだ，と考えました．そして彼は，例のゾンマーフェルトの論文などを引用しながら，この補正を計算し，Zの大きい原子では理論的にg_0が2という値から実験にかかる程度に大きくずれることを見出しました．しかし事実は，Zの大きさに関係なく，$g_0=2$が成り立っている．したがって芯がKシェルにある，という考えはあやしくなる．これがパウリの批判です．さらにパウリは，Kシェル以外の閉じたシェルが角運動量も磁気能率も持たないのに，Kシェルだけにそれを持たすのはもともと不自然な考え方であり，むしろKシェルも他のシェルと同様，角運動量も磁気能率も持たない，と考えるべきであろうと主張する．

　パウリは，さらにこの理由のほかに，Heの基底状態に関するランデ流の考えの不自然さ（これはパウリがランデに警告した例の件です），および多重項内準位間隔を芯と光る電子との磁気的相互作用によって説明する試みの失敗（これはさっき話しました）とをあげて，次のように結論しています．"閉じたシェルはすべて原子の角運動量や磁気能率に対して寄与しない．特に，アルカリ類原子においては，$g_0=2$という正常でないg因子の座は（芯にあるのではなく）光る電子自体にあり，原子の全角運動量や異常磁気能率はすべて光る電子単独の性質のあらわれである．この観点からいうと，アルカリ・スペクトルの2重構造や，ラーマー定理の不成立（注：異常ゼーマン効果があらわれること）は，光る電子が持つところの，古典的に記述不可能な，量子力学的二価性の結果としてあらわれるのである云々．"

　ここでパウリは4つの量子数n, k, j, mのなかのj，したがってmが光る電子と

芯との関連においてあらわれるのではなく，すべて1個の電子そのものに属するものであることをはじめて表明したわけです．しかし，ここでも彼は，これらの量子数の背後にモデル的イメージを持つことを避け，「古典的記述不可能な二価性」という言いかたをしている．[17]

パウリは，ひきつづいてこの考えをもとにいろいろなことを論じ，彼の主張に根拠を与えようとしています．そのひとつは，芯の考えにまつわりついていた"奇妙なこと"が彼の考え方によれば完全に解消することです．何回も話しましたように，芯の考え方ですと，電子が外から1つ付け加わるとき，芯の性質が突然変わらなければならぬことになっていました．それがパウリの新しい考え方ではあらわれないですむのです．また新しい考え方では，「古典的記述不可能な二価性」はすべての電子めいめいが分かち持っているので，当然，芯の電子とそのほかの電子との差別はなくなります．

*

いまお話した"奇妙なこと"を，できるだけパウリのことばを使って表現してみましょう．まずアルカリ原子を考えましょう．この原子を弱い磁場のなかに入れてゼーマン効果を起させ，そのときいくつのサブ準位があらわれるかをかぞえると，Sタームを除き，2重項の一方の準位は$2(k-1)$個のサブ準位に分裂し，もう一方の準位は$2k$個のサブ準位に分裂することがわかります．そこで2重項の両方の準位を合せると，kを与えたときあらわれるサブ準位の個数は$2(2k-1)$になる．さらにSタームはもともと1重ですから例外になりますが，Sタームはゼーマン効果で2個のサブ準位に分裂しますから，ここでも$2(2k-1)$は成立しています．そういうわけで，アルカリ原子においてnとkとを与えると，そのn,kに属する状態の個数は，それを$N_2(k)$と書くなら（Nにつけた添字2は2重項の意味です），

$$N_2(k) = 2\cdot(2k-1) \qquad (2\text{-}9)_2$$

で与えられることになります．さらにこの個数は，強磁場のときのパーシェン－バック効果の実験や中強度磁場の実験からも導くことができます．ここで特に$k=1$

---

17) 参照：W. パウリ「排他律と量子力学」，中村誠太郎訳，中村誠太郎・小沼通二編『ノーベル賞講演・物理学6』所収，講談社（1978），pp. 76-96. 特に，p. 79を見よ．

とおくと，S タームについて

$$N_2(1) = 2 \qquad (2\text{-}9')_2$$

が得られます．

次にアルカリ土類を考えましょう．このとき 1 重項と 3 重項があらわれますが，やはりゼーマン効果やパーシェン–バック効果の実験を通じて

$$N_1(k) = 1 \cdot (2k-1) \qquad (2\text{-}10)_1$$

$$N_3(k) = 3 \cdot (2k-1) \qquad (2\text{-}10)_3$$

が得られます（N につけた添字 1 と 3 はそれぞれ 1 重項，3 重項を意味します）．そこで 1 重項，3 重項を区別しないで，n と k だけを与えたときの状態の個数は

$$N_1(k) + N_3(k) = 4 \cdot (2k-1) \qquad (2\text{-}10)_{1+3}$$

で与えられます．

ここまでの話と結論とは，要するに実験事実だけを整理して得られたもので，モデル的な思考はひとつも使っていません．そこで，代用モデルの観点でこの結論を解釈すると，どういう事態が出てくるか．

前回でもお話したように，パーシェン–バック効果の代用モデル的説明はきわめて単刀直入的でした．このときは強磁場の作用で芯の角運動量 r と軌道角運動量 k の磁場成分は別々に方向量子化されました．その結果，アルカリ 2 重項においては，r の磁場方向成分 m_r が 2 個の値をとり，k の磁場方向成分 m_k は $2k-1$ 個の値をとりました（このときパウリ流で考えていますから，$-r+1 \leqq m_r \leqq r-1$, $-k+1 \leqq m_k \leqq k-1$ です）．したがって k を与えたときの状態の個数は，2 と $2k-1$ とを組合せて，$2 \cdot (2k-1)$ となります．このモデルから $(2\text{-}9')_2$ の第 1 因子 2 は芯の状態数，第 2 因子 $(2k-1)$ は光る電子の状態数だと言えることになります．

同様なことはアルカリ土類でも言われます．すなわち $(2\text{-}10)_1$ および $(2\text{-}10)_3$ の第 1 因子 1 と 3 とは，それぞれ 1 重項および 3 重項での芯の状態数です．それに対してどちらの多重項でも，光る電子の状態数はアルカリの場合と同じく $2k-1$ です．

そこで"奇妙なこと"があらわれる．たとえば Mg^+ を考えてみましょう．Mg^+ はたびたび言ったように Na と似たタームを持っているはずで，したがってそれの

基底状態は $(2\text{-}9')_2$ によって 2 個の状態を含んでいる．ですから，そこに量子数 k の光る電子が付け加わって Mg 原子になるとき，光る電子は常に $2k-1$ 個の状態を持っていますから，全体の状態の個数は $2\cdot(2k-1)$ になるはずです．ところが，それがそうならなくて $1\cdot(2k-1)$ や $3\cdot(2k-1)$ が Mg 原子の状態数です．そういうわけで，Mg^+ の状態数 2 が，それに電子が付着する瞬間に 2 から 1 あるいは 3 に変化しなければならない．これはまったく"奇妙なこと"です．そういうことは，古典力学プラス対応原理の考え方ではとても説明できない．ボーアはそこで「非力学的強制」(nichtmechanisher Zwang) によって，そういうことが起るのだと言っている．

パウリはここで，電子自身が二価性を持つという自分の新しい考え方をすれば，非力学的強制など考えないですむと主張します．すなわち $(2\text{-}9)_2$ にあらわれる 2 つの因子 2 と $(2k-1)$ を，一方を芯の状態数，一方を光る電子の状態数だと考えるからそういう"奇妙な"事態があらわれるので，$2\cdot(2k-1)$ 全体を 1 個の電子の状態数と見れば，そういう変なことは起らないというのです．そうすれば，Mg^+ に電子がくっつくとき，Mg^+ イオンの状態数 2 と，外からくっつく電子の状態数 $2\cdot(2k-1)$ とを組合せて，Mg 原子の状態数は，k を与えたとき

$$2\times 2\cdot(2k-1) = 4\cdot(2k-1) \qquad (2\text{-}10')$$

となり，奇妙なことを考えないで $(2\text{-}10)_{1+3}$ が得られる．それでは電子の状態数がなぜ $2\cdot(2k-1)$ になるか．パウリはここにあらわれている第 1 因子の 2 を，電子の持っているところの「古典的記述不可能な二価性」と言って，それ以上その問題には立ち入らないことにしています．

パウリによれば，この新しい考え方はもちろんまだ不十分で，$(2\text{-}10)_{1+3}$ の因子 4 がなぜ 1 と 3 とになるのか，くわしく言うと，なぜ 1 重項，3 重項といった 2 種類のターム系列があらわれるかとか，1 重項・3 重項間のエネルギー差や 3 重項内の準位間隔がどういう原因で起るのかとか，そういうことの説明はまだできない．しかし，この考え方を採用するなら，原子内のおのおのの軌道には一定の定員があり，満員になるとその軌道は閉ざされる，という実験的に知られた顕著な事実を，「量子数 n,k,j,m の値を指定したとき，その量子数を持つ電子は原子内に 1 個より多く存在することはできない」という簡単明瞭な形の規則で言いあらわせることをパウリは見つけたのです．この規則は，n,k,j,m という状態に電子が 1 個入

ってしまうと，その電子は他の電子がそこへ入るのをこばむという意味で，「パウリの排他原理」と呼ばれるようになりました．パウリはこの規則から，K シェルは 2 個の電子で閉じ，L シェルは 8 個の電子で，M シェルは 18 個の電子で閉じる……という事実が導き出せることを示しました．

R. de L. クローニッヒ (1904 - 1995)（右から二人目）．左より仁科芳雄，D. M. デニソン，W. クーン (W. Kuhn)，一人おいて B. B. レイ (B. B. Ray)．1925 年コペンハーゲンにて．

たしかにこの成果はパウリの新しい考え方に大きな根拠を与えるものです．なぜなら，いま言ったような規則は，なによりも，n, k, j, m が 1 つの電子にかかわるものでなかったら，考えることすらできないものですものね．

その当時，当然存在の期待されるタームがしばしば欠落しているという事実が観察されていました．たとえば図 1 をごらんなさい．Mg の 1 重項は $n=3$ からはじまっているのに 3 重項のほうは $n=4$ からはじまっていて，$n=3$ が欠落しています．パウリはこの現象も排他原理で説明できることを示しました．さらに複雑な原子になると，また 1 個以上の電子が励起しているような準位をも考えに入れると，排他原理によって，たくさんの準位が欠落するはずになります．ですから，パウリの考えの是非を判断するには，あらゆる場合をあたってみて，この欠落に例外のないことを確かめる必要があります．そこでパウリはランデのもとに旅立って，ランデの集めたたくさんのデータのなかに，この規則を破る例があるかないかを確かめようとしました．そのとき彼はランデの研究室で，彼の考えからヒントを得て電子が自転するという仮説をたてようとしていた一人の青年に会ったのです．

*

それはウーレンベック，カウシュミットたちより半年ばかり早く自転電子の着想を持つようになったクローニッヒ (R. de L. Kronig) のことです．当時まだ 20 歳そこそこであったクローニッヒは 1925 年の正月，多重項やゼーマン効果に興味を

持ってアメリカからランデの研究室にやってきたのです．そのときランデはパウリから来た手紙を彼に見せたのですが，そこには「古典的記述不可能な二価性」のことが書いてありました．クローニッヒはこれを読んで，直ちに自転電子の考えを思いつきました．すなわち電子は自転しており，自転角運動量は$\frac{1}{2}$であり，それのg因子は$g_0=2$であるという考え方です．彼はこの仮定からアルカリ2重項のあらわれかたや，ゼーマン効果，パーシェン-バック効果などが代用モデルを用いたときと同様ちゃんと出てくることを見出しました．さらに彼は，自転磁気能率と軌道運動の相互作用は相対論によって導き出すことができるだろうということ，そしてそれを用いれば2重項内準位の間隔も計算できるだろうということ，を予想しました．

ここで相対論をどう使うのか．それを説明しておきましょう．原子内の電子は電場のなかにあり，したがってそれは電気的な力を受けますが，電子の持つ自転磁気能率のほうは，直接電場からの力は受けないはずですね．しかし電子が動いているときには，電子の静止系に立って見ると，そこには実験室系になかった磁場が電場からのローレンツ変換によってあらわれてきます．アインシュタイン（A. Einstein）によれば，この磁場は

$$\mathring{B} = \frac{1}{c^2}\frac{E \times v}{\sqrt{1-v^2/c^2}} \qquad (2\text{-}11)$$

です．そうすれば，電子の自転磁気能率をμ_e，自転角運動量をsと書くと，それと$\mathring{B}$との相互作用エネルギーは

$$\begin{aligned}E_\mathrm{rel} &= -\frac{e\hbar}{2m}(\mathring{B}\cdot\mu_\mathrm{e}) \\ &= g_0\frac{e\hbar}{2m}(\mathring{B}\cdot s)\end{aligned} \qquad (2\text{-}12)$$

で与えられます（代用モデルの (2-5) を思い出してください）．これが，自転磁気能率と軌道運動との間の相互作用エネルギーです．ただし (2-12) は電子の静止系でのそれですから，実験室系でのエネルギーは (2-12) をローレンツ変換でもとにもどす必要があります．それには (2-12) にただ$1/\sqrt{1-v^2/c^2}$を掛ければよい．

しかし電場Eがクーロン場であり，かつ$v^2/c^2 \ll 1$のときは，もっと初歩的にこの計算を行なうことができます．このとき電子の静止系にあらわれる$\mathring{B}$を次のようにビオ-サバーの法則で求めることができるからです．すなわち電子の上に乗っかってそれといっしょに動く人から見ると，電子が止っているかわりに核が電子のまわりをまわっていると考えてよいでしょう．そのとき核の速度は$-v$で動径は

$-r$,そしてその電荷は $+Ze$ です.ですから電子のところでの磁場は,ビオ-サバーの法則によって

$$\mathring{B} = + \frac{\mu_0 Ze}{4\pi} \frac{[r \times v]}{r^3} \qquad (2\text{-}11')$$

で与えられます.〔芯モデルでは芯の場所の磁場が (2-4) であったことを思い出してください.そこでは,まわっているのは電荷 $-e$ の電子であったが,ここでは電荷 $+Ze$ の核です.〕一方,(2-11) 式の E のところにクーロン場

$$E = \frac{1}{4\pi\varepsilon_0} \frac{Ze}{r^3} r$$

を代入し,$\sqrt{1-v^2/c^2} \approx 1$ とおけば (2-11′) と同じ $\mathring{B}$ が導かれます.いずれにせよ,こうして得られた (2-11′) と,芯モデルのとき用いた (2-4) とをくらべると,(2-4) の e のところに (2-11′) では Ze があらわれており,(2-4) の右辺の符号 $-$ のところが $+$ になっている.そういうわけで,自転電子というクローニッヒの考えを使って計算するなら,準位間隔は,$(2\text{-}6')_\text{L}$ を Z 倍し,符号 $-$ を $+$ にしたものが出てくることになる.すなわち

$$\Delta W_\text{mag} = +2g_0 \frac{\mu_0}{4\pi} \left(\frac{e\hbar}{2m}\right)^2 \frac{1}{a_\text{H}^3} \frac{Z^4}{n^3 k(k-1)} \qquad (2\text{-}13)$$

です.ここでもまた,原子内電場がクーロン場でない場合には,遮蔽の補正を入れ,

$$\Delta W'_\text{rel} = +2g_0 \frac{\mu_0}{4\pi} \left(\frac{e\hbar}{2m}\right)^2 \frac{1}{a_\text{H}^3} \frac{(Z-s)^4}{n^3 k(k-1)} \qquad (2\text{-}13')$$

を用いればよいだろう,ということになります.

この式とランデの実験式 (2-3) とくらべますと,芯モデルのときよりはるかによい一致が得られていることがわかります.さっき芯モデルと実験との食いちがいを(ⅰ),(ⅱ),(ⅲ)にまとめておきましたが,(ⅰ)と(ⅱ)との問題点はすでに解決したことがわかります.ただ(ⅲ)の食いちがいは依然として残っている.そのときにも言ったように,そこに因子 4 が出てきたのは $g_0=2$ を用いた結果なのですが,だからといって $g_0=1$ とおくことはできない.なぜなら,それでは異常ゼーマン効果もパーシェン-バック効果も出てこなくなる.そういうわけで,相対論的エネルギー (2-12) から正しい準位間隔が出そうだというクローニッヒの予想は外れました.しかし実験との食いちがい(ⅰ)と(ⅱ)が解消したことは大きな進歩ではないでしょうか.

左から，O. クライン（1894-1977），G.E. ウーレンベック（1900-1988），S.A. カウシュミット（1902-1978）．1926年に撮影．

クローニッヒは (2-11) の $\overset{\circ}{B}$ を使えば準位間隔が Z^3 でなく Z^4 に比例するようになることは，くわしい計算以前に気づいていたらしく，そうすれば，H，He^+，Li^{++}，Be^{+++} などの微細構造も，ゾンマーフェルト流に解釈するより，むしろ電子の自転によるという新解釈ができるのではないかと考えていたのです．事実，もし (2-13) の右辺にある因子が2と出れば，それはまさにゾンマーフェルトの微細構造公式 (2-1) とまったく同形なわけで，したがって新解釈によって微細構造の説明ができることになる．しかし (2-13) の因子は4になってしまったので，この予想は外れてしまった．

　クローニッヒは，彼の得たこの結果をランデに話しました．そうしたらランデは，パウリが近くここへ来るからそのとき彼の意見を聞いたらどうか，と言ってくれたという．そういう経過でパウリとクローニッヒとが会うことになったのです．しかしクローニッヒの考え方を聞いたパウリは，それにまったく興味を示さず，冷淡な態度でクローニッヒを落胆させたようです．クローニッヒはさらにコペンハーゲンに行って，彼の考えをそこで披露したそうですが，そこでもあまり賛成が得られませんでした．また彼自身も，準位間隔が因子2だけ実験と食いちがうこと，さらに古典的な電子論から見れば，自転する電子にはいろいろな困難点があること（たとえば電子の大きさをローレンツ（H.A. Lorentz）が考えたように $\dfrac{1}{4\pi\varepsilon_0}\dfrac{e^2}{mc^2}$ 程度とすると，自転角運動量 $\dfrac{1}{2}$ を持つには非常に速い回転が必要で，電子表面の速度は光速の10倍にもなってしまうこと等々）などからあまり自信がなく，それやこれやで自分の考えを発表することをやめてしまった．

*

　ところがです，1925年の秋になってウーレンベックとカウシュミットの二人がクローニッヒとまったく同じ考えを *Naturwissenschaften* 誌に発表しました．じつ

をいうと，この二人はこの考えを投稿したあとでローレンツの意見を聞いたりしたところ，古典的電子論では非常に考えにくいことだと言われて，あわてて論文をとりさげようとしたが間に合わなかったという挿話があるそうです．しかし，幸か不幸か彼らの論文は雑誌に出てしまった．

　この論文を発表するとき，二人はまだ 2 重項準位間隔の計算まではやっていなかったようです．しかし，クローニッヒがコペンハーゲンで彼の考えを話したときからまだ半年しかたっていないのにコペンハーゲンの空気はがらりと変わっていたらしく，ボーアは二人の考えに興味を持ちはじめ，アインシュタインも，クローニッヒがすでに使った関係式 (2-11) を用いれば 2 重項準位間隔の計算ができるはずだ，と知恵を貸したりし，ボーアはウーレンベックたちの論文のあとにそれを推薦する短文をつけたりしました．しかし，このときにもパウリはウーレンベックたちの考えにあくまで反対であったことを彼のノーベル講演で述べています．また一方クローニッヒはといえば，彼は二人が第 2 論文を発表した *Nature* 誌に二人の考えを批判するレターを送り，いろいろ自転電子の困難点を列挙し，そのおしまいに "The new hypothesis, therefore, appears rather to effect the removal of the family ghost from the basement to the subbasement, instead of expelling it definitely from the house" と書いています．なんとも手きびしいですなあ．

　しかしウーレンベックは，自転電子にいろいろな難点があることをじゅうぶん知

---

18) ウーレンベックの回想がある：「カウシュミットと私はパウリの論文を読んでいたとき電子の自転というアイデアを得た．パウリは電子に 4 つの量子数をもたせて排他律を定式化していた．彼は第 4 の量子数を何の描像も与えず形式的に導入した．これは私たちにはミステリーだった．量子数は何らかの自由度に対応すべきものであった．エーレンフェストに教わってアブラハムの論文を読み，電子の $g_0=2$ が自転電子の模型によって古典的に理解できることを知り，自信を深めたが，電子の表面の速さが光速の何倍にもなることを知り熱は急速に冷めた（付録 A.1 参照）．エーレンフェストに話すと，彼は 1921 年に A.H. コンプトンが自転電子を考えたことなどを語り，このアイデアは大変に重要かナンセンスであるかのどちらかだ，短い報告を *Naturwissenschaften* に送るべきだと言った．そして「ローレンツに訊いてごらん」と付け加えた．ローレンツは「考えてみよう」と言って，翌週には自転電子の電磁気的な性質について詳しく書いてくれた．よくは理解できなかったが，自転電子は大きな困難を含むということは明らかであった．その一つは，磁気的エネルギーが大きくなり，それを電子の質量の程度に抑えるには電子は原子全体より大きくなければならない．カウシュミットと私は，いまは論文を出さないほうがよいと考えてエーレンフェストにそう言ったところ「とっくに論文は投稿してしまったよ．君たちは若いんだから愚かなことをしてもいいんだ．」」(G.E. ウーレンベック，ライデン大学就任講演，所収：B.L. van der Waerden, Exclusion Principle and Spin, in *Theoretical Physics in the Twentieth Century*, A Memorial Volume to Wolfgang Pauli, M. Fierz and V.F. Weisskopf ed., Interscience (1960). 引用は pp. 213-214 より．朝永も同様のことを本書の第 12 話 最終講義に書いている．

っていました(だからこそ *Naturwissenschaften* 誌の論文をとりさげようとしたわけです).彼は第2論文で,2重項準位間隔の計算をやってみたら因子2だけ実験値と食いちがった,ということも指摘しています.

こうして自転電子仮説が賛否両論のなかで揉みくちゃになっているとき,有名なトーマス(L. H. Thomas)の仕事があらわれました.この仕事で彼は2重項準位間隔に関する理論と実験間の食いちがいは,電子の静止系のとりかたが誤っていたからだ,ということを明らかにしました.このことが明らかになると,さすがのパウリも自転電子の考えに頭から反対するのをやめ,解決を将来に待つ問題点を含みつつも,この考えを裁可しよう,というふうになったのです.〔前回も話しましたようにパウリの完全癖は相当なものでしたが,この癖を彼は自分に向けたのみならず,ほかの人にも向け,人の仕事にいつもおそろしく辛い点をつけるので有名だったようです.そういうわけで,仕事の批判を彼に求めて"よろしい"と言われることを,「パウリの御裁可(sanction)を得る」と人々は言っていたということです.〕

*

トーマスのやった計算はおそろしくややこしいので,ここでお話するにはしんどすぎます.しかしとにかく"電子が静止していて核がまわっている座標系"というのをそう簡単にあつかってはいかん,ということなのです.電子が等速運動をしているなら,そういう座標系は実験室系からローレンツ変換で簡単に与えられます.

---

19) A. パイスは書いている(A. Pais, *Niels Bohr's Times*, Oxford (1991), pp. 242-244).
    1925年12月,ボーアはH. A. ローレンツの学位取得50年祭に出席するためライデンに向かっていた.途中,ハンブルクの駅でパウリとシュテルンがボーアのスピンについての考えを聞こうと待っていた.ボーアは言った.「とても,とても興味深い.」これは「何かが間違っている」というときに彼がいつも使う表現だ.「微細構造を生むためには磁場が必要だ.だが,原子の中には電場しかない.」
    ライデンに着いたボーアをエーレンフェストとアインシュタインが出迎え,早速スピンについてどう思うか訊ねた.「とても興味深い.しかし磁場はどうする?」と答えたボーアにエーレンフェストが言った.「それはアインシュタインが解決した.電子の静止系から見ると電場は回転しているから相対論によれば磁場が生ずる.」ボーアは即座に納得した.因子2のこと(本文 pp. 31, 39-40, 45)を訊かれると「それは自然に解決されるだろう」と答えた.そしてウーレンベックとカウシュミットに詳しい研究ノートを書くように促し,ボーアはそれに賛辞をそえた.
    コペンハーゲンへの帰路,ゲッチンゲンでハイゼンベルクに会い「スピンの考えは偉大な進歩だ」と話した.ベルリンでは,パウリは同じ言葉を聞いて「新しいコペンハーゲンの異端説だ」と応じた.
    1926年2月には,ボーアはハイゼンベルクとパウリに手紙を書き,因子2の問題が解決したことを知らせた.「最近6ヵ月ここに滞在した若いイギリス人トーマスが……これまでの計算に誤りがあることを見つけました.」

しかし電子に加速度があると面倒なことが起る．たしかに電子がじっとしている座標系は存在しています．くわしく言うと，電子の上に原点を乗せながら電子といっしょに動いてゆく座標系がそれです．しかし，原点が電子といっしょに動いている，と言うだけでは座標系は1つに決まりません．つまりそのとき x, y, z 軸の向きをどうとるかが問題です．そこで，原点が電子といっしょに動いてゆく，という条件のほかに，x, y, z 軸が常に平行に移動してゆく，といった条件をつける必要があるでしょう．ところがこの"平行"ということは，等速運動の電子に対しては明白なのですが，電子に加速度があると，それほど明白なことではない．こういう点にトーマスは気がついたのです．

そこでまずトーマスは，座標軸の平行な移動とは何か，ということを論じました．そして，軸の平行な移動とは，各瞬間ごとに，その瞬間での軸が無限小時間前の軸と平行になっていることだ，と結論しました．電子といっしょに動く原点を持ち，かつこの意味において平行に移動してゆく軸を持つ座標系は，電子の固有座標系とでも言うべきものですが，トーマスは，この系の軸を実験室系から見ると，電子に加速度があるときには，それは決して平行に移動していなくて，そこには回転が伴っていることを導いたのです．彼はしんどい計算をやって，固有座標系の軸が，実験室系から見ると

$$\Omega = \frac{1}{2c^2}[a \times v] \qquad (2\text{-}14)$$

という角速度で回転していることを見出したのです．ただしここで a は電子の加速度です（この式では，$1 - v^2/c^2 \approx 1$ という近似を行なっています）．そしてトーマスは，クローニッヒやウーレンベックたちが行なった計算では，固有座標系のこの回転を考慮に入れていないので，電子の加速度が0のときには正しいが，そうでないときは誤った答えが出る，という点を指摘しました．トーマスの理論についてはあとの機会にくわしく話したいと思っていますが，ここで大体のすじ道だけを話しておきましょう．

まず電子の静止系においては，(2-11)で与えられる磁場 $\overset{\circ}{B}$ があらわれる．この点ではクローニッヒもウーレンベックも（当然アインシュタインも）正しい．そこで，この磁場におかれた電子の自転磁気能率 μ_e のエネルギーは (2-12) によって与えられ，そこで一種の内部ゼーマン効果が起るでしょう．しかしトーマスの理論はまったく古典論なので，ラーマー（J. Larmor）の考えと同様，μ_e がプリセッシ

ョンをするという考えでゼーマン効果を説明します．それで，まず古典的なコマの理論によって磁場 $\mathring{B}$ のなかでの μ_e のプリセッションをしらべます．そうすると，プリセッションの角速度は

$$\Omega_{\mathring{B}} = g_0 \frac{e}{2m} \mathring{B} \qquad (2\text{-}15)$$

であることがわかります．次に，きみたちが（2-12）とこの式との関係を気にするといけないから，少し横みちに入りますが，第一に，プリセッションの基本角振動数 $\omega_{\mathring{B}}$ は（2-15）を時間平均したもの，すなわち

$$\omega_{\mathring{B}} = g_0 \frac{e}{2m} \langle \mathring{B} \rangle$$

で与えられますね．そこで次に対応原理を使うと，$\hbar\omega = |W_1 - W_2|$ というボーアの関係によって，

$$\hbar\omega_{\mathring{B}} = g_0 \frac{e\hbar}{2m} \langle \mathring{B} \rangle \qquad (2\text{-}15')$$

は，（2-12）から得られる2重項準位間隔になるはずです．ところで（2-12）において $\mu_e = -g_0 s$ が成り立つはずで，そのとき s の磁場方向成分 m は $+\frac{1}{2}$ と $-\frac{1}{2}$ ですから，したがって（2-12）から得られる準位間隔は

$$\Delta W_{\text{rel}} = g_0 \frac{e\hbar}{2m} \langle \mathring{B} \rangle \qquad (2\text{-}15'')$$

となり，これはたしかに（2-15'）から得られるものと一致します．

ここではっきりわかったでしょう．つまり古典論的に言えば，クローニッヒやウーレンベックたちのやったことは，（2-15）の角速度自身がそのままで実験室系で見たプリセッション角速度なのだと考えたことです．しかしトーマスは言います．このプリセッション角速度は電子の固有座標系での角速度であるが，実験室系から見るとその固有座標系自身，（2-14）の角速度で回転している．したがって実験室系から見た μ_e のプリセッションを Ω_{lab} と書くなら，それは $\Omega_{\mathring{B}}$ そのものに Ω を加えたもの，すなわち

$$\begin{aligned}\Omega_{\text{lab}} &= \Omega_{\mathring{B}} + \Omega \\ &= g_0 \frac{e}{2m} \mathring{B} + \frac{1}{2c^2}[a \times v]\end{aligned} \qquad (2\text{-}16)$$

であらねばならぬ．

ところで電子の加速度 a は

$$a = -\frac{e}{m}E \tag{2-17}$$

で電場とむすびついています．ですからこれを（2-16）の右辺の第 2 項に代入し，さらに（2-11）を用いると（ただし（2-11）で $1-v^2/c^2 \approx 1$ とおいて），

$$\begin{aligned}\boldsymbol{\Omega}_{\text{lab}} &= \boldsymbol{\Omega}_{\mathring{B}} + \boldsymbol{\Omega} \\ &= (g_0-1)\frac{e}{2m}\mathring{B}\end{aligned} \tag{2-18}$$

が得られます．ここで $g_0=2$ とおくと，$\boldsymbol{\Omega}$ を考慮に入れない（2-15）式に $\frac{1}{2}$ を乗じたものが出てくる．そこで再び対応原理を用いると，（2-12）そのままを用いて得られた準位間隔（2-15″）のかわりに

$$\Delta W_{\text{rel}} = (g_0-1)\frac{e\hbar}{2m}\langle \mathring{B}\rangle \tag{2-19}$$

が得られます．そしてこのことは実験室から見たとき，$\boldsymbol{\mu}_{\text{e}}$ と $\mathring{\boldsymbol{B}}$ との相互作用エネルギーは（2-12）でなく

$$E_{\text{rel}} = (g_0-1)\frac{e\hbar}{2m}(\mathring{\boldsymbol{B}}\cdot\boldsymbol{s}) \tag{2-19'}$$

であることを意味する．そして E がクーロン場のときは（2-13）のかわりに

$$\Delta W_{\text{rel}} = +2(g_0-1)\frac{\mu_0}{4\pi}\left(\frac{e\hbar}{2m}\right)^2\frac{1}{a_{\text{H}}^3}\frac{Z^4}{n^3k(k-1)} \tag{2-20}$$

が導かれ，遮蔽のあるときは（2-13′）のかわりに

$$\Delta W_{\text{rel}} = +2(g_0-1)\frac{\mu_0}{4\pi}\left(\frac{e\hbar}{2m}\right)^2\frac{1}{a_{\text{H}}^3}\frac{(Z-s)^4}{n^3k(k-1)} \tag{2-20'}$$

が導かれる．ここで $g_0=2$ とおくと，たしかに（2-13）や（2-13′）の半分の準位間隔が得られます．ですから，さっきお話した（ⅰ），（ⅱ），（ⅲ）の問題点のうち最後まで残っていた（ⅲ）も解決されたことになります．

　このように，トーマスの考えを入れた式（2-19′）のなかで $g_0=2$ とおくと，（2-12）に $\frac{1}{2}$ を掛けたものが出るので，この因子 $\frac{1}{2}$ を「トーマス因子」と呼びます．しかし注意しなければいけないことは，このように因子 $\frac{1}{2}$ が出るのは $g_0=2$ のときに限ることです．$g_0 \neq 2$ だと，（2-19′）が（2-12）の半分になるとは言えません．だからぼくは，"トーマス因子が $\frac{1}{2}$ だ" という言いかたを好まない．なぜな

ら，そういう言いかたをすると，トーマスの考えを入れるには，それを入れないときの答の半分をとればよい，といった誤解に導かれるおそれがあるから．

最後に次のことを付け加えておきます．さっきからの議論で，われわれは外から磁場をかけていないときだけを考えました．そこで外磁場 B が存在している場合はどうなるか．答は簡単で，そのときは (2-15) のかわりに

$$\Omega_{B+\mathring{B}} = g_0 \frac{e}{2m}(B + \mathring{B}) \qquad (2\text{-}15''')$$

を用いればよい．そうすると実験室系から見たプリセッション角速度として (2-18) でなく

$$\Omega_{\text{lab}} = g_0 \frac{e}{2m} B + (g_0 - 1)\frac{e}{2m}\mathring{B} \qquad (2\text{-}18')$$

が得られます．その結果，実験室系から見たときの相互作用エネルギーとしては (2-19') のかわりに

$$E_{B+\text{rel}} = g_0 \frac{e\hbar}{2m}(B \cdot s) + (g_0 - 1)\frac{e\hbar}{2m}(\mathring{B} \cdot s) \qquad (2\text{-}19'')$$

を用いればよいことになります．この結論をことばで言うと，電子は外磁場に対しては $g_0 \frac{e\hbar}{2m} s$ の磁気能率を持つように，内部磁場に対しては $(g_0 - 1)\frac{e\hbar}{2m} s$ の磁気能率を持つように作用することになる．結局，こうして電子スピンにまつわる矛盾はすっかり解消したことになります．

*

トーマスが彼の得た結論をレターの形で *Nature* 誌に出したのは 1926 年 2 月のことで，ちゃんとした論文の形にそれをまとめて *Philosophical Magazine* に投稿したのは 1927 年の正月になってからです．このトーマスの仕事はヨーロッパで大きな反響を与えたようです．なにしろこれで 2 重項準位間隔についての理論と実験の食いちがいは，全部解消したのですから．そうなると，H，He^+，Li^{++}，Be^{+++} などの微細構造もゾンマーフェルト流でなく，アルカリ 2 重項の特別な場合とみなせることがはっきりしました．ちょっと考えると，ゾンマーフェルトの理論では，同じ n を持つ S, P, D……が分離するだけなのに，アルカリではその S, P, D……がさらに 2 つの準位に分かれるわけで，ですからアルカリ流だと H，He^+，Li^{++}，Be^{+++} などでゾンマーフェルト流の倍近くたくさんの準位が出てくるように思われ

ますね．そのとおり．しかし，にもかかわらず，見かけ上はそうならないのです．

簡単のため $n=2$ の場合を例にとってそのわけを話すとこうなります．水素の $n=2$ のタームには S ターム（$k=1$）と P ターム（$k=2$）とが属しており，P タームのほうはアルカリ流だと2重項で，ですから，さらに2つの準位に分かれ，都合3個の準位になりますね．しかし E がクーロン場のときには，2重項の下のほうの準位が S タームと重なり合うことになるのです．そういうわけで，見かけ上準位の数は2個しかないように見える．しかし，この重なり合いはスペクトル線の強度をしらべて確かめることができます．また S に P が重なっている結果，それが純粋の S なら選択規則で禁じられるはずの遷移があらわれてきたりします（このことを最初に指摘したのはカウシュミットでした）[20]．

そういうわけで，ここではじめて H が Li や Na などと同格に考えられるようになり，また He が Ne や Ar と同格に考えられるようになったのです．〔さっき K シェルが芯の座として L シェルや M シェルと差別して考えられたという話をしましたが，その背後には H や He を別格とする考え方があったように思われます．〕さらに 1927 年といえば，すでにハイゼンベルクのマトリックス力学が発見されており，またシュレーディンガー（E. Schrödinger）が彼の名のついた方程式を用いていろんなことを論じています．それらの新理論によれば半整数の角運動量も存在がゆるされ，また原子内の軌道角運動量の大きさは k でなく $l=k-1$ であることが示され，また角運動量の2乗は，たとえば軌道角運動量 l の2乗があらわれるときには，それを l^2 とおくかわりに $l(l+1)$ とすべきことなどが明らかになりまし

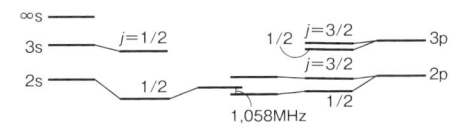

20) これらの準位は，ディラックの相対論的波動方程式による扱いでも重なっているが，量子電磁力学的な効果であるラム・シフトによって分裂する．これは著者，シュウィンガー，ファインマンによって導かれた．本書で著者は量子電磁力学に立ち入ることは避けている．

右の図で S はシュレーディンガーの非相対論的なエネルギー準位．左端に S ターム，右端に P タームを示し，その内側に微細構造を示す．1,058 MHz と記したのがラム・シフトで，数値は振動数 $\omega/(2\pi)$ を示す．それぞれスケールがちがうので注意．Ry は水素原子の基底状態からのイオン化エネルギー 13.6 eV で，$2\pi\hbar$ で割って振動数にすれば 3.3×10^9 MHz になる．α は微細構造定数．

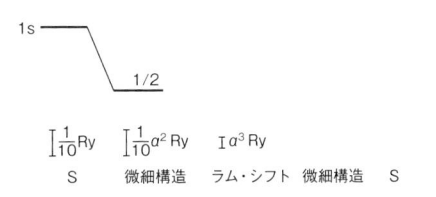

た．これらの事柄と，芯の考えにかわってあらわれた自転電子の考えとを基礎にして，新しい意味での代用モデルが考えられますが，それはS流モデルにもっとも近いもので，ただ (1-26)$_S$ とか (1-31)$_S$ とかにおいて $j^2 \to j(j+1)$, $j_a^2 \to j_a(j_a+1)$, $j_0^2 \to j_0(j_0+1)$ というおきかえをすればよいのです．実際 (1-10) を用いてそれをランデ流量子数であらわすと，ランデの g 因子にあらわれた奇妙な $\frac{1}{4}$ もちゃんと出てきます．このモデルにパウリの排他原理を付け加えて，原子スペクトルや原子の周期律に関する非常に一般的な理論が展開されます．このようにして1923年から24年にかけてのモヤモヤはすべて解消したのです．ただ未解決の問題点として，電子が自転するという考えと古典的電子論とのはなはだしい矛盾があります．さらに自転の角運動量がなぜ $\frac{1}{2}$ であるか，またそのとき $g_0=2$ はどうしてそうなるのか，さらに古典論的なトーマスの理論を量子論的にすることができるかどうか，といったことが未解決で残っています．しかし最後の3点については，ディラック (P.A.M. Dirac) が意外な面から解決を与えることになりました．それについては次回でお話することになるでしょう．

とにかく，トーマスは電子の自転に対して古典的な相対論と，さらに古典的なコマの理論とを用い，それに対応原理をプラスすることによって正しい準位間隔を導いたのです．これを見てはさすがのパウリも「古典的記述不可能」という考えを引っ込めざるを得ませんよね．そういうわけでクローニッヒやウーレンベック－カウシュミットの説はパウリの御裁可を得たのです．よかったですね．

自転電子の考えをめぐってのこの三人の人間的からみ合いについては，ほかにもいろいろとおもしろい裏ばなしがあるようですが，もう時間がありませんから，そのへんのことはあとの機会にゆずりましょう．ただ最後にひとつだけ付け加えます．

---

21) パウリは1945年のノーベル賞受賞講演の中でこう言っている：「私はこの［電子の自転という］着想が古典的な性格のものであったため，はじめは強い疑いを抱きましたが，トーマスが2重項分離の大きさを計算してみせてからは，結局は，この説を信用するようになりました．」
　　パウリは，続けてこう言っている：「しかし，私の最初の疑いや "古典論によって記述できない2重性" という私の表現は，その後展開されてゆくあいだに，しだいに確証を得てゆきました．というのは波動力学によってボーアが，電子のスピンは古典論によって説明できるような実験（たとえば外部電磁場による分子線の進路の偏向など）では測定できないものであり，したがって電子の本質的に量子力学的な性質であると考えねばならないということを証明することに成功したからです．」(W. パウリ「排他律と量子力学」，『ノーベル賞講演・物理学6』所収，(p. 34 の注17に既出)．
　　電子のスピンが測定できないというボーアの議論については，N.F. モット・H.S.W. マッセイ『衝突の理論』上，高柳和夫訳，吉岡書店 (1961)，pp. 68-79 を見よ．付録B.1も参照．

それは自転のことをその後「スピン」と呼ぶようになったことです．この言葉をはじめて使ったのはボーアだそうですが，現在では，きみたちもそうでしょう，スピンという言葉を聞いても，自転とか回転とかいう連想はほとんど起りませんね（スケートの場合は別です）．今日の話で，ぼくがスピンという言いかたを避け，わざわざ自転自転と言った理由はそこにあったのです．

第3話 パウリのスピン理論とディラック理論
——自然はなぜ単純な点電荷に満足しなかったか——

 前回お話したように1925～1926年という年は,排他原理や電子スピンの登場,あるいはトーマス理論の出現とかいった,じつにいろいろなことのあった年です.しかしこの時期はまた物理学の大きな転換の時でもありました.転機はハイゼンベルクによるマトリックス力学の発見と,シュレーディンガーによる波動力学の新展開によってもたらされました.この新しい理論を用いて量子力学はすっかり書きかえられ,それまで行なわれていたやり方,すなわち,とびとびのエネルギー準位とか,その間に起る遷移の確率とか,そういうぜんぜん古典論と相容れないものを求めるのに,古典力学による計算結果から対応原理をたよりにしてそれを推定する,という不完全なやり方から,はじめて脱皮する道が開けたのです.
 発見の当初,この2つの新しい理論は,数学的形式の点でも,物理的解釈の点でも,まったく別のもののように見えました.にもかかわらず,少なくとも数学的には,それが完全に同等なものであることをシュレーディンガー自身間もなく気づいた.〔この同等性はパウリも気づいたそうですが,シュレーディンガーのほうが先に発表したのだという話があります.〕 そして1926年の終りごろになると,この2つの理論を,状態ベクトルという概念によって1つの理論に統一する試みがディラ

---

22) "同等性"を証明したシュレーディンガーの論文は1926年3月18日に受理されているが,パウリは1926年4月12日に P. ヨルダンに手紙を書いて "同等性" を証明したことを知らせている.パウリは,そのカーボン・コピーに署名をしてカバーをつけ大切にしていたという (J. Mehra ed. *The Physicist's Conception of Nature*, D. Reidel (1973) 所収の B.L. van der Waerden の論文, pp. 276-293). パウリは自伝 (C. Enz u. K. v. Meyenn, Hrsg., *Wolfgang Pauli, Das Gewissen der Physik*, Vieweg (1988), pp. 41-42) に,こう書いている:「1925年の末からハイゼンベルクとドゥブロイによって基礎をおかれ,後にシュレーディンガーにより発展された新しい量子力学を追求した.」
 "同等性"は C. Eckart も独立に証明した (*Phys. Rev.* 28 (1926) 711-726). いずれの証明もエネルギー準位が離散的な場合に限られているので完全なものではない.連続固有値の場合をあつかったのはディラックとフォン・ノイマンである.ディラックはデルタ関数を考え,フォン・ノイマンは演算子のスペクトル分解を考え出した.

E. シュレーディンガー（左，1887 - 1961）と
P.A.M. ディラック（1902 - 1984）

ックによって行なわれ，ここに量子力学の変換理論という壮大な体系ができ上がったのです．

　ここで変換理論をくわしく紹介するとあまりにも話がひろがってしまいますからやめますが，とにかく，マトリックス力学で中心的な役をするマトリックスとか，それの固有値や主軸（固有ベクトル）などの概念と，波動力学で中心的な役をする一次演算子とか，それの固有値や固有関数という概念とを，1つの抽象的な線形空間の体系のなかに包括するという考えです．ご承知のように，マトリックス力学では，物理量がマトリックスによって，また波動力学では，それが一次演算子によってあらわされます．それに対してこの包括的な理論では，いろいろな物理量を抽象的な線形作用素（ディラックのいう q-数）によってあらわし，その抽象的概念によって理論を統一するのです．この理論によれば，物理量に対して量子力学的に許される値を求めることは，その物理量をあらわす線形作用素の固有値を求めることに帰着されますが，この計算をやるときに，この抽象的な線形空間のなかにとる座標軸としてどういう直交系をとるかによって，マトリックス力学の形式が出てきたり，波動力学の形式が出てきたりすることになる．別のことばで言うと，線形空間内の直交座標系を変換することによってマトリックス力学から波動力学を導くこともできるし，またその逆もやることができる．この意味において，この包括的な理論を「変換理論」というのです．さらにこの理論では，力学系の状態はその線形空間内の抽象的なベクトルによってあらわされることになります．その意味において，この線形空間を「状態空間」と呼び，そのなかのベクトルを「状態ベクトル」と呼ぶことがあります．

　マトリックスやベクトルの数学と，一次演算子や関数の数学とを1つの抽象的な線形空間の数学に包括することは，ディラックをまたずとも，古くはヒルベルト（D. Hilbert）によって，新しくはノイマン（J. von Neumann）によって行なわれたことなのですが，そこではその線形空間内にとられる座標系の軸の個数は有限で

あるか，あるいはせいぜい可算的無限個であるかのどちらかでした．ですから座標軸は，たとえば X_1 軸，X_2 軸，X_3 軸，……といったように，添字 1, 2, 3, ……をつけてそれらを並べることができるようなものしかとれません．それに対してディラックのやり方は，彼独特の δ-関数という考えを持ち込むことによって，連続無限個の座標軸の使用を可能にしたのです．言いかえれば，ディラックの理論では，連続的な変域を持つパラメータ q を添字とする X_q といった軸を用いることも可能なのです．〔じつを言うとこのような考え方を数学者はきらうのですが，物理学者にとってはたいへん便利な考え方なのです．〕そういうわけで，可算的な軸を用いたとき，状態ベクトルの成分は

$$\psi_n, \quad n=1, 2, 3, \cdots\cdots \tag{3-1}$$

のようにあらわされるのに対して，連続無限個の軸をとれば，同じベクトルでもその成分は

$$\psi(q), \quad q_1 < q < q_2 \tag{3-1'}$$

のように，変域 (q_1, q_2) 内のすべての値をとる変数 q を自変数とする関数の形にあらわされることになる．もちろん (3-1) を

$$\psi(n), \quad n=1, 2, 3, \cdots\cdots \tag{3-1''}$$

のように書いて，ベクトルの成分を，とびとびの値しかとらない変数 n を自変数とする関数，と見なすこともできますし，またもっと一般的に，自変数が或る変域 (q_1, q_2) 内では連続的，その他のところではとびとびの値をとる場合も考えられます．

さて，変換理論によりますと，状態ベクトルは或る時刻から次の時刻へとユニタリ変換という変換で変化しますが，それは時間について 1 階の微分方程式の形をとらねばならぬことになっています．さらに，ディラックによれば，状態空間内の座標軸として何か或る物理量の主軸をとったとき（くわしく言うと，物理量をあらわす線形作用素の主軸をとったとき），状態ベクトルに特別な物理的意味を与えることができます．このとき，その物理量が離散固有値を持つか連続固有値を持つかによって，その主軸は可算的であるか連続的であるかのどちらかになりますから，状態ベクトルの成分も，それによって $\psi(n)$，あるいは $\psi(q)$ のどちらかの形

になります.いずれにせよ,状態ベクトルの成分の絶対値を 2 乗したもの,すなわち $|\psi(n)|^2$(あるいは $|\psi(q)|^2$)は,その状態において,その物理量が n 番目(あるいは"q 番目")の値をとることの確率(あるいは確率密度)を与える,というのが $\psi(n)$(あるいは $\psi(q)$)の持つ物理的意味です.〔連続スペクトルの場合には,問題にしている物理量の固有値自身を添字 q のところに用いるのが便利です.そうすると,"q 番目の値" とは "q という値" と同義です.〕そういう意味で,この種の座標軸を用いたときの状態ベクトル成分をしばしば「確率振幅」と呼びます.ふつうに用いるシュレーディンガー関数は,状態空間内での座標軸を決めるために用いた物理量が電子の位置座標であったときの確率振幅です.ですから,この場合,状態ベクトルの成分は

$$\psi(\boldsymbol{x}) \equiv \psi(x, y, z) \qquad (3\text{-}2)$$

のように書けます.そしてこのとき $|\psi(\boldsymbol{x})|^2$ は電子が $\boldsymbol{x}$ という場所の近傍にあることの確率密度を与えます.さらに確率や確率密度がわかれば,いろいろな物理量に対してその期待値の計算ができます.たとえば何か物理量 A があったとき,その固有値がとびとびなら,それを A_n, $n=1, 2, 3, \cdots\cdots$ と書き,また変域 (q_1, q_2) の連続固有値があらわれるなら,その固有値を q, $q_1 < q < q_2$ と書きましょう.そうして A の主軸 X_n あるいは X_q を状態空間内の座標軸として用い,状態ベクトルのそれに対する成分を $\psi(n)$ あるいは $\psi(q)$ としましょう.そうすれば,この状態において A の期待値 $\langle A \rangle$ は

$$\langle A \rangle = \sum_n A_n |\psi(n)|^2 + \int_{q_1}^{q_2} q |\psi(q)|^2 dq \qquad (3\text{-}3)$$

で与えられるでしょう.このようにして 1926 年の終るころには量子力学の枠組がほぼ完成され,残された問題は,その大きな理論の枠組のなかにスピンをどのようにして組み入れるか,さらに相対論をどうして組み入れるか,ということでした.

*

変換理論の一般論はこれぐらいにして,それではスピンの話に入りましょう.マトリックス力学を発見したハイゼンベルクは,その発見の翌年,1926 年にヨルダン(P. Jordan)とともにさっそくこの新力学をスピン・モデルに適用し,多重項や異常ゼーマン効果をしらべ,g 因子や準位間隔や微細構造公式などについて正し

い結果を得ました.また,それから1年後にパウリは,いまお話したディラックの変換理論を応用して,シュレーディンガーの形式のなかにスピンを組み込む試みをやり,多重項の問題に関して,当然ながらハイゼンベルク-ヨルダンと同じ結論を得ています.このパウリの仕事は,結論においてハイゼンベルクたちと同じであっても,シュレーディンガー形式をとったおかげで,多電子問題や排他原理などとの関連において少なからぬ意味を持っており,またのちにあらわれるディラックの電子論の先駆のような役目もしている点で無視できない.そこでこのパウリの仕事の話を少しやりましょう.

波動力学ではシュレーディンガーの発見した方程式が中心的な役目をしたことはご承知の通りです.1個の電子からなる力学系でのシュレーディンガー方程式は,スピンを考えに入れないなら

$$\left\{H_0 - i\hbar \frac{\partial}{\partial t}\right\}\psi(\boldsymbol{x}) = 0 \qquad (3\text{-}4)$$

です.ただし

$$\begin{cases} H_0 = \dfrac{1}{2m}\boldsymbol{p}^2 + V(\boldsymbol{x}) \\ \boldsymbol{p} = (p_x, p_y, p_z) = \left(-i\hbar \dfrac{\partial}{\partial x},\ -i\hbar \dfrac{\partial}{\partial y},\ -i\hbar \dfrac{\partial}{\partial z}\right) \\ \boldsymbol{x} = (x, y, z) \end{cases} \qquad (3\text{-}4')$$

です.ここで$\psi(\boldsymbol{x})$はさっきの確率振幅(3-2)です.この$\psi(\boldsymbol{x})$は(3-4)を満たしつつ時間tとともに変化してゆきます.そこでスピンを考えに入れるには,(3-4)のかわりにどんな方程式を用いるべきか.これがパウリの問題です.

ちょっと考えると,スピンとは電子の自転ですから,何か適当な角度φを用いて自転の自由度を記述できそうに思われます.古典力学の自転において,自転角速度が一定の値に決められているような場合には,自由に変われるものは回転軸の方向だけです.そして,このとき自転自由度を記述する正準座標として自転軸の方位角[23]を用いることができ,それをわれわれのφと考えることができます.そうすると,自転角運動量をSとしたとき(大文字で書いた角運動量は普通の単位を用いたものと考えてください),それのz成分S_zがφに共役な正準運動量となります.そういうわけで,このφをスピン自由度の座標としますと,シュレーディンガー関

---

23) 直角座標系O-xyzにおいて,点Pの方位角とは,x軸とz軸を含む平面とz軸と位置ベクトル$\overrightarrow{\mathrm{OP}}$を含む平面とがなす角をいう.

数 $\psi(x)$ のかわりに，この φ を追加した関数 $\psi(x, \varphi)$ を用いればよいように思える．そして x に共役な運動量 p が（3-4'）の第 2 式で与えられたように，φ に共役な S_z として

$$S_z = -i\hbar \frac{\partial}{\partial \varphi} \qquad (3\text{-}4'')$$

を用いればよいように思える．しかしこの考えだと困ったことが出てくる．[24]

その困難は，スピン角運動量の大きさが $\frac{1}{2}\hbar$ だ，ということから出てきます．すなわち，このことから S_z に対して量子論的に許される値は $\pm\frac{1}{2}\hbar$ になりますが，そのことは S_z の固有値が $\pm\frac{1}{2}\hbar$ だということを意味し，したがって S_z の固有関数は $e^{\pm\frac{i}{2}\varphi}$ にならねばならない．ところがこの関数は，φ を 0 から出発して 2π までもってきたとき，もとの値にもどってきません．つまりそれは二価関数で，そんなものを固有関数として許すには無理がある．

この困難から逃れるのに，パウリはこういう考え方をしました．スピンの話に入る前に説明しましたディラックの変換理論では，状態空間内にとるべき座標軸として，とびとびの添字 n を持つものを用いても，連続的な添字 q を持つものを用いてもよいことになっています．ですから，スピン自由度を理論に組み入れるのに何も角度 φ を用いる必要はない．シュレーディンガー関数 $\psi(x, \varphi)$ を使うということは，状態空間内の座標軸を決めるとき，電子の位置座標 x の主軸とスピン座標 φ の主軸とを用いることを意味しますね．しかし座標 φ の主軸を用いるかわりに自転角運動量 S_z の主軸を用いることだってできる．そうすれば，シュレーディンガー関数として $\psi(x, S_z)$ の形のものを用いることになりましょう．ただし，このとき S_z は $+\frac{1}{2}\hbar$ と $-\frac{1}{2}\hbar$ という 2 つの値だけをとる変数です．考えてみれば，角度 φ というようなのが実際に実験にかかるものかどうか大きな疑問でもあります．しかし，S_z のほうは実験と直接結びついているわけで，この点からいってもパウリの趣味に合いそうですね．

これからさきの議論では，通常の単位ではかった角運動量 S のかわりに，例のように $\hbar$ 単位ではかったもの s を用いるほうが便利です．すなわち

---

24) φ が自転軸の方位角だとすると，この考えは奇妙に見えるが，パウリの 1926 年の論文（本文に付随する参照文献リストを見よ）に書いてある．しかも，パウリも著者も書いていないが，本文の（3-11）にあるパウリのスピン演算子は（3-4''）と合わせて角運動量の交換関係にしたがうことが証明できる．ただし，$S = \sqrt{3}\,\hbar/2$ の場合には許されないような近似を使うのだが，巻末の付録 A. 2 に，その証明を示す．

です．そうすると，われわれのシュレーディンガー関数は

$$\psi(\boldsymbol{x}, s_z), \quad s_z = +\frac{1}{2}, -\frac{1}{2} \tag{3-6}$$

となりますが，この関数では二価性の心配がありません．この (3-6) の物理的意味は何かというと，電子が $\boldsymbol{x}$ という場所の近傍におり，かつそのスピンが上向きである確率密度が

$$\left|\psi\left(\boldsymbol{x}, +\frac{1}{2}\right)\right|^2 \tag{3-7}_+$$

で与えられ，そのときスピンが下向きである確率密度が

$$\left|\psi\left(\boldsymbol{x}, -\frac{1}{2}\right)\right|^2 \tag{3-7}_-$$

で与えられる，と言ったものがそれです．なお，s_z が $\pm\frac{1}{2}$ という 2 つの値しかとらないことは，スピン自由度の状態空間が 2 次元のベクトル空間であることを意味します．そう考えると，$\psi\left(\boldsymbol{x}, +\frac{1}{2}\right)$ と $\psi\left(\boldsymbol{x}, -\frac{1}{2}\right)$ とはその状態空間内での状態ベクトルの成分だと言うことができます．

*

これでシュレーディンガー関数 $\psi(\boldsymbol{x})$ のなかにスピンをどう組み入れるかがわかりましたが，次にシュレーディンガー方程式のほうはどうするか．ここで方程式 (3-4) の H_0 は系のハミルトニアンで，それはスピンを考えないときの系の全エネルギーという意味を持つものです．ですからシュレーディンガー方程式にスピンを組み入れるには，H_0 にさらにスピンのエネルギーを加えたものを用いればよいでしょう．またゼーマン効果を扱おうというなら，外磁場 $\boldsymbol{B}$ と電子間の相互作用のハミルトニアンを加えておけばよい

まず外磁場 $\boldsymbol{B}$ を含むハミルトニアンですが，それを H_1 と書きましょう．この H_1 をどうとるかについては第 1 話の (1-28) と (1-29) とを思い出してください．そこに外磁場と原子との相互作用エネルギーが与えられていますから，ここでそれ

---

25) しかし，p.149 の「こういうふうにして」から p.152 までを見よ．

を H_1 として用いてよいでしょう．ただ新量子力学に従って，そこの K のかわりに l を用い，R のかわりに s を用いねばなりません．そこで

$$H_1 = \frac{e\hbar}{2m} B \cdot (l + g_0 s) \tag{3-8}$$

をわれわれの H_1 と考えればよいだろう．ただし l は $\hbar$ 単位の軌道角運動量，すなわち

$$l_x = -i\left(y\frac{\partial}{\partial z} - z\frac{\partial}{\partial y}\right), \quad l_y = -i\left(z\frac{\partial}{\partial x} - x\frac{\partial}{\partial z}\right),$$
$$l_z = -i\left(x\frac{\partial}{\partial y} - y\frac{\partial}{\partial x}\right) \tag{3-9}$$

で，s は (3-5) で与えられるスピン角運動量です．さらにスピンに関しては，前回お話したように，内部磁場 (2-11′) とスピン磁気能率との相互作用ハミルトニアンを付け加える必要があります．それを H_2 と書きますと，前回の (2-19′) から

$$H_2 = (g_0 - 1)\frac{e\hbar}{2m}(\mathring{B} \cdot s) \tag{3-10}$$

とおけばよいだろう．このとき内部磁場 (2-11′) は

$$\mathring{B} = \frac{\mu_0}{4\pi}\frac{Ze\hbar}{m}\frac{1}{r^3} l \tag{3-10′}$$

とも書けますから，結局

$$H_2 = 2\frac{\mu_0}{4\pi}(g_0 - 1)Z\left(\frac{e\hbar}{2m}\right)^2\frac{1}{r^3}(l \cdot s) \tag{3-10″}$$

です．

そこで次に問題になるのは，ベクトル s としてどういう演算子を用いるかということです．われわれはシュレーディンガー方程式 (3-4) において，ハミルトン演算子 H_0 のなかの x, y, z に関しては，それぞれシュレーディンガー関数 $\psi(x, y, z)$ に x, y, z を乗ずる演算子，すなわち $x\times, y\times, z\times$ を用い，同じく H_0 のなかの p_x, p_y, p_z に関しては，それぞれ $\psi(x, y, z)$ に $-i\hbar\frac{\partial}{\partial x}, -i\hbar\frac{\partial}{\partial y}, -i\hbar\frac{\partial}{\partial z}$ を施すという微分演算子を用いています．また H_1 のなかの l_x, l_y, l_z に関しては，角運動量演算子 (3-9) を用いました．そして x, y, z の自由度はスピン自由度とはまったく独立なものでしょうから，スピンを入れたシュレーディンガー関数 $\psi(x, y, z, s_z)$

に対しても，x, p, l に関するかぎり同様に考えてよいでしょう．

　そこでスピン自由度に移ります．さっきお話したように，一般的な変換理論によれば，シュレーディンガー関数 $\psi(q)$ に用いられている自変数 q は何か或る物理量の固有値でした（たとえば $\psi(x, y, z)$ に用いられている自変数 x, y, z は粒子の位置座標という物理量の固有値です）．そしてそのとき，その物理量をあらわす演算子は，とりもなおさず $\psi(q)$ に q を乗ずる演算子 $q\times$ となるのです．また q に共役な物理量 p に対しては（共役運動量が存在するとして）$-i\hbar\dfrac{\partial}{\partial q}$ を用いることになるのです．そういうわけで $\psi(x, y, z, s_z)$ の形のシュレーディンガー関数の場合には，スピン角運動量の z 成分という物理量に関しては $s_z \times$ という演算子を用いればよい．ところでハミルトン演算子 H_1 と H_2 のなかには，物理量 s_z のほかに s_x や s_y が含まれています．では $\psi(x, y, z, s_z)$ に施すとき，それらをどんな演算子と考えればよいか．それには次のような行きかたもある（しかしパウリはそれを採用していません）．

　さっき，スピン自由度を記述する座標として角度 φ を考えましたね．しかしこれをシュレーディンガー関数のなかに用いると二価性が出てくるので，φ に共役な s_z をシュレーディンガー関数の自変数として用いました．ところでこの φ を用いると，s_x と s_y とを

$$s_x = \sqrt{s^2 - s_z^2}\cos\varphi, \qquad s_y = \sqrt{s^2 - s_z^2}\sin\varphi \qquad (3\text{-}11)$$

によってあらわすことができますが，ここで φ と $\hbar s_z$ とは共役でしたね．ですから，この (3-11) のなかで φ を $i\dfrac{\partial}{\partial s_z}$ とおいた演算子が，とりもなおさず求める演算子ではなかろうか．ただしこのとき $\cos\left(i\dfrac{\partial}{\partial s_z}\right)$ とか $\sin\left(i\dfrac{\partial}{\partial s_z}\right)$ をどう定義するかという問題が起る．この定義は不可能ではないのですが，それはあまりにもややこしい行きかただとしてパウリは採用しません．[26] そのかわり彼は次のように考えました．

　マトリックス力学では，$\hbar$ を単位として用いたとき，角運動量マトリックス (m_x, m_y, m_z) は一般に交換関係

---

26) (3-11) はパウリも論文に書いている．そして，こう言っている：「よく知られているとおり，電子の角運動量（Elektronenmoment）は 2 つの向きしかとれない．したがって電子の波動関数 $\psi(q, \varphi)$ は φ が 0 から 2π まで連続的に増えてゆくとき出発点の値にもどらず符号が変わることになる．」
　　波動関数が角度の一価関数だとすると，角運動量は奇数個の向きをとることになるからである．

を満たすことになっています．さらに $|\boldsymbol{m}|^2 \equiv m_x^2 + m_y^2 + m_z^2$ は

$$|\boldsymbol{m}|^2 = m(m+1),$$
$$m = 0, 1, 2 \cdots \cdots \quad \text{または} \quad 1/2, 3/2, \cdots \cdots \tag{3-13}$$

$$m_x m_y - m_y m_x = im_z, \quad m_y m_z - m_z m_y = im_x,$$
$$m_z m_x - m_x m_z = im_y \tag{3-12}$$

という固有値を持っている．そこでパウリは，スピン角運動量 (s_x, s_y, s_z) に対しても，(3-12) と同形の関係

$$s_x s_y - s_y s_x = is_z, \quad s_y s_z - s_z s_y = is_x,$$
$$s_z s_x - s_x s_z = is_y \tag{3-12'}$$

を要請し，かつスピンの特性として，(3-13) のかわりに

$$|\boldsymbol{s}|^2 = \frac{1}{2}\left(\frac{1}{2}+1\right) = \frac{3}{4} \tag{3-13'}$$

が成り立つものと仮定しました．そこで彼は，いわゆる「パウリのマトリックス」と呼ばれるところの 2 行 2 列のマトリックス，

$$\sigma_x = \begin{pmatrix} 0 & 1 \\ 1 & 0 \end{pmatrix}, \quad \sigma_y = \begin{pmatrix} 0 & -i \\ i & 0 \end{pmatrix}, \quad \sigma_z = \begin{pmatrix} 1 & 0 \\ 0 & -1 \end{pmatrix} \tag{3-14}$$

を導入し，

$$s_x = \frac{1}{2}\sigma_x, \quad s_y = \frac{1}{2}\sigma_y, \quad s_z = \frac{1}{2}\sigma_z \tag{3-14'}$$

とおきました．そうすれば，この s_x, s_y, s_z が (3-12') も (3-13') も満たすことはすぐわかります．そうしてパウリは (3-14') で与えられるマトリックスを (3-8) や (3-10) の s_x, s_y, s_z として用いることを提案しました．ここでパウリ・マトリックスが

$$\begin{cases} \sigma_\mu^2 = 1 & (\mu = x, y, z \text{に対して}) \\ \sigma_\mu \sigma_\nu + \sigma_\nu \sigma_\mu = 0, & (\mu \neq \nu, \quad \mu, \nu = x, y, z \text{に対して}) \end{cases} \tag{3-14''}$$

という性質を持つことを注意しておきます．

*

ではパウリの提案をいま少し具体的に説明しましょう．さっきわれわれのシュレーディンガー関数が (3-6) の形になることを話しましたが，ここで自変数 s_z が $+\frac{1}{2}$ と $-\frac{1}{2}$ という 2 つの値しかとらないことに注目します．そうすれば関数

$\psi\left(\boldsymbol{x}, +\frac{1}{2}\right)$ と $\psi\left(\boldsymbol{x}, -\frac{1}{2}\right)$ とを1つの2成分量の成分と考えることができる．あるいは，シュレーディンガー関数が2成分を持つ関数だと考えてもよい．そう考えれば，われわれの ψ を

$$\psi = \begin{pmatrix} \psi\left(\boldsymbol{x}, +\frac{1}{2}\right) \\ \psi\left(\boldsymbol{x}, -\frac{1}{2}\right) \end{pmatrix} \tag{3-15}$$

という形にあらわすこともできます．この（3-15）の書きかたは，スピン状態空間内の状態ベクトル（それは2次元ベクトルでした）を縦ベクトルとみなすことに相当します．そしてこのとき ψ に s_x, s_y, s_z など（あるいは $\sigma_x, \sigma_y, \sigma_z$ など）を施すことは，とりもなおさずこの縦ベクトルにマトリックス（3-14′）（あるいは（3-14））を掛けることを意味する．これがパウリの提案です．この考えだと

$$\sigma_x \psi = \begin{pmatrix} 0 & 1 \\ 1 & 0 \end{pmatrix} \begin{pmatrix} \psi\left(\frac{1}{2}\right) \\ \psi\left(-\frac{1}{2}\right) \end{pmatrix}, \quad \sigma_y \psi = \begin{pmatrix} 0 & -i \\ i & 0 \end{pmatrix} \begin{pmatrix} \psi\left(\frac{1}{2}\right) \\ \psi\left(-\frac{1}{2}\right) \end{pmatrix},$$

$$\sigma_z \psi = \begin{pmatrix} 1 & 0 \\ 0 & -1 \end{pmatrix} \begin{pmatrix} \psi\left(\frac{1}{2}\right) \\ \psi\left(-\frac{1}{2}\right) \end{pmatrix} \tag{3-16}$$

ですから，結局

$$s_x \psi = \begin{pmatrix} \frac{1}{2}\psi\left(-\frac{1}{2}\right) \\ \frac{1}{2}\psi\left(\frac{1}{2}\right) \end{pmatrix}, \quad s_y \psi = \begin{pmatrix} -\frac{i}{2}\psi\left(-\frac{1}{2}\right) \\ \frac{i}{2}\psi\left(\frac{1}{2}\right) \end{pmatrix},$$

$$s_z \psi = \begin{pmatrix} \frac{1}{2}\psi\left(\frac{1}{2}\right) \\ -\frac{1}{2}\psi\left(-\frac{1}{2}\right) \end{pmatrix} \tag{3-16′}$$

ということになる．このとき ψ に s_z を施したものは，ちゃんと $\psi(s_z)$ に s_z を乗じたものになっている（ここの議論で変数 $\boldsymbol{x}$ は本筋において関係ないから，それを表むきに書くことを省きました）．

これがパウリの考え方です．こういう考え方をすると，シュレーディンガー方程式

$$\left\{H_0+H_1+H_2-i\hbar\frac{\partial}{\partial t}\right\}\psi(\pmb{x},\ s_z)=0 \qquad (3\text{-}17)$$

は, $\psi\left(\pmb{x},\ +\frac{1}{2}\right)$ と $\psi\left(\pmb{x},\ -\frac{1}{2}\right)$ という2つの関数に対する連立微分方程式になりますが, 今後それをパウリ方程式と呼びましょう. そして定常状態に対しては $\psi=\phi e^{-iEt/\hbar}$ とおき,

$$\{H_0+H_1+H_2-E\}\phi(\pmb{x},\ s_z)=0 \qquad (3\text{-}17')$$

を解いて, その状態でのエネルギーが決まります. そのようにして2重項準位間隔とか, 異常ゼーマン効果が計算されます. われわれは H_0 として非相対論的なハミルトニアンを用いましたから, 微細構造公式は正しく導かれませんが, その点について, もう少し近似をよくすることも可能です. パウリも, 彼の理論がスピン自由度を s_x, s_y, s_z という x, y, z 空間のベクトルだけで記述している点で本質的に非相対論的であることをはっきりと指摘しており, それを相対論的にするにはミンコウスキ空間の反対称テンソル(6元ベクトル)[27]を導入せねばならないが, しかしトーマスの理論を見ると, 電子の静止系で電子は磁気能率だけしか持っていないとせねばならず, したがって6元ベクトルの半分は電子の静止状態で0にならねばならない

---

27) ベクトル $\pmb{A}, \pmb{B}$ を, 行, 列を x, y, z, ct の順とする行列

$$T=\begin{pmatrix} 0 & B_z & -B_y & A_x \\ -B_z & 0 & B_x & A_y \\ B_y & -B_x & 0 & A_z \\ -A_x & -A_y & -A_z & 0 \end{pmatrix}$$

としたものを6元ベクトルという. これはテンソルであって, 空間回転のテンソルの変換をすると $\pmb{A}, \pmb{B}$ は空間回転を受ける. たとえば, z 軸まわりの角 θ の回転

$$R=\begin{pmatrix} \cos\theta & \sin\theta & 0 & 0 \\ -\sin\theta & \cos\theta & 0 & 0 \\ 0 & 0 & 1 & 0 \\ 0 & 0 & 0 & 1 \end{pmatrix}$$

に対して RTR^t を計算すると (^{t} は転置を表わす),

$$\begin{pmatrix} 0 & B_z & -(B_x\sin\theta+B_y\cos\theta) & A_x\cos\theta+A_y\sin\theta \\ -B_z & 0 & B_x\cos\theta+B_y\sin\theta & -A_x\sin\theta+A_y\cos\theta \\ -B_x\sin\theta+B_y\cos\theta & -(B_x\cos\theta+B_y\sin\theta) & 0 & A_z \\ -(A_x\cos\theta+A_y\sin\theta) & -(-A_x\sin\theta+A_y\cos\theta) & -A_z & 0 \end{pmatrix}$$

となる. T の空間成分 $\pmb{B}$ は空間反転で符号を変えないギ・ベクトルである.
 電場と磁場は $\pmb{E}/c$ と $\pmb{B}$ が組んで6元ベクトルをなす. このことと (2-11) などから6元ベクトルのローレンツ変換が想像されよう.

ことを指摘している．しかし，そういう条件をスピン自由度に課することは非常に困難だ，と言って彼は相対論的理論をつくることをあきらめている．さらに，ハイゼンベルク-ヨルダンの理論もそうでしたが，パウリの理論では電子のスピン角運動量が $\frac{1}{2}$ であるとか，その g_0 因子が2であるとかいうことを天くだり的に H_1 と H_2 とのなかに導入しており，またトーマス因子 $\frac{1}{2}$ も H_2 のなかに ad hoc に導入しています．こういう点でも，パウリは自分の理論を暫定的なものだとしています．

パウリは論文のなかで，彼の方程式（3-17）が x, y, z 軸の回転に対して不変性を持つために，彼の用いた2成分量（3-15）の成分が x, y, z 軸の回転によってどう変換されるかをしらべており，それがベクトルの変換といちじるしくちがっていることを見出しました．パウリのこの議論は，のちに回転群の二価表示とか，スピノルとかいうものの議論にひろがってゆくのですが，その話はあとの機会にゆずります．

パウリはさらに多電子系に対する議論もやっていますが，ここでは次回の話に関係する重要な定理をパウリの理論から導くのにとどめます．それは「2個の電子（電子とかぎらず $\frac{1}{2}$ のスピンを持つ粒子なら何でもよい）があったとき，その2つのスピンの合成が1になるときのシュレーディンガー関数は，おのおのの電子のスピン変数を入れかえたとき，その値を変えない（すなわち関数は対称関数である）．また合成が0になるときのシュレーディンガー関数は，スピン変数を入れかえたとき，符号を変える（すなわち関数は反対称関数である）」という定理です．この定理の逆もまた真です．

証明　2つの電子のスピン・マトリックスをそれぞれ $\boldsymbol{s}_1 = (s_{1x}, s_{1y}, s_{1z})$ および $\boldsymbol{s}_2 = (s_{2x}, s_{2y}, s_{2z})$ とする．そうすると，合成スピン $(\boldsymbol{s}_1 + \boldsymbol{s}_2)$ の大きさの2乗は

$$|\boldsymbol{s}_1 + \boldsymbol{s}_2|^2 = |\boldsymbol{s}_1|^2 + |\boldsymbol{s}_2|^2 + 2(\boldsymbol{s}_1 \cdot \boldsymbol{s}_2)$$

であり，ここで（3-13'）を用いると

$$|\boldsymbol{s}_1 + \boldsymbol{s}_2|^2 = \frac{1}{2}\{3 + 4(\boldsymbol{s}_1 \cdot \boldsymbol{s}_2)\} \qquad (\mathrm{I})$$

が得られる．

そこで，われわれの2電子系のシュレーディンガー関数 $\psi(s_{1z}, s_{2z})$ を

$$\psi = \begin{pmatrix} \psi\left(\frac{1}{2}, \frac{1}{2}\right) \\ \psi\left(\frac{1}{2}, -\frac{1}{2}\right) \\ \psi\left(-\frac{1}{2}, \frac{1}{2}\right) \\ \psi\left(-\frac{1}{2}, -\frac{1}{2}\right) \end{pmatrix} \qquad (\text{II})$$

のように縦ベクトルの形に書き（このとき変数 x_1, x_2 は問題の本筋に関係ないので表むきに書くことを省きました），これにマトリックス $(\boldsymbol{s}_1 \cdot \boldsymbol{s}_2) = (s_{1x}s_{2x} + s_{1y}s_{2y} + s_{1z}s_{2z})$ を乗じてみる．そうすると（3-16′）を用いて

$$(\boldsymbol{s}_1 \cdot \boldsymbol{s}_2)\psi = \begin{pmatrix} \frac{1}{4}\psi\left(\frac{1}{2}, \frac{1}{2}\right) \\ \frac{1}{2}\psi\left(-\frac{1}{2}, \frac{1}{2}\right) - \frac{1}{4}\psi\left(\frac{1}{2}, -\frac{1}{2}\right) \\ \frac{1}{2}\psi\left(\frac{1}{2}, -\frac{1}{2}\right) - \frac{1}{4}\psi\left(-\frac{1}{2}, \frac{1}{2}\right) \\ \frac{1}{4}\psi\left(-\frac{1}{2}, -\frac{1}{2}\right) \end{pmatrix}$$

になることがわかる．そこでこれを（I）に用いると

$$|\boldsymbol{s}_1 + \boldsymbol{s}_2|^2\psi = \begin{pmatrix} 2\psi\left(\frac{1}{2}, \frac{1}{2}\right) \\ \psi\left(\frac{1}{2}, -\frac{1}{2}\right) + \psi\left(-\frac{1}{2}, \frac{1}{2}\right) \\ \psi\left(-\frac{1}{2}, \frac{1}{2}\right) + \psi\left(\frac{1}{2}, -\frac{1}{2}\right) \\ 2\psi\left(-\frac{1}{2}, -\frac{1}{2}\right) \end{pmatrix} \qquad (\text{III})$$

が導かれる．ところで合成スピンが 1 であるということは，(3-13) によって

$$|\boldsymbol{s}_1 + \boldsymbol{s}_2|^2\psi = 1(1+1)\psi = 2\psi$$

ということであり，合成スピン 0 ということは

$$|\boldsymbol{s}_1 + \boldsymbol{s}_2|^2\psi = 0$$

を意味する．したがって，前者の場合には，（II）と（III）とをくらべて

$$\psi\left(\frac{1}{2}, -\frac{1}{2}\right) + \psi\left(-\frac{1}{2}, \frac{1}{2}\right) = 2\psi\left(\frac{1}{2}, -\frac{1}{2}\right)$$

が成り立つことが必要かつ十分である．このことは

$$\psi\left(\frac{1}{2},\ -\frac{1}{2}\right)=\psi\left(-\frac{1}{2},\ \frac{1}{2}\right)$$

を意味する．よって

$$\psi(s_{1z},\ s_{2z})=\psi(s_{2z},\ s_{1z}) \qquad (\text{IV})_+$$

が合成スピン 1 のための必要かつ十分な条件であることがわかる．また後者の場合には

$$\psi\left(\frac{1}{2},\ \frac{1}{2}\right)=\psi\left(-\frac{1}{2},\ -\frac{1}{2}\right)=0$$

$$\psi\left(\frac{1}{2},\ -\frac{1}{2}\right)+\psi\left(-\frac{1}{2},\ \frac{1}{2}\right)=0$$

が成り立つことが必要かつ十分である．したがって求める条件は

$$\psi(s_{1z},\ s_{2z})=-\psi(s_{2z},\ s_{1z}) \qquad (\text{IV})_-$$

であることがわかる．Q. E. D.

*

　パウリの理論をながながと話しましたが，このへんで先へ進まねばなりません．さっきも言いましたように，この理論にパウリ自身決して満足してはいなかった．それが相対論的でない点を何とかして改良しようとパウリはたぶんいろいろ考えたのでしょうが，彼にとってその困難はあまりにも大きく見えたのでしょう．だからこそ，完全癖の彼も，ad hoc 的なスピン導入というような中途半端な形で論文を発表せざるを得なかったのでしょう．ところが，スピンの導入と相対論的な方程式を導くという 2 つのことを一挙に解決したのがディラックでした．[28]

　量子力学を相対論化することは，シュレーディンガーが波動力学に関する有名な一連の論文「固有値問題としての量子化 I，II，III，IV」を発表したとき，第 IV 論文で 1926 年にすでにその問題に触れているのです．そのとき彼が考えたのと

---

28) ここまで説明されたパウリの論文がでたのは 1927 年．これから述べられるディラックの論文は 1928 年にでた．著者は 1928 年には京都大学の 3 年生，湯川とともに理学部物理の玉城嘉十郎研究室で量子力学をテーマに卒業論文を書いている．1929 年卒業後，1932 年 8 月まで無給・常勤副手．

同じ形の方程式について，ほとんど同時にクライン（O. Klein）やゴルドン（W. Gordon）が論じています．それらはいずれも，シュレーディンガーの第Ⅰ論文にある非相対論的な方程式のかわりに，第Ⅳ論文にあるいわゆるクライン－ゴルドンの式を用いることの提案です．

　彼らがこの提案をしたのは，この方程式が自由粒子（外場が存在しないときの粒子のことです）に対してドゥブロイ－アインシュタインの関係

$$\omega^2 - (c/\lambdabar)^2 = \left(\frac{mc^2}{\hbar}\right)^2, \quad E = \hbar\omega, \; p = \hbar/\lambdabar \quad (3\text{-}18)$$

を与えるもっとも簡単なものだったからでしょう．ここで ω はドゥブロイ波の角振動数，$\lambdabar$ はその波長 $/(2\pi)$ です．しかしこの方程式を水素原子にあてはめて水素のエネルギー準位を求めてみても，期待に反してゾンマーフェルトの微細構造公式と食いちがった結果しか出てこないことを，シュレーディンガーは見つけている．彼は第Ⅳ論文でこの点に言及していて，その食いちがいはスピンを考えに入れれば除かれるだろうとは言っているが，それ以上進んだことはやっていない．余談ですが，ドゥブロイ（L. de Broglie）は彼の位相波の考えを相対論の線にそって論じており，(3-18) の関係もそうして見つけてきたものです．そういうわけでシュレーディンガーも，彼の第Ⅳ論文に顔を出しているクライン－ゴルドン方程式から波動力学をつくり上げようとしたらしいのです．しかし，それでは結局実験に合う水素準位が得られないので，相対論はあきらめて，第Ⅰ論文にあるような，非相対論的な水素原子の取り扱いを先にしたということです．

＊

　それではディラックの話に入りましょう．ご承知のように，クライン－ゴルドン方程式は

$$\left\{\left(i\hbar\frac{\partial}{c\partial t} + eA_0\right)^2 - \sum_{r=1,2,3}\left(-i\hbar\frac{\partial}{\partial x_r} + eA_r\right)^2 - m^2c^2\right\}\psi(x, y, z, t) = 0$$

$$(3\text{-}19)$$

の形をしています．ここで A_0，A_r は外からかけた電磁場の4元ポテンシャルです．特に (3-19) において $A_0 = A_r = 0$ とおくと，外場のないときの式が得られますが，その方程式は平面波の解を持っていて，それをたとえば

$$\psi(x, y, z, t) = e^{i\left(\frac{z}{\lambda} - \omega t\right)}$$

としますと，これを (3-19) に代入してみればわかるように，それが (3-19) を満たすためには

$$\left(\frac{\hbar\omega}{c}\right)^2 - \left(\frac{\hbar}{\lambda}\right)^2 = m^2 c^2 \quad \left(\omega = 2\pi\nu, \ \lambda = \frac{\lambda}{2\pi}\right)$$

が成り立たねばなりません．これはまさにドゥブロイ-アインシュタインの関係 (3-18) です．そういうわけで (3-19) が相対論的波動力学の基礎方程式と考えられたのです．

しかしディラックはその考えに疑問を持ちました．第一，この方程式は時間について 2 階の微分方程式です．彼の考えでは，波動力学で用いられる波動関数は確率振幅という意味を持つべきもので，変換理論によれば，それは時間について 1 階の微分方程式を満たさねばならない（事実，シュレーディンガー方程式 (3-4) もパウリの方程式 (3-17) も時間の 1 階微分方程式でした）．

彼はそこで，相対論をとりいれたときも波動方程式は時間に関して 1 階の微分方程式でなければならぬ，という要請をしました．ところで相対論では時間変数 t と空間変数 x, y, z とを同等にあつかうことが要求されますから，求める方程式は空間変数についても 1 階でなければなりません．そうすると，その式は (3-19) のような $\left(i\hbar\frac{\partial}{c\partial t} + eA_0\right)$ や $\left(-i\hbar\frac{\partial}{\partial x_r} + eA_r\right)$ の 2 乗を含むものであってはならず，したがってそれは

$$\left\{\left(i\hbar\frac{\partial}{c\partial t} + eA_0\right) - \sum_{r=1,2,3} a_r\left(-i\hbar\frac{\partial}{\partial x_r} + eA_r\right) - a_0 mc\right\}\psi = 0$$

(3-20)

の形をしていなければならないことになります．ところで，この式のなかには a_r とか a_0 とかいうものが入っているが，これをどうして決めるか．ここでディラックは彼独特の天才的思考法をしたのです．

それはどんなことかというと，外場 A_0 や A_r が存在しない自由粒子に対しては，ドゥブロイ-アインシュタインの関係 (3-18) が満たされていなければならず，したがってそのとき ψ はクライン-ゴルドン方程式の解になっているはずだ，という考えです．この考えからディラックのやったことは，まったく彼独特の奇想天外なものでした．

まず自由粒子に対する (3-20), すなわち

$$\left\{i\hbar\frac{\partial}{c\partial t} - \sum_{r=1,2,3}\alpha_r\left(-i\hbar\frac{\partial}{\partial x_r}\right) - \alpha_0 mc\right\}\psi = 0 \quad (3\text{-}21)$$

から2階の方程式を導くために

$$\left\{i\hbar\frac{\partial}{c\partial t} + \sum_{r=1,2,3}\alpha_r\left(-i\hbar\frac{\partial}{\partial x_r}\right) + \alpha_0 mc\right\} \times$$

という演算をそれに施してみます. そうすると,

$$\left\{i\hbar\frac{\partial}{c\partial t} + \sum_{r=1,2,3}\alpha_r\left(-i\hbar\frac{\partial}{\partial x_r}\right) + \alpha_0 mc\right\}$$
$$\times \left\{i\hbar\frac{\partial}{c\partial t} - \sum_{r=1,2,3}\alpha_r\left(-i\hbar\frac{\partial}{\partial x_r}\right) - \alpha_0 mc\right\}\psi = 0 \quad (3\text{-}21')$$

が得られます. そこでディラックは, この方程式がクライン-ゴルドン方程式になるべし, と要請したのです. このような要請は α_0, α_1, α_2, α_3 が普通の数であってはかなえられません. しかし, それらがマトリックスであるならその可能性があることにディラックは気がついた. なぜなら, そのとき (3-21') は

$$\left\{\left(i\hbar\frac{\partial}{c\partial t}\right)^2 - \sum_{r=1,2,3}\alpha_r^2\left(-i\hbar\frac{\partial}{\partial x_r}\right)^2 - \alpha_0^2 m^2 c^2\right.$$
$$\left. - \sum_{r<s}(\alpha_r\alpha_s + \alpha_s\alpha_r)(-i\hbar)^2\frac{\partial^2}{\partial x_r \partial x_s} - \sum_{r=1,2,3}(\alpha_0\alpha_r + \alpha_r\alpha_0)mc\left(-i\hbar\frac{\partial}{\partial x_r}\right)\right\}\psi = 0$$
$$(3\text{-}21'')$$

となりますから, マトリックス α_0, α_1, α_2, α_3 が

$$\begin{cases}\alpha_\mu^2 = 1, & (\mu = 0, 1, 2, 3 \text{に対して}) \\ \alpha_\mu\alpha_\nu + \alpha_\nu\alpha_\mu = 0, & (\mu \neq \nu, \quad \mu, \nu = 0, 1, 2, 3 \text{に対して})\end{cases} \quad (3\text{-}22)$$

という性質を持っているなら, その要請がかなえられるでしょう. そして彼は (3-22) を満たすもっとも簡単なマトリックスとして

$$\alpha_0 = \begin{pmatrix}1 & 0 & 0 & 0 \\ 0 & 1 & 0 & 0 \\ 0 & 0 & -1 & 0 \\ 0 & 0 & 0 & -1\end{pmatrix}, \quad \alpha_1 = \begin{pmatrix}0 & 0 & 0 & 1 \\ 0 & 0 & 1 & 0 \\ 0 & 1 & 0 & 0 \\ 1 & 0 & 0 & 0\end{pmatrix}$$

$$(3\text{-}23)$$

$$\alpha_2 = \begin{pmatrix} 0 & 0 & 0 & -i \\ 0 & 0 & i & 0 \\ 0 & -i & 0 & 0 \\ i & 0 & 0 & 0 \end{pmatrix}, \quad \alpha_3 = \begin{pmatrix} 0 & 0 & 1 & 0 \\ 0 & 0 & 0 & -1 \\ 1 & 0 & 0 & 0 \\ 0 & -1 & 0 & 0 \end{pmatrix}$$

を導入し，それを方程式 (3-20) で用いることにしました．

このようにして (3-20) のなかに 4 行 4 列のマトリックスが導入されますと，それに従い，ψ も 4 成分の縦ベクトル

$$\psi = \begin{pmatrix} \psi_1 \\ \psi_2 \\ \psi_3 \\ \psi_4 \end{pmatrix} \tag{3-24}$$

になるわけで，したがって方程式 (3-20) は $\psi_1, \psi_2, \psi_3, \psi_4$ という 4 個の関数に対する連立微分方程式となります．マトリックス (3-23) とパウリのマトリックス (3-14) とくらべることは興味あることですが，すぐわかるようにディラックの 4 行 4 列のマトリックスは，2 行 2 列のパウリ・マトリックス (3-14) と 2 行 2 列の単位マトリックスおよびゼロ・マトリックス

$$1 = \begin{pmatrix} 1 & 0 \\ 0 & 1 \end{pmatrix}, \quad 0 = \begin{pmatrix} 0 & 0 \\ 0 & 0 \end{pmatrix} \tag{3-25}$$

とを用いて

$$\alpha_0 = \begin{pmatrix} 1 & 0 \\ 0 & -1 \end{pmatrix}, \quad \alpha_1 = \begin{pmatrix} 0 & \sigma_1 \\ \sigma_1 & 0 \end{pmatrix},$$
$$\alpha_2 = \begin{pmatrix} 0 & \sigma_2 \\ \sigma_2 & 0 \end{pmatrix}, \quad \alpha_3 = \begin{pmatrix} 0 & \sigma_3 \\ \sigma_3 & 0 \end{pmatrix} \tag{3-23'}$$

のように書くことができます（ここでは (3-14) で用いた添字 x, y, z を添字 1，2，3 に書きかえてあります）．この書きかたに応じて，4 列の縦ベクトル (3-24) も

$$\psi^+ = \begin{pmatrix} \psi_1 \\ \psi_2 \end{pmatrix}, \quad \psi^- = \begin{pmatrix} \psi_3 \\ \psi_4 \end{pmatrix} \tag{3-26}$$

という 2 列の縦ベクトルを用いて

$$\psi = \begin{pmatrix} \psi^+ \\ \psi^- \end{pmatrix} \tag{3-24'}$$

のように書くのが便利です．

ディラックは彼の方程式を中心力の場合に適用し,第1近似で正しい(すなわちトーマス因子もちゃんとついた)準位間隔が導かれることを示しました.さらに,このとき軌道角運動量 l は保存量になっていなくて,それに $\frac{1}{2}\begin{pmatrix}\sigma & 0\\0 & \sigma\end{pmatrix}$ を付加してはじめて保存量が得られることも示しています.このことは,軌道角運動量だけでは保存量が得られず,それに $\frac{1}{2}\begin{pmatrix}\sigma & 0\\0 & \sigma\end{pmatrix}$ を加えてはじめて保存量が得られる,という点で電子がスピン角運動量を持っていて,それが

$$\text{スピン角運動量} = \frac{1}{2}\begin{pmatrix}\sigma & 0\\0 & \sigma\end{pmatrix} \qquad (3\text{-}27)$$

であることを意味すると考えてよいでしょう.さらに,自由粒子の場合とちがって外場があるときには,(3-21) から (3-21′) をつくるやり方と似たことをやっても,ディラック方程式から導かれる2階の方程式はクライン-ゴルドン方程式と一致しないことをディラックは見出しました.そしてこの差が,外場とスピン磁気能率との相互作用の形をしていることをディラックは見つけています.そのときスピン磁気能率に相当するところに $-\begin{pmatrix}\sigma & 0\\0 & \sigma\end{pmatrix}$ があらわれ,したがって

$$\text{スピン磁気能率} = -\begin{pmatrix}\sigma & 0\\0 & \sigma\end{pmatrix} \qquad (3\text{-}27')$$

であり,このことは $g_0 = 2$ であることを意味する.ディラックはさらに彼の方程式がローレンツ変換に対して不変性を持つために,彼の4成分量 (3-24) の成分の変換をどうとるべきか,ということも論じています.これは,パウリが彼の2成分量についてやったやり方の一般化です.[29] このようにしてディラックは,相対論と変換理論との要請だけから出発し,何の ad hoc な仮定も用いずに,電子のスピン角運

---

29) ディラックは,ゾンマーフェルトが *Atombau und Spektrallinien* (原子構造とスペクトル線) に「パウリの方程式の発見は電子の真の性質,すなわちディラック方程式の発見への重要な一歩であった」と書いているのを引用して,これを否定している:「これは私に関する限り事実ではない.私は,電子のスピンを波動方程式にもちこむということに興味はなく,その問題はまったく考えもしなかったし,パウリの仕事を利用したおぼえもない.その理由は,私の頭を占領していたのは私の [量子力学の] 一般的解釈と変換理論に合う相対論的理論を見いだすことだったからである.この課題は,まず最も簡単な場合,おそらくスピンのない粒子の場合にまず解くべきで,それができてからスピンを導入すべきだと私は考えていた.だから私は最も簡単な場合にスピンが入ってくるのを発見したとき驚いたのである.」
 ディラックは続けて,こう言っている:「私の方程式がでた何年か後にクラマースから聞いたのだが,彼も私の1階の方程式と同等な2階の方程式を独立に得ていたという.クラマースがパウリの方程式から出発したことはあり得る.彼は,私の論文が先に出たので,仕事を公表しなかった.」(P.A.M Dirac, "Recollections of an Exciting Era," in C. Weiner ed. *History of Twentieth Century Physics*, Academic Press (1977), pp. 109-146. 引用は p. 139 より.)

動量も,磁気能率も,またトーマス因子も正しく導くことができました.

*

このディラックの仕事は,凡人から見ると思いがけない発想の連続です.まず方程式が時間について1階でなければならぬという要請に目をつけた点です.このような発想は,シュレーディンガーもクラインもゴルドンも,またパウリさえも考えつかなかったことです.さらにそれに気がついたとしても,その要請から電子スピンが導かれ,磁気能率も決定されるということは,凡人にはまったく想像もつかないことです.こういうディラックの思考の型を,パウリはしばしばアクロバットのようだと言っていたそうですが,ディラックのこの仕事は,彼のこの特徴をもっともはっきりと見せてくれたものだと言えそうです.彼はこの仕事が相当得意だったようで,次のような論文の書き出しにも彼のその気分がうかがわれます.

すなわち彼は,電子のスピンについてはパウリやダーウィン(C.G. Darwin)も論じているが,という前置きにつづいて"しかし自然が単純な点電荷に満足しないで(スピン電子というような)特殊なモデルを選ばねばならなかったのはなぜなのか,という問いがまだ答えられていない"と言い,つづけて"電子に対して相対論の要請と変換理論の要請とをともに満たすもっとも簡単な方程式を考えると,スピン現象は,それ以外何の仮定もしないで,すべてちゃんと導き出される"と言っています.

しかし一方ほかのところで(それは彼がオッペンハイマー記念賞というのを1969年にもらったときの記念講演です),ディラックは次のようにも言っています[30].自分はこの論文でアルカリ原子の問題を第1近似までしか計算しなかった.水素原子の問題をさらにつきつめて正確に計算し,当時完全に実験と合うものとして知られていた微細構造公式を出すことはやらなかった.それはなぜかというと,そこまで計算して,万が一その公式とちがった結果が出たりして自分の理論の正しくないことを見知らされるのがこわかったからだ,と.自分の理論が正しいという自信が大きければ大きかっただけ,九分九厘までそうは思っても,あとの一厘でその期待が破れ去るおそろしさはそれだけ大きかったのでしょう.しかしこの気持は,癌だ

---

30) P.A.M. Dirac, *The Development of Quantum Theory*, J. Robert Oppenheimer Memorial Prize Acceptance Speech, Gordon and Breach (1971). 引用は pp. 41-45 より.

と言われるのがこわくて医者にかからない病人のように不合理なものですね．けれど理論物理学者といえども，しばしばこのような，たしかに不合理な屈曲した心理になることはあるものです．ちなみに微細構造公式を導く仕事はダーウィンとゴルドンがやりました．

　ディラックのこの仕事はたしかに天才的なものですが，ぼくが思うに，ディラックのこの天才的な考えも，その前に出たパウリの仕事に触発された点が多いのではないか．[31] 彼が1階の方程式 (3-20) とクライン－ゴルドン方程式との関係をつけるのに，(3-22) を満たすマトリックスを用いるという発想は，パウリ・マトリックスが (3-14″) を満たすという事実が触媒になっていたのではないでしょうか．また，ディラックが4成分量 (3-24) を用いた連立微分方程式の考えに導かれたのも，パウリが2成分量 (3-15) を用いて連立微分方程式 (3-17) をつくりあげたことからのヒントに負うところ多いのではないでしょうか．事実ディラックは彼の論文のなかで，パウリの σ_r, $r=1, 2, 3$ は (3-22) を満たしている，とはっきり指摘しています．そして，パウリのように2行2列のマトリックスを考えたのでは (3-22) を満たすものが3個しか得られないから4行4列のマトリックスを考える，と言っています．さらにディラックが方程式 (3-20) のローレンツ不変性を証明したやり方は，まさにパウリ方程式が x, y, z 軸の回転に対して不変性を持つというパウリの証明の一般化にほかならなかった．そういう意味でパウリの仕事を，ぼくはさっきディラックの先駆だと言ったのです．ディラックの仕事は，パウリのそれより1年たらずのちの1928年正月にまとめられています．

　ディラックのこの仕事で，自然がなぜ単純な点電荷に満足せずスピンを持つ粒子を要求したか，ということの理由が明らかになったとすると，陽子もまたスピン $\frac{1}{2}\hbar$ を持ち，磁気能率 $\frac{e\hbar}{2m_\mathrm{p}}$ (m_p は陽子の質量) を持つということが自然な結論として出てきそうです．しかし実際の歴史では，陽子が $\frac{1}{2}\hbar$ のスピンを持つということは，ディラックのこの仕事が出るより半年ほど前にすでに見つかっていたのです．ところで，この陽子スピンの決定は，素人から見るとはなはだ意外な問題がきっかけになってなされた．それは低温での H_2 の比熱の問題なのです．この，比熱から陽子スピンが決定されるいきさつには，ちょっと面白い挿話があるのですが，それは次回にお話しましょう．

---

31) 注29を参照．

*

　最後にいささか蛇足を付け加えておきます．パウリ・マトリックス σ_x, σ_y, σ_z がスピン角運動量ベクトルの x, y, z 成分と関連した意味を持っていたように，ディラック・マトリックスでは，

$$\frac{1}{i}\alpha_0\alpha_2\alpha_3, \quad \frac{1}{i}\alpha_0\alpha_3\alpha_1, \quad \frac{1}{i}\alpha_0\alpha_1\alpha_2,$$
$$i\alpha_0\alpha_1, \quad i\alpha_0\alpha_2, \quad i\alpha_0\alpha_3 \qquad (3\text{-}28)$$

という6個のマトリックスは，1つの6元ベクトルの成分とみなすことができ，それらが電子スピンの相対論的一般化だと考えることができます．事実 (3-23) を用いると，はじめの3個のものは

$$\frac{1}{i}\alpha_0\alpha_2\alpha_3 = \begin{pmatrix} \sigma_1 & 0 \\ 0 & -\sigma_1 \end{pmatrix}, \quad \frac{1}{i}\alpha_0\alpha_3\alpha_1 = \begin{pmatrix} \sigma_2 & 0 \\ 0 & -\sigma_2 \end{pmatrix},$$
$$\frac{1}{i}\alpha_0\alpha_1\alpha_2 = \begin{pmatrix} \sigma_3 & 0 \\ 0 & -\sigma_3 \end{pmatrix} \qquad (3\text{-}28')$$

で，これは (3-27) のスピン角運動量と一見ちがう形をしていますが，電子の静止状態での期待値は (3-27) のそれと一致します．また

$$i\alpha_0\alpha_1 = \begin{pmatrix} 0 & i\sigma_1 \\ -i\sigma_1 & 0 \end{pmatrix}, \quad i\alpha_0\alpha_2 = \begin{pmatrix} 0 & i\sigma_2 \\ -i\sigma_2 & 0 \end{pmatrix},$$
$$i\alpha_0\alpha_3 = \begin{pmatrix} 0 & i\sigma_3 \\ -i\sigma_3 & 0 \end{pmatrix} \qquad (3\text{-}28'')$$

のほうですが，この3個の量は電子の静止状態において期待値0を持つことが証明できます．パウリが彼のスピン・マトリックスを相対論的に6元化する必要性を認めながらも，その成分の半分が静止系において0にならねばならぬ，という条件をどんな形で導入するかについて大きな困難を感じていたことをさっき話しましたね．しかしディラックは4行4列のマトリックスを用いることによって，このことをいとも簡単にやってのけたわけです．こういう次第で，ディラックはローレンツ不変性とか，波動方程式の1階性とかいった，まったくモデル的思考を含まない考え方で，電子スピンに関するあらゆることを導き出しました．みんなが電子スピン

---

32) 注27を見よ．

ということばから自転とか回転とかをまったく連想しなくなったのは，ディラックのこの仕事が出たころからでしょうかねえ（核のスピンは別ですよ）．それにしても，電子スピンの本性がこんなものだったとすれば，それはまさに「古典的記述不可能」でしたね．[33]

---

33) p. 33 および p. 48 とその注 21 の後半を参照.

第4話　陽子のスピン
　　——水素分子をめぐる三人の学者——

　それでは H_2 の比熱と陽子のスピンとが，どういうかかわり合いを持ったか．

　そもそも量子力学は，はじめから比熱の問題と切っても切れない関係を持っていたといえます[34]．たとえば空洞輻射の問題でも，"真空の比熱"の ∞ をどうして除去するかという問題だったといってもよろしい．また2原子分子のガス比熱が古典論では $\frac{5}{2}R$ であるはずなのに，低温ではそれからずれて $\frac{3}{2}R$ になることも量子力学ではじめて説明されたことです．それは，分子の回転エネルギーが量子化され，したがって等分配の法則で配分されるはずの $\frac{kT}{2}$ がその量子より小さくなると，回転運動が起れなくなるからでした．

　2原子分子というのは，唖鈴状にならんだ2つの核のまわりを電子が運動している力学系です．ですから，そのエネルギーは，電子のエネルギー E_{el}，2つの核間の距離が伸び縮みする振動のエネルギー E_{vib}，分子全体の回転のエネルギー E_{rot}，そして重心運動のエネルギー E_{tr} の4つのエネルギーの和で与えられます．式で書けば

$$E = E_{el} + E_{vib} + E_{rot} + E_{tr} \tag{4-1}$$

ですね．これは，それぞれの運動間の相互作用をネグっての話ですが，これからの話にそれは大してひびきません．

　これら4つのエネルギーのなかで低温比熱にきいてくるのは E_{tr} と E_{rot} だけです（E_{el} と E_{vib} はどちらもその量子が大きいので，じゅうぶん低温にして $\frac{kT}{2}$ をそれらの量子より小さくしておく）．ところで E_{tr} は量子化されませんから，それからの比熱への寄与は0度までずっと $\frac{3}{2}R$ です．あるいは，モル比熱のかわりに

---

34) 参照：朝永振一郎『量子力学』I，みすず書房（1969），第1章．

1分子比熱を考えるなら $\frac{3}{2}k$ です．そうすると問題は $E_{\rm rot}$ だけになります．

ここで初歩的な回転エネルギーの量子論を思い出してください．それによると，唖鈴の慣性能率を I とおいて，回転エネルギーに対しては

$$E_{\rm rot} = \frac{\hbar^2}{2I}J(J+1), \quad J = 0, 1, 2, \cdots\cdots \qquad (4\text{-}2)$$

が得られますね．ここで J は回転の量子数で，それは $\hbar$ ではかった角運動量を意味し，角運動量が $2J+1$ 個の方向に量子化されることから，J を指定したときその状態は

$$g(J) = 2J + 1 \qquad (4\text{-}3)$$

の多重度で縮退している．

ところで唖鈴をつくっている原子核は，水素核以外では構造を持つ粒子でしょう．そうすると，かつてパウリが考えたように，それはスピンを持っているかもしれないし，また球形でないかもしれない（パウリは1924年ごろ，スペクトル線の超微細構造を説明するのに原子核がスピンを持つという説明を与えたことがあります）．そうすると，2つの核が唖鈴状につながるとき，唖鈴軸に対して核がどういう向きでくっついているかが問題になりますね．そうなると，唖鈴全体が空間のどっちを向いているかという自由度のほかに，唖鈴軸に対するそれぞれの核の向き，という第4の自由度をそれぞれの核に対して考える必要が出てくる．つまり電子にスピンという自由度を与えたように，ここで核に対してもその向き（それがスピンの向きであるか，球でないたとえば楕円体の向きであるかはわからないが）という第4自由度を付与しなければならないことになる．そうすれば，その第4自由度の持つエネルギー（それは E_4 とでも書くべきもの）が存在し，したがって (4-1) のかわりに

$$E = E_{\rm el} + E_{\rm vib} + E_{\rm rot} + E_{\rm tr} + E_4 \qquad (4\text{-}1')$$

を用いねばならず，そこでこの E_4 からの寄与が当然比熱にあらわれ，したがって比熱をしらべることによってこの新しい自由度についてのインフォメーションが得られるだろう……．

この考えはよさそうにみえますが，そのよいのは前半だけで，後半はそのままの形ではだめです．なぜかというと，たといそういう自由度があっても，それのエネ

ルギーはきわめて小さく，とても比熱にはきいてこないからです．もしこのエネルギーが比熱にきくほどなら，当然，その分子のバンド・スペクトルにそれがあらわれてくるはずだが，そんなものは実験で見つかっていない（電子の第4自由度はスペクトル線が2重になったりしてはっきりあらわれています．しかし，それでさえ比熱にはきいてこない）．比熱と第4自由度とのかかわり合いは，もっと別のことによるのです．

＊

　この別のこととは何か．それは，量子力学の発展のなかでスピンの発見と同様重要なもうひとつの発見，すなわち粒子の統計とシュレーディンガー関数の対称性との間の関係です．そもそも量子力学にあらわれる粒子には，ボース統計に従うもの（ボソン族）と，フェルミ統計に従うもの（フェルミオン族）と2種類あることはご承知でしょう．いま話題にしている1927年ごろには，どちらに属するかはっきりわかっていたのは光子と電子だけで，前者はボソンの代表，後者はフェルミオンの代表でした．またα粒子は，たぶんボソンだろうという予想もありました．ちなみにフェルミオンがフェルミの統計に従うということは，それがパウリの排他原理に従うということと同等なことを注意しておきましょう．

　ところで第3話で，ディラックの変換理論が完成したとき残っている問題が2つあった，ひとつはスピン，ひとつは相対論化，と言いましたが，もうひとつを忘れていたことにいま気がついた．それは，つまり，この2種の統計の存在をどう量子力学のなかに組み入れるかということです．

　この問題は1926年に，毎度のことながらディラックとハイゼンベルクによって答えられました．2種類の統計が見つかったいきさつや，この二人がそれを量子力学の枠にはめ込んだいきさつはそれ自体たいへん興味ある話ですが，ここではそれを割愛して，結論だけ述べます．二人が見つけたのは，電子なら電子，光子なら光子，といったように同種の粒子がいくつか集まってできた力学系において，そのシュレーディンガー関数が粒子の交換に対して対称関数であるような，そういう状態だけが実現されるならば，その粒子の集まりはボース統計に従い，シュレーディンガー関数が粒子の交換に対して反対称であるような，そういう状態だけが実現されるならば，その粒子の集まりはフェルミ統計に従う，ということなのです．この発見は，たくさんの粒子からなる力学系の問題，すなわち多体問題において非常に重

要な役をしました．その話も興味しんしんですが，次回でひとつの例に触れるだけにして，話を分子にもどしましょう．

*

問題の2原子分子とは，2個の核と数個の電子（H_2の場合は2個）とからなる力学系です．そして全エネルギーを（4-1′）であらわす近似では，そのシュレーディンガー関数は

$$\psi = \psi_{el} \cdot \psi_{vib} \cdot \psi_{rot} \cdot \psi_{tr} \cdot \psi_4 \equiv \phi \cdot \psi_4 \tag{4-4}$$

といったように，それぞれの運動に対するシュレーディンガー関数の積であらわされると考えてよい．ただしここに ϕ と書いたのは，el., vib., rot., tr. といういままで知られている自由度に対するシュレーディンガー関数 $\psi_{el}, \psi_{vib}, \psi_{rot}, \psi_{tr}$ の積ですが，ψ_4 と書いたのは，まだ素性のわからない第4自由度に対するシュレーディンガー関数で，それは2個の核の第4自由度をそれぞれ記述するところの2個の座標の関数です．

ところで，さっき話した初歩的な回転分子の理論は，この（4-4）のなかの $\psi_{rot} \cdot \psi_{tr}$ だけで分子の状態をあらわすというものです．低温比熱の問題は（第4自由度があるならこれに ψ_4 をつけて）この単純な理論でじゅうぶんなこともあります．しかしバンド・スペクトルの話となると ψ_{el} も大切な役をするので，もっと進んだ理論が必要になります．このような2原子分子の進んだ理論はいろんな人が発展させましたが，特に ψ_{el} の取り扱いや，実験結果の理論的意味づけについては，フント（F. Hund）が大きな寄与をしています．水素分子 H_2 の比熱から陽子の第4自由度についての知見を得ようという考えも，フントがきっかけをつくったのです．しかし分子の理論をここでくわしく述べるとたいへんですから，ここではさっき述べた初歩的な理論ですむことだけを話しましょう．

フントの研究を見ると，電子の状態が彼の記号で $^1\Sigma$ というのであるときには（これは原子のとき ^1S 状態というのに似たものと考えてください），ψ_{el} を無視した初歩的な理論がそのままわれわれの問題に使えることがわかります．たとえば $^1\Sigma$ 状態では E_{rot} は（4-2）で与えられ，準位の縮退度も（しばらく第4自由度には目をつぶるなら）（4-3）で与えられる．さらに ψ_{rot} も初歩的な理論とまったく同様に，唖鈴軸の空間方向を与える角 Θ と Φ とを用いて，

$$\psi_{\text{rot}} = P_J{}^M(\cos\Theta)e^{iM\Phi}, \qquad (4\text{-}5)$$
$$M = J, J-1, J-2, \cdots\cdots, -J+1, -J$$

のようにあらわすことができる.

ここで，H_2 とか O_2 とかのように，分子をつくっている2つの原子が同種であるものに問題をしぼります．なぜなら，そういう場合に，さっき話した核の統計の問題（ボソンかフェルミオンかという問題）が重要な役をし，そのどちらであるかが，第4自由度の存在ともからんで，分子の回転比熱にきいてくるからです．もうちょっとくわしく言うと，こうなのです．2つの核がボソンなら ψ は2つの核の交換に対して対称，フェルミオンなら ψ は反対称でなければなりませんでしたね．そのことが，これから述べるような理由で比熱にはねかえってくるのです．

それを見るためにまず（4-4）の ψ のなかの ϕ をとりあげ，ϕ が2つの核の交換に対して対称であるか反対称であるかをしらべます．この ϕ のなかに含まれているのは2つの核の空間座標だけで，素姓のわからない第4座標は含まれていませんから，ϕ の対称性はいままで知られている理論でちゃんとしらべることができます．特に電子が $^1\Sigma$ 状態にあるときには初歩的な理論が使えて，ϕ の対称性は次のようにして簡単にわかる．しかもさいわいなことに，H_2 では，電子の基底状態は $^1\Sigma$ であるのです（これに反し O_2 では $^3\Sigma$ になります）．

2つの核の空間座標を $\boldsymbol{x}_1$ と $\boldsymbol{x}_2$ としましょう．このとき初歩理論では ψ_{el} を無視して

$$\phi = \psi_{\text{tr}} \cdot \psi_{\text{vib}} \cdot \psi_{\text{rot}} \qquad (4\text{-}6)$$

でよかった．そして $\psi_{\text{tr}}, \psi_{\text{vib}}, \psi_{\text{rot}}$ はそれぞれ

$$\left.\begin{array}{l} \psi_{\text{tr}} \text{ は } \dfrac{\boldsymbol{x}_1+\boldsymbol{x}_2}{2} \text{ の関数} \\[4pt] \psi_{\text{vib}} \text{ は } |\boldsymbol{x}_1-\boldsymbol{x}_2| \text{ の関数} \\[4pt] \psi_{\text{rot}} \text{ は } \dfrac{\boldsymbol{x}_1-\boldsymbol{x}_2}{|\boldsymbol{x}_1-\boldsymbol{x}_2|} \text{ の関数} \end{array}\right\} \qquad (4\text{-}7)$$

となりますね．そこですぐわかることは，$\dfrac{\boldsymbol{x}_1+\boldsymbol{x}_2}{2}$ と $|\boldsymbol{x}_1-\boldsymbol{x}_2|$ とは $\boldsymbol{x}_1$ と $\boldsymbol{x}_2$ を交換しても不変なことです．ですから ψ_{tr} と ψ_{vib} とは $\boldsymbol{x}_1$ と $\boldsymbol{x}_2$ の交換に対してつねに対称です．ところが $\dfrac{\boldsymbol{x}_1-\boldsymbol{x}_2}{|\boldsymbol{x}_1-\boldsymbol{x}_2|}$ は $\boldsymbol{x}_1$ と $\boldsymbol{x}_2$ を交換すると符号を変えます．したがって

ψ_{rot} は対称であるとか反対称であるとかそう簡単にわからない。しかし次のようにして，J が偶数ならそれは対称，J が奇数ならそれは反対称であることがわかる．

それを見るために単位ベクトル $\dfrac{x_1-x_2}{|x_1-x_2|}$ の空間方向をあらわす角 Θ と Φ とを導入します．すなわち $\dfrac{x_1-x_2}{|x_1-x_2|}$ の極座標を $(1,\Theta,\Phi)$ とする．そうして，さっきの (4-5) すなわち

$$\psi_{\text{rot}}\left(\frac{x_1-x_2}{|x_1-x_2|}\right) = P_J^M(\cos\Theta)e^{iM\Phi}$$

の左辺で x_1 と x_2 とを交換すると，$\dfrac{x_2-x_1}{|x_2-x_1|} = -\dfrac{x_1-x_2}{|x_1-x_2|}$ ですから，$\dfrac{x_1-x_2}{|x_1-x_2|}$ の極座標が $(1,\Theta,\Phi)$ なら $-\dfrac{x_1-x_2}{|x_1-x_2|}$ のそれは明らかに $(1,\pi-\Theta,\pi+\Phi)$，[35] よって

$$\psi_{\text{rot}}\left(\frac{x_2-x_1}{|x_2-x_1|}\right) = P_J^M(\cos(\pi-\Theta))e^{iM(\pi+\Phi)}$$

が得られます．しかし，一方よく知られているように

$$P_J^M(\cos(\pi-\Theta))e^{iM(\pi+\Phi)} = P_J^M(-\cos\Theta)(-1)^M e^{iM\Phi}$$
$$= (-1)^J P_J^M(\cos\Theta)e^{iM\Phi}$$

が成り立つから，結局

$$\psi_{\text{rot}}\left(\frac{x_2-x_1}{|x_2-x_1|}\right) = (-1)^J \psi_{\text{rot}}\left(\frac{x_1-x_2}{|x_1-x_2|}\right)$$

が成り立つ．このことは J が偶数なら ψ_{rot} は x_1 と x_2 の交換に対して対称，J が奇数なら x_1 と x_2 の交換に対して反対称，ということを意味する．

これらのことを総合すると，ψ_{tr} と ψ_{vib} と ψ_{rot} を掛け合せた関数 ϕ について

---

[35] 右図にベクトル x_1-x_2 と x_2-x_1 の極座標表示を示す．
$P_J^M(-z) = (-1)^{J-M}P_J^M(z)$ は次の定義式から明らかである（朝永振一郎『量子力学』II, みすず書房 (1952, 第 2 版, 1997), (42.25) 式）：

$$P_J(z) = \frac{1}{2^J J!}\frac{d^J}{dz^J}(z^2-1)^J,$$

$$P_J^M(z) = (1-z^2)^{|M|/2}\frac{d^{|M|}}{dz^{|M|}}P_J(z).$$

P_J^M の例をあげておこう：

$P_0^0(\cos\theta) = 1,$
$P_1^0(\cos\theta) = \cos\theta,\ P_1^{\pm 1}(\cos\theta) = \sin\theta$
$P_2^0(\cos\theta) = \dfrac{1}{2}(3\cos^2\theta-1),\ P_2^{\pm 1}(\cos\theta) = 3\cos\theta\sin\theta$
$P_2^{\pm 2}(\cos\theta) = 3\sin^2\theta.$

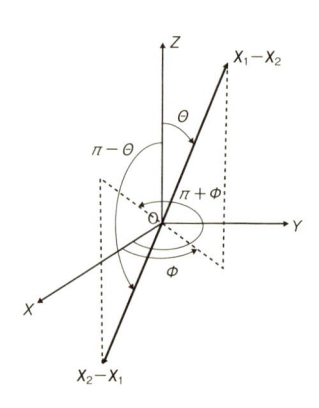

図4

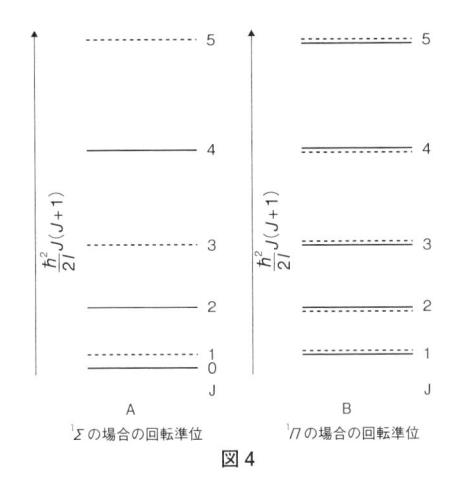

A　$^1\Sigma$の場合の回転準位　　B　$^1\Pi$の場合の回転準位

$$\phi \text{ は} \begin{cases} J \text{が偶数のとき} \\ \qquad x_1 \text{と} x_2 \text{の交換に対して対称,} \\ J \text{が奇数のとき} \\ \qquad x_1 \text{と} x_2 \text{の交換に対して反対称} \end{cases} \quad (4\text{-}8)$$

という結論が直ちに出てくる．この結論を図4のように図示するとわかりやすい．この図のAは（4-2）を用いて回転準位を図示したものですが，実線――であらわされた準位は核の交換に対して対称のもの，破線………であらわされた準位は反対称のものです．図4のBの意味はあとで述べます．

$*$

準備にだいぶ手まどったが，これから核がボソンであるかフェルミオンであるか，という問題に進みます．最初核がスピンも持たず，しかも球対称であると仮定しましょう．そうすると第4自由度はなくてよい．したがって $\psi = \phi$ であり，ϕ の対称性がとりもなおさず ψ の対称性になる．そういうわけで，(4-8) の結論から，核がボソンであるなら，対称 ψ をもつ準位しかあらわれないはずだから，図4Aの破線準位は存在しなくなる．また核がフェルミオンなら，反対称 ψ をもつ準位しかあらわれないはずだから，図4Aの実線準位は存在しなくなる．そんなわけで実際にあらわれる準位は図5のようになるわけでしょう．

こういうことになると，図4Aの準位が全部あらわれるとしたとき，図5の左側

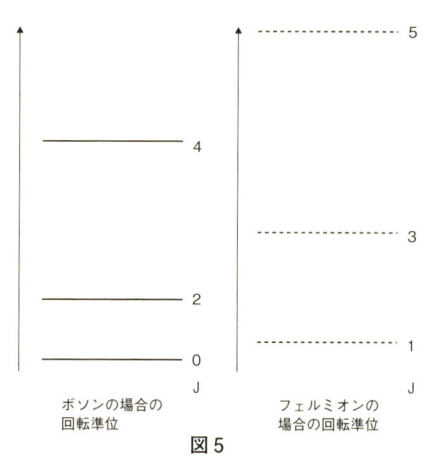

の準位だけがあらわれるとしたとき，またその右側の準位だけがあらわれるとしたとき，それぞれで当然異なった回転比熱が出てくるでしょう．またバンド・スペクトルでいうと，準位が図5のようになっているなら，右側のにせよ左側のにせよ，図4Aのような準位から出てくる線のなかから少なからぬ線が脱落してくるわけですね．だから比熱をはかったり，バンドを分析したりして，核がボソンであるかフェルミオンであるか，そういうことが直ちに決定できることになります．

ボソンの場合の回転準位／フェルミオンの場合の回転準位

図5

しかし，核がたとえばスピンを持ったりして第4自由度があらわれてくると，事情は少し複雑になります．それは，このときは $\psi=\phi$ でなく，したがって (4-8) からすぐ ψ の対称性を云々できないからです．しかし，このとき $\psi=\phi\cdot\psi_4$ が成り立ち，また（対称関数）×（対称関数）=（対称関数），（対称関数）×（反対称関数）=（反対称関数），（反対称関数）×（反対称関数）=（対称関数）が成り立つことから，

ϕ が対称のとき $\begin{cases} \psi\text{が対称になるには}\psi_4\text{は対称} \\ \psi\text{が反対称になるには}\psi_4\text{は反対称} \end{cases}$

ϕ が反対称のとき $\begin{cases} \psi\text{が対称になるには}\psi_4\text{は反対称} \\ \psi\text{が反対称になるには}\psi_4\text{は対称} \end{cases}$

でなければならぬことは明らかでしょう．そうすれば，これと (4-8) と結びつけて

ψ_4 は $\begin{cases} \text{核がボソンなら} \begin{cases} \text{準位―――において対称,} \\ \text{準位……において反対称} \end{cases} \\ \text{核がフェルミオンなら} \begin{cases} \text{準位―――において反対称,} \\ \text{準位……において対称} \end{cases} \end{cases}$ (4-9)

でなければならぬ，という結論が出てくる．

そういうわけで核に第4自由度があると，準位―――か準位……かのどちらかがまったく姿を消すということはないけれど，それぞれにおいて ψ_4 は対称性を異に

している．そのとき ψ_4 が対称であるか反対称であるかでエネルギー E_4 は少しは異なるかもしれぬが，そのどちらもきわめて小さいから，(4-2) の式はそのまま成り立つと考えてよい．したがって，準位のあり場所は図 4A そのままと考えてよい．

しかし，ψ_4 が対称であるときと，それが反対称であるときとで準位 E_4 の縮退度が異なる，ということはあり得ることです．そういう場合には (4-1′) の E 全体の縮退度も異なってくるから，その縮退度のちがいは実験にかかる．たとえばスペクトル線の強度は，準位の縮退度が大きければ，それだけ大きくなりますね．また統計力学によって比熱を計算するとき，この縮退度が統計的重みになるから，それが結果にきいてくる．このことなのです，フントが目をつけたのは．

＊

準位 E_4 の縮退度が ψ_4 の対称性によって異なってくるいい例はスピンの場合です．たとえば2個の核のスピンがそれぞれ $\frac{1}{2}$ だとする．このとき，第3話で証明した定理によって，ψ_4 がそのスピン座標の交換に対して対称ならば，合成スピンは1で，したがってそのときスピンの方向量子化の個数と関連して3重の縮退があらわれ，ψ_4 がスピン座標の交換に対して反対称ならば，合成スピンは0になり，したがってそのとき縮退はない（すなわち縮退度は1）．こういうことが成り立っている．

そこで一般的に準位 E_4 の縮退度を

ψ_4 が対称のとき g_s,
ψ_4 が反対称のとき g_a

と書くことにすると，(4-9) から準位 E_4 の縮退度は

$$\begin{cases} \text{核がボソンのときは} \begin{cases} \text{準位——で } g_s, \\ \text{準位……で } g_a \end{cases} \\ \text{核がフェルミオンのときは} \begin{cases} \text{準位——で } g_a, \\ \text{準位……で } g_s \end{cases} \end{cases} \quad (4\text{-}10)$$

となることが結論されるでしょう．

われわれはいままで電子状態が $^1\Sigma$ であると仮定し，初歩的な理論を用いて (4-10) を導いてきました．しかし，もっと一般に電子状態が何であっても (4-10) の結論に変わりないことがフントの理論でわかります．ただそのときは，回転準位のようすが図 4A と変わってきます．図 4B にひとつだけ例を与えましたが，これは電子状態が $^1\Sigma$ でなく，フントの記号で $^1\Pi$（これは原子の場合の ^1P に似た

F. フント (1896 - 1997)

ものです）と呼ばれる状態にあるときです．図を見てわかるように，$^1\Pi$状態の場合には準位の値はやはり (4-2) で与えられますが，$J=0$ の準位は存在せず，$J=1, 2, 3, \cdots$ となります．また各々の回転準位は，第4自由度を考えに入れる前にすでに2重に（方向量子化から出てくる縮退度 $2J+1$ に重ねて）縮退しており，その一方は ———，他方は ……… というふうになっています．図4Bでは，この縮退をきわめて近接した実線と破線で ====== のようにあらわしました．

こういうふうに，電子状態が $^1\Sigma$ であるにせよ，$^1\Pi$ であるにせよ，準位 ——— と準位 ……… とで縮退度がちがうとすると，そのことがまずバンド・スペクトルの線の強度にあらわれてきます．すなわち，もし核がボソンなら，準位 ——— から準位 ——— への遷移で出る線の強度と，準位 ……… から準位 ……… への遷移で出る線の強度との比は $g_s:g_a$ になるでしょうし，核がフェルミオンなら，その比は $g_a:g_s$ になるでしょう．このとき ——— から ……… への遷移は，われわれの近似では禁止されます（近似をすすめれば禁止は解けますが，遷移の確率はきわめて小さいでしょう）．この結論を J を用いて言いなおすと，たとえば終状態が $^1\Sigma$ であるとしたとき，$J=0, 1, 2, 3, \cdots$ の準位への遷移で出てくる線は，もし核がボソンなら，それぞれ $g_s:g_a:g_s:g_a:\cdots$ というように強度の交番を持つことになり，核がフェルミオンなら，強度の交番は逆に $g_a:g_s:g_a:g_s:\cdots$ のようになる．したがって，たとえば核の第4自由度がスピンであり，それが $\frac{1}{2}$ であるとすると，さっきの話で

$$g_s = 3, \quad g_a = 1 \qquad (4\text{-}11)$$

ですから，強度の交番は

　　　　ボソンのとき　$3:1:3:1\cdots$,
　　　　フェルミオンのとき　$1:3:1:3\cdots$ 　　　(4-11′)

となるわけです．

そういうわけで H_2 のバンドをしらべて，こういう強度の交番があるかどうか，それがどんな強度比で起っているかをしらべれば，陽子のスピンがどんな値であるか，またそれがボソンであるかフェルミオンであるか，そういうことが決められ

ることになる.しかし,フントがこういう着想を展開した1927年のはじめころには,残念ながらH_2のバンドについてまだじゅうぶんなデータが得られていなかった.そこで彼は,当時すでにわかっていたH_2分子の回転比熱の実験値からそれを決めようと考えたのです.

*

温度TのH_2ガスを考えましょう.このとき1分子あたりの回転エネルギーの平均値は,統計力学によって

$$\langle E_{\rm rot}\rangle = \frac{1}{Z}\Big\{\sum_{J={\rm even}}\beta g(J)E(J)e^{-\frac{1}{kT}E(J)}$$
$$+\sum_{J={\rm odd}}g(J)E(J)e^{-\frac{1}{kT}E(J)}\Big\} \qquad (4\text{-}12)$$

$$Z = \sum_{J={\rm even}}\beta g(J)e^{-\frac{1}{kT}E(J)} + \sum_{J={\rm odd}}g(J)e^{-\frac{1}{kT}E(J)}$$

で与えられますね.ただし,ここで$E(J)$および$g(J)$はそれぞれ(4-2),(4-3)で与えられる回転エネルギーおよび方向量子化によるその縮退度で,βは

$$\beta = \frac{J が偶数のときの E_4 の縮退度}{J が奇数のときの E_4 の縮退度} \qquad (4\text{-}13)$$

を意味します.ここで(4-10)を思い出すと,

$$\text{陽子がボソンなら } \beta = \frac{g_{\rm s}}{g_{\rm a}},$$
$$\text{陽子がフェルミオンなら } \beta = \frac{g_{\rm a}}{g_{\rm s}} \qquad (4\text{-}13')$$

です.そこで仮に陽子の第4自由度がスピンであり,かつその値が$\frac{1}{2}$であるとすると,$g_{\rm s}$, $g_{\rm a}$として(4-11)をとればよい.そうすれば

$$\text{陽子がボソンなら } \beta = 3,$$
$$\text{陽子がフェルミオンなら } \beta = \frac{1}{3} \qquad (4\text{-}13'')$$

となりますが,さしあたりβは未定です.

ところでH_2の慣性能率Iも,フントが比熱を計算しようとしたとき未知であった.そこで彼はβとIとを未定にして出発し,これにいろいろな値を与えて,(4-12)によって$\langle E_{\rm rot}\rangle$を計算し,そうして得られた値から比熱を

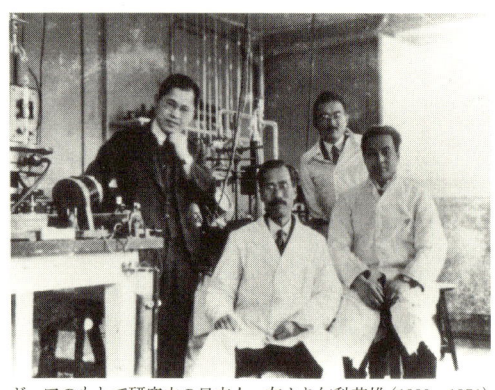

ボーアのもとで研究中の日本人. 左より仁科芳雄 (1890-1951), 青山新一 (1882-1959), 堀健夫 (1899-1994), 木村健二郎 (1896-1988). 1926年, コペンハーゲンにて.

$$C_{\text{rot}} = \frac{d\langle E_{\text{rot}}\rangle}{dT}$$

(4-14)

によって求め, その結果が低温のところで実験値ともっともよく合うように β と I を決めたのです. その結果, 彼は

$$\beta \approx 2,$$
$$I \approx 1.54 \times 10^{-48} \text{kg} \cdot \text{m}^2$$

(4-15)

がもっともよいフィットを与えることを見出したのです. この β の値は, 陽子のスピンを $\frac{1}{2}$ としたときの値3 (陽子をボソンとして), あるいは $\frac{1}{3}$ (陽子をフェルミオンとして) のどちらとも一致していない. ただしフントは $\beta=3$ としても $I \approx 1.69 \times 10^{-48}$ とすれば実験との一致は必ずしも悪いとはいえないと言っていますが, だからといって彼は, 陽子はスピン $\frac{1}{2}$ のボソンだ, という結論をさし控えています. フントはこの仕事をコペンハーゲンのボーアのところで仕上げて, 1927年の2月に発表している.

*

こういうことをフントがやっていたとき, ホリという物理学者がコペンハーゲンにやってきた. この学者は分光学の実験家で……, などと思わせぶりはやめてズバリ言いますと, 彼は京都大学を出てのちに北大の教授になった堀健夫さんです[36]. 彼は当時旅順工科大学にいましたが, このコペンハーゲンに留学して, 彼の分光学の腕前を大いに振るったのです[37]. このころちょうどフントもコペンハーゲンにいたわ

---

36) 彼と著者は深い関係にある. 堀は京都大学の物理学科を卒業したあと大学院時代に著者の家に下宿し, 著者の姉しづと結婚した. その頃, 堀は京都の第三高等学校で臨時講師をしており, 著者は湯川とともに力学を習った. 著者は書いている:「この先生は実験家であったが, 力学の教え方はなかなかあざやかで, 講義などは一さいやらず, それは学生の自習にまかせ, 教室では練習問題を解かせるばかりという斬新な方法であった. この先生は分光学が専門であったので, 新しい量子力学にも関心があり, それに関することがらをこの先生の口を通じていろいろ開くことができた」(朝永振一郎「仁科先生の温情に泣く」, 自然, 1962年10月号. 『鳥獣戯画』(朝永振一郎著作集Ⅰ), みすず書房 (1981) に「わが師・わが友」として収録.)
37) 付録A.4の「堀健夫日記」参照.

けで，そこで H_2 分子の問題が話題の中心になっていたことは想像できることです．そういうわけでボーアはホリに，H_2 のバンドをしらべてみたら，とサジェストしました．そこでホリは前年の 1926 年にウェルナー（S. Werner）が新しく見つけた水素のバンドについて綿密な実験をして，骨の折れる解析をやりました．その結果，H_2 の回転スペクトルにいままで見つかっていなかった強度の交番を彼は初めて見つけたのです．そしてそれが

$$\begin{array}{l}\text{偶数 } J \text{ 準位間の遷移において弱く,}\\ \text{奇数 } J \text{ 準位間の遷移において強い}\end{array} \quad (4\text{-}16)$$

ことを見出しました．強度の比について彼はあまり定量的なことを発表論文に書いていませんが，彼の与えた図からメノコで判断すると，どうやら 1:3 に近い．あとで述べますが，デニソン（D.M. Dennison）という学者が彼に強度比をたずねたとき，彼は，ほぼ 1:3 だ，と答えている．

　この結果は，フントが比熱から得た結論と全然合いません．フントは比熱から $\beta \approx 2$ を得たが，これだと偶数 J のスペクトル線のほうが奇数 J のそれよりほぼ 2 倍に強く出ねばならない．これはホリの（4-16）とはっきり逆です．さらにホリは，バンドの解析から慣性能率を求めることができ，

$$I = 4.67 \times 10^{-48} \text{kg} \cdot \text{m}^2 \quad (4\text{-}16')$$

を得ている．これまたフントの（4-15）と大きく食いちがっている．こういうことをホリは指摘した．

　ちょうどホリがコペンハーゲンで彼の実験結果をまとめているころ，ミシガン大学のデニソンがフントの結果とホリの結果との不一致を知って，これに注目した[38]．そこで彼はコペンハーゲンに来て，まだ出版前のホリの論文の原稿を見せてもらい，その結果次のように考えた．

　彼はホリの実験のなかで　ホリが――から……への遷移に相当する線を一つも見つけていないことに注目しました．さっき言ったように，この遷移は第 1 近似では禁止されるが，より高次の近似では弱いながらそれがあっても悪くない．そうなれば，微弱ながらその遷移に相当する線が見つかってもよいはずなのに，それが見つかってない．このことは――から……への遷移の確率が極端に小さいことを意味する．さらにデニソンは，理論的にもこの確率は非常に小さいにちがいないと考

える.そしてもし事情がそうならば,偶数 J を持った H_2 分子が奇数 J を持つ H_2 分子に遷移したり,またその逆が行なわれるには非常に長い時間がかかり,低温比熱をはかる実験の時間が短かすぎて,実験の間に一方から他方への移り変わりは起らないと考えるべきではなかろうか,と彼は考える.言いかえれば,偶数 J の分子と奇数 J の分子の間には,熱平衡が成立しないままで実験が行なわれるのではあるまいか.そうすると,フントが用いた公式(4-12)は熱平衡を前提としているものだから,彼の結論が実験と合わなくても当然ではなかろうか.これがデニソンの考えです.

そこで彼は比熱を計算するのに次のようなやり方をしました.すなわち,偶数 J のガスと奇数 J のガスとを互いに移り変わりのない別種のガスと考え,その混合ガスの比熱を求めてみたのです.

この考えによれば,求める比熱は次のように計算されます.まず偶数 J のガスと奇数 J のガスの回転エネルギーをそれぞれ $E_{\text{rot}}^{\text{even}}$, $E_{\text{rot}}^{\text{odd}}$ と書くことにして,それらについて $\langle E_{\text{rot}}^{\text{even}} \rangle$ と $\langle E_{\text{rot}}^{\text{odd}} \rangle$ とを別々に計算します.それは,すなわち

$$\begin{cases} \langle E_{\text{rot}}^{\text{even}} \rangle = \dfrac{1}{Z_{\text{even}}} \sum_{J=\text{even}} g(J) E(J) e^{-\frac{1}{kT}E(J)} \\ Z_{\text{even}} = \sum_{J=\text{even}} g(J) e^{-\frac{1}{kT}E(J)} \end{cases} \quad (4\text{-}17)_{\text{even}}$$

および

---

38) 堀は1927年1月27日の日記に「コレナラ Hydrogen(水素分子)ノ moment of inertia(慣性能率)ガ正確ニ calc.(計算)出来ルゾ」と書いている(付録 A.4 を見よ).このときには,まだ結果はでていなかったのだ.水素分子の比熱をあつかったフントの論文が雑誌に受理されたのは2月7日だから,この1月27日には論文はできていただろう.堀の2月4日の日記によれば,この日フントは水素分子の回転スペクトルの堀の解析結果が自分の比熱の方からの結果と大きく違うのに失望していた.堀から水素分子の慣性能率が $I = 4.67 \times 10^{-48}$ kg·m² だときいて,自分が論文に書いた $I = 1.54 \times 10^{-48}$ kg·m² と比べたのだろう.堀の2月3日の日記からは,この日にはまだスペクトル線の強度が 1:3 になるという結果は得られていないらしいことが想像される(堀は,これを論文にも書かなかった).フントは彼の得た強度比 2:1 が実験とくい違うことなど知る由もなかった.

デニソンは,堀の慣性能率の実測値がフントの理論値より大きいこともスペクトル線の強度比が 1:3 であることも知っていた.その説明を彼は捜し求めていたのであって,ここがフントとの大きな違いである.(巻末 p. 52「新版へのあとがき」末尾の注記も参照.)

彼が比熱を説明する鍵となった着想(本文 pp. 87-91)を得たのは,彼の回想録(D.M. Dennison, Recollections of physics and of physicists during the 1920's, *Am. J. Phys.* 42 (1974) 1051)によれば,1927年の春も遅くケンブリッジに6週間滞在したときであった.R.H. ファウラーから3回の講義を頼まれ,3回目の講義のために,この比熱の理論を創りあげたのだ.

$$\begin{cases} \langle E_{\rm rot}^{\rm odd} \rangle = \dfrac{1}{Z_{\rm odd}} \displaystyle\sum_{J={\rm odd}} g(J) E(J) e^{-\frac{1}{kT} E(J)} \\ Z_{\rm odd} = \displaystyle\sum_{J={\rm odd}} g(J) e^{-\frac{1}{kT} E(J)} \end{cases} \quad (4\text{-}17)_{\rm odd}$$

です．次にこの2種のガスの混合比を$\rho:1$とすると，混合ガスのエネルギーは明らかに

$$\langle E_{\rm rot} \rangle = \frac{\rho}{\rho+1} \langle E_{\rm rot}^{\rm even} \rangle + \frac{1}{\rho+1} \langle E_{\rm rot}^{\rm odd} \rangle \quad (4\text{-}18)$$

になりますね．そこでこの$\langle E_{\rm rot} \rangle$を用い，比熱を

$$C_{\rm rot} = \frac{d \langle E_{\rm rot} \rangle}{dT}$$

で計算する．

　こういう考えをもとにして，デニソンはいろいろなρの値といろいろなIの値につき$C_{\rm rot}$を計算し，その計算結果が実験ともっともよく合うようにするにはρとIをどうとればいいかを求めたのです．そのようにして彼は

$$\rho = \frac{1}{3}, \quad I = 4.64 \times 10^{-48} {\rm kg \cdot m}^2 \quad (4\text{-}19)$$

を見出した．このようにして彼は，$\rho = \dfrac{1}{3}$という値がホリから聞いたスペクトル線の強度比と一致するし，またIの値4.64がホリの決めた値4.67と非常によく一致することを見出したのです．

　ここでデニソンの論文は，フントの計算とホリの実験との食いちがいはすっかり解消した，ということを結論として一応終っているのです．

　ところが彼は，論文を投稿した日，すなわちJune 3, 1927から2週間ほどたって，論文にAdded June 16, 1927と前置して付け加えをしている．そのなかで初めて彼は，混合比$\dfrac{1}{3}:1$という値が陽子スピン$\dfrac{1}{2}$を意味していることを指摘しているのです．彼はまず，この$\dfrac{1}{3}:1$という比は偶数Jガスと奇数Jガスの常温での混合比であることを述べ[39]，そしてこのことはまさに陽子がスピン$\dfrac{1}{2}$のフェルミオンだということを意味する，と結論している．

*

　こういう点からみて，当っているかどうか自信はないのですが，どうも彼は最

初自分の仕事が陽子のスピンにかかわる重大なものだということに気がつかなかったのではなかろうか.現に彼は論文の題にも「A Note on the Specific Heat of the Hydrogen Molecule」というような,まことに目だたない題をつけ,あたかもフントやホリの仕事へのコメントのようなスタイルをとっている.しかし論文を投稿したあとで彼は自分の仕事の重大性に気がついて,Added June 16……を加えたのではなかろうか.[40]

そこでぼくもここに Added……として蛇足を付け加えておきます.それは偶数 J ガスと奇数 J ガスとの混合比 $\rho:1$ の ρ が (4-13') の β と一致するかどうかということです.なぜこれを問題にするかというと,これが一致してはじめてデニソンが見つけた $\rho=\frac{1}{3}$ から $\beta=\frac{1}{3}$ が結論され,そのことから (4-13″) を用いて陽子がフェルミオンでスピン $\frac{1}{2}$ だ,ということが言えるからです.このへんの事情は次のようになるのです.

たぶんご承知と思うが,統計力学によれば,われわれの H_2 ガスが熱平衡にあるなら,

$$\rho(T):1 = \sum_{J=\text{even}} \beta g(J) e^{-\frac{1}{kT}E(J)} : \sum_{J=\text{odd}} g(J) e^{-\frac{1}{kT}E(J)}$$

が成り立ちます.ところで,これが $\beta:1$ と一致するのは

$$\sum_{J=\text{even}} g(J) e^{-\frac{1}{kT}E(J)} = \sum_{J=\text{odd}} g(J) e^{-\frac{1}{kT}E(J)}$$

が成り立つときで,これは一般には成り立たない.しかし T がじゅうぶん大きく

---

39) ハイゼンベルクは 1927 年,陽子にスピン 1/2 を仮定し水素分子にパラとオルソを区別した (Z. Phys. **41** (1927) 239).デニソンは論文に陽子のスピンについて追加するとき,これを引用している.これらの論文に示唆されて,水素を冷やして $J=$ 奇数から偶数の状態への移行を熱伝導率の測定で実証し,パラ,オルソ水素と名づけたのはボンヘッファーとハルテックである (K.F. Bonhoeffer und P. Harteck, Z. Phys. Chem. **B4** (1929) 113).オイッケンは比熱の時間変化を実証 (A. Eucken und K. Hiller, Z. Phys. Chem. **B4** (1929) 142),ジオウクは水素の 3 重点の蒸気圧にわずかな変化を見出した (W.F. Giauque and H.L. Johnston, J. Am. Chem. Soc. **50** (1928) 3221).

40) この事情をデニソンは回想のなかで語っている:「H_2 分子の回転の対称(J:偶数)・反対称(J:奇数)状態の比が 1:3 であることは,陽子のスピンが電子と同じであり,自然界で反対称な状態だけが許されることから導かれる.このことは,あまりにも明らかと思われたので論文で強調するまでもないと思った.しかし論文の草稿をボーアに送ったところ,返事がきて,このことをあからさまに書くべきだということであった.そこで校正のときに書き加えをしたのである.」
デニソンはまた,H_2 分子の回転の対称・反対称状態の移り変わりに時間がかかるという考えは,He のオルソ・パラ状態間の遷移が弱いというハイゼンベルクの結果から示唆されたと言っている.(注 38 に引用した D.M. Dennison の回想録,p. 1056 より.)

て $kT \gg \dfrac{\hbar^2}{2I}$ なら，じゅうぶんよい近似でこの関係は成り立つ．したがって

$$\rho(常温)=\beta$$

になる．それゆえデニソンが言うように，彼の見出した ρ が常温での混合比であるなら，$\rho=\dfrac{1}{3}$ から陽子がスピン $\dfrac{1}{2}$ のフェルミオンだと結論していい．それでは，デニソンはどういう根拠で彼の ρ を $\rho(T)$ とせずに $\rho(常温)$ と解釈したか．そこなのです，デニソンがフントとちがうのは．

デニソンの考えでは，実験に使った水素は常温で長い間おかれたものである．したがって実験を始める前，混合比は $\rho(常温):1$ になっている．ところで実験では，このガスをフラスコに入れ，うんと低温に冷して比熱をはかった．しかしフラスコに入れ冷やしても―――と……との間の移り変わりはうんと時間がかかるので，実験が終わるまでガスの混合比はずっと $\rho(常温)$ に保たれ，決して $\rho(T)$ にはならないはずである．これがデニソンの考えのポイントです．もし ρ のところに $\rho(T)$ を用いたら，(4-18) の $\langle E_{\rm rot}\rangle$ も結局フントが用いた (4-12) と同じになってしまいます．フントが用いた公式 (4-12) は決して間違ったものではなかったのですが，それの成立するための条件が実際の実験条件で満たされているかどうか，その検討をうっかり忘れたために，彼は間違った答えを出してしまったのです．フントですらしかり，きみたちも公式を使うときにはじゅうぶん気をつけないといけませんよ．

だいぶ長くなりましたので，水素分子をめぐってフント，ホリ，デニソンの三人が織りなした挿話を終ります．陽子のスピンと統計が最初こういう紆余曲折を経て決定されたということをいまの人たちはほとんど知らないと思い，つい長ばなしをしてしまった．その後，陽子のスピンのみならず磁気能率は，もっと直接的な方法（彼のお家芸である分子線を磁場で曲げる方法）でシュテルン（O. Stern）によってなされました．それはだいぶんのちの 1933 年のことです．

第5話　スピン同士の相互作用
——ヘリウム・スペクトルから強磁性まで——

　第4話で水素分子をめぐる話をしましたが，分子の研究といったようなことは，第1話〜第3話でお話した量子力学の発展の大きな本流にくらべると，岸近くのくぼみでまわっている渦のような感じがします．しかし，このような渦のなかで木の葉などがくるくるまわっているといった光景も，なんとなく心を引くものです．そして前回の話のように，岸のくぼみのなかから，あるときふと，陽子スピン $= \frac{1}{2}$ などという流れがぬけ出して，本流に向かって合流した，といったようなこともしばしば起ることです．

　しかし，ときには岸近くの流れがひとつの分流をつくり，それがさらにひろく流域の水を集め，本流から分岐した別の大河に成長することも少なくありません．量子力学の枠組が一応完成された1927〜28年ごろから，このような分流として固体物理学（いわゆる物性論）が急速に発展して，ひとつの大きな新天地を開いたことは，みなさんご承知のとおりです．

　今日はひとつ，力学系がたくさんの電子を含むとき，それら電子のスピン同士の相互作用をどう考えるか，という問題をお話してみようと思います．そうすると，話はおのずから固体物理のひとつの大きな問題（長い間ほんとうの答えを待っていた強磁性の問題）の一端に触れることになるのです．

*

　そもそも電子のスピンは，第1話から第2話にかけて述べたように，原子スペクトルの問題から発見されたものです．第1話，第2話では，このことをもっとも簡単なアルカリ類とアルカリ土類の例についてお話しました．そのとき，アルカリ原子の場合には，閉じたシェルの外に1個の電子しかないので，そのスペクトルの研究からは，複数個の電子からなる系特有な問題を解明する鍵は見出せません．この

W. ハイゼンベルク (1901 - 1976), 1927年ごろ撮影.

ような多電子系で特に長い間, 謎とされてきたことは, 電子のスピン同士の相互作用を非常に強いと考えてはじめて説明される現象がいくつか見つかっていることです. 電子はスピンとともに磁気能率を持っていますから, 当然2個の電子のスピンは磁気的な作用を及ぼし合うでしょうが, 実験を見るとそれより4～5桁ほど大きいスピン同士の相互作用があるようにみえる.

一番簡単な例は, ヘリウムをはじめアルカリ土類原子のスペクトルに見られます. 第1話でお話したように, アルカリ土類のスペクトル・タームは1重項と3重項の2組に分類できますが, 図6にもう一度アルカリ類の代表としてNaの準位を, アルカリ土類の代表としてMgの準位をかかげておきましたから, それを見ながら話を聞いてください.

第2話で述べたように, アルカリ原子の準位が2重になっているのは(Sタームは例外), 閉じたシェルの外にある1個の電子のスピンが原子内で2つの方向に量子化されているからでしたね. くわしく言うと, 電子の静止系で見たとき核は電子をめぐって運動し, したがって電子のところに磁場ができる (この磁場を第2話では内部磁場 $\overset{\circ}{B}$ と呼びました). そういうわけで, 電子スピンはこの内部磁場に対して $\pm\frac{1}{2}$ の方向に量子化され, それで準位が2つに分裂するのでした. 第1話では古い芯のモデルを用いてこの分裂を考え, 第2話で芯の考えが捨てられ, スピンの考えが出てきたことを述べましたが, そのとき量子数 j とスピンとの関連を具体的には話しませんでした. また新量子力学の登場で, 量子数の用い方もいくらか変わったわけですから, ここでそれらの点を補足しながら話をすすめましょう. そうすると, それは次のようになります.

まず軌道の形や大きさは n と l で決まり, それに対応して電子の軌道エネルギーは

$$E_l = E^{(1)}(n, l) \qquad (5\text{-}1)$$

で与えられますね. このとき新量子力学によれば軌道角運動量の大きさは $\hbar$ の単位で l になることはご承知でしょう. そこで角運動量ベクトルそのものを $\boldsymbol{l}$ と書きます. 次に電子のスピンを考えます. そうすると, スピン角運動量は $\boldsymbol{s}$ と書かれ, そ

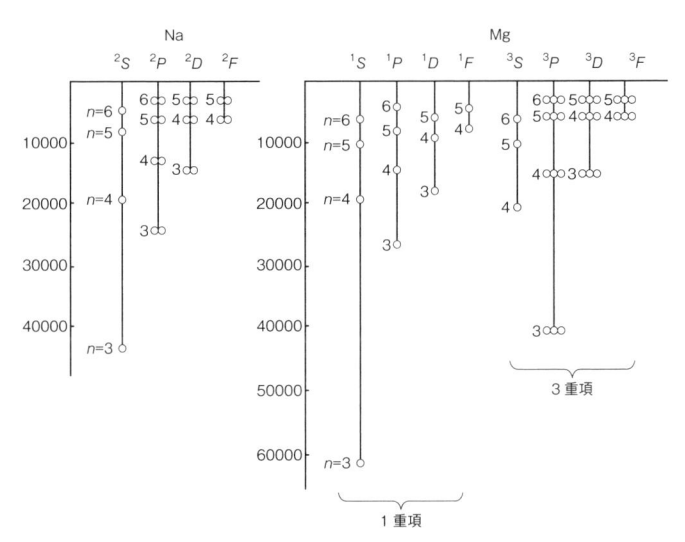

図6 アルカリ類（左）とアルカリ土類（右）のスペクトル・ターム

れの大きさ s は $\frac{1}{2}$ です．このときベクトル s は，いま述べたように内部磁場に平行に，あるいは逆平行に量子化されますね．ところで，内部磁場の方向は l の方向と一致しているわけですから，この結論を，スピン・ベクトル s が l の方向に，あるいは逆方向に量子化されると言ってもよい．

そこで，原子の全角運動量を j と書くと，それは l と s の合成ですから，

$$j = l + s \tag{5-2}$$

によって定義され，j の大きさ j のとり得る値は

$$j = \begin{cases} l + \dfrac{1}{2} & s \text{ が } l \text{ の方向に向くとき} \\ l - \dfrac{1}{2} & s \text{ が } l \text{ の逆方向に向くとき} \end{cases} \tag{5-3}$$

となります．ただし，このとき

$$l \neq 0 \tag{5-3'}$$

と仮定します．もし $l=0$ なら，明らかに

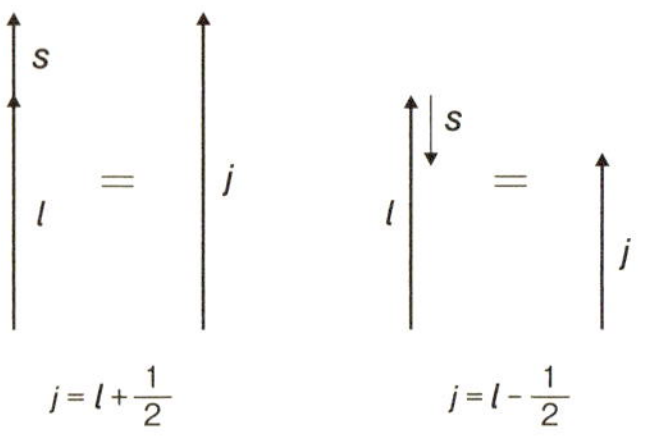

$$j = \frac{1}{2} \qquad (5\text{-}3'')$$

です．$l \neq 0$ のとき s が l の方向に，あるいは逆方向に量子化される様子を図で示すと，図7のようになります．

図7 $s+l$ による2重項の説明

このとき，原子のエネルギーはどうなっているか．それは軌道運動のエネルギー（5-1）のほかに，内部磁場と磁気能率との相互作用エネルギーが加わります．この相互作用は軌道運動とスピンとの間のエネルギーと考えられますから，それを $E_{s,l}$ と書くことにしましょう．これは軌道の形と，l に対する s の向き，したがって j に関係し，そのことから，それは n, l および j の関数

$$E_{s,l} = E_{s,l}(n,l;j) \qquad (5\text{-}4)$$

となります．こうして原子の全エネルギーは

$$E_{全}(n,l;j) = E^{(1)}(n,l) + E_{s,l}(n,l;j) \qquad (5\text{-}5)$$

で与えられることになる．このとき $l \neq 0$ なら，j は（5-3）のように2通りの値をとるので $E_{全}$ は2重項となり，$l=0$ なら j は $\frac{1}{2}$ だけになるので $E_{全}$ は1重です．これが第1話で述べたことの補足です．図6のNa準位を見てください．そのとおりになっているでしょう．エネルギー $E_{s,l}$ の具体的な形は第3話の（3-10''）の期待値 $\langle H_2 \rangle$ で与えられますが，ここでは定性的な話でよいから，それをあらためて書きません．

*

次にアルカリ土類ではどうなるか．図6のMg準位が示すように，また第1話で話したように，このとき準位は2組にわけることができ，その一方で準位はすべて1重，もう一方では $l=0$ を除きすべて3重になっている．こうして分類した2種類の準位を，第1話でそれぞれ1重項，3重項と名づけました．

それではアルカリ土類に見られるこの現象を，アルカリのときのようにベクトル l と s とに関連させて理解できるか．それに関しては1926年ごろまでに次のようなのが通説になりました．

アルカリ土類の原子では閉じたシェルの外に2個の電子がありますね．図6で示したMgの準位では，そのうちの1個はシェルの外で一番低い状態にあり，もう1つの電子だけがいろいろと高い状態にあると考えられています．そういうわけで，

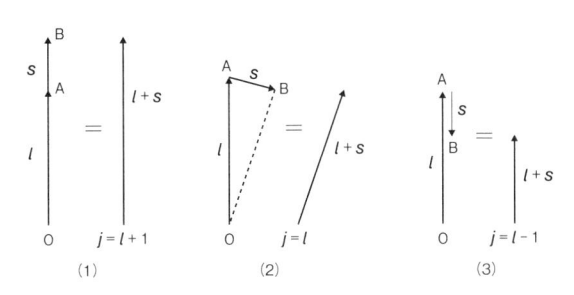

図8 (1)は s が l に対して平行，$|l+s|=l+1$．(3)は s が l に対して逆平行，$|l+s|=l-1$．(2)は △OAB で $\overline{\mathrm{OA}}=\overline{\mathrm{OB}}$ になる向き方，$|l+s|=l$．

図の準位は高いほうの電子の量子数 n と l だけで決まるわけです．Mgの場合，シェルは $n=2$ で閉じますから，シェルの外で低いほうの電子の量子数は $n=3$，$l=0$ で，高いほうのそれは $n=3, 4, 5, \cdots\cdots$，$l=0, 1, 2, 3, \cdots\cdots$ となります．このとき $l=0, 1, 2, \cdots\cdots$ に従って，$S, P, D, \cdots\cdots$ と名づけられる準位があらわれてきます．

さて，アルカリのとき2重項があらわれたわけはさっき説明しましたが，それは軌道角運動量 l に対して，スピン角運動量 s が平行に，あるいは逆平行に向くからでしたね．ところがこんどは3重項があらわれる．それはなにか $|s|=\dfrac{1}{2}$ でなく，$|s|=1$ であるような角運動量があらわれ，それが角運動量 l に対して方向量子化されるというふうにみられないでしょうか．

第1話の芯モデルではこの s を芯の角運動量と考えました．しかし，とにかくその素姓は別として，$|s|=1$ のときの方向量子化は図8のように行なわれるでしょう．角運動量 l が0でないときには，図でわかるように s の向き方が平行，逆平行のほかに，こんどはもうひとつ横向きが可能になる．横向きというだけでは不明瞭ですが，くわしく言うと，角運動量の大きさは常に整数または半整数でなければいけない，という量子力学の一般的要請からその向きは決まるのです．われわれの場合は $|s|=1$ ですから，図の(1)，(2)，(3)のような作図法でわかるように，

$$l+s=j \tag{5-6}$$

とおくと，$|j|$ すなわち j が

$$j = \begin{cases} l+1 & s が l に対して平行のとき \\ l & s が l に対して横向きのとき \\ l-1 & s が l に対して逆平行のとき \end{cases} \quad (5\text{-}7)$$

になる．このようにして l に対する s の向きが3通りできてきて，アルカリのときのアナロジーから，その向きによって準位は3つに分裂するでしょう．このとき軌道運動とスピンとの間のエネルギーを $E_{s,l}$ と書くなら，それは（5-4）と同様に

$$E_{s,l} = E_{s,l}(n,l;j) \quad (5\text{-}8)$$

の形となるでしょう．ただ（5-4）とのちがいは，j の値が（5-3）でなく（5-7）になることです．このとき（5-7）は $l=0$ のときは例外的に成り立たず，$l=0$ なら

$$j = 1 \quad (5\text{-}7')$$

が成り立ちます．これは（5-3″）に相当します．

それでは $|s|=1$ であるような角運動量 s とは何者か．さっき言ったように第1話の芯モデルではこれを芯の角運動量と考えたわけですが，スピンの登場によってこれからお話するような考えが通説になったのです．アルカリ土類の場合，閉じたシェルの外に2個の電子がありますし，その電子はそれぞれスピンをもっています．それを s_1，s_2 と書きます．もちろん $s_1 = |s_1| = \dfrac{1}{2}$，$s_2 = |s_2| = \dfrac{1}{2}$ です．われわれはここでこの2個のスピン間に，$E_{s,l}$ よりも強い相互作用があると仮定します．このスピン同士の相互作用エネルギーを

$$E_{s,s} = E_{s,s}(n,l;s) \quad (5\text{-}9)$$

と書きます（$E_{s,s}$ が右辺のように s の関数になることはすぐあとでわかります）．そうすると，このエネルギーが $E_{s,l}$ より大きいから，両方のスピンは l の影響よりお互い同士の影響をより強く受けます．したがって s_1 も s_2 も l に対して量子化されずに，お互い同士に対して量子化されるにちがいない．そうすれば s_1 と s_2 は互いに平行に，あるいは逆平行に向くであろう．したがって合成ベクトル

$$s = s_1 + s_2 \quad (5\text{-}10)$$

の大きさ $s = |s_1 + s_2|$ は

$$s = \begin{cases} 1 & s_1 \text{と} s_2 \text{が平行のとき} \\ 0 & s_1 \text{と} s_2 \text{が逆平行のとき} \end{cases} \quad (5\text{-}11)$$

で与えられるでしょう．この (5-10) がさっき考えた s なのです．この s は大きさ 1 を持つことができる点で，さっき考えた s だと考えることができる．

ところで，(5-11) を見ると $s=0$ も可能です．このときは合成ベクトル s はゼロベクトルで，それはないも同様です．したがって，この場合には $E_{s,l}$ も存在しなくなり，原子のエネルギー準位は軌道運動のそれだけになる．このとき準位は当然 1 重にしかならない．そういうわけで図 6 にあらわれている Mg の 1 重項もちゃんと説明してくれる．

このようにして，アルカリ土類のエネルギー準位は

$$E_{\text{全}}(n,l;s;j) = E^{(1)}(n,l) + E_{s,s}(n,l;s) + E_{s,l}(n,l;s;j) \quad (5\text{-}12)$$

となるわけです．このとき $E_{s,s}(n,l;s)$ のなかの s は (5-11) のように 1 か 0 で，$s=0$ のとき，あるいは $l=0$ のとき，$E_{s,l}$ は 0 になり，$s=1$ のとき $E_{s,l}(n,l;1;j)$ のなかの j は (5-7) のように $l+1$，l，$l-1$ の 3 つの値をとります．したがって，このとき $E_{s,l}$ は j の値ごとに異なる値をとる．

この考えですと，アルカリ土類の 1 重項は 2 つのスピンが逆向きのときあらわれ，3 重項はそれが同じ向きのときあらわれる，ということになる．そしてこの考えでスペクトルはちゃんと説明されることになります．

*

ところで，スピン同士の相互作用エネルギー $E_{s,s}$ はどの程度の大きさをもつでしょうか．このことは，図 6 の実験データから答えられます．すなわち，図 6 の 1 重項の準位と 3 重項の準位をくらべればよい．いま得られた式 (5-12) を見ると，或る n, l を持った 1 重項の準位と，それと同じ n, l を持った 3 重項の準位との間の間隔は，$E_{s,s}(n,l;0) - E_{s,s}(n,l;1)$ で与えられることがわかる．したがって，この間隔が実験でわかれば $E_{s,s}$ の大きさの推定ができるのです．そうすると，スピン同士の相互作用は相当大きいことがわかる．

そこで問題となるのは，このように大きい $E_{s,s}$ の起源は何だろうかということです．

たしかにスピン s_1 と s_2 との間には磁気的な作用があります．電子はスピンの方

向に磁気能率 $\dfrac{-e\hbar}{2m}$ を持っているから，その間には

$$E_{s,s} = \frac{\mu_0}{4\pi}\left(\frac{e\hbar}{2m}\right)^2 \left\langle \frac{1}{|\boldsymbol{x}_1-\boldsymbol{x}_2|^3}\right\rangle \tag{5-13}$$

程度の相互作用エネルギーが存在する．しかしながら，こういう磁気的起源のエネルギーですと，$E_{s,s}(n,l;0)$ と $E_{s,s}(n,l;1)$ との間隔は，せいぜいアルカリ2重項の準位間隔ぐらいにしかならない．ところが図6を見てもわかるように，それは電気的起源のものぐらい大きい．このことが長い間の謎だったのです．しかし何か理由はわからないながら，その大きな $E_{s,s}$ を仮定すると，いろいろと複雑なスペクトルの説明がすべてうまくいくのです．

この謎の答えは，新しい量子力学の発見，特に前回述べた粒子の統計とシュレーディンガー関数の対称性との関連が見つかってやっとわかったことなのです．それをこれから説明しましょう．

＊

それでは新しい量子力学ではどう考えるか．その問題に入る前に，図6に示された Mg の準位は，古い考えによれば全部2重に縮退していることに注意しておきます．それは，第1電子と第2電子の役目をとりかえて第2電子が一番低いところ $n=3$, $l=0$ にあり，第1電子がいろいろな n, l 状態にあると考えても，まったく同じ準位のスキームが得られるからです．

いよいよ新量子力学に入ります．このとき準位を決めるだんどりを次のようにつけます．すなわち，まず段階（ⅰ）で，スピン自由度をしばらく考えのそとにおいて2個の電子の問題を解きます．それは，電子の空間運動の自由度に対するシュレーディンガー方程式を解いて，その固有値と固有解を求めることです．次の段階（ⅱ）では，空間運動の自由度から切りはなしてスピン自由度のシュレーディンガー方程式を解いて，固有値，固有関数を求めます．そして最後の段階（ⅲ）で，空間自由度とスピン自由度の相互作用をとり入れる．そういうやり方をします．しかしその途中，古い量子論では思いもつかなかったことがあらわれるのです．それは，前回の話でも大きな役割をした事柄，すなわち，粒子の交換に対してシュレーディンガー関数が対称であるか反対称であるか，といった事柄です．

---

41) pp. 38-39 の (2-12), (2-11′) 式を参照．$m[\boldsymbol{r}\times\boldsymbol{v}]$ が軌道角運動量である．

まず（ⅰ）の段階で考えてみましょう.

この段階で問題となるのは，シュレーディンガー方程式

$$\left[\left\{-\frac{\hbar^2}{2m}\Delta_1+V_{Z=2}(|\boldsymbol{x}_1|)\right\}+\left\{-\frac{\hbar^2}{2m}\Delta_2+V_{Z=2}(|\boldsymbol{x}_2|)\right\}\right.\\\left.+\frac{1}{4\pi\varepsilon_0}\frac{e^2}{|\boldsymbol{x}_1-\boldsymbol{x}_2|}-E^{(1)}\right]\psi(\boldsymbol{x}_1,\boldsymbol{x}_2)=0 \quad (5\text{-}14)$$

を解くことですね．そこで，この方程式が解けてその固有値 $E^{(1)}$ と固有解 $\psi(\boldsymbol{x}_1,\boldsymbol{x}_2)$ とがわかったとします．このとき方程式のなかの $\boldsymbol{x}_1$ と $\boldsymbol{x}_2$ とを交換しますと，[ ]のなかは変化しませんが，$\psi(\boldsymbol{x}_1,\boldsymbol{x}_2)$ は $\psi(\boldsymbol{x}_2,\boldsymbol{x}_1)$ となります．したがって $\psi(\boldsymbol{x}_1,\boldsymbol{x}_2)$ が固有関数であるなら $\psi(\boldsymbol{x}_2,\boldsymbol{x}_1)$ もまた固有関数だ，という結論が出てくる．しかも，それはやはり固有値 $E^{(1)}$ に属している．そこで固有値 $E^{(1)}$ が縮退していないなら（縮退していないことはあとでわかる），$\psi(\boldsymbol{x}_2,\boldsymbol{x}_1)$ は $\psi(\boldsymbol{x}_1,\boldsymbol{x}_2)$ に何か常数を掛けたものでなければならないことがわかる．すなわち

$$\psi(\boldsymbol{x}_2,\boldsymbol{x}_1)=\alpha\psi(\boldsymbol{x}_1,\boldsymbol{x}_2) \quad (5\text{-}15)$$

です．ところが，$\boldsymbol{x}_1$ と $\boldsymbol{x}_2$ の交換を2度繰り返すことは交換しないことと同等だ，という事実から $\alpha^2=1$ でなければならず，結局

$$\psi(\boldsymbol{x}_2,\boldsymbol{x}_1)=\psi(\boldsymbol{x}_1,\boldsymbol{x}_2) \quad (5\text{-}16)_\text{s}$$

か

$$\psi(\boldsymbol{x}_2,\boldsymbol{x}_1)=-\psi(\boldsymbol{x}_1,\boldsymbol{x}_2) \quad (5\text{-}16)_\text{a}$$

のどちらかが成り立っていなければならない．ことばで言うと，固有関数 $\psi(\boldsymbol{x}_1,\boldsymbol{x}_2)$ は $\boldsymbol{r}_1$ と $\boldsymbol{x}_2$ との交換に対して対称であるか，あるいは反対称であるかのどちらかでなければならない．

*

さて，(5-14) の固有値や固有関数に量子数をつけるにはどうしたらいいか．

それは次のように行ないます．すなわち相互作用 $\dfrac{1}{4\pi\varepsilon_0}\dfrac{e^2}{|\boldsymbol{x}_1-\boldsymbol{x}_2|}$ の分子の e を断熱的に0にしたとき，考えている準位 $E^{(1)}$ がどういう $E^{(0)}$ に落ちつくかを見，

その落ちつくさきの量子数を $E^{(1)}$ の量子数として用いればよい．そういうわけで (5-14) の $\dfrac{e^2}{|\boldsymbol{x}_1-\boldsymbol{x}_2|}$ の分子 e を 0 にすると，方程式は

$$\left[\left\{-\dfrac{\hbar^2}{2m}\Delta_1+V_{Z=2}(|\boldsymbol{x}_1|)\right\}+\left\{-\dfrac{\hbar^2}{2m}\Delta_2+V_{Z=2}(|\boldsymbol{x}_2|)\right\}\right.$$
$$\left.-E^{(0)}\right]\psi^{(0)}(\boldsymbol{x}_1,\boldsymbol{x}_2)=0 \quad (5\text{-}14')$$

となりますが，これの固有値，固有関数は変数分離の方法で解くことができますね．すなわち1個の電子の問題

$$\left\{-\dfrac{\hbar^2}{2m}\Delta_1+V_{Z=2}(|\boldsymbol{x}_1|)-E_{Z=2}(n_1,l_1)\right\}\psi_{n_1,l_1}(\boldsymbol{x}_1)=0 \quad (5\text{-}17)_1$$

$$\left\{-\dfrac{\hbar^2}{2m}\Delta_2+V_{Z=2}(|\boldsymbol{x}_2|)-E_{Z=2}(n_2,l_2)\right\}\psi_{n_2,l_2}(\boldsymbol{x}_2)=0 \quad (5\text{-}17)_2$$

の固有値 $E_{Z=2}(n_1,l_1),E_{Z=2}(n_2,l_2)$ と，固有関数 $\psi_{n_1,l_1}(\boldsymbol{x}_1),\psi_{n_2,l_2}(\boldsymbol{x}_2)$ とを用いて (5-14′) の固有値，固有関数を

$$E^{(0)}(n_1,l_1;n_2,l_2)=E_{Z=2}(n_1,l_1)+E_{Z=2}(n_2,l_2) \quad (5\text{-}18)$$

$$\psi^{(0)}_{n_1,l_1;n_2,l_2}(\boldsymbol{x}_1,\boldsymbol{x}_2)=\psi_{n_1,l_1}(\boldsymbol{x}_1)\cdot\psi_{n_2,l_2}(\boldsymbol{x}_2) \quad (5\text{-}19)$$

として求めることができる．したがって (5-14) を断熱的に (5-14′) にもっていったとき，(5-14) の固有値，固有関数がどういう n や l を持った (5-18), (5-19) に落ちつくかを見て，$E^{(1)}$ に対して量子数 $n_1,l_1;n_2,l_2$ を指定することができる．

ところで，ここにひとつ問題が起ります．それは (5-14) の固有関数は $\boldsymbol{x}_1$ と $\boldsymbol{x}_2$ の交換に対して対称か反対称かのどちらかであるというのに，(5-19) は $n_1=n_2,l_1=l_2$ の場合を除き対称でもなく，反対称でもない．だから (5-14) の固有関数 ψ は $n_1=n_2,l_1=l_2$ でないなら，決して (5-19) を落ちつきさきとして持つことはできない．

こういうふうに対称でも反対称でもない固有解が存在するのは，さっき $(5\text{-}16)_s$ と $(5\text{-}16)_a$ とを導くときに使った前提，すなわち固有値が縮退していない，という前提が成立していないことを意味します．現に電子1と2の役割を変えたとき，(5-18) のかわりに

$$E^{(0)}(n_2,l_2;n_1,l_1) = E_{Z=2}(n_2,l_2) + E_{Z=2}(n_1,l_1) \qquad (5\text{-}18')$$

が得られますが，これは (5-18) とまったく同一の値を持つ．一方，固有関数のほうは

$$\psi^{(0)}_{n_2,l_2;n_1,l_1}(\boldsymbol{x}_1,\boldsymbol{x}_2) = \psi_{n_2,l_2}(\boldsymbol{x}_1)\cdot\psi_{n_1,l_1}(\boldsymbol{x}_2) \qquad (5\text{-}19')$$

であって，$n_1=n_2$, $l_1=l_2$ の場合を除き，これは (5-19) とは一致しない．

そういうわけで，(5-14) の固有関数の落ちつくさきが (5-19) や (5-19') のどちらでもあり得ないことになっても，(5-19) と (5-19') とでつくった1次結合

$$\psi^{(0)\text{sym}}_{n_1,l_1;n_2,l_2}(\boldsymbol{x}_1,\boldsymbol{x}_2) = \psi_{n_1,l_1}(\boldsymbol{x}_1)\cdot\psi_{n_2,l_2}(\boldsymbol{x}_2) + \psi_{n_2,l_2}(\boldsymbol{x}_1)\cdot\psi_{n_1,l_1}(\boldsymbol{x}_2)$$
$$(5\text{-}20)_\text{s}$$

は対称であり，

$$\psi^{(0)\text{ant}}_{n_1,l_1;n_2,l_2}(\boldsymbol{x}_1,\boldsymbol{x}_2) = \psi_{n_1,l_1}(\boldsymbol{x}_1)\cdot\psi_{n_2,l_2}(\boldsymbol{x}_2) - \psi_{n_2,l_2}(\boldsymbol{x}_1)\cdot\psi_{n_1,l_1}(\boldsymbol{x}_2)$$
$$(5\text{-}20)_\text{a}$$

は反対称であるから，結局 $\psi(\boldsymbol{x}_1,\boldsymbol{x}_2)$ が対称であるときには，その落ちつくさきは $(5\text{-}20)_\text{s}$ で，それが反対称のときは $(5\text{-}20)_\text{a}$ である，ということになるわけです．昔流の考えでも，電子間に相互作用があるときには，第1電子が n_1,l_1 にあり，第2電子が n_2,l_2 にある，というようないいかたは，文字どおり解釈はできないけれども，相互作用が0になればそういうことが言えると考えていました．しかし新量子力学では，相互作用がいくら弱くても，また0になっても，そういうことは言えないで，$(5\text{-}20)_\text{s}$ や $(5\text{-}20)_\text{a}$ のように電子は $(n_1,l_1;n_2,l_2)$ という状態と $(n_2,l_2;n_1,l_1)$ という状態との重ね合せの状態にあるというのです．状態の重ね合せという概念は新量子力学にこそあれ，古典力学ではそんな考えはまったくなかったわけです．

このようにして，相互作用を0にしたとき

$$E^{(0)}(n_1,l_1;n_2,l_2) = E_{Z=2}(n_1,l_1) + E_{Z=2}(n_2,l_2) \qquad (5\text{-}20)$$

という固有値は2重に縮退しており，その重なった固有値の一方では，固有関数が $(5\text{-}20)_\text{s}$ になり，他方では $(5\text{-}20)_\text{a}$ になると考えることができることがわかりました．そこで，こういう系において相互作用を断熱的に入れてゆくと，この $E^{(0)}$ がどういうふうに変わっていくかを考えましょう．このとき計算なしで直ちにわ

かることは，$(5\text{-}20)_s$ において ψ^{sym} は $\boldsymbol{x}_1=\boldsymbol{x}_2$ のところで一般には 0 にならないのに，$(5\text{-}20)_a$ の ψ^{ant} は $\boldsymbol{x}_1=\boldsymbol{x}_2$ で必ず 0 だということです．このことから，大ざっぱに言って ψ^{ant} の状態では，2 個の電子が互いに近接する確率は ψ^{sym} 状態のそれより小さいと結論できるでしょう．そうすると 2 つの電子間には斥力が働きますから，近づくことが少なければそれだけエネルギーは低くなりますね．そうすれば ψ^{ant} 状態のほうが ψ^{sym} 状態より低い準位になるわけです．このとき 2 つの準位の差は，電子間のクーロン・エネルギーのちがいといった電気的な起源のものですから，相当大きなものになるはずです．こうして $\dfrac{1}{4\pi\varepsilon_0}\dfrac{e^2}{|\boldsymbol{x}_1-\boldsymbol{x}_2|}$ の分子の e を 0 からだんだん大きくして 1.602×10^{-19} C までもってきますと，斥力ポテンシャルがだんだん入ってくることから，一方では準位全体が (5-20) の値からだんだんせり上がってくるとともに，他方では ψ が対称であるか反対称であるかに従って準位は 2 つに分れ，ψ^{ant} の準位を下にし，ψ^{sym} の準位を上にしてだんだんその分裂が大きくなってゆくでしょう．ここで電子間の斥力によって起る準位のずれを，対称状態では

$$\frac{1}{4\pi\varepsilon_0}\left\langle \frac{e^2}{|\boldsymbol{x}_1-\boldsymbol{x}_2|}\right\rangle^{\text{sym}}_{n_1,l_1;\,n_2,l_2} \tag{5-21$_s$}$$

反対称状態では

$$\frac{1}{4\pi\varepsilon_0}\left\langle \frac{e^2}{|\boldsymbol{x}_1-\boldsymbol{x}_2|}\right\rangle^{\text{ant}}_{n_1,l_1;\,n_2,l_2} \tag{5-21$_a$}$$

と書くことにします．そうすると前者は一般に後者より大きく，したがって (5-14) の固有値が一般に縮退していないことも示されたことになる．

＊

これだけのことを論ずると，(5-14) の固有値や固有関数に量子数 $n_1, l_1; n_2, l_2$ をつけるつけ方がわかってきます．それには，$\dfrac{1}{4\pi\varepsilon_0}\dfrac{e^2}{|\boldsymbol{x}_1-\boldsymbol{x}_2|}$ の分子の e を 0 にしたとき落ちつくさきの $n_1, l_1; n_2, l_2$ と ψ の対称性とをあわせ用いればよい．ただし，このとき n_1, l_1 と n_2, l_2 との順序には意味がないと考えねばならない．なぜなら，それらの落ちつくさきであるところの (5-20) でも $(5\text{-}20)_s$ でも $(5\text{-}20)_a$ でも，その順序には意味がないからです．こうして (5-14) の固有値は

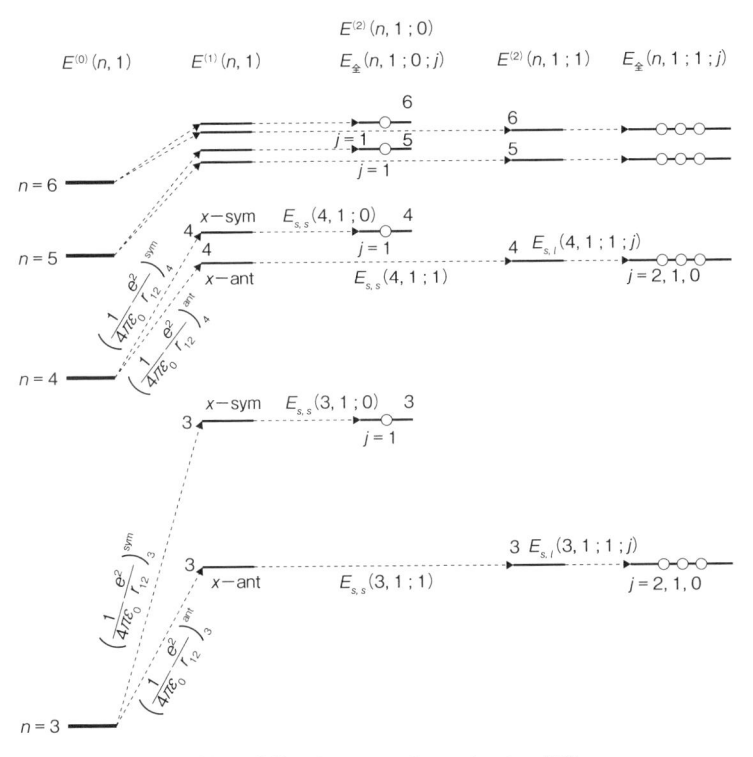

図9 新量子力学によるスペクトル・タームの解釈

$$E^{(1)\mathrm{sym}}_{n_1, l_1; n_2, l_2}, \quad E^{(1)\mathrm{ant}}_{n_1, l_1; n_2, l_2} \tag{5-22}$$

と書かれ，固有関数は

$$\psi^{(1)\mathrm{sym}}_{n_1, l_1; n_2, l_2}(\boldsymbol{x}_1, \boldsymbol{x}_2), \quad \psi^{(1)\mathrm{ant}}_{n_1, l_1; n_2, l_2}(\boldsymbol{x}_1, \boldsymbol{x}_2) \tag{5-23}$$

と書かれることになります.

これから実験との比較に話が入るわけですが，例として図6のMg準位のうち^1Pと^3Pをとりましょう．それには$n_1=3$, $l_1=0$, $n_2=n$, $l_2=1$とおけばよい．このことは，一方の電子は閉じたシェルの外側で最低状態におり，もう一方の電子がいろいろなnを持つP状態にあるということを意味するからです．

こういう事情を図9にまとめました．いま言いましたように，この図では

$n_1=3$, $l_1=0$, $n_2=n$, $l_2=1$ の準位だけを考えています．ただし，さっき言いましたように，考えている状態は $n_1=3$, $l_1=0$, $n_2=n$, $l_2=1$ と $n_1=n$, $l_1=1$, $n_2=3$, $l_2=0$ との重ね合せと考えねばなりません．まず図の一番左の列に（5-20）の $E^{(0)}$ のなかに $n_1=3$, $l_1=0$, $n_2=n$, $l_2=1$ を用いたものを書きます．このとき準位は n と $l_2=1$ だけで特定できますから，$n_1=3$, $l_1=0$ は書きませんでした．すなわち $E^{(0)}(3,0;n,1)$ を簡単に $E^{(0)}(n,1)$ と書きます．次に $\dfrac{1}{4\pi\varepsilon_0}\dfrac{e^2}{|\boldsymbol{x}_1-\boldsymbol{x}_2|}$ を考えに入れると，さっき最後に述べた事情により準位は2つに分れ，反対称準位を下に，対称準位を上にし，e をだんだん大きくすると分裂をひろげながら全体としてせり上がってきます．準位が $\boldsymbol{x}_1$ と $\boldsymbol{x}_2$ の交換に対して対称か反対称かを示すため準位のわきに x-sym とか x-ant とか書いておきました．古い考えと同様，$E^{(0)}$ の準位は2重に縮退していますから，太い線で準位を示しました．しかし $E^{(1)}$ ではそれが x-sym と x-ant の2つに分れ，そのおのおのはもはや縮退していません．だから $E^{(1)}$ の準位は太く書きません．

＊

次に（ii）の段階に入ります．すなわちスピン自由度です．このとき，パウリのスピン理論に関連して第3話で述べたように，シュレーディンガー関数のなかのスピン座標としてそれの z 成分 s_z を用いるのが便利です．そこで第1電子のスピン座標を s_{1z}，第2電子のそれを s_{2z} としますと，スピン自由度のシュレーディンガー関数は

$$\psi(s_{1z},s_{2z}) \tag{5-24}$$

と書けます．そして合成スピン $\boldsymbol{s}=\boldsymbol{s}_1+\boldsymbol{s}_2$ の値が0または1になることは新量子力学でも昔と同様成り立ちますが，昔なかったことは，座標 s_{1z} と s_{2z} の交換に対する $\psi(s_{1z},s_{2z})$ の対称性の問題です．それについては第3話で証明した定理を思い出してください．それは，合成スピン $\boldsymbol{s}$ の大きさを s として，それに対応する ψ を $\psi_s(s_{1z},s_{2z})$ と書くと，

$$\psi_s(s_{1z},s_{2z}) \text{ は } \begin{cases} s=1 \text{ のとき 対称,} \\ s=0 \text{ のとき 反対称} \end{cases} \tag{5-24'}$$

という定理です（この定理の逆も成り立ちました）．このとき ψ_1 と ψ_0 のエネルギー

については，昔の理論とちがって，電子の磁気能率同士の相互作用エネルギー (5-13) 以外のものは考えないでよいのです．そうすると，この (5-13) から出る準位への寄与は

$$E_{s,s} = \frac{\mu_0}{4\pi}\left(\frac{e\hbar}{2m}\right)^2 \left\langle \frac{1}{|\boldsymbol{x}_1 - \boldsymbol{x}_2|^3} \right\rangle_{n,l;s} \tag{5-25}$$

程度のもの．これは $s=0$ に対しても，$s=1$ に対しても非常に小さくて，ほとんど問題にならない．したがって $E^{(2)}(n,l;s)$ は s の如何にかかわらず，ほとんど $E^{(1)}(n,l)$ とみなしてよい．

ここでなぜ (5-24′) の定理を持ち出したかというと，その理由は，第4話で述べたように全シュレーディンガー関数の対称性と粒子の統計との間には特徴的な関係があり，それをここでとり入れる必要が起るからです．すなわち，電子の空間座標とスピン座標とをいっしょに含めた全シュレーディンガー関数は，(5-23) のような空間自由度の関数と，スピン自由度の関数 (5-24′) との積で与えられますが，電子がフェルミオンであることから，この全関数は $\boldsymbol{x}_1, s_{1z}$ と $\boldsymbol{x}_2, s_{2z}$ との交換に対して反対称でなければならぬということです．この要請から次のようなことが起ってきます．すなわち前回 (4-9) を導いたときと同じ論法で，まず全関数

$$\psi^{(1)\text{sym}}_{n_1,l_1;n_2,l_2}(\boldsymbol{x}_1,\boldsymbol{x}_2) \cdot \psi_0(s_{1z},s_{2z}), \tag{5-26}$$

$$\psi^{(1)\text{ant}}_{n_1,l_1;n_2,l_2}(\boldsymbol{x}_1,\boldsymbol{x}_2) \cdot \psi_1(s_{1z},s_{2z}) \tag{5-27}$$

は，ともに $\boldsymbol{x}_1, s_{1z}$ と $\boldsymbol{x}_2, s_{2z}$ との交換に対して反対称であることが示され，したがってその状態は実際にあらわれるが，

$$\psi^{(1)\text{ant}}_{n_1,l_1;n_2,l_2}(\boldsymbol{x}_1,\boldsymbol{x}_2) \cdot \psi_0(s_{1z},s_{2z}), \tag{5-26′}$$

$$\psi^{(1)\text{sym}}_{n_1,l_1;n_2,l_2}(\boldsymbol{x}_1,\boldsymbol{x}_2) \cdot \psi_1(s_{1z},s_{2z}) \tag{5-27′}$$

は，ともに $\boldsymbol{x}_1, s_{1z}$ と $\boldsymbol{x}_2, s_{2z}$ との交換に対して対称であり，したがってそれは実際にはあらわれないことです．

このことから図9の第2列にある準位のうち x-sym の準位からは，スピン自由度を考慮に入れたとき，$s=0$ の準位しか生まれてこないし，x-ant の準位からは $s=1$ の準位しか生まれてこないことがわかる．そこで図の第3列に $E^{(2)}(n,1;0)$

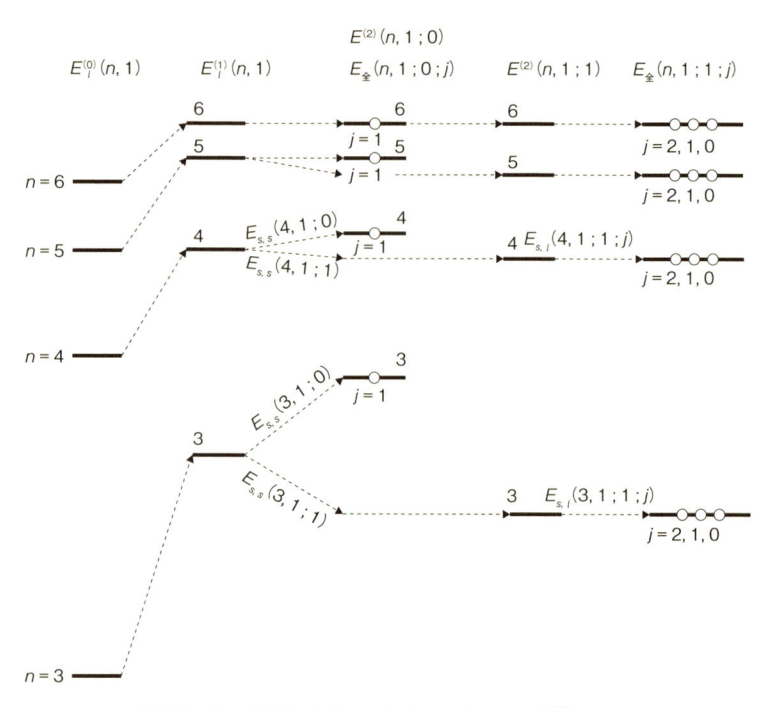

図 10 古い理論によるスペクトル・タームの解釈

の準位を，第4列に $E^{(2)}(n,1;1)$ の準位を書くと，$E_{s,s}$ が小さいことから，図のように $E^{(1)}(n,1)$ の x-sym 準位が横すべりして第3列へ，$E^{(1)}(n,1)$ の x-ant 準位が横すべりして第4列にゆくことになるわけです．

*

最後に（iii）段階に入ります．ここでスピン・軌道エネルギー $E_{s,l}$ を加えるとエネルギーは $E_{全}$ になるわけですが，その結果は昔の場合と同様，$s=0$ の $E^{(2)}$ 準位は分裂せず，$s=1$ のそれは3つに分裂する．それを再び ─○─ と ─○○○─ という記号であらわすと，図9の第3列，第5列のようになる．

この図9とくらべるため，古い理論の手順を図10に与えておきました．ここでくわしい説明ははぶきますが，図10で見られるように1重項と3重項の分裂が，ここでは $E_{s,s}$ を入れる段階であらわれていることが示されています．また，古い理論ではすべての準位は2重に縮退しており，したがって図ですべての準位は太い

線であらわされています．この2つの図が示すように，結論を導き出す途中の考え方は非常に異なっている．すなわち古い理論では1重項と3重項の間隔は $E_{s,s}$ を考えるときにはじめてあらわれるものでしたが，新しい理論ではそうでなく，$E^{(0)}$ から $E^{(1)}$ に移るとき $\left\langle \dfrac{e^2}{|x_1 - x_2|} \right\rangle$ の寄与として，それはすでにあらわれているのです．そして新しい理論でこの分裂した準位の一方が1重項に，他方が3重項にひきつがれるのは，電子がフェルミオンである，ということの結果である．こういう事情で，古い理論ではスピン間に大きな相互作用 $E_{s,s}$ を考えねばならなかったのに反して，新しい理論では $E_{s,s}$ を磁気的な起源の小さいものだけだと考えてじゅうぶんだ，ということになったのです．なおさっき言ったように，古い理論ではすべての準位が2重に縮退していますが，新しい理論ではそうでない．それは (5-26′) と (5-27′) との状態が脱落するからです．

このようにして，なぜ電子のスピン同士が磁気的な作用では考えられないほど大きな作用を及ぼし合うか，というスペクトル・タームの謎が答えられました．第2話でお話したように，パウリは芯モデルを否定して電子の二価性の考えを提案したとき，アルカリ土類スペクトルがなぜ1重項と3重項という2つの系列に分れるのか，そしてその間のエネルギー差がどうして出てくるのか，と問い，その説明を将来に待つ態度をとりましたが，その問いはシュレーディンガー関数の対称性という当時まったく考えていなかった事柄のあらわれとして，ここで答えられたことになります．

なお，ここでわれわれは ^1P タームと ^3P タームとを考えましたが，^1S と ^3S タームについてきみたちひとつ考えてごらんなさい．そうすると ^3S タームのなかに $n=3$ のタームの欠落するという結論が出てきます．このことをパウリは排他原理を使って説明したのですが，ここではさらに根本にさかのぼって，排他原理の由来がシュレーディンガー関数の反対称性にあるということがこの練習問題をやることによってはっきりわかります．

*

電子のスピンが見かけ上大きな相互作用を持つことは，スペクトル・タームにあらわれるだけではありません．昔ワイス (P. Weiss) は当時の分子磁石の考えの上にたって，鉄の強磁性を説明するために，分子磁石同士が大きな相互作用をするという仮説を提案したことはご承知かと思います．この考えでワイスは，強磁性に関

係するいろいろな実験事実の説明をみごとに与えることができました．しかし，分子磁石の間になぜそんなに強い相互作用があるのか，その起源はまったく不明でありました．

そこにあらわれたのがアルカリ土類のスペクトル・タームの新しい解釈であったのです．この新解釈は 1926 年にハイゼンベルクがはじめて与えたものでしたが，彼は多電子系において電子の座標の交換に対するシュレーディンガー関数の対称性が粒子の統計と密接な関係を持つことの発見以外に，そのことがいろいろな問題で重要な役をすることを発見し，それを用いて 2 電子系のスペクトル・タームに対する明確な説明をはじめて可能にしたのです．彼はさらにその仕事のあと直ちにその考えを強磁性の問題に適用したのです．

もう話がずいぶん長くなりましたから，強磁性の問題にこれ以上時間をとるわけにはいきませんが，とにかく強磁性とは，マクロ的な大きさの Fe の結晶全体にわたって，Fe 原子の外側の電子スピンがそろった方向に向くことによって起るのです．このとき方向をそろえる役をするのは，ここで論じたような見かけ上の強いスピン・スピンのエネルギーであったのです．そういうわけで，電子のスピンといった微妙な性質が，磁石が鉄を吸いつける，といったような日常的なマクロの現象に直接あらわれているわけですが，そこにはシュレーディンガー関数の対称性とか，電子がフェルミオンであるとかいう，まったく高踏的な事柄が関与していたのです．これは，高踏的な理論が直接的な日常現象にあらわれているひとつのよい例です．さらにまた，強磁性体磁化の原因がこんなふうにマクロ的規模でスピンが向きをそろえることにあるなら，験体の全磁気能率のみならず，その全スピン角運動量もまたマクロ的な値を持つことになるはずです．そうすれば，角運動量保存法則を満たすために，磁化に際してその験体は，全スピン角運動量と逆の角運動量を持って，全体として回転をはじめ，それが観測にかかるはずです．事実アインシュタインとドゥハース (W. J. de Haas) の 2 人は 1915 年にすでにこのことを実験的に示しており，その回転から Fe の $g\left(\dfrac{\text{磁気能率の磁場方向成分}}{\text{角運動量の磁場方向成分}}\right)$ を測定したりしています．この実験で彼らは 1 に近い値の g を得ていますが，その後精度をあげた実験をいろいろな人がやって，Fe のみならず Ni，Co などに対して $g=g_0=2$ を得ています．このことは，これらの強磁性体の磁化の起源が電子のスピンにあることをはっきり示しているものとみてよいでしょう．

最後にひとつだけ付け加えさせてください．アルカリ土類に関するハイゼンベル

クの論文の少しあとに，ディラックも見かけ上のスピン・スピン相互作用の論文を出しています．この論文で彼は，粒子の交換を（もっと一般に置換を）ひとつの物理量と考えるという，ちょっと凡人には考えつかない着想から出発して，じつに巧妙なやり方で見かけ上のスピン・スピン相互作用を導いている．しかし，この理論はディラックの教科書にくわしくのっていますから，ここでこれ以上述べる必要はないでしょう．

第6話　パウリ-ワイスコップとユカワ粒子
——自然がスピン0の粒子を拒む理由はない——

　今回からまた話をもとの大きな流れにもどしましょう．第3話で"自然はなぜ単純な点電荷に満足しないか"という話をしましたね．この問いに答えたのはディラックでした．下衆のかんぐりかもしれないが，パウリはディラックのこの仕事を見てヤラレタと思ったのではないでしょうか．なにしろパウリ自身，なんとかしてスピンを量子力学に組み込もうと思い，パウリ・マトリックスなどを持ち出してみたものの，完全な理論はついにつくることはできなかった．また彼は理論を相対論化する必要性を認めながら，それもうまくゆかなかった．ひとの仕事にはいろいろけちをつける完全癖の彼も，そういうわけで不満足な ad hoc 理論のままで彼の理論を発表せざるを得なかった．一方ディラックは，思いもかけぬアクロバットで彼の理論をつくり上げ，スピンに関するあらゆることを相対論化とともに解決したのですから，それを見てヤラレタと思わないほどパウリは悟道の士ではなさそうだ．
　ところが1934年になって，パウリはディラックにお返しをすることになりました．というのは，クライン-ゴルドン方程式をしりぞけて，自然が満足するのはディラック方程式だけだ，と言ったディラックの論法はじつは成立しない，そういうことをパウリは示したからです．彼によれば，クライン-ゴルドン方程式も量子力学の枠組となんら矛盾するものではなく，したがってスピン0の粒子も自然から嫌われる理由はない，ということになるのです．
　今日はそのいきさつを話そうと思うのですが，そのためにかなりの準備が必要です．ひとつは波動場の量子化ということ，もうひとつはディラックの負エネルギーの問題です．

*

　きみたちも経験したことだろうと思うが，波動力学を習うとすぐ出てくる"波

W. パウリ，1940 年撮影．

動"なるものですね，あるいはシュレーディンガー関数 ψ というもの，この波動が，ときにはわれわれの住むこの 3 次元空間のなかに実在する波のように言われるかと思うと，ときには抽象的な座標空間内の波のように言われたりする．一体どちらなのか困惑した記憶はないだろうか．こういう概念の混乱は，事実，量子力学の歴史のなかでも初期のころしばしばあったのです．現にシュレーディンガー自身，彼の「固有値問題としての量子化」のシリーズを見てもわかるが，この 2 つの考えの間を行きつ戻りつしている．しかし，どちらかというと，彼は彼の ψ を 3 次元空間内の波だと考えたがっていたようだ．たとえば彼は $e\psi^*(x)\psi(x)$ を空間内に実在する電気密度だと考え，その密度のかたまりが電子だと考えようとしていた．しかし，この考えはうまくゆかなかった．なぜなら $\psi^*\psi$ は，時間がたつと拡がってしまって，かたまりはぼやけてしまうから．

ところが，一方で量子力学が変換理論の形で完成されると，シュレーディンガーの ψ は力学系の状態ベクトルのひとつの表現だということになった．それはまた確率振幅とも呼ばれ，力学系を記述する一般座標の関数であり，したがって ψ であらわされる波動は抽象的な座標空間内のもので，われわれの 3 次元空間内の波ではない，ということになる．ですから，たとえば 2 個の粒子の場合，ψ は第 1 粒子の座標 x_1 と第 2 粒子の座標 x_2 との関数 $\psi(x_1, x_2)$ であり，したがってこの波は 6 次元の座標空間内の波だ，ということになる．それどころか，もっと一般的に $\psi(\ )$ のカッコ内に書かれる変数は，空間座標 x_1，x_2，……に限る必要もなく，ラグランジュの一般座標どころか，ハミルトン力学にあらわれるところの，もっと抽象的なカノニカル座標であってもよい．

そういうわけで，シュレーディンガーが考えたがっていた実在物質波論はとどめをさされたかのようにみえたわけです．光の波はたしかにわれわれの 3 次元空間のなかに実在しているが，物質の波はそうでない，という考え方がオーソドックスになりそうであった．

ところが，ここで波動場の量子化という着想があらわれて，形勢は一変しました．すなわち，空間内に実在する物質波という概念が，空間内に実在する光の波とまったく同様に妥当な概念として成立することがわかってきたのです．

量子力学は，はじめ電子とか核とか，そういう物質粒子を対象として完成されました．そして原子が光を出したり吸ったり散乱したりする，そういう現象は，電子の座標のマトリックス要素が昔の考え方での電子運動のフーリエ成分に対応するという，そういう対応を手がかりにして，古典論からの類推によって取り扱うより方法がなかった．ところが量子力学が変換理論の形で完成されると，光の場に対して量子力学を適用する準備ができ上がった．そこで原子と光の場との両方をいっしょに含んだ力学系を考え，場のほうにも量子論を適用して原子と光の相互作用をコンシステントに取り扱う，そういう試みがあらわれました．この考えに口火を切ったのはディラックであって，それは1927年のことでした．

　光の場を量子論的に取り扱うという考えは新しいものではありません．すでに量子論のはじまりから，光の場を平面波にわけ，プランクの条件 $E_\omega = N_\omega \hbar \omega$, $N_\omega = 0$, 1, 2, ……が成り立つようにその振幅を離散的にすれば，プランク公式が出てくる．そういうデバイエ(P. Debye)の考えがありました．ですから，単純にプランク条件を ad hoc に用いるかわりに，ここで波の振幅をマトリックス(あるいはディラックのいわゆる q-数)と考えなおして新しい量子力学を用いれば，おのずから $E_\omega = N_\omega \hbar \omega$ が導かれるでしょうし，このときエネルギー $\hbar \omega$ を持つ光子の個数が N_ω である，という解釈が可能になるでしょう．そのようにしておのずから光の粒子性が出てくることになる．現に，ハイゼンベルクのマトリックス力学があらわれたとき，電磁場 E や B もマトリックスと考えようと提案したのは，マトリックス力学を完成させたボルン(M. Born)，ヨルダン(P. Jordan)，ハイゼンベルクら自身でした．〔ただこの時代にはまだ確率振幅という考えがあらわれていなかったので，彼らは彼らの考えを光の放射，吸収，散乱にまで適用することはできませんでした．〕

　ディラックも，さっき話した彼の試みの糸口としてデバイエやボルンたちの考え方を用いていることは言うまでもありません．しかし，この糸口だけなら凡人も気づかないこともないが(それをやりおおせるかどうかは別として)，彼はもうひとつ，彼独特の考え方を話のきっかけに持ち出している．それは何かというと，のちに「第2量子化」と呼ばれるようになった奇妙な考え方なのです．話が一応スピンから離れて恐縮ですが，この考えから「物質波」が3次元空間のなかに迎え入れられることになったことと，この奇妙な思いつきがいかにもディラックらしいので，ちょっと時間をさいて説明させてください．

＊

　ディラックはまず1個の粒子のシュレーディンガー方程式を考える．それはご承知のように

$$\left\{H(\boldsymbol{x},\,\boldsymbol{p})-i\hbar\frac{\partial}{\partial t}\right\}\psi(\boldsymbol{x},\,t)=0$$
$$H(\boldsymbol{x},\,\boldsymbol{p})=\frac{1}{2m}\boldsymbol{p}^2+V(\boldsymbol{x}),\qquad \boldsymbol{p}=-i\hbar\nabla \qquad (6\text{-}1)$$

でしたね．彼が完成させた変換理論によれば，$\psi(\boldsymbol{x},t)$ は時刻 t における系の状態ベクトルをあらわしますね．このとき何かひとつの力学量（ディラック流に言えばオブザーバブル）$G(\boldsymbol{x},\boldsymbol{p})$ を考え，それの固有値を g_n，固有関数を $\phi_n(\boldsymbol{x})$ とします．ここに $n=1, 2, 3, \cdots\cdots$．このとき $\phi_n(\boldsymbol{x})$ は完全直交系をつくりますから，$\psi(\boldsymbol{x},t)$ を

$$\psi(\boldsymbol{x},\,t)=\sum_n a_n(t)\phi_n(\boldsymbol{x}) \qquad (6\text{-}2)$$

のように展開します．そうすると，時刻 t においてオブザーバブル $G(\boldsymbol{x},\boldsymbol{p})$ を測定し，値 g_n が得られることの確率は

$$P_n(t)=|a_n(t)|^2 \qquad (6\text{-}3)$$

で与えられる．これが変換理論の結論でした．ただし，ψ や ϕ_n はすべて 1 に規格化されているとします．このとき $H(\boldsymbol{x},\boldsymbol{p})$ は系のエネルギーを意味しますが，状態 $\psi(\boldsymbol{x},t)$ でのその期待値は，H のマトリックス要素

$$H_{n,\,n'}=\int\phi_n^*(\boldsymbol{x})H(\boldsymbol{x},\,\boldsymbol{p})\phi_{n'}(\boldsymbol{x})dv \qquad (6\text{-}4)$$

を用いて，

$$\begin{aligned}\langle H\rangle &\equiv \int\psi^*(\boldsymbol{x},\,t)H(\boldsymbol{x},\,\boldsymbol{p})\psi(\boldsymbol{x},\,t)dv \\ &=\sum_{n,n'}a_n^*H_{n,\,n'}a_{n'}\end{aligned} \qquad (6\text{-}5)$$

で与えられることを注意しておきます．このとき $\langle H\rangle$ が時間に関係しない値を持つこともすぐわかる．

　マトリックス要素 (6-4) を用いると，(6-1) から $a_n(t)$ の時間変化に対して

$$\frac{da_n(t)}{dt} = \frac{1}{i\hbar}\sum_{n'} H_{n,n'} a_{n'}(t) \tag{6-6}$$

が導かれる．したがって，その共役複素

$$\frac{da_n{}^*(t)}{dt} = -\frac{1}{i\hbar}\sum_{n'} a_{n'}{}^*(t) H_{n',n} \tag{6-6*}$$

も導かれる．

この (6-6) と (6-6)* とを見ると，(6-5) の $\langle H \rangle$ を用いて，それらを

$$\frac{da_n}{dt} = \frac{1}{i\hbar}\frac{\partial \langle H \rangle}{\partial a_n{}^*}, \quad \frac{da_n{}^*}{dt} = -\frac{1}{i\hbar}\frac{\partial \langle H \rangle}{\partial a_n} \tag{6-7}$$

と書けることがわかる．そのことから a_n を座標変数と考え，それに共役な運動量を

$$\pi_n = i\hbar a_n{}^* \tag{6-8}$$

と考え，そして

$$\langle H \rangle = \frac{1}{i\hbar}\sum_{n,n'} \pi_n H_{n,n'} a_{n'} \tag{6-9}$$

をハミルトニアンと考えると，a_n と π_n とがカノニカルな運動方程式

$$\frac{da_n}{dt} = \frac{\partial \langle H \rangle}{\partial \pi_n}, \quad \frac{d\pi_n}{dt} = -\frac{\partial \langle H \rangle}{\partial a_n} \tag{6-10}$$

を満たすことが導かれる．

さて，いままでわれわれは粒子 1 個からなる力学系を 1 つだけ考えましたが，ここでディラックにならって，粒子 1 個からなる力学系を N 個集めたアンサンブル (ensemble) を考えます．そうすると，ある時刻にオブザーバブル G を測定して値 g_n が得られるような，そういう系がこのアンサンブルのなかにいくつあるか，という個数の期待値は，P_n の N 倍

$$N_n \equiv N P_n = N |a_n|^2 \tag{6-3'}$$

で与えられますね．そこで，

$$A_n = N^{1/2} a_n, \quad A_n{}^* = N^{1/2} a_n{}^* \tag{6-11}$$

とおくと，

が得られ，さらに，(6-8) に対応して

$$N_n = A_n{}^* A_n \tag{6-3''}$$

$$\Pi_n = i\hbar A_n{}^* \tag{6-8'}$$

とおき，(6-9) に対応して

$$\bar{H} = \frac{1}{i\hbar} \sum_{n,\,n'} \Pi_n H_{n,\,n'} A_{n'} \tag{6-9'}$$

とおくと，(6-10) に対応して

$$\frac{dA_n}{dt} = \frac{\partial \bar{H}}{\partial \Pi_n}, \qquad \frac{d\Pi_n}{dt} = -\frac{\partial \bar{H}}{\partial A_n} \tag{6-10'}$$

が導かれます．この (6-10') を見ると，ここでも A_n と Π_n とをカノニカルな変数と考えることができ，それらは $\bar{H}$ をハミルトニアンとするカノニカルな方程式を満たすことがわかる．このとき a_n について

$$\sum_n |a_n|^2 = \int \psi^*(\boldsymbol{x},\,t)\psi(\boldsymbol{x},\,t)dv = 1 \tag{6-12}$$

が成り立つのに対し，A_n については

$$\sum_n |A_n|^2 = N \tag{6-12'}$$

が成り立つ．さらに A_n や Π_n が複素数だということが気になるが，それなら

$$A_n = N_n^{1/2} e^{i\Theta_n/\hbar}, \quad A_n{}^* = N_n^{1/2} e^{-i\Theta_n/\hbar} \tag{6-13}$$

によって定義される N_n, Θ_n を用いればよいとディラックは言う．ディラックはこの N_n と Θ_n とが互いに共役なカノニカル変数であることを証明しているのです．そして，この変数を用いるときのハミルトニアンは

$$\bar{H} = \sum_{n,\,n'} N_n^{1/2} e^{-i\Theta_n/\hbar} H_{n,\,n'} N_{n'}^{1/2} e^{i\Theta_{n'}/\hbar} \tag{6-9''}$$

だと考えればよい．

　ここでディラックは，彼独特のアクロバットをやりました．すなわち彼は A_n や Π_n を通常の数でなく，量子力学的な q-数と考えなおすのです．すなわち A_n と Π_n とのあいだにカノニカルな交換関係

$$A_n \Pi_{n'} - \Pi_{n'} A_n = i\hbar \delta_{n,n'},$$
$$A_n A_{n'} - A_{n'} A_n = \Pi_n \Pi_{n'} - \Pi_{n'} \Pi_n = 0 \qquad (6\text{-}14)$$

を持ち込んで問題を量子化しようというのです.

この考えをなぜアクロバティックだと言うか. そもそもシュレーディンガー方程式 (6-1) はすでに量子化の結果あらわれたものです. したがってそれから導かれた (6-10) も (6-10′) もみなそうです. それを, 第2量子化の名が示すように, もう一度量子化するということにいったいどんな意味があるのだろうか. 凡人たちはここで戸惑いを感ぜざるを得ない. しかし, 戸惑ってばかりいてもしかたがないから, この戸惑いの原因はどこにあるかをもう少しつきとめなければならない. そうすると, こういう点に気がつく.

量子力学においては q-数を用いてあらわされるものは, 座標 q にしても運動量 p にしても, あるいはエネルギー H にしても, さっき考えた G にしても, みなオブザーバブルです. オブザーバブルという概念はディラックによって導入されたわけですが, それはいずれもなんらかの実験によって直接測定され得る量です. ところが (6-3) によって定義される P_n のようなものはそうではない. それを決めるには, オブザーバブル G の測定を何回も繰り返し行ない, そうして得られた多数のデータを集積し, そのなかの何分の1が g_n であったか, ということをしらべなければならない. そういうわけで, P_n はなんらかの測定実験で直接得られる量ではなく, したがってそれはオブザーバブルではないことになる. そうすれば a_n も $a_n{}^*$ も π_n もみなそうです.

同様なことは N_n や A_n や $A_n{}^*$ や Π_n についても言えます. そもそも, さっき "粒子1個からなる力学系を N 個集めたアンサンブル" と言ったときのアンサンブルというのは, あくまで考えの上でのアンサンブルであって, 目の前に N 個の力学系が実在する必要は少しもない. 現に1個の力学系を用いて何回も同じ条件の下で G の測定を繰り返し, その実験データの集積のなかに値 g_n が何回あったか, という回数が N_n であった. またたとえば, 第1の力学系は1日目につくり上げ, それについて G を測定し, 測定のあとその系をこわしてしまい, 第2の力学系は2日目につくり上げ, それについて G を測定し, そのあとその系をこわしてしまい, 第3の力学系は3日目につくり上げ, ……といったようなやり方をしてもよい. そういうわけで, ここで考えているアンサンブルは統計でいう virtual ensemble を意

味しているわけです．ですから個数 N_n といっても，それ自身何かのオブザーバブルを測定してただちに得られる量ではなくて，何回か繰り返したオブザーバブル測定で得られるデータの集積にかかわる数値なのです．

われわれが N_n や A_n や Π_n を q-数とみなしたディラックの第2量子化の前で戸惑いを感じたのは，じつにこういう点なのです．きみたちのなかには，第2量子化をすらすらと受け入れる人もいるかもしれない．もしそういう人がいるなら，その人はディラックと同じくらいえらい人か，あるいはまた，つきつめて物事を考えないで，あやふやのままで何でもわかったような気になってしまう，ノンキ坊主かのどちらかでしょう．

*

それでは，こういう問題点にもかかわらずディラックが N_n や A_n や Π_n の量子化をあえてしたことにどんな根拠があるのでしょうか．その答えをぼくはこう考えるのです．

われわれは，virtual ensemble に対する統計的結論が，real ensemble に対するそれとしばしば一致するという事実を知っています．ですから，われわれのいまの問題でも，この一致が成立することはありそうなことです．もしそうなら，"粒子1個からなる力学系を N 個集めた virtual ensemble" についての結論を "相互作用のない粒子 N 個の力学系" という real ensemble にあてはめることができよう．ところが，この real ensemble では，たとえば N_n はオブザーバブルと考えてよい．なぜなら，粒子 N 個からなる力学系で N_n を決めることは，粒子 $1, 2, 3, \ldots\ldots, N$ に対する G，すなわち $G(x_1, p_1), G(x_2, p_2), G(x_3, p_3), \ldots\ldots, G(x_N, p_N)$ の測定に帰着させることができるからです．このときこの N 個の G はすべて互いに可換ですから，変換理論に従えば，N 個の G の測定は同時に行なうことができ，それを1回の測定とみなすことができる．さらにオブザーバブル N_n は，解析関数ではないが，N 個のオブザーバブル G の関数ですから（互いに可換な N 個の G の値が決まれば，N_n の値は決まるから，N_n は N 個の G の関数です），結局 N_n は1回の測定で決まる量となる．こういうわけで，われわれの real esemble においては，N_n を q-数と考えてよく，したがって A_n も Π_n もそうです．

こういうわけで，ディラックが行なったことは q-数の N_n とそれに共役な Θ_n，または A_n と Π_n を用いて多粒子系を記述することが可能ではなかろうか．そし

てそのためには基礎方程式として (6-10′) を用いる, あるいはハミルトニアン (6-9′) を出発点にすることができるのではなかろうか, という問いの答えをさぐりあてるための発見論的 (heuristic) な考察であったわけです. つまり彼は第2量子化を, そういう可能性を見つけるための発見論的な方法として, しかもその限りにおいて利用しているのです.

そういうように第2量子化が発見論的な論理であったとすれば, それを通して見当をつけたハミルトニアン (6-9′) または (6-9″) (量子化するとき (6-9″) のなかの $N^{1/2}$ と $e^{\pm i\theta/\hbar}$ との順序が問題になるが, 正しい順序はあとに出てくる式 (6-17′) で与えます) を出発点とする理論が, これまでに知られていた通常のやり方で多粒子系を取り扱って得られる結論と同じ答えに導くかどうかを実際に確かめねばならないわけです. ここで通常のやり方というのは, 座標空間のなかで ψ を考えるやり方, すなわち粒子が N 個のときに, シュレーディンガー方程式

$$\left\{H(\boldsymbol{x}_1, \boldsymbol{p}_1) + H(\boldsymbol{x}_2, \boldsymbol{p}_2) + \cdots\cdots + H(\boldsymbol{x}_N, \boldsymbol{p}_N) \right. \\ \left. - i\hbar\frac{\partial}{\partial t}\right\}\psi(\boldsymbol{x}_1, \boldsymbol{x}_2, \cdots\cdots, \boldsymbol{x}_N) = 0 \tag{6-15}$$

を解くやり方です. ディラックは (6-15) の解 $\psi(\boldsymbol{x}_1, \boldsymbol{x}_2, \cdots\cdots, \boldsymbol{x}_N)$ のなかで粒子の交換に対して対称なものだけをとるなら, この一致がちゃんと成り立つことの証明を彼の論文のなかで実際に与えています. そういうわけで, ハミルトニアンとして (6-9′) を, 交換関係として (6-14) を用いて問題を解くということは, ハミルトニアン

$$H = \sum_{\nu=1}^{N} H(\boldsymbol{x}_\nu, \boldsymbol{p}_\nu) \tag{6-16}$$

を持つ N 個のボソン系の振舞いを (6-15) を解くことによって得るのと同等だ, ということがはっきりしたわけです. ここでハミルトニアン (6-9′) または (6-9″) を用いるときにあらわれる確率振幅は, そのとき用いられる座標, すなわち A_n または N_n の関数

$$\psi(A_1, A_2, \cdots\cdots, A_n, \cdots\cdots)$$
または $$\tag{6-17}$$
$$\psi(N_1, N_2, \cdots\cdots, N_n, \cdots\cdots)$$

であり, 特によく使われるのは後者であって, それに対するシュレーディンガー方程式は

$$\left\{\sum_{n,n'} N_n^{1/2} e^{-i\Theta_n/\hbar} H_{n,n'} e^{i\Theta_{n'}/\hbar} N_{n'}^{1/2} \right.$$
$$\left. - i\hbar \frac{\partial}{\partial t}\right\} \psi(N_1, N_2, \cdots\cdots, N_n, \cdots\cdots) = 0 \qquad (6\text{-}17')$$

の形になります．そしてそこに含まれている演算子 $e^{\pm i\Theta/\hbar}$ は

$$e^{\pm i\Theta/\hbar} \psi(N) = \psi(N \pm 1)$$

という性質を持つことをディラックは証明した．じつはこの証明，厳密には正しくないのですけれど，それは発見論としてはいかにもディラックらしい面白いものですから，ここで紹介しておきましょう．

証明 Θ は N に共役な運動量であるから，それを N の関数に施すときには，$-i\hbar \dfrac{\partial}{\partial N}$ と考えてよい．そうすれば

$$e^{\pm i\Theta/\hbar} = e^{\pm \partial/\partial N} = 1 \pm \frac{\partial}{\partial N} + \frac{1}{2!} \frac{\partial^2}{\partial N^2} \pm \frac{1}{3!} \frac{\partial^3}{\partial N^3} + \cdots\cdots$$

となる．ところでテイラーの定理によって

$$\psi(N) \pm \psi'(N) + \frac{1}{2!} \psi''(N) \pm \frac{1}{3!} \psi'''(N) + \cdots = \psi(N \pm 1)$$

であるから，$e^{\pm i\Theta/\hbar} \psi(N) = \psi(N \pm 1)$ が成り立つ．Q. E. D.

こういうわけで，用いられた発見論は何であれ，それを通じて発見された理論がボソンに対して正しい，ということがちゃんと証明された以上，われわれはもはや何のためらいも持つ必要はなくなります．われわれは安心して前進することができます．そこでハミルトニアン (6-9')，運動方程式 (6-10')，および交換関係 (6-14)，さらに A_n と N の関係 (6-12') を，あとの議論に役立つように変形してゆきましょう．そこで (6-2) を思い出しつつ

$$\Psi(\boldsymbol{x}) = \sum_n A_n \phi_n(\boldsymbol{x}), \qquad \Pi(\boldsymbol{x}) = \sum_n \Pi_n \phi_n^*(\boldsymbol{x}) \qquad (6\text{-}2')$$

を用いて q-数の "波動関数" $\Psi(\boldsymbol{x})$ とそれの "共役運動量関数" $\Pi(\boldsymbol{x})$ を定義します．そうすると (6-14) から $\Psi(\boldsymbol{x})$ と $\Pi(\boldsymbol{x})$ との間にカノニカルな交換関係

$$\begin{aligned}\Psi(\boldsymbol{x})\Pi(\boldsymbol{x}') - \Pi(\boldsymbol{x}')\Psi(\boldsymbol{x}) &= i\hbar \delta(\boldsymbol{x} - \boldsymbol{x}'), \\ \Psi(\boldsymbol{x})\Psi(\boldsymbol{x}') - \Psi(\boldsymbol{x}')\Psi(\boldsymbol{x}) &= 0, \\ \Pi(\boldsymbol{x})\Pi(\boldsymbol{x}') - \Pi(\boldsymbol{x}')\Pi(\boldsymbol{x}) &= 0\end{aligned} \qquad (6\text{-}14')$$

が得られ，Ψ に対する運動方程式として

$$\left\{H(\boldsymbol{x},\,\boldsymbol{p})-i\hbar\frac{\partial}{\partial t}\right\}\varPsi(\boldsymbol{x},\,t)=0 \qquad (6\text{-}1')$$

が導かれる．さらに

$$\varPi(\boldsymbol{x})=i\hbar\varPsi^{\dagger}(\boldsymbol{x}) \qquad (6\text{-}8'')$$

が成り立つこともすぐわかるから，$\varPi(\boldsymbol{x})$ に対する運動方程式は (6-1') の共役虚にほかならないことがわかる（ここで $\varPsi$ は q-数ですから，共役虚をあらわすのに記号 * のかわりに † を用いました）．さらにハミルトニアン (6-9') は

$$\bar{H}=\frac{1}{i\hbar}\int\varPi(\boldsymbol{x})H(\boldsymbol{x},\,\boldsymbol{p})\,\varPsi(\boldsymbol{x})dv=\int\varPsi^{\dagger}(\boldsymbol{x})H(\boldsymbol{x},\,\boldsymbol{p})\,\varPsi(\boldsymbol{x})dv$$
$$(6\text{-}5')$$

となり，さらに (6-12') の関係は

$$N=\int\varPsi^{\dagger}(\boldsymbol{x},\,t)\,\varPsi(\boldsymbol{x},\,t)dv \qquad (6\text{-}12'')$$

となります．この N は $\bar{H}$ と可換であり，したがって時間 t に無関係なことがわかります．

さて，こうして得られた方程式 (6-1') を見ると，それは 1 個の粒子の確率振幅に対する方程式と同じ形をしており，またハミルトニアン (6-5') を見ると，粒子 1 個の場合のエネルギー期待値 (6-5) と同じ形をしていることがわかる．しかし，形は同じでも，その意味はまったく異なっていることを忘れてはなりません．すなわち (6-1') や (6-5') は"ボソン N 個からなる力学系"のオブザーバブルにかかわるもので，どちらも q-数の間の関係式であるのに，(6-1) や (6-5) は 1 個の粒子の確率振幅や期待値にかかわるものです．このとき注目すべきことは，(6-1') も (6-5') も，また交換関係 (6-14') も，ボソンの個数 N をまったく含んでいないことです．したがって，これらの関係式は"ボソン任意個からなる力学系"についての基礎的関係と考えてよろしい．このようにして波動関数 $\varPsi(\boldsymbol{x})$ は，座標空間のなかの波動 ψ と異なって，粒子の個数に無関係な，常に 3 次元空間 $\boldsymbol{x}$ の点の関数です．したがってわれわれの q-数とみなした波動関数 $\varPsi$ は，われわれの住んでいる 3 次元空間に実在する波動と考えることができます．それでは粒子の個数はどこにあらわれるかというと，それは (6-12'') です．すなわち粒子の個数は，$\varPsi$ の振幅に関係してあらわれてくるのです．

このようにしてわれわれは，ハミルトニアン（6-5'）を持ち，交換関係（6-14'）によって量子化した波動場が，ハミルトニアン（6-16）を持つボソン系と同等であることを知りました．事実，Ψ を q-数と考えたとき，A_n を（6-2'）で定義したものとすると，

$$N_n = A_n^\dagger A_n \qquad (6\text{-}18)$$

で定義される q-数の固有値は

$$N_n \text{ の固有値} = 0, 1, 2, \cdots\cdots \qquad (6\text{-}18')$$

になることがわかり，はっきりと場の粒子性が見られる．さらに $e\psi^*(x)\psi(x)$ が空間内に実在する電気密度だ，とするシュレーディンガーの考えを採用して

$$\rho(x) = e\Psi^\dagger(x)\Psi(x) \qquad (6\text{-}19)$$

によって電気密度というオブザーバブルを定義する（これまでの話では $-e$ を電子の電荷としたが，今日は正負にかかわらず粒子の電荷を e と書きます）と，任意の体積 V についてとった積分

$$\rho_V = \int_V \rho(x)dx \qquad (6\text{-}19')$$

の固有値が $0, 1e, 2e, 3e, \cdots\cdots$ であることがわかる．このことは，われわれの力学系が電荷 e を持った粒子の集まりの性質を持つことを示している．このとき注意すべきことは，シュレーディンガーの $e\psi^*\psi$ が時間とともにぼやけてしまったことに対応して，われわれの場合でも，$e\Psi^\dagger\Psi$ の期待値は時間とともにぼやけ，その結果，ρ_V の期待値は整数値でない値をとりながら，だんだん 0 に近づいてゆく．しかし ρ_V の固有値のほうは 0 または正の整数以外の値は決してとりません．そういうわけで，期待値はぼやけていっても，電荷の粒子性は常に保持されつづけているのです．

*

こういうふうにして，シュレーディンガーの希望して果たせなかった願い，すなわち波動 $\psi(x)$ を座標空間内に閉じ込めないで 3 次元空間内に迎え入れようという願いが，$\psi(x)$ のかわりに量子化した $\Psi(x)$ を用いるという方向でかなえられるこ

とになりました．そしてディラックは彼の発見論的方法に導かれて，$\Psi(x)$ の満たすべき場の方程式が $\psi(x)$ の満たす方程式と同じ形をしていることを発見したのです．しかし，方程式の形は同じでも，ψ は1個の粒子の確率振幅で c-数，Ψ は波動場を記述する q-数というように，概念的にはまったく別ものであることを忘れてはなりません．さらにすぐあとで話しますが，方程式の形が一致するのは，粒子間の相互作用が無視されたときに限ることで，相互作用があれば ψ と Ψ とは概念的に異なるのみならず，それの満たす方程式も本質的に異なった数学的性質を持つことになるのです．ですから，よく"ψ を第2量子化すると Ψ が得られる"という言いかたがなされますが，それは正しくないのです．むしろ量子化しないマックスウェル方程式が存在するように，量子化しない Ψ についてもその満たす方程式がはじめからあって，それは相互作用のないときにかぎり ψ の方程式と一致すると考えたほうがよいとぼくは思うのです．[42]

いずれにせよ，(6-5′)のハミルトニアンを持つ力学系，言いかえれば場の方程式 (6-1′) を持つ波動場の系と，ハミルトニアン (6-16) を持った力学系，言いかえれば粒子 N 個からなる粒子系とは，もし前者を (6-14′) によって量子化し，後者については対称的なシュレーディンガー関数だけを採用するという操作を付け加えるなら，まったく同じ答えを与える，まったく同等である，ということがわかったことはたいへんな発見でした．なぜなら，そのことから，量子論においては波動即粒子，粒子即波動という西田哲学めいた命題がなんらの矛盾もなく成立し，その数学的表現がちゃんと得られることになったからです．

これまで話してきましたディラックの発見論的考察は，粒子間に相互作用があるような real ensemble に対しては功を奏しません．なぜなら，彼が出発点にした virtual ensemble では粒子間の相互作用は何の役もしていないからです．そもそも彼の virtual ensemble のなかの各力学系は，粒子1個の系です．ですから，その系内部に相互作用はあらわれません．また ensemble は virtual なものであって，たとえば第1の系は1日目にだけ存在し，第2の系は2日目にだけ，第3の系は3日目にだけ，……といったものでもよいわけですから，2つの異なる系のなかの粒子が相互作用をするという考えはまったく無意味だからです．それにもかかわらず互

---

42) この点を指摘したことが朝永振一郎『量子力学』II，みすず書房（1952，第2版 1997）の特徴のひとつである．特に §50 を見よ．ただし，第2量子化へのディラックの発見論的な議論は述べられていない．それが説明されるのは本書が最初である．

いに作用しあっている粒子の real ensemble に対しても，それがボソンであるなら，3次元空間に実在する波動場 $\Psi(x)$ による記述が可能であることをヨルダンとクラインが示しました．彼らによれば，いままでは場の方程式 (6-1′) のなかの $H(x, p)$，すなわち

$$H(x, p) = \frac{1}{2m}p^2 + V(x) \tag{6-20}$$

の右辺にある $V(x)$ としては外場に起因するポテンシャル・エネルギーだけを考えればよかったが，粒子間に相互作用，たとえばクーロン斥力が存在するなら，$V(x)$ のところに，外場によるポテンシャル・エネルギーのほかに，波動場自身の電気密度 $e\Psi^\dagger\Psi$ によって生ずるポテンシャル・エネルギー

$$V_波(x) = \frac{e}{4\pi\varepsilon_0}\int\frac{e\Psi^\dagger(x')\Psi(x')}{|x-x'|}dv' \tag{6-21}$$

を付け加えて，

$$V'(x) = V(x) + V_波(x)$$

を用いなければならぬというのです．すなわち (6-1′) のなかの $H(x,p)$ として

$$H(x, p) = \frac{1}{2m}p^2 + V(x) + V(x)_波 \tag{6-20′}$$

を用いた方程式

$$\left\{\frac{1}{2m}p^2 + V(x) + \frac{e}{4\pi\varepsilon_0}\int\frac{e\Psi^\dagger(x')\Psi(x')}{|x-x'|}dv' - i\hbar\frac{\partial}{\partial t}\right\}\Psi(x,t) = 0 \tag{6-22}$$

を (6-1′) にかわって用いるのです．そうすると，この理論と

$$H = \sum_{\nu=1}^{N}\left\{\frac{1}{2m}p_\nu^2 + V(x_\nu)\right\} + \sum_{\nu>\nu'}^{N}\frac{1}{4\pi\varepsilon_0}\frac{e^2}{|x_\nu - x_{\nu'}|} \tag{6-23}$$

のハミルトニアンを持ったボソン系の量子論とはあらゆる点で一致する答えを持つことを，ヨルダンとクラインは見つけたのです．このとき (6-23) の $\sum_{\nu>\nu'}^{N}$……の項[43]のなかに $\nu=\nu'$ の項が含まれていないことは注目に値します．その結果，粒子1個の場合には，$V_波(x)$ を付け加えた方程式 (6-22) を用いても，(6-23) のなかに

$\dfrac{e^2}{|\boldsymbol{x}_\nu - \boldsymbol{x}_{\nu'}|}$ を含む項は全然あらわれないことになります.

このヨルダンとクラインの仕事から, Ψ と ψ とのちがいはいっそうはっきりしました. なぜなら, Ψ に対する場の方程式 (6-22) は, 1個の粒子に対する確率振幅を与える方程式 (6-1), すなわち

$$\left\{\frac{1}{2m}\boldsymbol{p}^2 + V(\boldsymbol{x}) - i\hbar\frac{\partial}{\partial t}\right\}\psi(\boldsymbol{x},\,t) = 0 \qquad (6\text{-}22')$$

とまったくちがった形をしている. しかもこのちがいは本質的です. というのは, 変換理論によれば, 確率振幅は重ね合せの原理を満たさねばならず, したがって ψ の満たすべき方程式は常に線型でなければならないのに, (6-22) は Ψ について線型でないからです. そういうわけで, 場の方程式 (6-22) は, Ψ を q-数でないと考えても, 絶対に ψ の方程式とは考えられない性質のものです. "ψ を第2量子化すれば Ψ が得られる" という言いかたがまったく正しくないことは, これではっきりしたでしょう.

方程式 (6-22) は, 発見論的な理由づけでは導けなかったとしても, とにかく粒子の相互作用を正しく取り入れた場の方程式であって, もし Ψ を量子化しないなら, それは古典的なマックスウェル方程式に相当するものなのです. それじゃ (6-22) の左辺に $\hbar$ があるのはなぜですかって? こりゃいい質問だ. ノンキ坊主じゃできない質問だ. だけどせっかくいいところに気がついたのだから, 答えはひとつ自分で考えてごらん.〔ヒント:いままでの議論で $m\to\hbar\hat{m},\ V\to\hbar\hat{v},\ e\to\hbar\hat{e},\ \Psi\to\hat{\Psi}/\sqrt{\hbar}$ というおきかえを行なってみよ. そしてそのおきかえの意味を考えてみよ.〕

*

ディラックのアクロバットの解説が思わず長くなったが, 結局, 彼が示したかったのは, 多ボソン系と3次元空間内の波動場とが量子論では同等だということです. 彼はこの結論を光子に適用して, 原子によるその放射, 吸収, 散乱を量子論的に論じようとしたのです. しかし, これまでの論法をそのまま光子に適用しようとする

---

43)「ある日, 湯川さん, 僕のところへやってきまして, かなり興奮して, こういう論文があるという.」それがヨルダンとクラインの論文 (1927) であった. 朝永振一郎「量子力学と私」,『量子力学と私』(朝永振一郎著作集 11), みすず書房 (1983), pp. 6-61, 特に pp. 12-13; 同『量子力学と私』, 岩波文庫 (1997), pp. 17-84, 特に pp. 24-26.

V. ワイスコップ (1908 – 2002)

には，1個の光子に対する確率振幅の方程式がわかっていなければ困る，と思われるかもしれない．ところで光子は相対論的な粒子で，それに対して (6-1) を用いるわけにいかない．一方，1個の光子の確率振幅を見つけようとする試みは，そのころまでにもいろいろな人がやってみたが，どれもうまくゆかない（あとでわかったことですが，光子と限らず，相対論的な理論では x, y, z 空間内の確率振幅は存在しないのです）．しかし，これまでの長ばなしのおかげではっきりしたように，量子化すべき方程式は，結局，場の方程式であって，確率振幅のそれではないのです．ですから確率振幅の方程式がわからなくても，場の方程式がわかっているなら，それを量子化すればよいではないか．われわれみたいに長ばなしをしないでも，ディラックには最初からそれがわかっていたわけで，彼はデバイエの線の延長として光の場を量子化し，原子による光の出し入れ，あるいは散乱について，ちゃんとした答えが出ることを示したのです．

ディラックのこの仕事を引き継いで，量子化したマックスウェルの場と電子とをいっしょに考え，原子（のなかの電子）と電磁場との相互作用を論ずるという作業は，フェルミ（E. Fermi）やハイゼンベルク-パウリたちによって，より完全な形に定式化されました．なかでもハイゼンベルクとパウリは，共著の大論文「波動場の量子力学について」(1929 年) において，ディラックやフェルミとちがって，電磁場だけでなく，電子それ自身も量子化された場と考えて問題を取り扱っている．〔ただし，このとき量子化を (6-14′) によって行なうことはできません．なぜなら，それでは電子がボソンになってしまうから．では，どういう量子化を行なうか．それについてはすぐあとでお話します．〕言いかえれば，この論文で彼らは，ディラック方程式を電子の確率振幅に対する方程式とは考えずに，電子場に対する相対論的な場の方程式とみなしているのです．

ここまでくると，確率振幅の式としては採用できぬ，とディラックによって拒否されたクライン-ゴルドン方程式も，ひとつの可能な相対論的な場の方程式として採用することに文句はあるまい．だからそれを取り上げて，マックスウェル方程式といっしょに量子化し，ハイゼンベルク-パウリの論法で取り扱ってみたらどうな

るだろうか，という考えが，或る晴れた日に，パウリの心のなかに浮かんでも，それはそれほど唐突なことではないでしょう．

　こういういきさつで，パウリは助手のワイスコップ（V. Weisskopf）に手伝ってもらって，今日の副題になっている"自然がスピン 0 の粒子を拒む理由はない"という趣旨の論文を 1934 年にまとめたのです．そこでいよいよこの本題に入るだんどりになるのですが，その前にさっきの問題，すなわち電子場の量子化をどうしてやるか，という問題をかたづけておく必要がある．

　さきほどまでの話で，波動場を量子化することによってあらわれる粒子はボソンだということがわかりましたが，それでは電子のようなフェルミオンを波動場量子化の方法で取り扱うことはできないか，ということが知りたくなります．これに答えてくれたのがハイゼンベルク－パウリの仕事の前年，すなわち 1928 年にあらわれたヨルダン－ウィグナー（E. Wigner）の仕事です．彼らの答えは肯定的でした．ただそのためには，交換関係（6-14'）ではもちろんだめで，そのかわりに（6-14'）の左辺の － を ＋ でおきかえた関係

$$\Psi(\boldsymbol{x})\Pi(\boldsymbol{x}') + \Pi(\boldsymbol{x}')\Psi(\boldsymbol{x}) = i\hbar\delta(\boldsymbol{x}-\boldsymbol{x}')$$
$$\Psi(\boldsymbol{x})\Psi(\boldsymbol{x}') + \Psi(\boldsymbol{x}')\Psi(\boldsymbol{x}) = 0 \qquad (6\text{-}14')_+$$
$$\Pi(\boldsymbol{x})\Pi(\boldsymbol{x}') + \Pi(\boldsymbol{x}')\Pi(\boldsymbol{x}) = 0$$

を用いなければならない．そういうことを彼らは発見したのです．この関係を「反交換関係」と呼びますが，これが成立していると，（6-18）で定義されたオブザーバブル N_n の固有値は

$$N_n \text{ の固有値} = 0, 1 \qquad (6\text{-}18')_+$$

であることが導かれ，この粒子は n という状態に 0 個か 1 個しか入れないことになり，したがって明らかにパウリの排他原理を満たすことがわかる．そして，こうして量子化された波動場は，ハミルトニアン（6-16）または（6-23）を持つ粒子系において反対称のシュレーディンガー関数だけを採用したもの，すなわちフェルミオン系と，あらゆる点で同等だということが証明できます．そういうわけで，さっき言った西田哲学まがいの命題は，ボソン，フェルミオン両方を通じて成立することになりました．

　ここでいよいよ本命のパウリ－ワイスコップの話に入ります．しかし，なにしろ前置きが波動即粒子，粒子即波動という大問題にかかわることなので思わぬ長ばな

しになって，あとあまり時間がなくなってしまった．ですけれど，この長い前置きのおかげで，パウリ-ワイスコップの考えの背景はじゅうぶんおわかりだと思うので，あとはただ彼らの得た結果を述べるだけですみます．

パウリ-ワイスコップは，さっき言ったように (6-14′) を用いて，クライン-ゴルドン方程式をマックスウェル方程式とともに量子化してみました．そうしたら，なんの矛盾もなく量子化が行なわれ，クライン-ゴルドン場に附随して，質量 m，スピン0のボソンがあらわれ，しかも興味あることに，このボソンの電荷としては $\pm e$ という正負両方の値が可能だということがわかった．しかも，単に可能性があるのみならず，$2mc^2$ より大きな $\hbar\omega$ を持つ光子が存在すると，それの吸収によって $+e$ と $-e$ との粒子の一対が創生されること，また逆に，こういう一対があると，それが $\hbar\omega > 2mc^2$ を放出して消滅することなどが計算によってわかった．

さらにディラック方程式に関して，パウリらは，たとえ1階であってもそれを1個の電子の相対論的確率振幅に対する方程式とみなすことに難点を示しています．彼らによれば，ディラック方程式も，あくまで電子に対する相対論的な場の方程式であって，それを座標空間内の確率振幅と考えることはできない．すなわち "1個の粒子が空間の x 点に存在する確率" といったような概念は，電子も光子も，またクライン-ゴルドン粒子も含めて，およそ相対論的な粒子の場合には意味ないもの，したがって $\psi(x)$ をその背後にあるところの確率振幅だと解釈することも無意味なことだ，と主張している．

この最後の主張の根拠のひとつは，ディラック方程式を1個の電子の確率振幅の方程式だとすると，電子が負のエネルギーを持つ，というそういう変てこな状態があらわれ，しかも正エネルギー電子も電磁場との相互作用によってエネルギーを放出して負エネルギー状態に落ち込んでしまうという点です．そんなことが起れば，いろいろと現実に矛盾する変な現象が起ることになる．ディラックは，この困難からぬけ出すために，1930年ごろ，真空とはすべての負エネルギー準位がそれぞれ1個の電子で占められている状態だ，という仮説を導入しました．そうすれば，パウリの排他原理によって，正エネルギー電子が負エネルギー準位に落ち込むことはできなくなるはずだ，というのです．しかしパウリに言わせれば，負エネルギー準位のすべてがそんなに電子によって充満しているなら，無限に多数の電子が存在しているわけで，1体問題をすでにはるかにはみ出していることになる．

そういうわけで，ハイゼンベルク-パウリの論文で行なわれたように，ディラッ

ク方程式を確率振幅としてではなく,場の方程式として取り扱うほうが正しいとパウリは考えたわけです.しかし,どうやらディラックは,ディラック方程式を場の方程式と考えるパウリ流のやり方が気に入らないようで,彼が 1932 年に発表した,いわゆる多時間理論と呼ばれることになった多電子問題の新しい理論形式で,彼は座標空間内の確率振幅 ψ(ただし相対論化するために,それぞれの電子に別々の時間を与えて $\psi(x_1 t_1, x_2 t_2, x_3 t_3, \ldots, x_N t_N)$ という形に拡張した ψ)を用いよう,と提案しています.[44]

*

さて,話かわって,さっきクライン-ゴルドン場を量子化すると $\pm e$ のボソンがあらわれると言いましたが,じつはディラックの負エネルギー準位充満の仮説から,電子についても,通常の電子,すなわち負電荷の電子のほかに,正電荷の電子が存在するだろう,ということをディラック自身予想するようになっていたのです.それは,充満が不完全で,どこかの負エネルギー準位に電子の欠如があると,その"空孔"は正エネルギーを持ち,正電荷を持つように振舞うでしょう(負の欠如は正を意味するというのがディラックの考え).そういうわけで,空孔は正電荷の電子のように見えるだろう.〔ディラックは,はじめこの空孔が陽子だろうと考えた.しかしそう考えると,この空孔はその近傍にいる電子ですぐうずめられ,水素原子などは安定に存在できないではないか,とオッペンハイマー(J.R. Oppenheimer)によって批判されました.さらにまた空孔は電子と同じ質量を持つように振舞うはずだ,ということを数学者のワイル(H. Weyl)が指摘しました.〕

この考えによると,$\hbar\omega > 2mc^2$ であるような光子があると,そのエネルギーを吸収して負準位の電子が正準位に励起され,その結果,正エネルギーの電子と,負準位の空孔,言いかえれば正エネルギー・正電荷の電子とが創生されることになります.ちなみに正電荷の電子は,1932 年にアンダーソン(C. Anderson)によって実験的に発見され,陽電子(ポジトロン)と名づけられました.

さっきクライン-ゴルドン方程式を量子化すると正負の荷電粒子があらわれるというお話をしましたね.しかし,じつは量子化しないでも,この方程式には負電荷

---

44) 参照:『量子電気力学の発展』(朝永振一郎著作集 10), みすず書房 (1983), pp. 6-8, 216-220, 232-236;『量子力学と私』(注 43 に前出の岩波文庫), pp. 55-61, 76-82. この多時間理論を発展させた超多時間理論を基礎に著者はくりこみ理論をたて,1965 年にノーベル賞を授与された.

の粒子のように行動する解があれば，正電荷の粒子のように行動する解もあるということを，第3話で述べた1928年の論文ですでにディラックは指摘していた（このことは次の次の回でまた触れます）．そして，この方程式によって電子の記述はできないという彼の主張の理由のひとつとして，彼はこの点をあげていたのです（当時，電子は負電荷のものしかないと信じられていた）．

しかし陽電子が発見されてみれば，この理由は根拠がなくなったのみならず，クライン-ゴルドン方程式に附随するボソンと，ディラック方程式に附随するフェルミオンとはどちらも $\pm e$ の電荷を持つという点できわめて類似した性質を持っていて，そういう類似からみても，クライン-ゴルドン方程式とディラック方程式とは，どちらも優劣つけがたい存在理由を持つという考えが，まったく当然に見え出した．こういうわけで，パウリは自信を持ってクライン-ゴルドン場の復権を行なう立場に立ったのです．さらにまた，ハイゼンベルク-パウリ流にディラック方程式を量子化すると，ちょっとした技巧を用いて，負エネルギー準位の充満とか空孔とかいったどちらかというと人為的な仮説を持ち込まないでも，陽電子の存在や電子対の創生などを理論のなかに組み込むことも可能なのです．そういう点からみて，ディラック方程式を場の方程式と考えるほうが，それを確率振幅の方程式だと考えるディラック好みのやり方よりはるかに自然だ，とパウリは考えている．

このようにしてパウリ-ワイスコップは，ディラックが拒んだクライン-ゴルドン方程式の復権を行なったのです．パウリはこの仕事が相当得意であったらしく，論文のなかで，ディラックが彼の別の論文で用いた文句をそのまま用いて，ディラックをからかっているみたいなところがあります．そのところを意訳してかかげると，次のようなものです．

"われわれの理論で興味ある主な点は，まったく自動的に（すなわち空孔理論などといったよけいな仮説を用いないでも）エネルギーは常に正になることである．こういうように，相対論的スカラー理論（クライン-ゴルドン場の理論）が何の仮説も用いないで構成されることを目の前に見れば，$\pm e$ のスピン 0 ボソンが存在するはずだ，という理論からの可能性や，またそれらが $\hbar\omega$ によって創生されたり $\hbar\omega$ の放出によって消滅する，といった可能性を自然がなぜ使用しなかったのか，といぶかしく思うこともできよう云々."ここで下線を引いた個所は，ディラックが或る種の粒子（磁気的単極子）の存在を予言しようとして発表した論文のなかの文句をそのまま用いているのです．そういえば，気のせいか，この文章の調子と，

ディラック方程式に関する論文の書き出しでディラックが書いている文章（それは第3話で引用しました）の調子とが，ぼくにはまったくそっくりなようにみえる．

ところで，この文章でパウリが言いたかったのは，だからスピン0の荷電素粒子が存在するはずだ，ということかと思って読んでゆくと，むしろ逆に，そういうものが見つからない理由を何かほかに求めているみたいな口ぶりです．しかしパウリがこの論文を書いた同じ1934年には，ユカワの頭のなかにすでに中間子の着想が生まれつつあったのです．そして相対論的スカラー理論（正確には擬スカラー理論）は，のちに中間子論で大きな役割をすることになったのです．ですから，自然はやっぱりこの可能性を使ったのだ，そしてそのあらわれがπ中間子だったのだ，ということになる．[45]

とにかく，パウリ－ワイスコップのこの仕事と，ユカワの中間子の考えとは，不思議なほどよいタイミングで前後してあらわれました．物理の歴史もなかなか味な筋書きをつくるものですね．

---

45) π中間子や陽子など，いわゆる強い相互作用をする素粒子たちがクォークからなることが分った今日では，このことはより深い意味合いをもつことになったが，自然が許される数学的構造（素粒子の例では自然が採用した群について，その既約表現）を利用しつくすという意味で真理であるように見える．

第7話　ベクトルでもテンソルでもない量
——スピノル族の発見と物理学者の驚き——

　前回でわれわれは1934年まで進みましたが，パウリ-ワイスコップの仕事が出る前に，1927年ごろからいろいろと発見の連鎖があったことをお話しました．そのなかで，とりわけ話の中心になったのは，物質波を3次元空間内の波と考えてよいという発見でした．しかし27年から30年代にかけて，もうひとつ面白い出来事があります．しかもそれはスピンとからんであらわれたものなので，ここでそれに触れないわけにゆきません．ですから話はもう一度，1927～28年ごろにさかのぼります．

　第3話で，量子力学の枠組にスピンを含める話をしましたね．そしてこの試みから，1927年にパウリ方程式が，28年にディラック方程式が見つかったわけです．これらの方程式では2成分量や4成分量が用いられていて，たとえばパウリ方程式でψは

$$\psi = \begin{pmatrix} \psi_1(x,y,z,t) \\ \psi_2(x,y,z,t) \end{pmatrix} \tag{7-1}$$

のような形をしていました．ここで成分ψ_1とψ_2とを縦にならべたのは，それが2行2列のスピン・マトリックスとの掛け算に便利だからです．そこで提起された問題は，こういう多成分量の変換性に関するものです．

　物理学において多成分量が用いられることは昔から珍しいことではありません．たとえば力学や電磁気学ではベクトルとかテンソルとかいう3成分，あるいは9成分の量が用いられています．特に電磁気学での電場や磁場は場の量ですから，質点力学での速度や加速度とちがって点関数で，したがって当然x, y, z（およびt）の関数です．ですから，その意味で（7-1）とよく似ているわけです．こういう多成分量のほかに，質量とか電荷とかポテンシャルとかいう1成分の量も物理で用いられ，それはスカラーと呼ばれました．

いま話しているベクトルやテンソルは3次元空間のものですが、ご承知のように相対論があらわれると、空間に時間を加えた4次元のミンコウスキ世界が物理学者の運動場になり、それに応じていろいろな量が4元ベクトルや4元テンソルになり、テンソル算法は相対論で大いに威力を発揮しました。しかし今日は時間の都合上、4次元世界には深入りしないことにします。

*

さて、パウリ方程式の発見にともなってわれわれに提起された問題は、それでは(7-1)のような2成分量は、3次元空間内でのスカラー、ベクトルあるいはテンソルというカテゴリーで考えるとき、いったい何なのかということです。その問いに答えるためには、当然、それじゃベクトルやテンソルの定義は何だったか、そして物理がそういう量を用いる意味はいったい何であったか、といったことを思い出す必要がある。

ベクトルやテンソルの定義のしかたにはいろんなものがあります。しかし今日の議論にいちばんぴったりするのは、空間座標の変換に対する"共変量"として定義するやりかたです。この"共変"という概念を手がかりにすると、ベクトルやテンソルが物理で用いられることの意味や、(7-1)のような2成分量がどんな性質のものか、といったことを考えるのによい指針が得られるのです。

それで、ベクトルやテンソルの定義のおさらいからはじめましょう。いま3次元空間内に任意の点Pをとります。そして空間内に任意の直交座標系Rを考え、Pのこの系での座標をx_j ($j=1, 2, 3$)とします。次にR系の座標軸を原点のまわりに回転させて得られる別の座標系R'を考えます。そして点PのR'系での座標をx_k' ($k=1, 2, 3$)とします。そうするとx_jとx_k'との間に

$$x_k' = \sum_{j=1,2,3} A_{k,j} x_j \qquad k = 1,2,3 \qquad (7\text{-}2)$$

という関係が成り立つことはご承知でしょう。ここで9個の係数$A_{k,j}$はR系の座標軸とR'系のそれとの間の方向余弦ですから、$A_{k,j}$でつくったマトリックス

---

46) 巻末付録 A.6 参照.

$$A = \begin{pmatrix} A_{1,1} & A_{1,2} & A_{1,3} \\ A_{2,1} & A_{2,2} & A_{2,3} \\ A_{3,1} & A_{3,2} & A_{3,3} \end{pmatrix} \tag{7-3}$$

は直交マトリックスになり、したがって (7-2) を解いて

$$x_j = \sum_{k=1,2,3} x_k' A_{k,j} \qquad j = 1, 2, 3 \tag{7-2'}$$

が得られます．さらに R' 系は R 系から回転によって得られるということから，R 系が右手系なら R' 系もそうで，そういう場合には

$$\det A = +1 \tag{7-4}$$

であることが知られています．さっき言ったように $A_{k,j}$ は方向余弦ですから，$\det A = \pm 1$ であるような直交マトリックス A を与えると，R 系から R' 系への回転が一意的に決まるし，またその逆も言える．そういうわけで座標系の回転とマトリックス A との間には 1 対 1 の対応が成り立ち，したがってその回転を"回転 A"と呼んでよいことになります．

次に、回転 A によって R 系から R' 系に移り、さらに回転 B によって R' 系から R'' 系に移ったとすると、P の R 系での座標 x_j と R'' 系でのそれ x_l'' との間には

$$x_l'' = \sum_{j=1,2,3} C_{l,j} x_j \qquad l = 1, 2, 3 \tag{7-5}$$

の形の関係が成立しますが、このとき $C_{l,j}$ のマトリックス

$$C = \begin{pmatrix} C_{1,1} & C_{1,2} & C_{1,3} \\ C_{2,1} & C_{2,2} & C_{2,3} \\ C_{3,1} & C_{3,2} & C_{3,3} \end{pmatrix} \tag{7-6}$$

はマトリックス A と B とから

$$C = B \cdot A \tag{7-7}$$

の形の積として与えられることがわかります．この事実を"回転 A を行ないさらにその結果に回転 B を行なうことは、回転 $B \cdot A$ を行なうことだ"という言いかたをします．

だいぶ前置きが長びいたが、ここでベクトルの定義に入りましょう．いま 3 成分の量

$$(a_1, a_2, a_3) \qquad (7\text{-}8)$$

を考えます. このとき A によって座標系 R を R' に回転したとき, それに応じて a_1, a_2, a_3 が (7-2) の x_1, x_2, x_3 と同型の変換

$$a_k' = \sum_{j=1,2,3} A_{k,j} a_j \qquad k=1,2,3 \qquad (7\text{-}9)$$

を受けるならば, 3成分量 (7-8) をベクトルと名づける. これがベクトルの定義です. この定義から

$$a_j = \sum_{k=1,2,3} a_k' A_{k,j} \qquad j=1,2,3 \qquad (7\text{-}9')$$

も当然成立します. さらにこの定義に従えば, 質点の位置をきめる3成分量 (x_1, x_2, x_3) は言うまでもなくベクトルです.

次にテンソルの定義ですが, それは次のようにして与えられます. いま9成分量

$$\begin{pmatrix} a_{11} & a_{12} & a_{13} \\ a_{21} & a_{22} & a_{23} \\ a_{31} & a_{32} & a_{33} \end{pmatrix} \qquad (7\text{-}10)$$

があったとする（ここで a's を方陣の形にならべましたが, これはマトリックスではありません. 念のため). またいちいち方陣の形に書くのも面倒ですから, (7-10) のかわりに

$$(a_{jk}), \quad j=1,2,3; \; k=1,2,3 \qquad (7\text{-}11)$$

と書くことにします. ときには $j=1,2,3; \; k=1,2,3$ も省略します.

こういうような9成分量があったとして, 座標系を回転 A によって R から R' へ変換したとき, それに応じて (a_{jk}) の成分が

$$a_{lm}' = \sum_{j=1,2,3} \sum_{k=1,2,3} A_{l,j} A_{m,k} a_{jk} \qquad (7\text{-}12)$$

によって変換されるならば, この (a_{jk}) を2階のテンソルと名づけるのです. このとき係数である $A_{l,j} A_{m,k}$ を

$$A_{l,j} A_{m,k} \equiv A_{lm,jk} \qquad (7\text{-}13)$$

と書いて, 9行9列のマトリックス

$$A^{(2)} \equiv (A_{lm,jk}) \quad l,m = 1,2,3; \; j,k = 1,2,3 \tag{7-14}$$

を定義します（ここで（　）のなかには $l,m=1,2,3$ に応じて 9 個の行があり，$j,k=1,2,3$ に応じて 9 個の列があります）．そうすると，このマトリックスを用いて（7-12）を

$$a_{lm}{}' = \sum_{\substack{j=1,2,3 \\ k=1,2,3}} A_{lm,jk} a_{jk} \tag{7-15}$$

の形に書くことができる．また

$$a_{jk} = \sum_{\substack{l=1,2,3 \\ m=1,2,3}} a_{lm}{}' A_{lm,jk} \tag{7-15'}$$

も成立する．これがベクトルのときの（7-9）と（7-9'）に相当する関係です．

数学のほうでは 2 つのマトリックス $A=(A_{l,j})$ と $B=(B_{m,k})$ があったとき

$$A_{l,j} B_{m,k} = C_{lm,jk} \tag{7-16}$$

で $C_{lm,jk}$ を定義し，それを用いて組み立てられるマトリックス

$$C = (C_{lm,jk}) \tag{7-17}$$

を "A と B との直積" と名づけ，それを

$$C = A \times B \tag{7-16'}$$

と書きます．この用語を使うなら（7-14）の $A^{(2)}$ は A と A の直積，すなわち直積の意味での 2 乗

$$A^{(2)} = A \times A \tag{7-18}$$

だと言ってもよい．したがって "2 階テンソルとは，座標系の回転 A に応じてその成分が $A^{(2)} = A \times A$ で変換される量である" という言いかたができます．

この言いかたをすると，3 階テンソル，4 階テンソル，……の定義はおのずから明らかです．すなわち，3 階テンソルとは，座標系の回転 A に応じてその成分が $A^{(3)} = A \times A \times A$ によって変換される 3^3 成分の量だ，ということができる．この定義に従い，ベクトルとは，座標系の回転 A に応じてその成分が $A^{(1)} = A$ によって変換される量だ，と言ってもよく，この意味でベクトルとは 1 階のテンソルと言う

こともあります．さらにスカラーとは $A^{(0)}=1$ で変換されるものと考え，それは 0 階のテンソルだと言ってもよい．この定義によれば，スカラーとは，1 成分の量だと言っただけでは不十分で，それはどんな座標系でも値を変えないものでなければならない．

これらの定義から次のことがすぐ導かれます．第一に，何階のテンソルでもよいが，テンソル成分の変換と座標系の回転とは常に 1 対 1 に対応していることです．したがって座標系の回転 A と B と C とがあれば，そのそれぞれにテンソル成分の変換マトリックス $A^{(n)}$ と $B^{(n)}$ と $C^{(n)}$ とが対応します．しかもそのとき
$$C = B \cdot A$$
が成り立つならば，マトリックス $A^{(n)}$ と $B^{(n)}$ と $C^{(n)}$ の間にも
$$C^{(n)} = B^{(n)} \cdot A^{(n)}$$
が成り立つことが証明できます．そういうわけで，座標系の回転と，任意階テンソル成分の変換マトリックスとの間には，単に 1 対 1 の対応があるばかりでなく，"積には積が" という対応のしかたが存在するのです．こういうしかたの対応が存在することを，テンソル成分の変換と座標系の回転とは「共変する」と言うのです．そしてその意味で，ベクトルやテンソルを「共変量」と呼びます．きみたちは群論を知っているでしょうが，群論のことばを使うなら，$A^{(n)}$ は回転群の 3^n 次元表現であり，n 階テンソルとは $A^{(n)}$ によって変換される 3^n 成分の量である，と言ってもよい．

これ以上ベクトル論やテンソル論で使われるいろいろな演算に立ち入ることは略しましょう．この演算のなかにはベクトルの和とか，ベクトル同士の積とか，あるいはテンソルの縮約 (contraction) とかいったいろいろなものがありますが，いずれもベクトルからベクトルやスカラーをつくるとか，テンソルとベクトルからベクトルをつくるとか，テンソルからスカラーをつくるとかいうように，共変量から共変量をつくるものばかりです．演算の結果が共変量でないものになるような演算は，物理では役に立たないのです．

それでは，なぜ共変量だけが物理の役に立つのでしょうか．それを例について説明しましょう．さっき質点の位置を示す座標 (x_1, x_2, x_3) はたしかにベクトルだと言いましたね．そうすれば，速度という 3 成分量 $(\dot{x}_1, \dot{x}_2, \dot{x}_3)$ や加速度という 3 成分量 $(\ddot{x}_1, \ddot{x}_2, \ddot{x}_3)$ も，(7-2) の両辺を時間で微分すればわかるように，たしかにベクトルです．ところでわれわれは，ニュートンの法則によって力という 3 成分量と加速

度のそれとが

$$m\ddot{x}_1 = f_1, \quad m\ddot{x}_2 = f_2, \quad m\ddot{x}_3 = f_3 \qquad (7\text{-}19)$$

の形の連立方程式で結びつけられていることを知っています．ここで m は質量で，それは考えている質点特有の定数です．ところで，物理空間は等方的であり，どういう方向を向いている直交座標系を用いても物理法則は変化すべきではない，という基本的な要請があります．ですから，(7-19) の連立方程式はどの座標系においても常に同じ形で成立しなければならない．ところで，いま言ったように，(7-19) の左辺にある $(\ddot{x}_1, \ddot{x}_2, \ddot{x}_3)$ はベクトルであって，R 系から R' 系に移るとき (7-9) で変換する．そうすれば，m は質点特有の定数（したがってスカラー）ですから，右辺の (f_1, f_2, f_3) も (7-9) で変換するものでなければならない．なぜなら，もしそうでないなら，連立方程式 (7-19) は R' 系で別の形をとることになるから．この例のように，成分間の連立方程式がどの座標系でも同じ形をとることを "方程式が共変形である" と言います（あるいは "方程式が不変である" という言いかたもあります）．

この例はあまりにも簡単かもしれませんが，もっと複雑な物理法則でも事情は同じです．いろいろ複雑な，また抽象的な物理量が法則のなかに入っていても，物理法則が実験的に検証可能なためには，その法則をあらわす方程式のなかのどこかに，たとえばメーターの針に働く力といったものが顔を出しているはずで，法則のなかの物理量のからみ合った関係も，そこから順ぐりにたどってゆけば，結局，共変量と共変量との関係だけが物理法則のなかにあらわれる，そういうことになるでしょう．そういうわけで，物理の方程式はすべて共変形でなければならぬ，ということが言える．

ここで，あとの議論に関係するので，2つだけ蛇足を付け加えます．それは，ポテンシャルや電磁場のようにスカラーやベクトルが x_1, x_2, x_3 の関数になっている場合に関する注意です．もっとも簡単なポテンシャルを例にとれば，R 系においてそれが

$$\phi(x_1, x_2, x_3) \qquad (7\text{-}20)$$

であったとき，R' 系でのそれはどうなるか，ということです．これに対しては，R' 系でのポテンシャルは

$$\bar{\phi}(x_1', x_2', x_3') \equiv \phi\Big(\sum_k x_k' A_{k,1}, \sum_k x_k' A_{k,2}, \sum_k x_k' A_{k,3}\Big) \quad (7\text{-}20')$$

で定義される $\bar{\phi}(x_1', x_2', x_3')$ だ，というのが答えです．なぜなら，ポテンシャルはスカラーですから，点Pでのポテンシャルの値はどちらの系をとっても同じであるべきだからです．実際（7-20'）の右辺に対して（7-2'）を用いると，たしかに

$$\bar{\phi}(x_1', x_2', x_3') = \phi(x_1, x_2, x_3) \quad (7\text{-}21)$$

が成り立ちます．このとき，左辺にある $\bar{\phi}$ と右辺にある ϕ との値は等しいが，$\bar{\phi}$ と ϕ との関数形は異なっていることに注意しなければいけません．

同様にして R 系でのベクトル

$$\big(E_j(x_1, x_2, x_3)\big), \quad j=1,2,3 \quad (7\text{-}22)$$

は，R' 系においては変換されて

$$\Big(\sum_j A_{k,j} \bar{E}_j(x_1', x_2', x_3')\Big), \quad k=1,2,3 \quad (7\text{-}22')$$

となります．ただし $\bar{E}_j(x_1', x_2', x_3')$ という関数は

$$\bar{E}_j(x_1', x_2', x_3') \equiv E_j\Big(\sum_k x_k' A_{k,1}, \sum_k x_k' A_{k,2}, \sum_k x_k' A_{k,3}\Big) \quad (7\text{-}23)$$

で定義されるものです．変換（7-22'）は，いわば最初それぞれの成分 $E_j(x_1, x_2, x_3)$ を互いに無関係なスカラーのように考え，（7-20'）によってそれを変換し，次にそれがベクトル成分であったことを思い出して（7-9）を用いる，と言ってもよい．

これらの話で，上に棒を引かない関数のなかの自変数はいつも x_1, x_2, x_3 であり，棒を引いた関数のなかのそれはいつも x_1', x_2', x_3' でした．ですから以後，棒なしの関数と棒引きの関数を用いるとき，自変数をいちいち書く手間をはぶきます．

もうひとつ念のため指摘しておきたいことは，スカラーやベクトルが x_1, x_2, x_3 の関数であるとき，或る種の微分演算子はスカラーやベクトルとみなせることです．たとえばご承知の $\nabla \equiv \Big(\dfrac{\partial}{\partial x_1}, \dfrac{\partial}{\partial x_2}, \dfrac{\partial}{\partial x_3}\Big)$ は，ベクトルとみなされます．その意味は，それをスカラー ϕ に"乗じた"もの

$$\Big(\frac{\partial \phi}{\partial x_1}, \frac{\partial \phi}{\partial x_2}, \frac{\partial \phi}{\partial x_3}\Big) \quad (7\text{-}24)$$

をつくってみると，

$$\frac{\partial \overline{\phi}}{\partial x_k'} = \sum_j A_{k,j} \frac{\partial \phi}{\partial x_j} \quad k=1,2,3 \qquad (7\text{-}24')$$

が成り立つことです．つまり ∇ をスカラーに乗ずるとベクトルが得られるという点で，∇ 自体をベクトルと考えるのです．もうひとつおなじみの $\Delta \equiv (\nabla \cdot \nabla)$ がスカラーとみなせるのもまったく同じで，それを ϕ に乗じたとき

$$\left(\frac{\partial^2}{\partial x_1'^2} + \frac{\partial^2}{\partial x_2'^2} + \frac{\partial^2}{\partial x_3'^2}\right)\overline{\phi} = \left(\frac{\partial^2}{\partial x_1^2} + \frac{\partial^2}{\partial x_2^2} + \frac{\partial^2}{\partial x_3^2}\right)\phi \qquad (7\text{-}25)$$

が成り立つからです．

*

さて，考えてみると，いままで話してきたことはすべて1910年ごろわかっていたことばかりでした．そこで話をいっぺんに1927～28年にとばして，パウリ方程式に進みましょう．

まず第3話で述べたパウリの理論を思い出してください．パウリがその理論をつくるのにマトリックス

$$\sigma_1 = \begin{pmatrix} 0 & 1 \\ 1 & 0 \end{pmatrix}, \quad \sigma_2 = \begin{pmatrix} 0 & -i \\ i & 0 \end{pmatrix}, \quad \sigma_3 = \begin{pmatrix} 1 & 0 \\ 0 & -1 \end{pmatrix} \qquad (7\text{-}26)$$

を用いたことは前に話しましたね．彼は $\hbar$ 単位ではかったスピン角運動量の成分が $\frac{1}{2}\sigma_1, \frac{1}{2}\sigma_2, \frac{1}{2}\sigma_3$ であると考え，それに応じて電子のスピン磁気能率の成分は，ボーア磁子単位ではかったとき

$$\mu_j = -\sigma_j \quad j=1,2,3 \qquad (7\text{-}27)$$

であると仮定しました．そして彼は2成分量 (7-1)，すなわち

$$\psi = \begin{pmatrix} \psi_1 \\ \psi_2 \end{pmatrix}$$

の満たすべきパウリ方程式として

$$\left\{H_0 + H_s - i\hbar \frac{\partial}{\partial t}\right\}\psi = 0 \qquad (7\text{-}28)$$

を導入しました．ただしハミルトニアン H_0 と H_s とは

$$H_0 = \frac{1}{2m}\sum_k p_k{}^2 - \frac{1}{4\pi\varepsilon_0}\frac{Ze^2}{r} + \frac{e\hbar}{2m}\sum_k B_k l_k \qquad (7\text{-}29)_0$$

$$H_\mathrm{s} = \frac{e\hbar}{2m}\sum_k B_k \sigma_k + \frac{1}{2}\frac{e\hbar}{2m}\sum_k \mathring{B}_k \sigma_k \qquad (7\text{-}29)_\mathrm{s}$$

です．ここで H_0 はスピンに関係のない部分，H_s はスピンに関係のある部分で，$\boldsymbol{B}=(B_1, B_2, B_3)$ は外からかけた磁場，$\boldsymbol{l}=(l_1, l_2, l_3)$ は軌道角運動量，$\frac{1}{2}\boldsymbol{\sigma} = \left(\frac{1}{2}\sigma_1, \frac{1}{2}\sigma_2, \frac{1}{2}\sigma_3\right)$ はスピン角運動量です．H_0 のなかの第3項は $\boldsymbol{B}$ と軌道磁気能率との相互作用エネルギー，H_s の第1項は $\boldsymbol{B}$ とスピン磁気能率の相互作用エネルギーです．さらに H_s の第2項の $\mathring{\boldsymbol{B}} = (\mathring{B}_1, \mathring{B}_2, \mathring{B}_3)$ は第3話で話した"内部磁場"(ビオ-サバーの法則から $\mathring{\boldsymbol{B}} = \frac{\mu_0}{4\pi}\frac{1}{m}\frac{Ze}{r^3}\hbar\boldsymbol{l}$ です) で，その項は $\mathring{\boldsymbol{B}}$ とスピン磁気能率との相互作用エネルギーです．その項の頭にある $\frac{1}{2}$ は，第2話で話したトーマス因子です (第3話の (3-8)，(3-10)，(3-10′) を思い出してください)．

それでは，座標系を変えるとパウリ方程式 (7-28) がどう変化するかをしらべましょう．くわしく言うと，(7-28) が成立している座標系を R 系と考え，その式を R' 系に変換してみるのです．まず H_0 を見ましょう．そうすると，そのなかの3つの項はみなスカラーです．ですからハミルトニアンのこの部分は R' 系において

$$H_0' = \frac{1}{2m}\sum_k p_k'^2 - \frac{1}{4\pi\varepsilon_0}\frac{Ze^2}{r} + \frac{e\hbar}{2m}\sum_k B_k' l_k' \qquad (7\text{-}29')_0$$

に変換されます．ただし H_0 はただの数ではなく，関数 $\psi(x_1, x_2, x_3)$ に施す演算子ですから，スカラーであるからといって $H_0'=H_0$ が成り立つのではなく，(7-25) と類似の意味，すなわち

$$H_0' \overline{\psi} = H_0 \psi \qquad (7\text{-}30)_0$$

が成り立つのです．しかしこれが成り立ってくれれば，ハミルトニアン H_0 に関する限り，R' 系でのパウリ方程式の形は R 系でのそれとまったく同じことになります．

次に H_s のほうはどうか．まず H_s の2つの項を合せて

$$H_\mathrm{s} = \sum_k V_k \sigma_k \qquad (7\text{-}29)_\mathrm{s}$$

の形にまとめておきます．ここで $\boldsymbol{V}=(V_1, V_2, V_3)$ とは $\boldsymbol{B}$ と $\boldsymbol{l}$ とを組合せて得ら

れるベクトルです．そこで座標系を R から R' に移してみましょう．そうすると，ここでも H_S は V と σ のスカラー積，したがって H_S はスカラーですから，H_S' は $(7\text{-}29)_S$ と"同じ形"

$$H_S' = \sum_k V_k' \sigma_k' \qquad (7\text{-}29')_S$$

になるはずです．ただし，ここで

$$\sigma_k' = \sum_j A_{k,j} \sigma_j \quad k=1,2,3 \qquad (7\text{-}31)$$

であることは言うまでもありません．ですから，ここでやはり

$$H_S' \bar\psi = H_S \psi \qquad (7\text{-}30)_S$$

が成立します．しかし H_0 の場合とちがって，$(7\text{-}30)_S$ が成り立ったからといって，2成分量に対する方程式が共変形になるとは言えない．なぜなら，共変形というのは，それを成分間の連立方程式の形に書いたとき，どの座標系でも同じ形のものが得られることです．それで，もし H_S のなかの $\sigma_1, \sigma_2, \sigma_3$ が普通の数なら，H_0 の場合とまったく同様で問題はないのですが，実際にはそれはマトリックスであり，しかも $\sigma_1, \sigma_2, \sigma_3$ は (7-26) で与えられるのに，$\sigma_1', \sigma_2', \sigma_3'$ のほうは (7-31) からわかるように

$$\sigma_k' = \begin{pmatrix} A_{k,3} & A_{k,1} - iA_{k,2} \\ A_{k,1} + iA_{k,2} & -A_{k,3} \end{pmatrix} \quad k=1,2,3 \qquad (7\text{-}26')$$

で，その結果，$H_S' \psi$ の2個の成分と，$H_S' \bar\psi$ の2個の成分とは互いにまったくちがう形になってしまう．それが同じ形になるためには H_S' が $\sum_k V_k' \sigma_k'$ でなく $\sum_k V_k' \sigma_k$ でなければならないのです（あとで出てくる (7-40), (7-40') をごらん）．

この困難をどうして乗り越えるか．そこで気がつくのは次の点です．これまでの議論で，R 系から R' 系に移るとき，ψ の2つの成分 ψ_1 と ψ_2 とをそれぞれ無関係なスカラーと考えて取り扱ってきたことです．しかし，それは，ベクトル (7-22) の変換をやるとき，単に (7-23) だけをやって，そのあとの変換 (7-22') を忘れてしまったのと同じことではないでしょうか．もしそうなら，R' 系での2成分量として用いるべきものは，$\begin{pmatrix} \bar\psi_1 \\ \bar\psi_2 \end{pmatrix}$ そのものではなくて，なにか

$$\bar\psi_\beta' = \sum_{\alpha=1,2} U_{\beta,\alpha} \bar\psi_\alpha \quad \beta=1,2 \qquad (7\text{-}32)$$

の形の変換によって得られる $\begin{pmatrix}\overline{\psi}'_1\\\overline{\psi}'_2\end{pmatrix}$ ではなかろうか．これをやらないから R 系と R' 系とで方程式の形が食いちがってくるのではなかろうか．

　たしかにそうであることを，パウリは示しました．彼はまず，(7-26) の $\sigma_1, \sigma_2, \sigma_3$ と (7-26′) の $\sigma_1', \sigma_2', \sigma_3'$ とが或るユニタリ・マトリックス U を用いて

$$\sigma_1' = U^{-1}\sigma_1 U, \quad \sigma_2' = U^{-1}\sigma_2 U, \quad \sigma_3' = U^{-1}\sigma_3 U \qquad (7\text{-}33)$$

の関係で結びつけられている，という事実に着目しました．ここで，ご承知だと思うが，ユニタリ・マトリックスの定義を言いますと，マトリックス

$$U = (U_{\beta,\alpha})$$

において，その行と列とを入れかえて複素数をとって得られるマトリックス

$$U^\dagger = (U_{\alpha,\beta}{}^*)$$

をつくったとき，それと U との間に

$$U^\dagger U = U U^\dagger = 1 \qquad (7\text{-}34)$$

が成り立つことを，U がユニタリだというのです．ここで (7-33) の証明を与えることは割愛しますが，それは変換理論で用いられる基本的な定理から出る必然的な結論なのです[47]．ここではただ次のことだけを指摘しておきます．それは，U は R 系から R' 系へ移る回転 A に関係しますが，x_1, x_2, x_3, t には無関係なマトリックスだということです．

　そこで，この (7-33) を (7-29′)$_\mathrm{S}$ の右辺に用いてみます．そうすると

$$H_\mathrm{S}' = U^{-1}\Bigl(\sum_k V_k' \sigma_k\Bigr) U$$

が得られます．このことから直ちに

$$H_\mathrm{S}'\overline{\psi} = U^{-1}\Bigl(\sum_k V_k' \sigma_k\Bigr) U \overline{\psi}$$

が得られますから，左辺に (7-30)$_\mathrm{S}$ を用い，さらに両辺に U を施すと

---

47) 巻末付録 A.7 参照．

$$\left(\sum_k V_k' \sigma_k\right) U \bar{\psi} = U H_\mathrm{S} \psi \tag{7-35}$$

が導かれます．そういうわけで $\bar{\psi}'$ という2成分量を

$$\bar{\psi}' \equiv U \bar{\psi} \tag{7-36}$$

によって導入しますと，

$$\left(\sum_k V_k' \sigma_k\right) \bar{\psi}' = U H_\mathrm{S} \psi \tag{7-37}_\mathrm{S}$$

という関係が出てくる（左辺が $\sum_k V_k' \sigma_k'$ でないことに注意）．

ここまでは H_S だけを考えてきましたが，ここで H_0 に対して

$$H_0' \bar{\psi}' = U H_0 \psi \tag{7-37}_0$$

が成り立つことを示しましょう．ついさっき言ったように，U は x_1, x_2, x_3 には関係しませんから，U は H_0 とも H_0' とも可換です．その結果，$(7\text{-}30)_0$ に U を施した関係 $U H_0' \bar{\psi} = U H_0 \psi$ を $H_0' U \bar{\psi} = U H_0 \psi$ のように書けるからです．そうすれば左辺の $U \bar{\psi}$ に (7-36) を用い，すぐに $(7\text{-}37)_0$ が得られる．こうして $(7\text{-}37)_\mathrm{S}$ のほかに $(7\text{-}37)_0$ も成り立つと，両方を加えて，結局

$$\left(H_0' + \sum_k V_k' \sigma_k\right) \bar{\psi}' = U (H_0 + H_\mathrm{S}) \psi \tag{7-37}$$

が成り立つことになります．

これだけのことがわかると，パウリ方程式の議論をする準備はととのいました．まず

$$\begin{aligned}&\left(H_0' + \sum_k V_k' \sigma_k - i\hbar \frac{\partial}{\partial t}\right) \bar{\psi}' \\ &\quad - \left(H_0' + \sum_k V_k' \sigma_k\right) \bar{\psi}' - i\hbar \frac{\partial}{\partial t} U \bar{\psi}\end{aligned} \tag{7-37'}$$

が成り立つことは明らかでしょう．そこで右辺の第1項を (7-37) によって $U(H_0+H_\mathrm{S})\psi$ と書きます．次に第2項は，U が t に無関係であることから，$-i\hbar U \dfrac{\partial \bar{\psi}}{\partial t}$ と書け，さらに (7-21) を思い出すと，それは $-i\hbar U \dfrac{\partial \psi}{\partial t}$ となります．よって右辺全体に対して

$$(7\text{-}37')\text{の右辺} = U\left\{H_0 + \sum_k V_k \sigma_k - i\hbar \frac{\partial}{\partial t}\right\}\psi$$

が導かれます．ところで R 系ではパウリ方程式

$$\left\{H_0 + \sum_k V_k \sigma_k - i\hbar \frac{\partial}{\partial t}\right\}\psi = 0 \tag{7-38}$$

が成り立ちますから，(7-37') の右辺も 0 となり，結局

$$\left\{H_0' + \sum_k V_k' \sigma_k - i\hbar \frac{\partial}{\partial t}\right\}\bar{\psi}' = 0 \tag{7-38'}$$

が得られます．このとき，ちゃんと書くなら

$$\psi = \begin{pmatrix} \psi_1 \\ \psi_2 \end{pmatrix}, \qquad \bar{\psi}' = \begin{pmatrix} \bar{\psi}_1' \\ \bar{\psi}_2' \end{pmatrix} \tag{7-39}$$

ですが，これの第 1 式を (7-38) に用い，また $\sigma_1, \sigma_2, \sigma_3$ として (7-26) を用いると，R 系でのパウリ方程式として

$$\begin{cases} H_0 \psi_1 + V_3 \psi_1 + (V_1 - iV_2)\psi_2 - i\hbar \dfrac{\partial \psi_1}{\partial t} = 0 \\ H_0 \psi_2 + (V_1 + iV_2)\psi_1 - V_3 \psi_2 - i\hbar \dfrac{\partial \psi_2}{\partial t} = 0 \end{cases} \tag{7-40}$$

の形の連立方程式が得られ，一方 (7-38') からも，その { } のなかの第 2 項が $\sum_k V_k' \sigma_k'$ でなく $\sum_k V_k' \sigma_k$ になっていることから，(7-39) の第 2 式を用いて，それとまったく同じ形の

$$\begin{cases} H_0' \bar{\psi}_1' + V_3' \bar{\psi}_1' + (V_1' - iV_2')\bar{\psi}_2' - i\hbar \dfrac{\partial \bar{\psi}_1'}{\partial t} = 0 \\ H_0' \bar{\psi}_2' + (V_1' + iV_2')\bar{\psi}_1' - V_3' \bar{\psi}_2' - i\hbar \dfrac{\partial \bar{\psi}_2'}{\partial t} = 0 \end{cases} \tag{7-40'}$$

が導かれます．ですから，事情はニュートン方程式 (7-19) の場合と同じで，座標系に関係なく方程式は不変形になりました．

こういうわけで，(7-36) で用いられているユニタリ・マトリックス U を

$$U = \begin{pmatrix} U_{1,1} & U_{1,2} \\ U_{2,1} & U_{2,2} \end{pmatrix} \tag{7-41}$$

と書くことにして，結局この $U_{\beta,\alpha}$ を (7-32) のなかの $U_{\beta,\alpha}$ として用いればわれわれの目的が達せられることになる．

さらに (7-34) から

$$U^\dagger = U^{-1} = \begin{pmatrix} U_{1,1}{}^* & U_{2,1}{}^* \\ U_{1,2}{}^* & U_{2,2}{}^* \end{pmatrix}$$

ですから，(7-32) を解くことができ，

$$\bar{\psi}_\alpha = \sum_{\beta=1,2} \bar{\psi}'_\beta U_{\beta,\alpha}{}^* \qquad \alpha = 1,2 \tag{7-32'}$$

が得られます．また，(7-21) を思い出すと，(7-32) や (7-32′) は

$$\bar{\psi}'_\beta = \sum_{\alpha=1,2} U_{\beta,\alpha} \psi_\alpha \qquad \beta = 1,2 \tag{7-42}$$

$$\psi_\alpha = \sum_{\beta=1,2} \bar{\psi}'_\beta U_{\beta,\alpha}{}^* \qquad \alpha = 1,2 \tag{7-42'}$$

と書けることもわかる．

*

　こういうふうにして，座標系の変換に応じて ψ の成分を (7-42), (7-42′) によって変換すれば，物理法則はどの系でも同じ形をしていることがわかりました．この変換は，成分が2個であるという点以外に，ユニタリ変換であって直交変換でないという点でベクトルの変換 (7-9), (7-9′) と異なっています．しかし，それはともかく，もっと本質的なちがいが U と A との対応関係のなかにあるのです．われわれの2成分は，ある意味では，やはり回転 A と共変しますが，その共変のしかたに，ベクトルやテンソルの共変のしかたといちじるしくちがう点があるのです．そこで残り少ない時間をさいて，この点を少ししらべてみましょう．

　われわれの U は (7-33) によって定義されるものであり，そのとき $\sigma_1', \sigma_2', \sigma_3'$ は (7-26′) のように $A_{j,k}$ を含みますから，U もまた $A_{j,k}$ に関係します．そういうわけで A を変えれば U も変化します．しかし注意すべきことは，A を与えても (7-33) によって U は一意的にきまらないことです．すなわち，ひとつの U が (7-33) を満たすユニタリ・マトリックスとすれば，任意の位相因子 $e^{i\delta}$ をそれに乗じた $e^{i\delta}U$ もまた (7-33) を満たすユニタリ・マトリックスになるからです．そこで U のこのような多価性を除くために，次のような手を用います．まず (7-34) から

$$|\det U|^2 = 1$$

が得られますから，$e^{i\delta}$ を適当に選んで

$$\det U = 1 \qquad (7\text{-}43)$$

にすることは常に可能です．そこで U にこの条件を課して，その多価性を制限してみましょう．もともと量子力学で ψ 自身が位相因子の不定性を持っていますから，条件（7-43）を課しても一般性を失う心配はありません．しかし（7-43）の条件を課しても，まだ U の二価性が残ります．なぜかというと，U が（7-43）を満たすなら，$-U$ も（7-43）を満たすからです．そういうわけで $A_{j,k}$ を与えたとき，なお U には $\pm U$ という 2 つの"価"が許され，そのどちらを用いてもわれわれの目的は達せられるということになる．

ちょっと考えると，この 2 つの U のうち一方だけをとり，他方は捨てる，という手がありそうです．たとえば $A=1$ は座標系の回転をしないことを意味し，この A に対しては当然 $\sigma_j' = \sigma_j$ が成り立ち，したがって $U = \pm 1$ になります．しかし，ここでそれを $+1$ と定めるのです．そうしておいて A を 1 から連続的に変化させたとき，U も $+1$ から連続的に変化していくことにすれば，任意の A に対して U が一意的に定まるのではなかろうか．

この事情をしらべるのにあまりむつかしい数学を使うのはご迷惑でしょうから，それはやめにして，座標系の回転を第 3 軸のまわりの回転にかぎってこの点をしらべてみましょう．

というわけで，R 系を第 3 軸のまわりに角 α だけまわしたものを R' 系と考えましょう．そうすると，回転のマトリックス A は

$$A(\alpha) = \begin{pmatrix} \cos\alpha & \sin\alpha & 0 \\ -\sin\alpha & \cos\alpha & 0 \\ 0 & 0 & 1 \end{pmatrix} \qquad (7\text{-}44)$$

になりますから，(7-26′) の $\sigma_1', \sigma_2', \sigma_3'$ は

$$\sigma_1' = \begin{pmatrix} 0 & e^{-i\alpha} \\ e^{i\alpha} & 0 \end{pmatrix},\ \sigma_2' = \begin{pmatrix} 0 & -ie^{-i\alpha} \\ ie^{i\alpha} & 0 \end{pmatrix},\ \sigma_3' = \begin{pmatrix} 1 & 0 \\ 0 & -1 \end{pmatrix} \quad (7\text{-}45)$$

となり，ちょっとした計算で（7-33）と（7-43）を満たし，$\alpha=0$ で $+1$ になる U は

$$U(\alpha) = \begin{pmatrix} e^{i\frac{\alpha}{2}} & 0 \\ 0 & e^{-i\frac{\alpha}{2}} \end{pmatrix} \qquad (7\text{-}46)$$

で与えられることがわかる.

この U をみると,次の2つのことが指摘されます.

(Ⅰ) 回転 $A(2\pi)$ を行なうと $A(2\pi)=A(0)$ であるにもかかわらず,$U(2\pi)=U(0)$ は成り立たず,$U(2\pi)=-U(0)$ である.

(Ⅱ) 回転 $A(\alpha_1)$ を行なったときの U を $U(\alpha_1)$,回転 $A(\alpha_2)$ を行なったときのそれを $U(\alpha_2)$ とすると,回転 $A(\alpha_2)\cdot A(\alpha_1)$ を行なったときの U は $U(\alpha_2)\cdot U(\alpha_1)$ になるとは限らず,場合によっては,たとえば $\alpha_1+\alpha_2$ が 2π と 4π の間の値をとると,それは $-U(\alpha_2)\cdot U(\alpha_1)$ になる.

この事実から,$\pm U$ の一方を捨てて A と U との対応関係を1対1にすることは不可能であり,また"積には積が"という対応も必ずしも成り立たないことがわかります.そういうわけで,2成分量 ψ の成分 ψ_1, ψ_2 を,ベクトルやテンソルの成分と同じ意味で共変量と考えることはできないし,また U をいままでの意味で回転群の表現と考えることもできない,ということになります.しかし(Ⅰ),(Ⅱ)を見てわかるように,食いちがいは符号だけのことで,共変量とか群の表現とかの概念を少し拡げれば何とかなりそうな感じがします.

そうです,数学的にこの U を回転群の「二価表現」として表現論のなかに組み入れることは可能で,ワイルが現にそれをやりました.また物理的にも,この二価性から困ることは何も出てきません.なぜかというと,量子力学で物理的意味をもつのは $|\psi|^2$ の形の量であって ψ 自身ではないからです.ですから ψ 自身は $360°$ の回転で $-\psi$ になっても,$|\psi|^2$ はちゃんともとの価にもどり,物理的結論のなかに ψ の二価性は決して顔を出さないのです.そういうわけで,ψ は共変量の仲間に入る資格をじゅうぶんに持っている.[48]

このような二価性をわれわれは特別簡単な回転(7-44)について導きましたが,一般的な A についてもまったく同様な結論が得られます.そしてこの二価性こそが,$\begin{pmatrix}\psi_1\\\psi_2\end{pmatrix}$ をベクトルやテンソルと区別する本質的な点なのです.パウリの理論が出るまで,このような二価の共変量が物理にあらわれたことは1回もありませんでしたが,その理由は,ぼく思うに,量子力学以前の物理にあらわれる共変量は,すべて,原理的にはそれ自身はかられることのできるものと考えられたからでしょう.そう考えれば,座標軸を $360°$ 回転して符号を変えるような量があっては,たしかに困

---
[48] 巻末付録 A.8 参照.

P. エーレンフェスト (1880 - 1933), 1901 年ごろ撮影.

るわけです.

こうして二価性を持った共変量が理論のなかで一役買っていることがわかりましたが, そのとき考えられた座標変換はいままで3次元空間の回転だけでした. しかし, こうして見つかった共変量は, そのままで (というのは成分の個数をふやしたりしないで) ミンコウスキ世界のローレンツ変換に対しても二価の共変量になっていることがわかりました. ただそのとき, $\det U = 1$ は成り立ちますが, 時間座標が関与する変換では U がユニタリになりません. そういうわけで, U によって変換される2成分量のほかに $(U^{-1})^\dagger$ で変換されるものも考えに入れねばならず, この2つのものを区別するために, しばしば前者を $\begin{pmatrix}\psi_1\\\psi_2\end{pmatrix}$ と書き, 後者を $\begin{pmatrix}\psi^{\dot{1}}\\\psi^{\dot{2}}\end{pmatrix}$ と書きます. そしてこの書きかたを用いると, ディラック方程式を $\begin{pmatrix}\psi_1\\\psi_2\end{pmatrix}$ と $\begin{pmatrix}\psi^{\dot{1}}\\\psi^{\dot{2}}\end{pmatrix}$ との連立方程式の形に書きあらわすことができるのです.

共変量の仲間に迎えられたこの新しい量は, エーレンフェストによって「スピノル」と名づけられました. スピノルに対しても2階のスピノル, 3階のスピノル, ……を定義することができ, 名づけ親エーレンフェストの注文で, 数学者ファン・デル・ウェルデン (B. L. van der Waerden) が, テンソル算法の向うをはって, スピノル算法という体系をつくりました. 注目すべきことは, 偶数階のスピノルは二価性を持たないことで, そのあらわれとして, 偶数階のスピノルを用いてベクトルやテンソルが構成されることです. そういう意味で $\begin{pmatrix}\psi_1\\\psi_2\end{pmatrix}$ や $\begin{pmatrix}\psi^{\dot{1}}\\\psi^{\dot{2}}\end{pmatrix}$ を「半ベクトル」と呼ぶこともありますが, 結局この半ベクトルこそ, それの変換を用いてすべての共変量の変換が構成されるところの, もっとも基本的な共変量であったのです.

長い間, じつに長い間, このような共変量が存在しようとは物理学者のだれひとり考えていなかったことです. 第3話でちょっと名前を引用したダーウィンは, ディラック論文の直後に論文を書き, そのなかでディラック方程式をなんとかしてテンソル形にしたいという自分の試みの失敗を述べ, それにつづいて次のように書いています. "…… it is rather disconcerting to find that apparently something has slipped through the net, so that physical quantities exist which it would be, to say the least, very artificial and inconvenient to express as tensors."

　またエーレンフェストも，1932年に書いた小さな論文のなかで，次のように言っています（原文はドイツ語ですから，ドイツ語苦手のきみたちのために訳しておきます）．"……等方的な3次元空間やミンコウスキの4次元世界のなかに神秘的なスピノル族という種族が棲んでいるという，そういう薄気味悪い報告が，相対論が世に出て（テンソル算法が生れて）から20年たって，パウリやディラックの仕事があらわれるまで，どこのだれからも出されなかったとは，どう考えてもおかしなことだ"と．

　今日の話はたいへん数学的で，数式ばかり多くて恐縮でした．しかし，なにしろ相手は"相対論が出てから20年"もの間，だれにもしっぽをつかまえられなかった「神秘的な種族」なのです．ですから，そういう"薄気味悪い"やりかたでお話するよりほかに手がなかったのです．おかげで今日はほとほとくたびれました．

第8話　素粒子のスピンと統計
―― ボソンのスピンは整数
　　　フェルミオンのは半整数だ――

　スピン0粒子の可能性に関するパウリ-ワイスコップの仕事と，ディラックの空孔理論，つづいてあらわれた1932年の陽電子の発見とは，いろんな意味で深い関係があったわけですが，この1932年という年はそのほかにいろんな発見が相次いで出てきたたいへんな年だったのです．たとえば中性子もチャドウィック（J. Chadwick）によってこの年に発見されたのです．そしてこの中性子の発見は，原子核が陽子と中性子でできている，というハイゼンベルクの理論のきっかけとなり，そのなかで彼が言い出したこと，すなわち陽子と中性子とは互いに電荷のやりとりをして転換しあう，という考えは，フェルミのβ放射能の理論をよび起し，さらにその2つの考えからユカワの中間子論が生れてきた．そして1936年にユカワ粒子らしきものがアンダーソンとネッダマイヤー（S.H. Neddermeyer）によって実験的に発見されました．[49]

　そういうわけで1932〜36年ごろを境にして，物質構造に関する物理学者の考えが大きく変わってきました．すなわち素粒子の世界は，1932年以前に考えられたよりはるかに多様性に富むものだということです．1932年以前に考えられた素粒子は陽子と電子と光子ぐらいなものだったのに，新たに陽電子や中性子や中間子が

---

[49] S.H. ネッダマイヤーとC.D. アンダーソンは1937年3月30日受理の *Phys. Rev.* の論文で宇宙線の中に新粒子を見つけたことを報告したが「質量が電子より大きく陽子よりはるかに小さい正・負に荷電した粒子」としか言えなかった．日本の仁科芳雄のグループは，それより遅れたが同じ年の8月28日受理の *Phys. Rev.* の論文で新粒子の質量を測り陽子の質量の1/10から1/7という値を得たことを報告した．湯川の予言した新粒子の質量は電子のほぼ200倍で，陽子の1/10であったから，仁科らの測定値はよく合っていた．仁科らは論文を *Phys. Rev.* のレターに投稿したのだが，長すぎるという理由で本論文あつかいとされ，掲載も大幅に遅れて1937年12月1日発行の号になった．なお，アンダーソンらが発見した粒子も仁科グループのものも，後になって，湯川の予言した粒子ではなく，それが崩壊してできたμ粒子であったろうと考えられるようになった．仁科グループの発見については中根良平・仁科雄一郎・仁科浩二郎・矢崎裕二・江沢 洋編，『仁科芳雄往復書簡集 II』，みすず書房 (2006) を参照．

加わってきた．さらに実験的にはその存在がつきとめられていないにしても，中性微子[50]とか重力子とかいう粒子も理論的にはありそうに思われる．そういうわけで，これからあとどんな素粒子が見つかるか予想もつかない．1936年ごろから，人々の考え方はそういうふうに変わってきたのです．

　素粒子の世界がそんなに多様なものとすれば，その複雑なからみ合いのなかに，それをつらぬいて筋を通す，何か心柱のようなもの，中軸のようなものが要求されるわけです．そういう背景のなかで生れたのが，素粒子の統計とスピンとの関係について論じたパウリの理論でした．パウリは1940年に発表したこの理論で，副題のように，ボソンは整数値のスピンを持つものしかないこと，フェルミオンは半整数のスピンを持つものしかないことを導いたのです．このとき，その考えの出発点になったのがほかならぬパウリ－ワイスコップの仕事で，したがって彼らの論文は，単にディラックに対するお返しといった消極的な意味を越えて，その後の物理の展開を大きく方向づけた，非常に積極的な意味のものであったわけです．

*

　さて，今日はこのパウリの仕事を話題にしましょう．手はじめに整数スピン粒子の代表としてクライン－ゴルドン粒子を，半整数スピンの代表としてディラック粒子を例にとってみましょう．第6話で話したことを思い出していただくと，場を量子化すると，その場に附随した粒子があらわれるが，量子化の仕方に2通りあって，そのひとつは，

$$\Psi(x)\Pi(x') - \Pi(x')\Psi(x) = i\hbar\delta(x-x') \qquad (8\text{-}1)_-$$

を用いるもの，もうひとつは

$$\Psi(x)\Pi(x') + \Pi(x')\Psi(x) = i\hbar\delta(x-x') \qquad (8\text{-}1)_+$$

を用いるものでした．そして $(8\text{-}1)_-$ を用いればボソンがあらわれ，$(8\text{-}1)_+$ を用いればフェルミオンがあらわれる，ということもきみたち覚えているでしょう．そ

---

[50] ニュートリノの存在は1956年にライネス（F. Reines）とコーワン（C. Cowan）によって実証された．続いてニュートリノには ν_e, ν_μ, ν_τ の3種類があること，それらが相互に転換するニュートリノ振動をしていることなどが発見された．小柴昌俊は1987年に超新星爆発で放出されたニュートリノを捉えて2002年にノーベル賞を受けた．

ういうわけで，パウリが示したことは，まず，クライン‐ゴルドン場を (8-1)$_+$ で量子化することは不可能だということ，およびディラック場を (8-1)$_-$ で量子化することは不可能だということです．

　それではクライン‐ゴルドン場からはじめましょう．この場に対する場の方程式は

$$\left\{\left(i\hbar\frac{1}{c}\frac{\partial}{\partial t}\right)^2 - \sum_{r=1,2,3}\left(-i\hbar\frac{\partial}{\partial x_r}\right)^2 - m^2c^2\right\}\Psi(\boldsymbol{x},\,t) = 0 \qquad (8\text{-}2)$$

でしたね（今日の話ではいくつかの場が共存している場合は扱いません[51]．だから (8-2) のなかには電磁ポテンシャル A_0 や $\boldsymbol{A}$ はあらわれません）．ディラック方程式が出る以前，そして Ψ が座標空間内の波か，あるいは3次元空間内の波か，まだあまりさだかでなかった 1926～27 年ごろ，すでに多くの人々が (8-2) を電子波に対する相対論的な場の方程式と考え（したがって3次元流の考えに傾きつつ）その構造を論じたものです．これらの人たち（そのなかにはゴルドンやクラインのほか，3次元流に傾斜していたシュレーディンガーも当然含まれています）は，相対論で完成されていた一般的な場の理論の定石をこの方程式にあてはめる仕事に従事しました．それはどういうことだったかというと，場のラグランジュ関数から出発し，場の方程式を導き出し，物質場の持つエネルギー運動量テンソルを求めるといったことです．このとき今日の話では考えに入れていない電磁場もいっしょに考えに入れておきますと，物質場と電磁場との相互作用が決定され，物質場に附随する電気電流ベクトルが求められるのです．さらに，これらの人々の時代にはあまり必要性がなかったので手がつけられませんでしたが，ラグランジュ関数から場の（ハミルトンの意味での）カノニカル変数を導くこともできます．

　こういう考察によると，クライン‐ゴルドン場の持つエネルギー密度（それはエネルギー運動量テンソルの時間成分ですが）は

$$H = c^2\hbar^2\left\{\frac{1}{c^2}\left|\frac{\partial\Psi}{\partial t}\right|^2 + \sum_{r=1,2,3}'\left|\frac{\partial\Psi}{\partial x_r}\right|^2 + \kappa^2|\Psi|^2\right\} \qquad (8\text{-}3)$$

であり，電気密度は電気電流ベクトルの時間成分で，それは

---

51) スピンと統計の関係は，ある意味で，いくつかの場が共存し相互作用している場合にも拡張される．参照：R.F. Streater and A.S. Wightman, *PCT, Spin & Statistics, and All That*, W.A. Benjamine (1964).

$$\rho = -i\frac{e\hbar}{2}\left(\Psi^*\frac{\partial \Psi}{\partial t} - \frac{\partial \Psi^*}{\partial t}\Psi\right) \tag{8-4}$$

だ,ということがわかった.ただし (8-3) の κ は

$$\kappa = \frac{mc}{\hbar} \tag{8-3'}$$

です.さらに Ψ と Ψ^* とをカノニカルな座標と考えて,それに共役な運動量 Π と Π^* とを求めると,それはそれぞれ

$$\Pi = \hbar^2 \frac{\partial \Psi^*}{\partial t}, \quad \Pi^* = \hbar^2 \frac{\partial \Psi}{\partial t} \tag{8-5}$$

であることもわかった(しばらくのあいだ場は量子化していないときの考察です.念のため).

こうして得られた結果が何を意味するかをしらべてみましょう.まず (8-3) から出る結論は,H の右辺は $|\cdots\cdots|^2$ の形のものの和ですから常に正だ,したがってエネルギーは常に正だ,ということです.一方,電気密度は正になることがあれば負になることもある,という結論が出ます.というのは,Ψ を (8-2) の解の1つとすると,明らかに Ψ^* も (8-2) を満たし,したがって (8-4) の Ψ のところに Ψ^* を用いたもの(したがって Ψ^* のところには $(\Psi^*)^* = \Psi$ が用いられる)がやはり可能な電気密度になり,その結果 ρ が可能な密度なら $-\rho$ も可能な密度になる.そういうわけで ρ は正になることがあれば負にもなる,という結論が得られます.〔この,電荷が正にも負にもなる点が気に入らない,とディラックが考えた話を前々回にしましたが,彼が方程式 (8-2) のこの"欠点"に気がついたのはこの論法です.〕

それではディラック方程式の場合はどうだ.ディラック方程式は第3話で与えましたように

$$\left\{\left(i\frac{\hbar}{c}\frac{\partial}{\partial t}\right) - \sum_{r=1,2,3}\alpha_r\left(-i\hbar\frac{\partial}{\partial x_r}\right) - \alpha_0 mc\right\}\Psi(\boldsymbol{x}, t) = 0 \tag{8-6}$$

です.ディラックは4つのマトリックス α_0, α_r として,具体的に

$$\alpha_1 = \begin{pmatrix} 0 & 0 & 0 & 1 \\ 0 & 0 & 1 & 0 \\ 0 & 1 & 0 & 0 \\ 1 & 0 & 0 & 0 \end{pmatrix}, \quad \alpha_2 = \begin{pmatrix} 0 & 0 & 0 & -i \\ 0 & 0 & i & 0 \\ 0 & -i & 0 & 0 \\ i & 0 & 0 & 0 \end{pmatrix},$$

$$\alpha_3 = \begin{pmatrix} 0 & 0 & 1 & 0 \\ 0 & 0 & 0 & -1 \\ 1 & 0 & 0 & 0 \\ 0 & -1 & 0 & 0 \end{pmatrix}, \quad \alpha_0 = \begin{pmatrix} 1 & 0 & 0 & 0 \\ 0 & 1 & 0 & 0 \\ 0 & 0 & -1 & 0 \\ 0 & 0 & 0 & -1 \end{pmatrix}$$

(8-7)

の形のものを用いたことは前に話した通りです．

このディラック方程式に対しても，ラグランジュ関数から出発する場の理論の定石が用いられます．それによれば，場のエネルギー密度は

$$H = -i\frac{\hbar}{2}\left(\Psi^*\frac{\partial \Psi}{\partial t} - \frac{\partial \Psi^*}{\partial t}\Psi\right) \qquad (8\text{-}8)$$

であり，電気密度は，電子の電荷を $-e$ として

$$\rho = -e\Psi^*\Psi \qquad (8\text{-}9)$$

です．さらに Ψ に対するカノニカルな運動量 Π は

$$\Pi = i\hbar\Psi^* \qquad (8\text{-}10)$$

で与えられます（このとき，(8-5) とちがって，Ψ^* を Ψ と独立な座標と考えることはできません．それは，Ψ^* が (8-10) ですでに Ψ に共役な運動量になっているからです）．

それでは H や ρ の符号はどうなるか．まず (8-6) のなかの i を $-i$ に変えてみます．そうすると (8-6) は

$$\left\{\left(-i\hbar\frac{1}{c}\frac{\partial}{\partial t}\right) - \sum_{r=1,2,3}\alpha_r^*\left(i\hbar\frac{\partial}{\partial x_r}\right) - \alpha_0^* mc\right\}\Psi^*(\boldsymbol{x},\ t) = 0$$

となります．ただし α^* とは α のマトリックス要素の i を $-i$ に変えたマトリックスです．ところで (8-7) を見ると，マトリックス要素が i を含むのは α_2 だけです．ですから，この式は，

$$-\left\{\left(i\frac{\hbar}{c}\frac{\partial}{\partial t}\right)-\sum_{r=1,3}\alpha_r\left(-i\hbar\frac{\partial}{\partial x_r}\right)+\alpha_2\left(-i\hbar\frac{\partial}{\partial x_2}\right)+\alpha_0 mc\right\}\Psi^*(\boldsymbol{x},\,t)=0$$

$$(8\text{-}6)^*$$

と書けます．この $(8\text{-}6)^*$ の $\{\ \}$ のなかを見ると，それは $(8\text{-}6)$ の $\{\ \}$ のなかとちがっている．したがってクライン－ゴルドンの場合とちがって，Ψ^* はディラック方程式の解にはなりません．しかし，ここで

$$C\equiv\begin{pmatrix}0 & 0 & 0 & -1\\ 0 & 0 & 1 & 0\\ 0 & 1 & 0 & 0\\ -1 & 0 & 0 & 0\end{pmatrix}\quad (8\text{-}11)$$

の形のマトリックス C を導入しますと，$(8\text{-}7)$ から

$$C\alpha_1=\alpha_1 C,\qquad C\alpha_3=\alpha_3 C,\qquad C\alpha_2=-\alpha_2 C,\qquad C\alpha_0=-\alpha_0 C$$

$$(8\text{-}11')$$

が導かれます．そこでこの C を $(8\text{-}6)^*$ の $\{\ \}$ の左側に乗じ，$(8\text{-}11')$ を用いて C を $\{\ \}$ の右側に移しますと，$(8\text{-}6)^*$ は

$$-\left\{\left(i\frac{\hbar}{c}\frac{\partial}{\partial t}\right)-\sum_{r=1,2,3}\alpha_r\left(-i\hbar\frac{\partial}{\partial x_r}\right)-\alpha_0 mc\right\}C\Psi^*=0$$

$$(8\text{-}6)^*_C$$

の形になります．このことから "Ψ が $(8\text{-}6)$ の解なら，$C\Psi^*$ も $(8\text{-}6)$ の解である" という結論が導かれる．

この結論を H と ρ の符号の吟味に用いることができます．まず，Ψ の成分 Ψ_α ($\alpha=1,\,2,\,3,\,4$) を用いて $(8\text{-}8)$ を書くと

$$H=-i\frac{\hbar}{2}\sum_\alpha\left(\Psi_\alpha^*\frac{\partial\Psi_\alpha}{\partial t}-\frac{\partial\Psi_\alpha^*}{\partial t}\Psi_\alpha\right)$$

となることに注意して，Ψ_α のところに $\sum_\beta C_{\alpha\beta}\Psi_\beta^*$ を，したがって Ψ_α^* のところに $\sum_\beta C_{\alpha\beta}^*\Psi_\beta$ を用いると，$\sum_\beta C_{\alpha\beta}^*C_{\alpha'\beta}=\delta_{\alpha\alpha'}$ であることから，直ちに

$$H_{\Psi\to C\Psi^*}=-H \qquad (8\text{-}12)$$

が得られます．ですから，H が可能なエネルギー密度なら $-H$ も可能なエネルギー密度だ，したがってエネルギーは正にも負にもなる，という結論が出ます．一方 ρ のほうはどうかというと，$\Psi^*\Psi=\sum_\alpha\Psi_\alpha^*\Psi_\alpha$ はどんな Ψ に対しても正ですか

ら，ρ は常に $-e$ と同じ符号を持っている．この後者の性質から，陽電子の発見される前のことでもあって，ディラックは，この方程式こそ電子をあらわすにふさわしいものだ，と考えたわけです．しかし，そのかわり H が負にもなり得るというディレンマが出てきた．ちなみに，場が複素数的であるとき，場の方程式の1つの解 Ψ から，それに複素共役的な解（クライン-ゴルドンのときには Ψ^*，ディラックのときには $C\Psi^*$）をつくる変換を「電荷共役変換」と名づけます．この変換は，のちに素粒子物理で大きな役をします．

　ここまでのことをまとめると，

$$\begin{cases} \text{クライン-ゴルドン場では} \\ \quad \text{（ⅰ）エネルギーは常に正で，} \\ \quad \text{（ⅱ）電荷は正にも負にもなり，} \\ \text{ディラック場では} \\ \quad \text{（ⅰ）電荷は常に正}\times(-e)\text{で，} \\ \quad \text{（ⅱ）エネルギーは正にも負にもなる，} \end{cases} \quad (8\text{-}13)$$

という，互いに"補色的"ともいうべき結論が出ました．

　ここまでの話で場の量子化は行なっていません．それを量子化するとき問題となるのは量子化の仕方です．さっきも話したように，量子化するにはボソン流とフェルミオン流の2種があります．そこで問題になるのは，クライン-ゴルドン場にしても，ディラック場にしても，このどちらで量子化を行なうかということです．前々回お話したように，ディラックは負エネルギーの困難から逃げるために，パウリの排他原理に助けを求めました．ですから，ディラック場をボソン流に量子化したのでは，ナンセンスな結果しか得られない．一方パウリ-ワイスコップはクライン-ゴルドン場をボソン流に量子化して何の矛盾も出てこないことを示しましたが，同時にそれをフェルミオン流に量子化すると矛盾が出てくることも指摘しています．ですから結論をまとめますと，

$$\begin{cases} \text{クライン-ゴルドン場では} \\ \quad \text{（ⅰ）ボソン流 O.K.，} \\ \quad \text{（ⅱ）フェルミオン流はだめ，} \\ \text{ディラック場では} \\ \quad \text{（ⅰ）フェルミオン流 O.K.，} \\ \quad \text{（ⅱ）ボソン流はだめ，} \end{cases} \quad (8\text{-}14)$$

となる．この関係も"補色的"です．

　ここでこの（8-14）を証明することは省きます．なぜなら，もっと一般的に

$$
\begin{cases}
\text{テンソルの場では} \\
\quad (\text{i})\ \text{ボソン流 O.K.,} \\
\quad (\text{ii})\ \text{フェルミオン流はだめ,} \\
\text{スピノルの場では} \\
\quad (\text{i})\ \text{フェルミオン流 O.K.,} \\
\quad (\text{ii})\ \text{ボソン流はだめ,}
\end{cases}
\quad (8\text{-}14')
$$

を導いたパウリの仕事の話をあとでしますから．さらに（8-13）の一般化として

$$
\begin{cases}
\text{テンソルの場では} \\
\quad (\text{i})\ \text{エネルギーは常に正で,} \\
\quad (\text{ii})\ \text{電気密度は正にも負にもなり,} \\
\text{スピノルの場では} \\
\quad (\text{i})\ \text{電荷は常に正} \times(-e)\ \text{で,} \\
\quad (\text{ii})\ \text{エネルギー密度は正にも負にもなる,}
\end{cases}
\quad (8\text{-}13')
$$

がいえるかどうかについて，パウリは（ii）が常に成立することを証明しました．そして（i）のほうは，彼の助手のフィールツ（M. Fierz）が論じ，それによると，（i）は一般には成り立たないが，スピン 0, $\frac{1}{2}$, 1 のときは成り立つというのです．そこで量子化の話はあとにして，そういうことがどういうふうに導かれたか，という話のほうからはじめましょう．

＊

　パウリはこの（8-13'）の関係を非常に一般的な考えかたから導きました．すなわち，彼は

(a) 場の量はテンソル，またはスピノルである．
(b) 場の方程式は (x, y, z, ct) に関する共変形の線形同次微分方程式である．
(c) この方程式の一般解は平面波 $e^{i(\bm{k}\bm{x}-ck_0 t)}$ の重ね合せであらわすことができる．ただし $k_0 = \pm\sqrt{\bm{k}^2+\kappa^2}$．

という3つの仮定だけから結論を出しているのです．そして，あとでわかるように，結論は（8-13'）よりさらに一般的なものです．

　そこで，場の量がテンソルである場合についてパウリの考えかたを紹介しましょ

う．まずテンソル U を偶数階のものと奇数階のものに分類し，偶数階テンソルを総括的に U^e，奇数階テンソルを総括的に U^o と書きます．それに対して，総括的でなく個々の偶数階テンソルをあらわすためには $U^e_1, U^e_2, \cdots\cdots$ というふうに添字を持った U^e を用います．同様に個々の奇数階テンソルを $U^o_1, U^o_2, \cdots\cdots$ のように書きます．これらの U は実数でも複素数でもよく，また後者の場合，場の記述には普通 U と U^* とが相伴って用いられますが，それを仮定する必要もない．次に2つのテンソルの積（直積，それに数をかけたもの，あるいはそれに対して縮約・対称化・反対称化などを任意回行なったものを総括して "積" と呼ぶことにします）を記号 $\times$ を用いて $U\times U$ のように書く．そうすると偶数階テンソル同士の積は常に偶数階，奇数階テンソル同士の積も常に偶数階，偶数階テンソルと奇数階テンソルとの積は奇数階になります．そこでこの関係を

$$U^e \times U^e = U^e, \quad U^o \times U^o = U^e, \quad U^e \times U^o = U^o \tag{8-15}$$

と書くことにします．

次に微分演算

$$\nabla^o \equiv \frac{1}{i}\left(\frac{\partial}{\partial x}, \frac{\partial}{\partial y}, \frac{\partial}{\partial z}, \frac{1}{c}\frac{\partial}{\partial t}\right) \tag{8-16}$$

をひとつのベクトルと考えてよいことを思い出してください．ここで ∇ に上つき添字 ^{o} をつけたのは，ベクトルが奇数階テンソルだからです．そうすると，$\nabla^o \times \nabla^o, \nabla^o \times \nabla^o \times \nabla^o, \cdots\cdots$ などによっていろいろなテンソル的微分演算がつくられますが，そうしてつくられたテンソルを総括して D と書きましょう．すると (8-15) から，$\nabla^o = D^o, \nabla^o \times \nabla^o = D^e, \nabla^o \times \nabla^o \times \nabla^o = D^o, \cdots\cdots$ というふうになります．そして D^e や D^o を任意のテンソルに施したものについて

$$\begin{aligned} D^e U^e = U^e, & \quad D^o U^o = U^e, \\ D^e U^o = U^o, & \quad D^o U^e = U^o \end{aligned} \tag{8-16'}$$

が成り立ちます．

ここまでは場の方程式を考えませんでしたから，(8-15) や (8-16′) はどんな U に対しても成り立つ関係です．ここで場の方程式を考えに入れるとどんなことが出てくるか．このとき，場の方程式は (b) と (c) を満たす以外に何の仮定も必要はありません．たとえば場が1個のテンソルだけで記述される，という仮定もいらないし，また方程式が1階だという仮定もいらない（1階でなくてもよいとわざわざ言っているとき，パウリはディラックを意識しているみたいですね）．そこで

$U^e_1, U^e_2, \ldots U^e_M$ という M 個の U^e と $U^o_1, U^o_2, \ldots, U^o_N$ という N 個の U^o とで場が記述されるものとします．そうすると場の方程式は $M+N$ 元の連立微分方程式でなければなりませんが，それらが共変形であるという要求 (b) を満たす以上，それぞれの方程式は (8-16′) にもとづいて

$$\sum_{m=1}^{M} D^e_m U^e_m = \sum_{n=1}^{N} D^o_n U^o_n,$$
$$\sum_{m=1}^{M} D^o_m U^e_m = \sum_{n=1}^{N} D^e_n U^o_n \tag{8-17}$$

の形をしていなければならぬことになる．さらに (c) によって，解は

$$U^e_m = \overline{U}^e_m(K) e^{i(\boldsymbol{k}\boldsymbol{x}-ck_0 t)}$$
$$U^o_n = \overline{U}^o_n(K) e^{i(\boldsymbol{k}\boldsymbol{x}-ck_0 t)} \tag{8-18}$$

の形をしていますから，これを (8-17) に代入して

$$\sum_{m=1}^{M} K^e_m \overline{U}^e_m(K) = \sum_{n=1}^{N} K^o_n \overline{U}^o_n(K)$$
$$\sum_{m=1}^{M} K^o_m \overline{U}^e_m(K) = \sum_{n=1}^{N} K^e_n \overline{U}^o_n(K) \tag{8-17′}$$

が導かれます．ただし (8-18) で $\overline{U}^e_m(K)$ とか $\overline{U}^o_n(K)$ とか書いたのは，それらが伝播ベクトル

$$K \equiv (k_x, k_y, k_z, k_0) \tag{8-19}$$

を持つ平面波の振幅だ，ということを明示するためです．また (8-17′) で K^e_m, K^e_n と書いたのはいずれもベクトル (8-19) から $K \times K, K \times K \times K \times K, \ldots$ でつくられた偶数階のテンソルで，K^o_m, K^o_n と書いたのは $K, K \times K \times K, \ldots$ でつくられた奇数階のテンソルです．一般に K^e は k_x, k_y, k_z, k_0 についての偶関数 ($k_x \to -k_x, k_y \to -k_y, k_z \to -k_z, k_0 \to -k_0$ のおきかえによって値を変えない関数) であり，K^o は k_x, k_y, k_z, k_0 についての奇関数（値の符号が変わる関数）であることを注意しておきます．

こうして波の振幅の組 $\overline{U}^e_m(K)$ $(m=1, 2, \ldots, M)$ と $\overline{U}^o_n(K)$ $(n=1, 2, \ldots, N)$ に対する連立方程式として (8-17′) の形の代数方程式が $M+N$ 個得られます．そしてそれを解くことによって可能な振幅の組が得られますが，一般に解答は複数個でしょうから，したがって場の方程式を満たす平面波の組も複数個でしょう（そのとき或る組では $k_0 = +\sqrt{\boldsymbol{k}^2 + \kappa^2} > 0$ であり，或る組では $k_0 = -\sqrt{\boldsymbol{k}^2 + \kappa^2} < 0$ で

しょう）．このとき，さっき注意した事実，すなわち K^e が $\boldsymbol{k}, k_0$ の偶関数，K^o がそれらの奇関数だということから，次のような重要な結論が出てきます．

伝播ベクトルの値を K としたとき，解のひと組 $\overline{U}^e{}_m(K)(m=1,2,\cdots\cdots,M)$，$\overline{U}^o{}_n(K)(n=1,2,\cdots\cdots,N)$ が得られたとします．そうすると，

$$\overline{U}^e{}_m(-K)=\overline{U}^e{}_m(K),$$
$$\overline{U}^o{}_n(-K)=-\overline{U}^o{}_n(K) \tag{8-20}$$

で与えられるところの $\overline{U}^e{}_m(-K)$，$\overline{U}^o{}_n(-K)$ の組が，$-K$ という伝播ベクトルに対する解の組のひとつになる，というのがそれです．このことは，(8-17′) の K を $-K$ としておいて (8-20) の $\overline{U}^e{}_m(-K)$，$\overline{U}^o{}_n(-K)$ を代入してみればすぐわかる．このとき，もとの平面波 (8-18) が $k_0>0$ (or $k_0<0$) の組に属しているなら，(8-20) でつくった平面波，すなわち

$$\overline{U}^e{}_m(K)e^{i\{(-\boldsymbol{k})\boldsymbol{x}-c(-k_0)t\}}$$
$$-\overline{U}^o{}_n(K)e^{i\{(-\boldsymbol{k})\boldsymbol{x}-c(-k_0)t\}} \tag{8-18′}$$

は $k_0<0$ (or $k_0>0$) の組に属することになります．そういうわけで，(8-20) は $k_0>0$ 組から $k_0<0$ 組への，あるいは $k_0<0$ 組から $k_0>0$ 組への変換を意味すると考えてよい．そのとき (8-20) が K と $-K$ とについて対称なことから，この変換によって両組の"組員"の間には 1 対 1 の対応がつけられる，ということになる（ですから $k_0>0$ の組と $k_0<0$ の組とは同数個存在することになる）．パウリはこの変換を

$$K \to -K, \quad U^e \to U^e, \quad U^o \to -U^o \tag{8-21}$$

という記号であらわしています．

ここまで平面波解について論じてきましたが，(c) の仮定から，それの重ね合せによって一般解をつくることができます．具体的にいうと，まず，それぞれの組において，任意の係数 $a(\boldsymbol{k})$ を用いて平面波 (8-18) を重ね合せ，波束

$$\Psi^e{}_m(\boldsymbol{r},t)=\sum_{\boldsymbol{k}}\overline{U}^e{}_m(K)a(\boldsymbol{k})e^{i(\boldsymbol{k}\boldsymbol{x}-ck_0t)}$$
$$m=1,2,\cdots\cdots,M$$
$$\Psi^o{}_n(\boldsymbol{x},t)=\sum_{\boldsymbol{k}}\overline{U}^o{}_n(K)a(\boldsymbol{k})e^{i(\boldsymbol{k}\boldsymbol{x}-ck_0t)}$$
$$n=1,2,\cdots\cdots,N \tag{8-22}$$

をつくります．（このとき組ごとに $a(\boldsymbol{k})$ は異なっていてよい）．次にそれぞれの組においてつくったその波束をすべての組について加え合せます．そうすると，その

和で与えられる波束

$$U^e_m(\boldsymbol{x},\ t) = \sum_{組} \Psi^e_m(\boldsymbol{x},\ t) \qquad m = 1, 2, \cdots\cdots, M$$
$$U^o_n(\boldsymbol{x},\ t) = \sum_{組} \Psi^o_n(\boldsymbol{x},\ t) \qquad n = 1, 2, \cdots\cdots, N$$
(8-23)

が求める一般解になる．

ここで，あとの議論の準備として次のことにふれておきます．まず（8-18）からパウリ変換によって（8-18'）をつくります．そうすると（8-18'）が場の方程式を満たすことから，波束

$$\Psi'^e_m(\boldsymbol{x},\ t) = \sum_{\boldsymbol{k}} \overline{U}^e_m(K)\alpha(\boldsymbol{k})e^{i\{(-\boldsymbol{k})\boldsymbol{x} - c(-k_0)t\}}$$
$$\Psi'^o_n(\boldsymbol{x},\ t) = -\sum_{\boldsymbol{k}} \overline{U}^o_n(K)\alpha(\boldsymbol{k})e^{i\{(-\boldsymbol{k})\boldsymbol{x} - c(-k_0)t\}}$$
(8-22')

も場の方程式を満たし，したがってそれを用いてつくった波束

$$U'^e_m(\boldsymbol{x},\ t) = \sum_{組} \Psi'^e_m(\boldsymbol{x},\ t)$$
$$U'^o_n(\boldsymbol{x},\ t) = \sum_{組} \Psi'^o_n(\boldsymbol{x},\ t)$$
(8-23')

も当然，場の方程式を満たします．このとき U から U' をつくる変換を，やはりパウリ変換と呼ぶことにしましょう．

*

さて，相対論的な場の理論では，場の量と，それを微分したものとでつくった共変的な二次形式または双一次形式が重要な役をします．たとえばエネルギー運動量テンソルがよい例です．また場が電磁場と作用する性質を持っているなら，電気電流ベクトルもその例になります．そして，はじめに言ったようにエネルギー運動量テンソルは2階のテンソルで，その時間成分がエネルギー密度を与え，電気電流ベクトルは1階のテンソルで，それの時間成分が電気密度になる．そこで，場を記述する量 U^e_m, U^o_n およびそれらの微分で構成される1階および2階のテンソルの性質について，いままでお話したきわめて一般的な議論からどれだけのことが言えるか，それをしらべてみましょう．

まず1階テンソルからはじめます．1階テンソルは奇数階テンソルですから，(8-15) に従って，それは $U^e \times U^o$ の形のものです．次に (8-16') を用いるのですが，これからやる議論ではテンソルが偶か奇かという区別さえはっきりすれば十分

なので，(8-16′) のなかで D^e は何の役目もしないことに注目します．というのは，D^e を U^e に施しても U^o に施しても，(8-16′) を見るとその偶奇性をちっとも変えていません．ですから，U の偶奇性だけを問題にするなら，すべての D^e を総括的に 1 であらわしてもよい．また同様な論法で U の偶奇性だけを問題にするなら，すべての D^o を総括的に ∇^o であらわすことができます．そういう意味で (8-16′) を

$$1U^e = U^e, \qquad \nabla^o U^o = U^e,$$
$$1U^o = U^o, \qquad \nabla^o U^e = U^o \tag{8-16″}$$

と書くことにします．こう書くなら，左側の 2 つはトリビアルで書く必要もない．

こういう注意をしておいて，1 階テンソルの（あるいは一般に奇数階テンソルの）話にもどります．さっき言ったように，それは $U^e \times U^o$ の形をしており，したがって (8-16″) を用いてその形は $U^e \times \nabla^o U^e$，$\nabla^o U^o \times U^o$，$U^e \times U^o$ のどれかである．このとき掛け算の順序は偶奇性に何の影響もしないから，以下 × を省略して，それらを $U^e \nabla^o U^e$，$U^o \nabla^o U^o$，$U^e U^o$ と書くことにします．そうすると，2 つの U あるいはその微分でつくられる 1 階テンソルのもっとも一般的な形は

$$S = U^e \nabla^o U^e + U^o \nabla^o U^o + U^e U^o \tag{8-24}$$

であることがわかる．

そこで右辺の U^e や U^o に対して (8-23) を用います．そうすると

$$S = \sum_{\text{組}} \sum_{\text{組}} \left\{ \sum_{m,m'} \Psi^e_m \nabla^o \Psi^e_{m'} + \sum_{n,n'} \Psi^o_n \nabla^o \Psi^o_{n'} + \sum_{m,n'} \Psi^e_m \Psi^o_{n'} \right\} \tag{8-25}$$

が得られます．ここで $\sum_{\text{組}} \sum_{\text{組}}$ の意味は説明しないでもおわかりだと思いますが，ただ右辺で Ψ^e_m と Ψ^o_n とは同一の組に属しており，$\Psi^e_{m'}$ と $\Psi^o_{n'}$ もそうですけれど，Ψ^e_m と $\Psi^e_{m'}$ は別の組に属してもよいし，Ψ^o_n と $\Psi^o_{n'}$ もそうだ，ということに注意してください．

いよいよ，われわれは S の符号の議論に入ることにしましょう．それをやるために，(8-25) の右辺の Ψ として (8-22) のかわりに (8-22′) を用いてみます．そしてそのときの S と (8-22) を用いたときの S と比較するのです．まず，

$$\bar{U}^e_m(K)\alpha(\boldsymbol{k}) \equiv A^e_m(K),$$
$$\bar{U}^o_n(K)\alpha(\boldsymbol{k}) \equiv A^o_n(K) \tag{8-26}$$

とおいて，(8-22) を用いたときの S を書くと

$$S(\boldsymbol{x},\ t) = \sum \sum{}' \{A^e_m(K)K'A^e_{m'}(K') + A^o_n(K)K'A^o_{n'}(K') \\ + A^e_m(K)A^o_{n'}(K')\} \cdot e^{i\{(\boldsymbol{k}+\boldsymbol{k}')\boldsymbol{x}-c(k_0+k'_0)t\}}$$

(8-27)

の形になりますが，他方 (8-22′) を用いた S は

$$S'(\boldsymbol{x},\ t) = -\sum \sum{}' \{A^e_m(K)K'A^e_{m'}(K') + A^o_n(K)K'A^o_{n'}(K') \\ + A^e_m(K)A^o_{n'}(K')\} \cdot e^{i\{(-\boldsymbol{k}-\boldsymbol{k}')\boldsymbol{x}-c(-k_0-k'_0)t\}}$$

(8-27′)

となることがすぐわかります．ただし，ここで $\sum$ とは $\sum_{\text{組}}, \sum_m$ (or $\sum_n$), $\sum_k$ をひっくるめたもの，$\sum{}'$ とは $\sum_{\text{組}}, \sum_{m'}$ (or $\sum_{n'}$), $\sum_{k'}$ をひっくるめたものです．ここで

$$e^{i\{(-\boldsymbol{k}-\boldsymbol{k}')\boldsymbol{x}-c(-k_0-k'_0)t\}} = e^{i\{(\boldsymbol{k}+\boldsymbol{k}')(-\boldsymbol{x})-c(k_0+k'_0)(-t)\}}$$

であることに注意すると，(8-27) と (8-27′) から次のような結論が出てくる．それは"波束 (8-23) を用いた S の $(\boldsymbol{x}, t)$ での値が正（または負）であるなら，波束 (8-23′) を用いた S の $(-\boldsymbol{x}, -t)$ の値は負（または正）である"という結論です．そういうことになると，S が正だけの値をとるとか，負だけの値をとるとかいうことは，テンソル場の場合には起り得ない，という結論が否応なしに出てくる．

こういう結論が1階のテンソルに対して導かれましたが，その特別の場合として電気電流ベクトルについても当然これがあてはまる．そのようにして，テンソル場で電気密度の非定符号性が結論されました．

次にエネルギー運動量テンソルの場合はどうか．このときは2階のテンソルが問題となるので，そのもっとも一般的な形は

$$T = U^e U^e + U^o U^o + U^e \nabla^o U^o \tag{8-28}$$

であることが結論されます．そして S の場合と同様な推論で

$$T(\boldsymbol{x},\ t) = \sum \sum{}' \{A^e_m(K)A^e_{m'}(K') + A^o_n(K)A^o_{n'}(K') \\ + A^e_m(K)K'A^o_{n'}(K')\} \cdot e^{i\{(\boldsymbol{k}+\boldsymbol{k}')\boldsymbol{x}-c(k_0+k'_0)t\}}$$

(8-29)

および

$$T'(\boldsymbol{x},\ t) = \sum \sum{}' \{A^e_m(K)A^e_{m'}(K') + A^o_n(K)A^o_{n'}(K') \\ + A^e_m(K)K'A^o_{n'}(K')\} \cdot e^{i\{(\boldsymbol{k}+\boldsymbol{k}')(-\boldsymbol{x})-c(k_0+k'_0)(-t)\}}$$

(8-29′)

が得られ，"波束 (8-23) を用いた T の $(\boldsymbol{x}, t)$ での値と，波束 (8-23') を用いた T の $(-\boldsymbol{x}, -t)$ での値とは等しい" という結論が出ます．しかし，このことから，だから T は常に正だという結論は必ずしも出ません．けれども，少なくともそういう可能性が排除されることはない．

　次にスピノル場の場合はどうなるか．残念ながら，その話をする時間もないし，またその議論がやれるほどスピノル算法について詳しい話をしていません．ですから，ここでは結論だけで我慢してください．スピノル場においては，T が非定符号性のものだという結論が出てきます．また S については，S が常に正だという結論は必ずしも出ないが，少なくともその可能性が排除されることはない．このことから，スピノル場ではエネルギー密度は正にもなれば負にもなるし，それの空間積分であるエネルギーもまた正にもなれば負にもなる．

　これが (8-13') の (ii) を導いたパウリの論法です．クライン-ゴルドン場とディラック場についてさっき (8-13) を導きましたが，そのときには電荷共役変換が用いられました．しかしパウリの一般論ではそれを用いずに，そのかわりパウリ変換 (8-21) が用いられているのが特徴的です．その結果，パウリが電気電流ベクトルに対して得た結論はもっと一般的にすべての奇数階テンソルに対して妥当するし，エネルギー運動量テンソルに対して得た結論はすべての偶数階テンソルに対して妥当し，また実数場に対しても成り立ちます．そのかわり，テンソル場のときの T，スピノル場のときの S が常に正である，ということはパウリの議論だけからは出てこない．事実，さっきも言ったように，それが言えるのはスピンが $0, \frac{1}{2}, 1$ のときだけだということをフィールツは示している．しかし，とにかく "物理量は共変量である" という仮定だけから，こんなに意味深い結論が導かれること，そのときテンソル算法やスピノル算法が威力を発揮すること，そういうことを知るのはたいへん教育的です．

*

　それでは，ここで話を量子化に移しましょう．そうすれば，ここでもまた共変性という概念が一役買っているのを見るでしょう．しかし，この議論をするとき普通の形の交換 (or 反交換) 関係では具合の悪い点があります．たとえば (8-1)_ を見ると左辺には $\Psi(\boldsymbol{x})$ と $\Pi(\boldsymbol{x}')$ とがありますが，これは，場所は異なるが同じ時刻での Ψ と Π を意味し，ちゃんと書けば $\Psi(\boldsymbol{x}, t)$ と $\Pi(\boldsymbol{x}', t)$ と書くべきものです．こ

ういうふうに空間変数と時間変数とがちがった扱いを受けているのは相対論的でなく,したがってこの形では4次元の共変性を使って何かの結論を出すということができない.ですからわれわれの議論のためには,異なる場所,異なる時刻,での場を関係づける交換関係,すなわち

$$\Psi(\boldsymbol{x},t)\Pi(\boldsymbol{x}',t') - \Pi(\boldsymbol{x}',t')\Psi(\boldsymbol{x},t) = F(\boldsymbol{x}-\boldsymbol{x}',t-t')$$

の形の関係を見出さねばならない.そしてこのとき左辺と右辺とが同じ共変性を持っていなければならない.

このような F がはたして存在するか,存在するならどんな性質のものか.それをしらべるには,もっとも簡単なクライン–ゴルドン場が手がかりになるでしょう.ですから,それをやってみましょう.

まず,クライン–ゴルドン場に対するカノニカルな交換関係は,(6-14′)のなかに (8-5) を用いて

$$\Psi(\boldsymbol{x},\,t)\frac{\partial \Psi^{\dagger}(\boldsymbol{x}',\,t)}{\partial t} - \frac{\partial \Psi^{\dagger}(\boldsymbol{x}',\,t)}{\partial t}\Psi(\boldsymbol{x},\,t) = \frac{i}{\hbar}\delta(\boldsymbol{x}-\boldsymbol{x}')$$

$$\Psi^{\dagger}(\boldsymbol{x},\,t)\frac{\partial \Psi(\boldsymbol{x}',\,t)}{\partial t} - \frac{\partial \Psi(\boldsymbol{x}',\,t)}{\partial t}\Psi^{\dagger}(\boldsymbol{x},\,t) = \frac{i}{\hbar}\delta(\boldsymbol{x}-\boldsymbol{x}')$$

(8-30)

(ここで Ψ は q-数ですから,Ψ^* のかわりに $\Psi^{\dagger}$ を用います)

になることを指摘しましょう.このほか Ψ と $\Psi^{\dagger}$,$\dfrac{\partial \Psi}{\partial t}$ と $\dfrac{\partial \Psi^{\dagger}}{\partial t}$,$\dfrac{\partial \Psi}{\partial t}$ と Ψ,$\dfrac{\partial \Psi^{\dagger}}{\partial t}$ と $\Psi^{\dagger}$ とが交換する,という関係が加わります.これらの交換関係で不満足な点は,さっき言ったように,Ψ のなかの t と $\Psi^{\dagger}$ のなかの t とが同じ値であることですが,ここで注意すべきことは,(8-30)とそれに付け加わる関係とがわかっているのだから,Ψ や $\Psi^{\dagger}$ が (8-2) を満たしつつ時間変化をする,という事実を用いて,(8-30) やそれらの関係から

$$\Psi(\boldsymbol{x},\,t)\Psi^{\dagger}(\boldsymbol{x}',\,t') - \Psi^{\dagger}(\boldsymbol{x}',\,t')\Psi(\boldsymbol{x},\,t)$$

といった形のものが計算されることです.すなわち,たとえば

$$\Psi(\boldsymbol{x},\,t)\Psi^{\dagger}(\boldsymbol{x}',\,t') - \Psi^{\dagger}(\boldsymbol{x}',\,t')\Psi(\boldsymbol{x},\,t) \equiv \frac{i}{\hbar}\Delta(\boldsymbol{x}-\boldsymbol{x}',\,t-t')$$

(8-31)

とおくと,

(I) 左辺の $\Psi(\boldsymbol{x},t)$ がクライン–ゴルドン方程式を満たすから,右辺の

$\Delta(\bm{x}-\bm{x}', t-t')$ もそうだ．
(Ⅱ)　$t=t'$ で $\varPsi$ と $\varPsi^{\dagger}$ は可換だから，右辺の $\Delta(\bm{x}-\bm{x}', t-t')$ は $t'=t$ で 0 だ．
(Ⅲ)　$t'=t$ で (8-30) が成り立つから

$$\left.\frac{\partial \Delta(\bm{x}-\bm{x}', t-t')}{\partial t}\right|_{t'=t} = \delta(\bm{x}-\bm{x}')$$

だ．

ということがわかる．したがって $\Delta(\bm{x}-\bm{x}', t-t')$ という関数は（Ⅱ）と（Ⅲ）とを初期条件としてクライン－ゴルドン方程式を解けば得られる．そうすると Δ は一意的に定まります．

われわれの目的のためには Δ の関数形をくわしく書きあげる必要はない．ただそうして得られる Δ について次の性質だけを指摘しておきます．それは次の3つです．

(A)　Δ は $x^2-c^2t^2$ の関数で実数値を持つ．
(B)　$\Delta(\bm{x}-\bm{x}', t-t')$ は空間変数 $\bm{x}$ と $\bm{x}'$ の交換に対して対称，時間変数 t と t' の交換に対しては反対称．
(C)　$\Delta(\bm{x}-\bm{x}', t-t')$ は $-|\bm{x}-\bm{x}'| < c(t-t') < |\bm{x}-\bm{x}'|$ で 0．

さらに (8-31) の左辺がスカラーであることから，Δ も当然スカラーになりますが，(A) から Δ は単にスカラーであるのみならず，不変なスカラー関数だという結論が出ます．ここで $f(x,y,z,ct)$ が不変なスカラー関数であるということの意味は，ローレンツ変換によって

$$x, y, z, ct \longrightarrow x', y', z', ct'$$

のおきかえを行なったとき，単に

$$f(x, y, z, ct) = \bar{f}(x', y', z', ct')$$

が成り立つだけでなく，f と $\bar{f}$ との関数形がまったく同じだということです（$\bar{f}$ という記号の意味は前回の話のなかにあります．(7-20′) をごらんなさい）．そういうわけで交換関係 (8-31) の右辺は，どんなローレンツ系でも同じ形をしていることがわかる．ここで最後に言ったことは本質的です．もしそれが成り立っていなかったら，すべてのローレンツ系が平等だ，という要請は満たされないことになってしまいます．

交換関係 (8-31) のほかに, $\dfrac{\partial \Psi(t)}{\partial t}$ と $\Psi(t)$, $\dfrac{\partial \Psi^{\dagger}(t)}{\partial t}$ と $\Psi^{\dagger}(t)$ が可換なことを用いると, 同様に考えて

$$\Psi(\boldsymbol{x}, t)\Psi(\boldsymbol{x}', t') - \Psi(\boldsymbol{x}', t')\Psi(\boldsymbol{x}, t) = 0$$
$$\Psi^{\dagger}(\boldsymbol{x}, t)\Psi^{\dagger}(\boldsymbol{x}', t') - \Psi^{\dagger}(\boldsymbol{x}', t')\Psi^{\dagger}(\boldsymbol{x}, t) = 0 \quad (8\text{-}31')$$

が導かれます. こうして相対論的に満足な交換関係がすべて得られました.

もっと複雑なテンソル場やスピノル場に対しても, それがカノニカルな形で記述できるものなら, そして場の成分がクライン-ゴルドン方程式を満たすようなものなら, その場に対して, いま話した方法はそのまま適用できて, カノニカルな交換関係から相対論的な交換関係を導くことができます (成分がクライン-ゴルドン方程式を満たすということは, 場がドゥブロイ-アインシュタイン関係を満たすということであって, 場の方程式がクライン-ゴルドン方程式だ, ということではない. 念のため. ——ディラック方程式がそのよい例です). ただスカラー場以外のときには, 交換関係の左辺はスカラーでなく一般にテンソルまたはスピノルです. したがって右辺もいま得られた Δ 関数といったスカラーそのものではあり得ません. しかしそういう場合でも, 常に右辺には, Δ に何か左辺と同じ変換性を持った微分演算 (0階微分も含めて) を施したものが出てきます. 例をあげると, ベクトル場では場の量が $\Psi_1, \Psi_2, \Psi_3, \Psi_0$ という4元ベクトルで記述されますが, それらの交換関係として

$$\begin{aligned}\Psi_{\mu}(\boldsymbol{x}, t)\Psi_{\nu}^{\dagger}(\boldsymbol{x}', t') &- \Psi_{\nu}^{\dagger}(\boldsymbol{x}', t')\Psi_{\mu}(\boldsymbol{x}, t) \\ &= \dfrac{i}{\hbar}\left(g_{\mu\nu} + \dfrac{1}{\kappa^2}\nabla^o_{\mu}\nabla^o_{\nu}\right)\Delta(\boldsymbol{x}-\boldsymbol{x}', t-t') \quad (8\text{-}32)\\ &\quad \mu, \nu = 1, 2, 3, 0\end{aligned}$$

が出てきます. ただしここで右辺の ∇^o_{μ} は (8-16) で定義された微分ベクトル ∇^o の μ 成分で, $g_{\mu\nu}$ は計量テンソルの (μ, ν) 成分です. このとき左辺はベクトル×ベクトルの形のもの, したがってそれは2階のテンソルですが, 右辺も2階テンソルになっていることに注目してください. このほかに $\Psi_{\mu}(\boldsymbol{x}, t)$ と $\Psi_{\nu}(\boldsymbol{x}', t')$ が交換し, $\Psi^{\dagger}_{\mu}(\boldsymbol{x}, t)$ と $\Psi^{\dagger}_{\nu}(\boldsymbol{x}', t')$ とが交換する, という関係が付け加わります. 例はあげませんが, スピノル場でも似た事情が出てきます.

こうして, カノニカルな交換関係から導かれた相対論的な交換関係は, テンソル場でもスピノル場でも, 左辺と右辺とは同一の変換性を持っているのみならず, 右辺は常に Δ に何らかの共変的微分演算を施したものになります. この最後の点は

本質的な意味を持つことで，だからこそ交換関係はすべてのローレンツ系で同じ形を持つことになるのです．ところで一方，不変な形を持つスカラー関数で使いものになるのは，この Δ 以外に存在しないことが証明されます．〔$t=t'$ にしたときカノニカルな交換関係になるという初期条件（Ⅱ）と（Ⅲ）を捨てるなら，不変スカラー関数は，Δ 以外にもうひとつだけ Δ_1 というのが存在します．しかしこれはさっきあげた（C）の性質を持たず，したがって $t'=t$ としたとき，異なった場所での物理量が可換でなくなるのです．この事実から，異なった場所での物理量が同時に測定できない，という困った事態が起り，Δ_1 は使いものにならないことになるのです．〕

事情がそうだとすれば，どんな場に対しても（ということはカノニカルな記述不可能で，したがってカノニカルな交換関係から出発できない場合でも），すべてのローレンツ系で同じ形を保つべし，という要請をするなら，交換関係は

$$\Psi_\mu(\boldsymbol{x},\,t)\,\Psi^\dagger_\nu(\boldsymbol{x}',\,t') - \Psi^\dagger_\nu(\boldsymbol{x}',\,t')\,\Psi_\mu(\boldsymbol{x},\,t) = i\alpha D_{\mu\nu}\cdot\Delta(\boldsymbol{x}-\boldsymbol{x}',\,t-t')$$

$$(8\text{-}33)_-$$

の形のもの以外にはあり得ない，ということになる．ただし右辺の α は，いま言った要請だけからは決定されない実数の定数で，$D_{\mu\nu}$ というのは左辺と同じ共変性を持つ微分演算を意味します．さらに，もともとカノニカルな理論とのつながりがそれほど必然的でなかった反交換関係も，すべてのローレンツ系で同じ形を持つべし，という要請から

$$\Psi_\mu(\boldsymbol{x},\,t)\,\Psi^\dagger_\nu(\boldsymbol{x}',\,t') + \Psi^\dagger_\nu(\boldsymbol{x}',\,t')\,\Psi_\mu(\boldsymbol{x},\,t) = i\alpha D_{\mu\nu}\cdot\Delta(\boldsymbol{x}-\boldsymbol{x}',\,t-t')$$

$$(8\text{-}33)_+$$

以外にないことになる．〔反交換関係では $\Psi(\boldsymbol{x},t)$ と $\Psi(\boldsymbol{x}',t)$，$\Psi^\dagger(\boldsymbol{x},\,t)$ と $\Psi^\dagger(\boldsymbol{x}',\,t)$ など，みな交換しないので，異なる場所での場の量すべてが同時に測定できなくなり困るではないか，という質問にはすぐあとで答えます．〕

ここまでの議論では場がテンソルでもスピノルでもよかったが，ここでちがいが出てきます．テンソル場のときには，交換関係の左辺は必ず偶数階のテンソルです．したがって $D_{\mu\nu}$ は偶数階の微分でつくられていなければならない．そこで

$$X \equiv \{\Psi_\mu(\boldsymbol{x}, t)\Psi^\dagger_\nu(\boldsymbol{x}', t') \mp \Psi^\dagger_\nu(\boldsymbol{x}', t')\Psi_\mu(\boldsymbol{x}, t)\}$$
$$+ \{\Psi_\mu(\boldsymbol{x}', t')\Psi^\dagger_\nu(\boldsymbol{x}, t) \mp \Psi^\dagger_\nu(\boldsymbol{x}, t)\Psi_\mu(\boldsymbol{x}', t')\}$$
$$= i\alpha\left\{D_{\mu\nu}\cdot\Delta(\boldsymbol{x}-\boldsymbol{x}', t-t') + \begin{bmatrix}\text{左の項の }(\boldsymbol{x}, t)\text{ と }(\boldsymbol{x}', t')\\ \text{を交換したもの}\end{bmatrix}\right\}$$
(8-34)

を考えると，右辺の $D_{\mu\nu}$ は偶数階の微分ですから，ある関数にそれを施しても関数の対称性は変化しない．ですから右辺は

$$\Delta(\boldsymbol{x}-\boldsymbol{x}', t-t') + \Delta(\boldsymbol{x}'-\boldsymbol{x}, t'-t)$$

と同じ対称性を持っているはずです．言いかえれば，さっきの (B) によって，$\boldsymbol{x}$ と $\boldsymbol{x}'$ の交換に対して対称，t と t' の交換に対して反対称だということになる．ところが一方，左辺は $(\boldsymbol{x},t)$ と $(\boldsymbol{x}',t')$ の交換に対して対称ですから，$\boldsymbol{x}$ と $\boldsymbol{x}'$ の交換に対して対称なら，t と t' のそれに対しても対称でなければならない．そういうわけで，右辺と左辺の対称性がちがっているという結論になった．このことから

$$X(\boldsymbol{x}-\boldsymbol{x}', t-t') = 0 \tag{8-34'}$$

でなければならないことが導かれます．

このことは，(8-34) の左辺で $-$ 符号を用いたときは別に困ったことにはなりません．現にクライン - ゴルドンのときそうでした．しかし $+$ 符号のときに矛盾を生じます．なぜなら，そのときに $\boldsymbol{x}=\boldsymbol{x}'$, $t=t'$, $\mu=\nu$ とおくと

$$X = 2\{\Psi_\mu(\boldsymbol{x}, t)\Psi^\dagger_\mu(\boldsymbol{x}, t) + \Psi^\dagger_\mu(\boldsymbol{x}, t)\Psi_\mu(\boldsymbol{x}, t)\} = 0$$

が得られますが，このとき $\Psi\Psi^\dagger$ についても $\Psi^\dagger\Psi$ についても，その固有値は決して負になりませんから，$X=0$ なら $\Psi=0$, $\Psi^\dagger=0$ でなければならない．そういうわけでテンソル場に対して反交換関係を用いることは不可能だ，という結論が出る．したがってテンソル場に附随する粒子は必然的にボソンだ，ということになる．これまでわれわれは，場は複素数的で Ψ と $\Psi^\dagger$ とで記述されるとして論じてきたが，実数的な Ψ の場合にも同じ結論が出ます．

次にスピノル場ではどうか．ここでもまたスピノル算法の知識不足が嘆かれるのですが，そのとき $D_{\mu\nu}$ は奇数階の微分であることがわかるのです．そうすれば (8-34) の X は 0 になる必要はなく，その結果，反交換関係を用いても $\Psi=\Psi^\dagger$

＝0となる心配はない．そういうわけで反交換関係，交換関係どちらも矛盾なく成立し得ることになるのです．しかし (8-13′) のように，スピノル場では負エネルギーが出るので，その困難を避けるために粒子はフェルミオンでなければならず，したがって反交換関係を用いないと困ることが起る．

こうして得られた結論をまとめると，結局 (8-14′) が得られるのです．このとき反交換関係がスピノル場に限って可能であることは大いに意味あることなのです．さっき反交換関係の場合には，同じ時刻で，異なる場所での Ψ や $\Psi^\dagger$ が可換でなく，したがって異なる場所の場を同時に測定することができなくなることを言いました．しかしこのとき Ψ や $\Psi^\dagger$ はスピノルで，したがって，前回に話したように，物理的に意味のあるのは Ψ や $\Psi^\dagger$ 自身でなく，それは偶数個の Ψ や $\Psi^\dagger$ で構成されるテンソルでなければならない．注目すべきことは，そういうものは，座標軸を 360°回転して符号が変わることがないということのほかに，同じ時刻，異なる場で常に可換になることです．

これで長ばなしを終りにしたいのですが，話が標題につながるにはまだひとつ論理の飛躍がある．すなわち，テンソル場は整数スピン，スピノル場は半整数スピン，という証明がまだやってない．しかしそれをやるには，スピノル算法のほかに，角運動量に関する面倒な数学が必要なので，ここでは残念ながらちょっとやれません．しかし大ざっぱに次のように言うことができるでしょう．偶数個の $\frac{1}{2}$ スピンを合成すると和は整数角運動量になるが，奇数個のそれを合成すると半整数角運動量しか得られない，という事実と，偶数階スピノルはテンソルとみなせるが，奇数階スピノルはスピノルでしかない，という事実との関連において，そのことが示されるのです．

しかし，とにかく，ローレンツ変換に対する共変性が成り立たねばならぬとか，ドゥブロイ–アインシュタイン関係が成立せねばならぬ，とかいうもっとも基本的な要請だけから，スピンと統計との関係といった重要なことがらが導かれることは，じつに興味あることです．この長ばなしのもすびとして，パウリが論文のおしりで言っていることばを引用しておきましょう．"……We wish to state, that according to our opinion the connection between spin and statistics is one of the most important application of the special relativity theory."

今日の話のはじめに言ったように，パウリはこの論文を 1940 年に発表していますが，この仕事でパウリが用いた 4 次元的な交換関係は，1927 年彼とヨルダンの

共著論文で電磁場に関連して論じられていたことを注意しておきます．この論文のなかで $E(x, t)$ や $B(x, t)$ の間の4次元的な交換関係の左辺と右辺とが同じ共変性を持つこと，右辺は不変スカラー関数 Δ に共変形の微分演算を施したものになることが，すでにこのとき指摘されていたのです．

　最後に次のことを指摘しておきましょう．ここで論じたスピンと統計の関係は素粒子に関するものです．しかし複合粒子（たとえば原子や分子，あるいは一般の原子核）についても，まったく同じ結論が得られます．それについては次回に触れるでしょう．

第9話　発見の年 "1932年"
――中性子の発見とそれがもたらした新展開――

　しばらく数式の多い話がつづきましたから，今日は数式ぬきでゆきましょう．前回，素粒子のスピンと統計について話しましたが，そのときパウリがこの問題に取っ組んだ背景にもちょっと触れましたね．それは1932年にあらわれた中性子の発見と，それに刺激されて出てきたいくつかの理論的発展（ハイゼンベルクの核構造の理論，フェルミのβ崩壊の理論，およびユカワの中間子論など）と，実験面ではアンダーソン－ネッダマイヤーの新粒子発見などでした[52]．今日は，もう一度1932年にたちもどって，そのへんの出来事をもう少しくわしくお話してみましょう．

　この1932年という年は，前回にも言ったようにほんとにたいへんな年でした．アンダーソンが陽電子を発見したのも，チャドウィックが中性子を発見したのも，この年でした．そのほかに化学者ユーリー（H. Urey）は原子量2の水素，いわゆる重水素をこの年に発見していますし[53]，コックロフト（J. Cockcroft）とウォルトン（E. Walton）は，粒子を加速するとてもうまい装置を作りあげ，陽子を弾丸にしてリチウム核をこわしてみせました[54]．しかも，これらもろもろの発見が非常にタ

---

52) 注49を参照．この年の4月末（正式には9月），著者は理化学研究所に入り研究生活をはじめた．
53) 参照：M. ボルン『現代物理学』鈴木良治・金関義則訳，みすず書房（1964）．
54) J.D. Cockcroft and E.T.S. Walton, Exeriments with High Velocity Positive Ions - (I) Further Development in the Method of Obtaining High Velocity Positive Ions, *Proc. Roy. Soc.* **A136**(1932) 610-630. この発明の報告が日本の研究者にあたえた衝撃について，朝永振一郎「原子核物理における日英の交流」，『量子電気力学の発展』（朝永振一郎著作集 10）所収，みすず書房（1983），pp. 170-189，特に pp. 171-175 または『量子力学と私』，岩波文庫（1997），pp. 88-91 を見よ．コックロフトらの加速器については，伏見康治『ろば電子』（伏見康治著作集 4），みすず書房（1987），pp. 112-126，特に pp. 123-124; 同『時代の証言』，同文書院（1989），pp. 61-66. コックロフトの装置が陽子を高速にしたといっても 0.07 MeV から 0.25 MeV にしたにすぎない（J.D. Cockcroft and E.T.S. Walton, *ibid.* II, *Proc. Roy. Soc.* **A137**(1932)229-242）．1 MeV 以下の陽子で叩いて原子核が壊れたと聞いて驚いたと朝永は語っている（「仁科先生と核物理の発展」，『開かれた研究所と指導者たち』（朝永振一郎著作集 6）所収，みすず書房（1982），p. 107）．コックロフトらは早くから予備実験をしていたのである（J.D. Cockcroft and E.T.S. Walton, Experiments with High Velocity Positive Ions, *Proc. Roy. Soc.* **A129**(1930)477-489）．

イミングよくあらわれたので，それらが互いに結びつき大きな相乗効果をもたらしたのです．一例をあげれば，直接はかることのむつかしい中性子のスピンや磁気能率は，間接的に重水素核のそれをはかることによって決定されたのです．なおユーリーの発見については，タイミングよく1973年の『自然』2,3月号にあらわれた小沼直樹先生のお話があります．これはわれわれの話とも関連があり，たいへん興味深いので，ひとつ読んでごらんなさい．

　すべての発見がそうであるように，いまお話した発見についてもいろいろな挿話があります．或る学者は発見の一歩手前までゆきながら，惜しくもそれを逃してしまい，或る学者は，あとから見るとコロンブスの卵みたいなやり方で，人々の見逃したものを見事にとらえた．また或る学者は，まったく狙っていなかったものを偶然に発見した．たとえばアンダーソンの陽電子発見にしても，彼がはじめからそれを狙ったわけではなかった．彼は宇宙線中の荷電粒子がどんなエネルギーを持っているかを決めようと，強い磁場をかけたウィルソン霧函で粒子の飛跡写真をとっているうちに，たくさんの写真のなかに陽電子の飛跡を見つけたのです．

　ところで，その当時同様な実験をやっていた学者はアンダーソンのほかにもいたわけです[55]．それなのに，それらの人々が陽電子を見つけそこなったのはなぜでしょうか．その理由は，もちろんひとつには彼らがアンダーソンほど大がかりに実験をしなかったこともありますが，決定的だったのは，それらの人々は，粒子がどっち向きに走ってるかをつきつめて知ろうとしなかった点だったのです．ところがアンダーソンは，鉛の板一枚を霧函のなかに入れるだけのことで，その向きをしらべているのです．というのは，板を通過するとき粒子はエネルギーを失いこそすれ，決してそれを得ることはないから，板の両側での飛跡の曲率をはかり，そのどっち側で粒子が大きいエネルギーを持っていたかをしらべれば，粒子が板のどっち側から飛んできたかを決めることができるはずです．こうして向きが決まれば，飛跡が磁

---

[55] 陽電子の存在を示す確かな実験的証拠を得た最初の人は P.M.S. ブラッケットであるが，彼はあまりに用心深く論文にしなかったのだという (P.A.M. Dirac, *The Development of Quantum Theory*, J.Robert Oppenheimer Memorial Prize Acceptance Speech, Gordon and Breach (1971). pp. 59-60 を見よ．日本でも，乾板で撮影した宇宙線の写真の中に「直線の飛跡が画面の中央を上下に通り，その下端が霧箱のガラス板に当たったところから左右に小さな円形の飛跡が出ている」ものがあった．どうして電子が2つ対称的に写っているのかわからなかった．電子対創成の写真だとは，だれも思わなかったのである（竹内柾「霧箱による宇宙線の研究」，玉木英彦・江沢洋編『仁科芳雄』所収，みすず書房 (1991), pp. 104-111. 座談会「仁科先生と核物理の発展」，『開かれた研究所と指導者たち』（注54に前出），pp. 99-100).

場で右に曲がったか左に曲がったかを見て電荷の正負を決定することができる．

中性子の発見については，もっと複雑かつ小説より奇なる話があります．話はすぐスピンと関係することでもありませんが，たいへん興味のあることなので少し時間をとらせてください．

J. チャドウィック (1891 – 1974)　　W. ボーテ (1891 – 1957)

＊

話は 1930 年ごろにさかのぼります．そのころボーテ（W. Bothe）とベッカー（H. Becker）はポロニウムの α 線をいろいろな原子核にあてて，そこから出る γ 線の研究をしていました．一連の実験のなかで彼らが見つけたのは，ベリリウム核において特に強い"γ 線"が出ることです．〔ボーテたちはベリリウムから出てくるものを他の核種から出てくるものと同様 γ 線と考えたのですが，そこにはまだ不確かな点があるので"γ 線"と書いておきます．あとでわかったことですが，ベリリウムからは γ 線も出ていましたが，まったくそれとちがうものも出ていたのです．〕しかもこの"γ 線"は非常に透過性が強いという特性があり，この点が多くの人々の注目を引いたのです．

この現象に興味を引かれた人々のなかにイレーヌ・キュリー（I. Joliot-Curie）とジョリオ（F. Joliot）の夫妻がいました．この 2 人はキュリー家の威力を発揮して，ほかでは思いもよらぬほど大量のポロニウムを使って，ボーテたちの実験を追試してみました．そして彼らは奇妙なことを発見したのです．

キュリーたちは，いろいろな物質を通過する際のこの"γ 線"の吸収をしらべるため，"γ 線"を測定する電離函（入射放射線が函のなかのガスをイオン化する，そのイオンの量から線の強さをしらべる装置）の窓のところにいろんな物質の板をおき，それを通りぬけて電離函に入る"γ 線"の効果をしらべてみたのです．そうしたら，鉛とか銅とか炭素などの板を用いたときには，板の有無はほとんど測定値に影響しなかったのに，水とかパラフィンとか，水素をたくさん含んだ験体を用い

ると、電離函のなかに異常に多くのイオンがつくられることをキュリーたちは見つけた。そういう現象は今までのγ線では一度も観察されたことはなかった。

キュリーたちは、この意外な現象を解釈するために、さらにいろいろな実験をやったあげく、次のような結論に達しました。きみたちは、X線やγ線が物質を通過するとき、その$\hbar\omega$が原子のなかから電子を跳ねとばすことを知っているでしょう。つまりコンプトン効果のとき観察される反跳電子ですね。ところで$\hbar\omega$がうんと大きくなると、電子のみならず、水素核のような比較的軽い核なら$\hbar\omega$によって跳ねとばされることもあるだろう、とキュリーたちは考えたのです。そして彼らは、γ線の$\hbar\omega$が50MeVぐらいになると、実際そういう現象が可能なことを計算で確かめました。そういうわけで、水やパラフィンのなかをそういう大きな$\hbar\omega$のγ線が通りぬけると、そこからたくさんの水素核が跳ねとばされ、それが電離函に飛び込むでしょう。そうだとすれば、その水素核によって函のなかのガスは、直接γ線が入ってくるときより強くイオン化されるだろう。なぜなら、荷電粒子はγ線よりはるかに大きなイオン化能力を持っているから。このようにしてキュリーたちは、ベリリウムから出る"γ線"が水やパラフィンからたくさんの反跳陽子を飛び出させることを見つけたのです。この現象の発見は1931年のことでした。

この情報は直ちにチャドウィックのところに伝わったことは言うまでもないことです。彼もキュリーたちと同様、ボーテ－ベッカーの"γ線"に興味を持っており、いろいろと実験をやっていたのです。そういうわけで、彼はキュリーたちの見つけた反跳陽子に大いに興味を引かれ、さっそくキュリーたち以上にめんみつなやりかたで追試実験を行なったのです。そして、たしかに反跳陽子が存在すること、さらにそれが3×10^7m/s程度の速度を持って飛んでいることなどをつきとめました。そういうわけで、反跳陽子が水やパラフィンから出ている、というキュリーたちの結論がまったく正しいことを彼も追認したのです。

しかしながら、彼はその現象に対するキュリーたちの解釈、すなわちそれがγ線によるという解釈には疑いを持ったのです。チャドウィックは考えました。かりに、キュリーたちのように、この3×10^7m/sの反跳陽子が50 MeVの$\hbar\omega$でつくられた

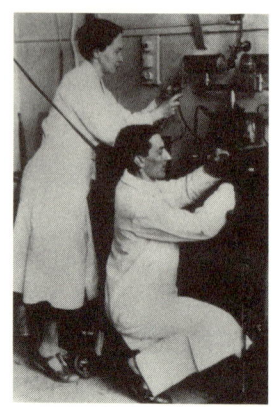

フレデリック・ジョリオ (1900 – 1958) とイレーヌ・ジョリオ (1897 – 1956) キュリー夫妻

ものだとすれば，その $\hbar\omega$ が窒素原子のなかから窒素核を跳ねとばすとき，どれくらいの速度の反跳窒素核が飛び出すか，そしてその窒素核が電離函のなかにどれくらいのイオンをつくるか．チャドウィックはそう考えながらこれを計算してみて，さらにその計算値を窒素を用いた実験によってチェックしてみたのです．そうすると，実験では，計算値よりも何倍も多いイオンが出てきてしまった．さらにまた，キュリーたちの考えの致命的な欠点として彼が指摘したことは，50 MeV という途方もないエネルギーの $\hbar\omega$ がベリリウムから出ることはとても考えられないという点です．すなわち，用いたポロニウム α のエネルギーはわかっており，ベリリウムの mc^2 や，それに α が飛び込んでできる炭素の mc^2 もわかっている．そうすれば，その炭素から出る $\hbar\omega$ の大きさはエネルギー・バランスの計算から出せますが，それをやってみると，$\hbar\omega$ はせいぜい 10 MeV あまりにしかならない．

そこでチャドウィックは，キュリーたちとちがって，ベリリウムから出てくる "γ 線" は γ 線ではないと考え，それは陽子と同じくらいの質量を持ち，電気を持たない粒子ではないかと考えました．なぜチャドウィックがそう考えたかというと，陽子と同じくらいの質量を持つ粒子なら，50 MeV なんていう途方もないエネルギーを持っていなくても，反跳陽子を飛び出させることが可能になるからです．きみたちは，コンプトン効果の場合，光子の $\hbar\omega$ のうちほんの一部分だけしか反跳電子に移らないことを習ったでしょう．このことは反跳陽子の場合にも成り立ちます．だからこそ，いまの場合，$\hbar\omega$ として 50 MeV というような大きなものが必要であった．しかし，チャドウィックの考えたように，陽子と同じ程度の質量の粒子なら，衝突のさいに自分の持つエネルギーを全部反跳陽子に与えることも可能です．〔十円玉を十円玉にぶっつけてごらん．正面衝突のときは，ぶつかる十円玉は止ってしまって，ぶっつけられた十円玉が全部のエネルギーをもらって跳ねとばされます．〕チャドウィックはさらにいろいろな計算や実験を行ない（そのなかには，さっき話した反跳窒素の問題も含まれています），ベリリウムから出ているのは陽子と同じ質量の中性粒子だということについての傍証を積み重ねて，結局 1932 年の 2 月に新粒子発見の公表にふみ切ったのです．この粒子は "neutron"（中性子）と名づけられました．

というわけで，キュリーやジョリオほどの大物も，惜しいところで中性子の発見をとり逃してしまった．彼らは "γ 線" は γ 線であるという一種の先入観を持ちつづけていたためにそういうことになったのでしょうが，一方チャドウィックのほう

はというと，ノーベル講演で彼自身言っているように，彼の師匠ラザフォード（E. Rutherford）は，1920年ごろ，陽子とほぼ同じ質量を持ち電荷のない粒子の存在を予想したことがある．そういうわけで，チャドウィックの頭のなかにその考えがしみ込んでいたことは確かです．彼は，彼の講演のなかでラザフォードの言葉を引用していますから，ここでそれを孫引きしておきましょう．

"Under some conditions, it may be possible for an electron to combine much more closely with H nucleus, forming a kind of neutral doublet.……Its external field would be practically zero, and in consequence it should be able to move freely through matter……."

師匠に忠実であったチャドウィックは，この師の言葉を心にきざみ込んでいたのみならず，実際にこの中性粒子を見つけようとして，いろんな実験をすでに試みていたのです．ですから，キュリーたちが反跳陽子を見つけたとき，チャドウィックはおそらく直ちに師匠の言う中性粒子の考えを思い浮かべたのではないでしょうか．

じつはチャドウィックより前に，"γ線"は中性粒子かもしれん，という考えを念頭におきながら実験をやった人がもうひとりあったのです．それはウェブスター（H.C. Webster）という人でした．しかし彼の選んだ実験の仕方にいろいろ不幸な選択があったらしく，結局中性子の発見には至っていない．ここでは時間の都合上この話は割愛しますが，さいわいにして中性子発見をめぐる話は，木村一治，玉木英彦両先生の名著『中性子の発見と研究』にくわしく書いてありますから，ひとつそれを読んでください．これはたいへんよい本で，いまのぼくの話の種もこの本に負うところが多い．ここに木村，玉木両先生に感謝の意を表します．

*

中性子が発見されてさっそく問題になるのは，その正確な質量，そのスピン，統計，磁気能率などです．ところで中性子が中性であることから，それらを決めるのに他の原子核の場合に用いた方法は使えないわけです．しかしここで助かったことは，さっき言ったように，タイミングよく重水素が発見されていたことです．すなわち，重水素核は陽子と中性子の結合物だということがわかったので，それを用いて間接的に中性子に関するいろいろな知見が得られたのです．これからその話に移りましょう．

重水素核の質量数が2であり，電荷が1であることから，それが中性子と陽子

の結合物であろうことは想像できることです。実験的には、重水素発見の2年後の1934年にチャドウィックとゴールドハーバー（M. Goldhaber）がγ線を重水素核にあててそれを陽子と中性子に分解したとき、そのことが確実になりました。そしてこの実験によって中性子の質量が決定された。というのは陽子や重水素核の質量はすでに知られており、一方この実験で用いたγ線のエネルギーも知られており、さらに分解して出てきた陽子の運動エネルギーもはかることができる。そういうわけで、これらのデータを組合せると、エネルギー運動量のバランスから中性子の質量を精密に算出できます。こうして 1.0085 が得られました[56]。陽子のそれは 1.00 ですから、中性子のほうが陽子より少し重い。

次にスピンと統計ですが、さっき言ったように直接それを決めることは困難で、したがって重水素核のそれらを通して決定しなければならない。重水素核のスピンと統計は1934年に重水素分子のバンド・スペクトルの解析によって求められました（第4話を思い出してください）。この仕事はマーフィー（G.M. Murphy）とジョンストン（H. Johnston）によってなされましたが、その実験から彼らは重水素核がボース統計に従い、そのスピンは1であることを見出しました。こうして重水素核のスピンがわかると、角運動量の合成法則（第5話で話しました）と、陽子スピンが $\frac{1}{2}$ であることから、中性子のスピンは $\frac{1}{2}$, $\frac{3}{2}$, ……という半整数でなければならぬことになる。一方統計のほうは、あとでお話するエーレンフェスト－オッペンハイマーの規則（の逆）によって、重水素核がボース統計に従うこと、陽子がフェルミオンであることから、中性子はフェルミオンでなければならぬことが結論されます。

この最後の結論は注目に値します。なぜならラザフォードの中性子、すなわち陽子と電子の結合したもの、であるなら、そのスピンは整数値であり、その統計はエーレンフェスト－オッペンハイマーの規則によってボース統計でなければならぬことになる。ですからチャドウィックの見つけた中性子は、ラザフォードの考えたものとは別物だということになる。したがってチャドウィックは師匠に忠実であったが、中性子自身は、おのれの存在を予言してくれた大先覚者に対してあまり忠実ではなかったことになる。ちなみに中性子スピンが、$\frac{3}{2}$, $\frac{5}{2}$, ……というふうに $\frac{1}{2}$

---

56) 単位は、原子質量単位 u。$1\,\mathrm{u} = 1.660\,539 \times 10^{-27}\,\mathrm{kg}$。
　　質量の今日の値：中性子 1.008 665 u、陽子 1.007 276 u。

以外の値になる可能性はいろいろな観点から排除されました.

次に中性子の磁気能率ですが，これも直接決めることは困難で，陽子のそれと重水素核のそれとから計算によって決めるより手がありません．ところが，新発見の重水素核ならともかくも，大昔から存在していた陽子の磁気能率が 1932 年ごろまだわかっていなかった，という嘘のような話があります．しかし，そうは言ってもそれは事実なので，陽子の磁気能率がシュテルンとエステルマン (I. Estermann) によってはじめて測定されたのは 1933 年のことでした．第 4 話の終りで話したように，シュテルンたちは彼らのお家芸であるところの，分子線を不均一磁場で曲げる方法でそれをはかり，陽子の磁気能率が $2.5\dfrac{e\hbar}{2m_\mathrm{p}}$ であることを見つけました（ここで m_p は陽子の質量で，$\dfrac{e\hbar}{2m}$ をボーア磁子と言うのに対し $\dfrac{e\hbar}{2m_\mathrm{p}}$ を核磁子と名づける）．さらにラビ (I. Rabi) とその共同研究者は 1934 年にもっと精密な実験を行ない，その値として $3.25\dfrac{e\hbar}{2m_\mathrm{p}}$ を得，また同時に彼らは重水素核のそれも測定して $0.75\dfrac{e\hbar}{2m_\mathrm{p}}$ を得ました．そのうえ彼らは，磁気能率の向きが，陽子においても重水素核においても，そのスピンの向きと同じであることを確かめました．[57]

このように，陽子と重水素核の磁気能率の大きさと向きとがわかると，中性子の磁気能率は

$$\mu_\text{重水素} = \mu_\text{陽子} + \mu_\text{中性子} \qquad (9\text{-}1)$$

という関係から計算されます（ここでは核磁子単位ではかった磁気能率を μ と書きました）．そうすると $\mu_\text{中性子} = -2.50$ が得られます．[57] ここで右辺の負号は磁気能率がスピンと逆向きであることを示しています．このとき (9-1) のように重水素核の磁気能率が陽子と中性子のそれとの和になるというのは，陽子スピン $\dfrac{1}{2}$ と中性子スピン $\dfrac{1}{2}$ とが平行に向いていて重水素核のスピン 1 をつくっている，と暗黙のうちに仮定しているのです．言いかえれば，重水素核において，それを構成している陽子・中性子の軌道角運動量は 0 である，と仮定している．さらに言いかえれば，重水素核は S 状態であるという仮定です．しかしこの仮定は理論的に是認されます．すなわち，重水素核の結合エネルギーが非常に小さいことから，S 以外の状態で陽子と中性子とが結合する可能性は計算によって排除されるのです．[58]

---

57) 磁気能率の 2008 年 CODATA の値．有効数字 7 桁まで（核磁子 5.050783×10^{-27} J/T を単位に）：陽子 2.792 847，重水素核 0.857 432 2，中性子 $-1.913 043$.

陽子はスピン $\frac{1}{2}$ のフェルミオンであることから，磁気能率がはかられるまで多くの人たちは，陽子はディラック方程式に従うと考えていました．ところが，もしそうなら，その磁気能率は $\frac{e\hbar}{2m_\mathrm{p}}$ であるはずなのに，実際に測定された値はそれの 3.25 倍になっている．このことを，陽子が異常磁気能率を持つ，と言います．中性子も同様，異常磁気能率を持っているわけです．この異常性の説明は定性的ではあるがユカワの中間子論との関係においてはじめて与えられるのですが，その話はあとにまわし，ここでこの異常性にからまるエピソードをひとつお話しましょう．

さっき，シュテルンたちが陽子の磁気能率を測定した話をしましたね．ところがそのころ或る日，パウリがシュテルンの研究室を訪ねたことがあったそうです．そのときパウリはシュテルンに向って，いまどんなことをやっているか，と聞いたそうです．そこでシュテルンは，いま陽子の磁気能率をはかっている，と答えました．そしたらパウリ曰く，いまごろそんなことやったって意味ないじゃないか，あんたはディラックの理論を知らんのか，ディラック方程式からそれは $\frac{e\hbar}{2m_\mathrm{p}}$ になるにきまっている，と．ディラック方程式がパウリに与えた衝撃はそんなにも強烈だったということでしょうかね．〔このエピソードは，イェンゼン (J.H.D. Jensen) が一昨年 (1972 年のこと) 日本に来たとき東大で話したんだそうです．ぼくはイェンゼンがしたこの話を東京教育大の藤田純一くんから聞いて受売りしているのです．〕

*

中性子が発見されると，原子核は陽子と中性子とからできているという考えが，すぐに何人かの人の心に浮かびました．そのなかにハイゼンベルクもいたわけですが，彼はチャドウィックの発見の情報を聞くやいなや，直ちにこの考えにもとづき，核の性質に対して非常に明確な説明を与える画期的な仕事を開始しました．彼は 1932 年に，この考えから核の構造を論じた論文を 3 つも発表していますが，それらはいずれもじつに示唆に富むもので，前にも言いましたように，彼のこの仕事からいろいろな人の仕事が次々に誘発されていったのです．しかしその話をする前

---

58) 当時は重水素核の波動関数は S 波のみと考えられていたが，D 波との重ね合わせになっていることが，重水素核が電気四重極モーメントをもつことの発見によって知られた (J.B. Kellog, I.I. Rabi, N.F. Ramsay and J.R. Zacharias, An Electrical Quadrupole Moment of Deuteron, *Phys. Rev.* 57 (1940) 677-678). W. ラリタと J. シュウィンガーは 1941 年に核力が核子のスピンによる部分をもつとして D 波の存在を導いた (W. Rarita and J. Schwinger, On the Neutron-Proton Interaction, *Phys. Rev.* 59 (1941) 436-452).

に，中性子発見以前の人々の考えかたがどんなものであったか，ということを知っておく必要があります．

中性子が発見される前には，原子核はたぶん陽子と電子とからできているだろう，という考えが支配的でした．[59] そのあらわれのひとつとして，エーレンフェストとオッペンハイマーの論文を引くことができます．この2人の著名な学者は1930年に「Note on the Statistics of Nuclei」という論文を書き，そのなかで核の統計について，次のような規則が成り立つべきことを理論的に証明しているのです．[60]

> 規則：もし2つの核があって，そのおのおのがn個の電子とm個の陽子とからできているなら（If we have two nuclei, each built up of n electrons and m protons, ……），$n+m$ が $\begin{cases}偶数\\奇数\end{cases}$ のとき，全系の波動関数が核の座標の交換に対して $\begin{cases}値を変えない\\符号を変える\end{cases}$ ような，そういう状態だけが実際にあらわれる．〔これは第4話で話した2原子分子を念頭において読んでください．〕

この文章を読むと，彼らは核が電子と陽子とからできていると一応考えていることは明らかです．彼らが与えたこの規則の証明の要点を話すとそれはこうです．電子も陽子もフェルミオンだ．したがって電子同士，あるいは陽子同士の座標の入れ換えを1回やるごとに全体の波動関数の符号が変わる．ところで一方，核の座標を入れ換えることは，電子同士の入れ換えをn回，陽子同士の入れ換えをm回行なうことを意味するから，$n+m$ が $\begin{cases}偶数\\奇数\end{cases}$ であるならば，全体の波動関数の符号の変化が $\begin{cases}偶数回\\奇数回\end{cases}$ 行なわれることになり，したがって波動関数は，核の座標を入れ換えたとき $\begin{cases}値を変えない\\符号を変える\end{cases}$ ような状態だけしか実際にあらわれない．これが証明の中心的な点です．ここで波動関数の対称性と統計との関係についての第4話の話を思

---

59) 参考：N. ボーア「原子の安定性と保存法則」（1931年10月のローマでの原子核国際会議での講演），その§3が「核内電子の問題」を論じている．『量子力学の誕生』（ニールス・ボーア論文集2），山本義隆編訳，岩波文庫（2000），pp. 167-187．
60) J.R. オッペンハイマーとP. エーレンフェストとは奇妙なとりあわせといった感じもある．オッペンハイマーは1928年の2度めの外遊にエーレンフェストのいるライデンを選んだ．仕事に感銘を受けていたからである．しかし，絵にならない議論は理解できないエーレンフェストにとってオッペンハイマーは難物であった．そこで，彼をパウリの下に送った．彼らが2度めに会ったのは，エーレンフェストが1930年のミシガン大学の夏の学校に来て，バークレーに立ち寄ったときだった．ミシガンでは，窒素核の統計性が問題になっていたときで（本文p. 188），フェルミ粒子が偶数個あつまった系はボース統計に従い，奇数個ならフェルミ統計に従うことをどう証明するかが話題になっていた．その証明を彼らは仕上げた．書き上げたのはオッペンハイマーだったという．それが，著者がここで述べている論文である．1930年の12月に受理されている．参考：A. Pais, *J. Robert Oppenheimer, A Life*, Oxford (2006)．

い出すと，この結論を"$n+m$ が偶数のとき核はボース統計に従い，それが奇数のとき核はフェルミ統計に従う"と言うことができます．〔じつは，いま証明の要点としてお話したことは，ほとんど自明のことであって，何もこの高名な著者たちが論文にするほどのことではないのです．で，この二人が問題にしたかったのは何かというと，証明をもっと厳密に行なって，この規則の妥当する限界をちゃんとしらべておこう，ということだったようです．彼らが見出した結論は，2つの"核"が非常に接近したり何かして，互いに強く影響し合い，それらを別々の閉じた系と見なせないようになると，この規則が文字どおりに使えない，ということでした．さらに彼らの証明を見ると，じつは核が電子と陽子とからできている，ということはどこにも使ってはいないので，核が2種のフェルミオンでできているならこの規則は成り立つことがわかる．さらにもっと一般に，2種と限らず，任意個種類のフェルミオンと任意個種類のボソンとから成り立っている閉じた粒子集団を考えたとき（その集団は核でなくてもよい），フェルミオンの総数が $\begin{cases}偶数\\奇数\end{cases}$ なら，その集団は $\begin{cases}ボース統計\\フェルミ統計\end{cases}$ に従う，ということもわかる．またこの規則の逆も成り立つことがわかります．〕

そこで，この規則を実際の核にあてはめてみるとどうなるか．それをしらべてみましょう．

核が n 個の電子と m 個の陽子とからできているとすると，核の質量数 A と，電荷 Z とは当然

$$A = m, \quad Z = m - n \tag{9-2}$$

で与えられますから，

$$n + m = 2A - Z \tag{9-3}$$

となり，したがってエーレンフェスト-オッペンハイマーの規則は，$2A-Z$ が $\begin{cases}偶数\\奇数\end{cases}$ なら，核は $\begin{cases}ボース統計\\フェルミ統計\end{cases}$ に従う，というふうに言いかえることができます．一方，第4話で話したように，バンド・スペクトルの実験から核の統計（とスピンと）を実験的に決めることができます．ですから，この最後の形にまとめた規則が正しいかどうかを実験的にチェックすることができます．

そこでそれをやってみると，H_2, O_2, He_2 などのバンドから，H核はフェルミ統計に，O核はボース統計に，He核はボース統計に従うことがわかり，みなこの規

則通りで万事O.K.です. しかし N_2 のバンドをしらべると, 実験的にはN核がボース統計に従うという結論が出てくる. ところがN核では $Z=7$, $A=14$ で, したがって $2A-Z=21=$ 奇数, よってエーレンフェスト－オッペンハイマーの規則からはN核はフェルミ統計に従うということになり, ここで規則は破られていることになる.〔ついでに指摘しておきますが, 重水素核も $A=2$, $Z=1$, したがって $2A-Z=3=$ 奇数. よってこの規則によれば, 重水素核はフェルミ統計に従うはずです. しかるに一方マーフィーたちの実験によれば, それはボース統計に従うことが見出されている.〕

　N核のこの困難はすでにずっと以前から知られており, エーレンフェスト－オッペンハイマーたちも, もちろんその困難をよく知っており, 現に彼らはその論文でそのことをはっきり指摘しているのです. そのように彼らは彼らの規則が破られる例を知っていたとすれば, 彼らがこの論文を発表したとき, この破れをどう考えていたのでしょうか. 彼らは核が電子と陽子とからできているという通説を打破すべきだと考えていたのか, それともそれを一応認めているのか, もひとつはっきりしないのです. そこで考えられることは, 1930年ごろ, ボーアはじめ少なからぬおえらがたの頭のなかには, 核のなかで量子力学は成立しないという一種の信仰があったことです.

　そういうわけで, もしエーレンフェストとオッペンハイマーがこの信仰を持っていたとすれば, 彼らの規則が破れているという事実があっても, そのことから直ちに, 核が電子と陽子からできている, という考えを捨てるべしという結論は出てこない. N核の矛盾は, 彼らが規則を導くとき用いた量子力学が, じつは核内で成立していなかったことのあらわれだ, と考えることもできるからです. しかし, 彼らが, 核 $= n$ 電子 $+ m$ 陽子, という考えを是認したにしても否認したにしても, 当時そういう考えがひろく行なわれていたからこそ, 彼らは彼らの規則をあのような形に言いあらわしたのだ, とみることができるでしょう.

＊

　核内で量子力学が成り立たないという考えで言い逃れをされていた現象がもうひ

---

61) このことは, W. ハイトラーとG. ヘルツベルクがF. ラセッチの回転ラマン効果の観測 (F. Rasetti, On the Raman Effect in Diatomic Gases, II, *Proc. Nat. Acad. Sci. USA* **15** (1929) 515-519) にもとづいて指摘した (W. Heitler u. G. Herzberg, Gehorchen die Stickstoffkerne der Boseschen Statistik? *Naturwiss.* **17** (1929) 673-674).

とつあります．それはβ崩壊のとき出るβ線が連続スペクトルを持つという事実です．いまAという核がβ線を出してBという核になるとしましょう．このときAとBの質量はきちんと決まっています．ですからエネルギー保存則によってそのmc^2の差がβ線のエネルギーになるはずです．そうなればβ線のエネルギーは当然きちんとした値を持つはずで，したがってそこでは線スペクトルが観察されるはずです．ところが実際には連続スペクトルになっている．ボーアは，この困難も核内で量子力学は成り立たず，したがってエネルギー保存則も成立しないからだ，と考えました[62]．ボーアの言うのには，コンプトン波長10^{-13} m を持っている電子が10^{-15} mといった狭い核のなかに窮屈におし込められている結果，電子のindividualityが核内では失われてしまうからだ，と．〔ボーアのことですから，こんな幼稚な言いかたはしていません．彼はクライン・パラドクスのことなど念頭においていたようです[63]．〕要するにボーアの考えは，核のなかは量子力学で攻撃できないところの，いわば聖域だということなのです．

　1930年ごろ，この核内聖域論に反対の考えもあるにはあったのです．たとえばパウリの考えです．それはこうです．原子核のなかには"中性子"という電気的に中性で，電子ぐらいの質量かあるいはほとんど質量0の粒子が存在していて，核がβ崩壊するとき，電子はその"中性子"を伴って飛び出すのだ，という考えなのです．こう考えれば，電子のエネルギーとこの中性粒子のエネルギーとの和はきちんと保存則で決まっているが，電子自体のエネルギー，あるいは中性粒子自体のエネルギーは連続スペクトルになっていてもおかしくない．これがパウリの考えです．パウリは，この考えでN核の困難も解決できると考えていた．そして彼はそのことをボーアに話したらしい．ですが，どうやらボーアを納得させることはできなかったらしい．それどころか，彼の親友ハイゼンベルクをも納得させ得なかったらしい．

---

62) N. ボーア「化学と原子構造の量子論」(1930年5月8日のイギリスにおけるファラデー講演に手を入れたもの．1932年に印刷になった）の中で述べられた．『量子力学の誕生』(ニールス・ボーア論文集 2)（注59に前出），pp. 99-166，特に p. 164. 同じ考えは，注59にあげた論文の p. 187 でも繰り返し述べられている．

63) クラインのパラドックスとは：エネルギーE（静止エネルギーm_0c^2を含む）で$x=0$のポテンシャル障壁$V>E+m_0c^2$ $(x<0)$に入射したディラック電子は，負のエネルギー$E-V<-m_0c^2$になって壁に侵入する．エネルギーが負であるばかりか，この電子は$x=0$に向かって進み，その流束だけ反射流束は入射流束より大きくなる（O. Klein, Die Reflexion von Elektronen an einem Potentialsprung nach der relativistischen Dynamik von Dirac, *Z. f. Phys.* **53** (1929) 157-165).

パウリは例の完全癖のためか，あるいはそういう粒子が見つかっていないから，という遠慮のためか，その考えを論文の形で発表せず，ただ1930年ごろ友人たちに手紙でその提案をしている．それの原文はドイツ語ですが，さいわいに英訳が手もとにあるのでそれを引用しておきます．[64]

"I came to a desperate conclusion……that inside the nucleus there may exist electrically neutral particle which I shall call 'neutron'. The continuous beta spectrum is understandable if one assumes that, during beta decay, the emission of an electron is accompanied by the emission of a neutron……."

これを書いたのは1930年ですから，チャドウィックが中性子を発見するより前のことです．ただし，パウリの"中性子"は質量の点でチャドウィックの中性子とは別ものです．このパウリの考えは4年後にフェルミによってとりあげられ，β線の問題は解決されたのですが，そのときフェルミはパウリ中性子とチャドウィック中性子とを区別するために，前者を"neutrino"（中性微子）と呼ぶことにしました．

パウリが自分の考えを正式に発表せず，またいまの手紙のなかでもdesperate conclusionなどと言っているのは，陽子や電子以外の新しい物質粒子の存在を考えることに当時の人々がいかに臆病であったかを示すのではないでしょうか．さっき話したように，ラザフォードは1920年ごろ中性子の存在を考えていたわけですが，それとて新しい粒子というより，むしろ陽子と電子の結合物と考えられていたわけです．

しかし，チャドウィックの中性子発見をきっかけとして，事態は大きく動き出しました．さっき言ったようにチャドウィックの発見を知るやいなや，ハイゼンベルクは核内に電子などの存在を考える必要はなく，核は陽子と中性子とで構成されているのだ，という考えを出しました．そして彼は，この考えにもとづくならば，核内問題の大部分は量子力学的に説明できることを示して，核内聖域の考えをはじめて打破したのです．しかしながら彼の考えではβ線の関与する現象はなお聖域内にあるもの，とされ，彼はそれにあえて手を触れることを避けています．[65] どちらか

---

64) 次のパウリの思い出話には全文が引用されている：「ニュートリノの新しい話，古い話」，W. パウリ『物理と認識』所収，藤田純一訳，講談社（1975），pp. 80-107. パウリの公開書簡はp. 84にある．この書簡への反応としてH. ガイガーがL. マイトナーと議論し肯定的で，激励する手紙をくれたとパウリは書いている．1931年のローマでの核物理国際会議でパウリが講演したときにはE. フェルミが活発な興味を示した．ボーアはまったく反対の立場をとった（注59, 62を参照）．

65) pp. 193-195, pp. 209-217を参照．

というと遠慮勝ちなハイゼンベルクのこの考え方を破ったのがフェルミであって，1934年にフェルミは，それまで誰にもとりあげられなかったパウリの中性微子の考えを用いることによって，β崩壊を量子力学的に取り扱ってみせたのです．しかし，もうひとつ聖域内だとしてハイゼンベルクが手を触れなかったこと，すなわち彼の核構造論で重要な役をしている中性子・陽子間に働く交換力の起源については，フェルミの成功にもかかわらず，なおしばらく誰も手をつけることができなかった．そういう状態を，「中間子」という新粒子を導入することによって打開し，その聖域に量子力学をたずさえてふみ込んだのが，ほかならぬユカワであったのです．それは1934年ごろのことでした．

こういうふうに1932年の中性子の発見以後の歴史は，量子力学をもってしては攻撃できない，と考えられていた核内の聖域の壁がひとつひとつ取り払われていった歴史になったのです．

今日はこの歴史的展開の終りまで話を持ってゆくつもりでしたが，もう時間も残り少なくなりました．しかし，ここのところは第二次世界大戦前の最後のクライマックスであって，話をいいかげんにはしょるよりも，それを次回までおあずけにして，そこでたっぷりと話したほうがよいでしょう．その話の過程でいわゆる「荷電スピン」という大切な概念が生れました．これは角運動量のスピンとは別物ですが，数学的にはスピンそっくりの性質を持ち，素粒子論で大きな役目をするようになったのです．これについても次回にたっぷり話しましょう．

第10話　核力と荷電スピン
――ハイゼンベルクからフェルミへ
　　　　フェルミからユカワへ――

　今日は前回の約束で，ハイゼンベルクの核構造論から，フェルミへ，ユカワへ，とだんだん核内聖域の壁が取り払われていった話をしましょう．そして，その過程でスピンの兄弟分「荷電スピン」という概念が生れたいきさつを話しましょう．この概念は，のちに原子核理論や素粒子論で本質的な役目をすることになったのです．
　ハイゼンベルクの核構造論は，1932年6月，彼がその第I論文を *Zeitschrift für Physik* に投稿したときにはじまりました．チャドウィックが中性子発見の報告を *Nature* 誌に投稿したのは同年の2月でしたから，ハイゼンベルクの頭がいかに機敏に働いたかがよくわかります．しかもこの論文は，単に原子核が中性子と陽子とからできている，という思いつきだけでなく，そこには，中性子・陽子間に働く力が交換力であるという考えや，それを記述するために，いまお話した「荷電スピン」という重要な概念がはじめて登場しているという点で，それはきわめて画期的なものであったのです．[66] 彼はさらに次の月の7月に第II論文を，12月に第III論文を書きあげ，核の種々の性質についてじつに明快な理論的説明を与えました．こうして，それまで聖域と考えられていた核内に，量子力学のメスがはじめて入れられることになったのです．
　彼は彼の論文を次のような意味の文章ではじめています．キュリー－ジョリオ夫妻の研究とチャドウィックによるその解釈とから，原子核において中性子という新粒子が一役買っていることがわかった．この発見から，原子核が中性子と陽子とからできていて，電子は構成要素でない，という考え方が暗示される．もしこの仮説が正しいなら，それは，原子核理論の大きな単純化を意味する．これまで人々を悩ませていた基本的な問題，すなわちβ線がなぜ連続スペクトルを示すかとか，N

---

66) 参考：W. ハイゼンベルク『部分と全体』，山崎和夫訳，みすず書房（1974），pp. 212-214, 250-256.

核がなぜボース統計に従うか，とかいうむつかしい問題は，中性子が陽子と電子とに壊れるときどういう法則に支配されるかとか，中性子がなぜフェルミ統計に従うか（彼は中性子がフェルミオンだということをまっさきに要請しているのです）とかいう，よりいっそう基本的な問題に還元させることにして，核構造自体の問題は，そういう深い問題から切りはなし，中性子・陽子間に働く力のあらわれとして量子力学によって論ずる，そういうやり方が，この仮定によって可能になる，云々．これがハイゼンベルクの考え方の根本です．

W. ハイゼンベルク，1931年撮影．

　いまもちょっと言ったように，この論文でまっさきに要請されていることは，中性子がフェルミオンであり，スピンが $\frac{1}{2}$ であることです．彼はN核の統計とスピンとの実験結果を説明するのにこの仮定が必要であるとして，この要請を行なったのです（そのころまだマーフィーたちの実験は行なわれておらず，したがって中性子の統計とスピンについては何も知られていなかったのです）．事実，前回お話したエーレンフェスト-オッペンハイマーの規則は，そのとき注意したように，核がフェルミオンでつくられているならやはり成り立ち，したがって中性子がフェルミオンであるなら，この規則は彼らが電子と言ったところを中性子と言いかえても成り立ち，そうすれば規則の適用にあたっては，(9-2) のかわりに

$$A=m+n, \ Z=m$$

が用いられますから，結局，偶数 A を持つN核はボース統計に従うことになる．それでバンド・スペクトルの実験が規則に合うことになります．スピンのほうは，スピンの合成則から A が偶数のときそれは整数値で，これも実験と合う．

　そういう理由で，ハイゼンベルクは中性子をフェルミオンと考えましたが，なぜそうなるかということには触れないことにしています．いずれにせよ，彼は，中性子が陽子と電子とでできているという考えは有効でないと言い，さらに中性子を陽子と同様に一人前の素粒子と考え，ただ状況によっては，中性子が陽子と電子とに割れることもあると仮定しよう．そしてこの分割の際には，おそらく量子力学は成り立たず，エネルギー・運動量の保存は破れるだろう，と彼は言っている[67]．この最

後の点で，彼がはっきりと前回に話したボーアの立場にくみしていて，パウリの立場には反対であることがわかります．

そういうわけで，保存則が破れ，したがって量子力学の力ではなんともしがたい聖域の存在を残しながらも，それに触れないですませる場所を核内に見出すことによって，彼は核内の相当な部分を探検することができた．これがハイゼンベルクの核構造論なのです．

＊

核のなかに量子力学を持ち込むためには，その構成要素である中性子や陽子の間にどんな力が働くかを知らねばなりません．この力は，いくつかの中性子や陽子を核の大きさ程度のかたまりに強く結合するものですから，それは強い引力でしょう．けれども，核による陽子の散乱の実験から，そういう力が遠い距離まで届くとは考えられません．したがって，この力は，粒子が核の半径程度（10^{-15}m 程度）近づいたときにはじめて働くようなものでしょう．この力を核力と呼ぶことにします．このとき中性子と中性子の間の核力，陽子と陽子の間の核力，中性子と陽子の間の核力，と3種の核力が考えられますが，そのうちどれが一番重要な役をしているかについて，彼は次のように考えました．

原子番号 Z があまり大きくなく，したがって電荷 Ze があまり大きくない核では，質量数を A としたとき，ほぼ $Z = \dfrac{A}{2}$ が成り立つような核が多い，という実験的事実があります．このことは，中性子の個数と陽子の個数とがほぼ等しいような核がもっとも安定であることを示します．この事実から，彼は，核のかたまりのなかで中性子と陽子の間の引力がもっとも大きな役割をしている，と結論しました．な

---

67) ハイゼンベルクは『部分と全体』（注66に前出），p. 213 には「二，三の私の友人は，それについて私を非常に手きびしく批判して「しかし放射性 β 崩壊の際には，電子が原子核を去って行くのを，確かに見られるではないか」と彼らは言っていた」と述べ「それに対して私は，中性子は陽子と電子が結合したものであり，そのような構成物，すなわち中性子は，さしあたり不可解な理由から，陽子とちょうど同じような大きさであるべきであると考えていた」と書いている．しかし，1932年の論文「原子核の構造について I」には次のように書いている：「以下の考察では，中性子はフェルミ統計の規則にしたがいスピン $\hbar/2$ をもつと仮定する．これらの仮定は窒素核の統計の説明に必要であり，核の角運動量に関する経験にも対応する．中性子を陽子と電子からなると考えようとすれば，電子はボース統計にしたがいスピンは0であるとしなければならない．このような像を追求するのは有効でない．たぶん，中性子はそれ自体が独自の存在であって，ときに陽子と電子に分裂すると考えるべきであろう．その際，エネルギーと運動量の保存は成り立たないと推定される．」（ここで p. 189 の注62にあげたボーアの「ファラデー講演」を引用している．）

ぜなら，中性子同士の引力がもっとも強いとするなら，中性子ばかりでできた核のほうが安定で，したがってそういう核がもっとも多く存在してよいはずだ．しかし，これは事実に反する．同様なことが陽子同士の引力がもっとも強いときにも言えるはずで，そうならば陽子ばかりの核が多数存在してよいはずだ（このとき，Z が大きくなってクーロン斥力が強く効くとき話は変わります）．そういうわけで，彼は一応中性子・陽子間の力だけを考えに入れることにしました．

次にハイゼンベルクが注目したのは，原子核の結合エネルギーがほぼ質量数 A（すなわち核内の粒子の個数）に比例しているという実験事実です．このことから彼は，核力が通常の引力でなく，交換力だという考えに導かれました（交換力の意味はすぐあとで説明します）．彼は考えました，もし中性子・陽子間に働く力が通常の2体力であるなら，K 番目の中性子と L 番目の陽子の間のポテンシャルを $V_{K,L}$ と書き，中性子の個数を N，陽子の個数を P と書くなら，それらの間の全ポテンシャルは $\frac{1}{2}\sum_{K=1}^{N}\sum_{L=1}^{P}V_{K,L}$ であり，全結合エネルギーは大ざっぱにいって (K, L) という対の可能な組合せの数 $N \cdot P \simeq \frac{A^2}{4}$ に比例するでしょう．ところが実際には，それは A（の1乗）に比例するだけです．

この事実から，ハイゼンベルクは核力の本質をずばり見抜いて，それは「交換力」にちがいないと考えたのです．交換力というのは化学の分野で出てくるもので，たとえば2つの水素原子が結合して水素分子をつくる，そのとき原子同士を強く結びつける力，それが交換力なのです．この力の特性は，こうして H_2 分子がつくられると，その近くに第3の H 原子がやってきても，H_2 分子内の H 原子はその第3の H 原子をもはや実質的には引きつけない，という点です．ですから H 原子をたくさん集めて液体水素の滴をつくったとき，その滴の結合エネルギーは，実質的には H_2 分子の結合エネルギーの和にしかならない．したがって，それは滴のなかの H 原子の個数（の1乗）に比例するだけです．

それでは，2つの H 原子が引き合って H_2 分子に結びつくとき，どういう過程が起っているのか，そのときあらわれる力をなぜ交換力と呼ぶのか，それをお話してみましょう．H_2 分子の場合よりももっと簡単で，しかも中性子・陽子の場合により近いのは H_2^+ イオンの場合ですから，それについて話を進めましょう．

*

H_2^+ イオンというのは，2個の水素核と1個の電子からなる力学系です．簡単の

ために2個の水素核が動かないで空間のどこかに固定されていると考えましょう．この2個の核をそれぞれ核Ⅰおよび核Ⅱと呼ぶことにします．まずはじめに，2個の核が無限に遠く離れている場合を考えます．そうするとこの場合，次の2つの状態が考えられます．その第一は，核Ⅰと電子とがH原子をつくっており，核Ⅱは裸でいる状態，第二は，核Ⅰが裸で核Ⅱと電子とがH原子をつくっている状態，この2つです．そこで電子の座標を x と書き，この2つの状態に対するシュレーディンガー関数をそれぞれ $\psi_\mathrm{I}(x)$ および $\psi_\mathrm{II}(x)$ としますと，$\psi_\mathrm{I}(x)$ は，核Ⅰだけが存在していると考えたときの水素原子のシュレーディンガー関数であり，$\psi_\mathrm{II}(x)$ は，核Ⅱだけが存在していると考えたときのそれであることは明らかでしょう．このとき，それらの水素原子はいずれも基底状態にあるものとします．

けれども実際には，核Ⅰだけ，あるいは核Ⅱだけが，単独に存在するわけではなく，2個の核が有限の距離に存在しているわけです．しかし，その距離がなお大きいなら，$\psi_\mathrm{I}(x)$ あるいは $\psi_\mathrm{II}(x)$ のおのおのが第0近似で全系の固有関数と考えることができる．そしてまた第0近似でそれらは同一の固有値に属していると考えてよいでしょう．したがって系の状態は，第0近似においては，2重に縮退しているわけで，そのときは $\psi_\mathrm{I}(x)$ と $\psi_\mathrm{II}(x)$ との1次結合

$$\phi(x) = C_1 \psi_\mathrm{I}(x) + C_2 \psi_\mathrm{II}(x) \tag{10-1}$$

が，第0近似において全系の固有関数だと考えることができます．

しかし，核の間の距離が大きくて ψ_I や ψ_II がなおよい近似であっても，距離が有限であるならば，固有値のほうはいま言いました2重の縮退が一般に破れて，準位は2つに分離するはずです．そしてそのとき，そのおのおのの固有値ごとに，C_1 と C_2 とが一意的に（共通の因子を除いて）決まるはずです．この C_1 と C_2 の値の決定は，縮退準位に対する摂動論を用いでもよいが，別の方法を用いるほうがわれわれの場合に便利です．

ここで悪いくせを出して，ちょっと式を書かせてくださいね．いま2個の核が，それぞれ x 軸の上の点 $-\dfrac{r}{2}$ と $\dfrac{r}{2}$ にあるとします（$\pm\dfrac{r}{2}$ とは，言うまでもなく，成分 $(\pm\dfrac{r}{2}, 0, 0)$ を持つベクトルで，このとき核間の距離は r です）．そうすると，われわれの系のシュレーディンガー方程式は

$$\left\{\frac{1}{2m}p^2-\frac{1}{4\pi\varepsilon_0}\left(\frac{e^2}{\left|x+\dfrac{r}{2}\right|}+\frac{e^2}{\left|x-\dfrac{r}{2}\right|}\right)-E\right\}\phi(x)=0 \quad (10\text{-}2)$$

です．そこで，この方程式のなかで $x\to -x$ のおきかえをすると $\phi(-x)$ に対する方程式が得られますが，このおきかえで (10-2) の { } のなかは形を変えません．ですから，$\phi(x)$ が (10-2) の解なら $\phi(-x)$ もそうだ，という結論が導かれます．そこで，第5話で (5-14) から (5-16)$_s$ と (5-16)$_a$ を導いたときの話を思い出してください．そうすると，(10-2) の固有関数に対して

$$\phi(x)=\phi(-x)\equiv\phi_s(x) \quad (10\text{-}3)_s$$

か，あるいは

$$\phi(x)=-\phi(-x)\equiv\phi_a(x) \quad (10\text{-}3)_a$$

かのどちらかが成り立たねばならぬということが導かれます．ことばでいうと，(10-2) の固有関数は $x\rightleftarrows -x$ の変換に対して対称な関数か，あるいは反対称な関数かのどちらかであるということになります．

こうして得られた (10-3)$_s$ と (10-3)$_a$ の関係は，核間距離 r が大きくても小さくても成り立つものです．しかしわれわれは，r がじゅうぶん大きくて (10-1) の形の $\phi(x)$ がなおよい近似である場合に話を限りましょう．そういう場合には，(10-3)$_s$ と (10-3)$_a$ の関係は，(10-1) の右辺でそれぞれ $C_1=C_2$ かあるいは $C_1=-C_2$ を用いたときそのときに限り成立することがわかります．すなわち，このとき原点におかれた水素原子の基底状態でのシュレーディンガー関数を考えると，それは $\psi(|x|)$ の形をしており，それを用いて $\psi_\mathrm{I}(x)$ と $\psi_\mathrm{II}(x)$ とをあらわすと

$$\begin{aligned}\psi_\mathrm{I}(x)&=\psi\left(\left|x+\dfrac{r}{2}\right|\right),\\ \psi_\mathrm{II}(x)&=\psi\left(\left|x-\dfrac{r}{2}\right|\right)\end{aligned} \quad (10\text{-}4)$$

であり，したがってこの式から $x\rightleftarrows -x$ の変換は $\mathrm{I}\rightleftarrows\mathrm{II}$ の変換と同等だということがわかり，結局

$$\phi_s(x)=\frac{1}{\sqrt{2}}\{\psi_\mathrm{I}(x)+\psi_\mathrm{II}(x)\} \quad (10\text{-}4)_s$$

$$\phi_\mathrm{a}(\boldsymbol{x}) = \frac{1}{\sqrt{2}}\{\psi_\mathrm{I}(\boldsymbol{x}) - \psi_\mathrm{II}(\boldsymbol{x})\} \qquad (10\text{-}4)_\mathrm{a}$$

がそれぞれ (10-3)$_\mathrm{s}$ および (10-3)$_\mathrm{a}$ を満たすことが導かれる.

次に (10-2) の固有値のほうはどうなるでしょう. まず注意しておくことは, (10-2) のなかに r がパラメータとして含まれている結果, 固有値も $E(r)$ といったように r の関数となることです. そして, さっき言ったように, 2つの核の距離が有限のときには, 固有値が2つに分離します. ですから $\phi_\mathrm{s}(r)$ と $\phi_\mathrm{a}(r)$ に対して, それぞれ固有値 $E_\mathrm{s}(r)$ と $E_\mathrm{a}(r)$ とが定まります. このとき, この2つの固有値に両方の水素核間のクーロン・エネルギー $\dfrac{1}{4\pi\varepsilon_0}\dfrac{e^2}{r}$ を加えたもの, すなわち

$$\begin{aligned}J_\mathrm{s}(r) &= E_\mathrm{s}(r) + \frac{1}{4\pi\varepsilon_0}\frac{e^2}{r} \\ J_\mathrm{a}(r) &= E_\mathrm{a}(r) + \frac{1}{4\pi\varepsilon_0}\frac{e^2}{r}\end{aligned} \qquad (10\text{-}5)$$

がそれぞれ $\phi_\mathrm{s}(\boldsymbol{x})$ 状態と $\phi_\mathrm{a}(\boldsymbol{x})$ 状態での全エネルギーになり, したがって, それがそれぞれの状態で核Ⅰと核Ⅱとの間に働く力のポテンシャルになるわけです. このとき r が大きくても小さくても一般に

$$J_\mathrm{s}(r) < J_\mathrm{a}(r)$$

が成り立つことが証明されますが, さらに (10-4)$_\mathrm{s}$ と (10-4)$_\mathrm{a}$ とがよい近似になっているような大きな r に対しては, $J_\mathrm{s}(r)$ は負であり, かつ $-J_\mathrm{a}(r) = J_\mathrm{s}(r)$ が成立していることがわかります. よって

$$\begin{aligned}J_\mathrm{s}(r) &= -J(r), \\ J_\mathrm{a}(r) &= J(r)\end{aligned} \qquad (10\text{-}5')$$

と書くことができ, このとき $J(r) \geqslant 0$ であり, r を大きくすると $J(r)$ は単調に減少して $J(\infty) = 0$ になることもわかります. そういうわけで核Ⅰと核Ⅱの間には対称状態で引力が働き, 反対称状態では斥力が働くことがわかる. ですから, 対称状態では安定な H_2^+ ができますが, 反対称状態ではそれはできないことになる.

このようにして, クーロンの反発力にもかかわらず, H_2^+ のなかで2つの水素核が安定に結びつくことができるのは, 2つの核をめぐる電子のおかげであることがわかります. われわれの固有関数 (10-4)$_\mathrm{s}$ あるいは (10-4)$_\mathrm{a}$ が示すように, 2つの核がどんなに離れていても, $\psi_\mathrm{I}(\boldsymbol{x})$ あるいは $\psi_\mathrm{II}(\boldsymbol{x})$ は単独で正しい解にはなら

なくて，核がどんなに離れていても電子は両方の核をえこひいきなく訪問しており，その訪問のしかたが対称的な波動の形で行なわれるとき，2つの核の間には引力があらわれ，そしてそれが反対称的な波動の形で行なわれるときには斥力があらわれる．これがわれわれの結論です．

さっき，2つの核が無限に遠く離れたとき $\psi_\mathrm{I}(x)$ あるいは $\psi_\mathrm{II}(x)$ がそれぞれ単独で固有関数になるだろう，と常識的に考えましたが，それと電子が両方の核をえこひいきなく訪れることとは矛盾しているようにみえます．この点はどう理解したらよいか．それは次のように考えれば気にならなくなるのです．

いま (10-4)$_\mathrm{s}$ と (10-4)$_\mathrm{a}$ で与えられる固有関数 $\phi_\mathrm{s}(x)$ と $\phi_\mathrm{a}(x)$ とを用いて

$$\phi_\pm(x,\,t) = \phi_\mathrm{s}(x)e^{-iJ_\mathrm{s}(r)t/\hbar} \pm \phi_\mathrm{a}(x)e^{-iJ_\mathrm{a}(r)t/\hbar} \tag{10-6}$$

という波束をつくってみましょう．そうすると，これは確かに時間を含むシュレーディンガー方程式の解であり，したがってそれはわれわれの力学系の可能な状態です．そこで (10-6) の右辺の $\phi_\mathrm{s}(x)$ と $\phi_\mathrm{a}(x)$ とに (10-4)$_\mathrm{s}$ と (10-4)$_\mathrm{a}$ を代入し，両辺の絶対値2乗をつくってみましょう．そうすると直ちに

$$|\phi_\pm(x,\,t)|^2 = |\psi_\mathrm{I}(x)|^2 \left\{1 \pm \cos\frac{J_\mathrm{a}-J_\mathrm{s}}{\hbar}t\right\} + |\psi_\mathrm{II}(x)|^2 \left\{1 \mp \cos\frac{J_\mathrm{a}-J_\mathrm{s}}{\hbar}t\right\} + \cdots \tag{10-6'}$$

が得られます．ただし … とした項は $\psi_\mathrm{I}^*(x)\psi_\mathrm{II}(x)$，$\psi_\mathrm{I}(x)\psi_\mathrm{II}^*(x)$ を含む項で，これは $r \to \infty$ とともに 0 となり，かつ r がじゅうぶん大きいなら無視してもよいほど小さい．そこでこの項を無視すると，(10-6') の右辺は，$|\psi_\mathrm{I}(x)|^2$ の係数と $|\psi_\mathrm{II}(x)|^2$ の係数とが，

$$\omega \equiv \frac{1}{\hbar}\{J_\mathrm{a}(r) - J_\mathrm{s}(r)\} = \frac{2}{\hbar}J(r) \tag{10-7}$$

の角振動数で，交互に大きくなったり小さくなったりしていることを示しています．このことは，電子が角振動数 ω でⅠからⅡへ，ⅡからⅠへ行き来していることを意味します．このとき，さっき言った関係 $J(\infty)=0$ から，この振動数は $r \to \infty$ で 0 になることが導かれる．ですから，この極限では，ϕ_+ のほうは永遠に ψ_I であり，ϕ_- のほうは永遠に ψ_II であることがわかる．これでさっき言った矛盾は解消されることがわかったでしょう．それと同時に，2つの核の間に働く力のポテンシャル $\pm J(r)$

と，電子の往き来の角振動数ωとが，(10-7)のように密接に関係していることがわかりました．もしこの往き来が行なわれないならば振動は0ですから，$J(r)$も0になるわけです．

このような次第で，交換力の起源は電子の往き来にある，と言えることがわかりましたが，この電子の往き来を別のことばで言って，第Ⅰ核と第Ⅱ核とがかわりばんこに，電子の衣を着たりぬいだりしていると考えてもよい．あるいは$-\frac{r}{2}$のところの粒子と$\frac{r}{2}$のところの粒子とがかわりばんこに，中性原子になったり陽イオンになったりしている，と言ってもよい．このようなかわりばんこが交換力の特徴なのです．

*

ハイゼンベルクは，これに似た事情が核内の中性子と陽子との間でも起っていると考えました．すなわち，核内の中性子と陽子との間でも両方の粒子がかわりばんこに電荷を得たり失ったりし，中性子が陽子に変わったり，陽子が中性子に変わったり，そういう過程が絶えず繰り返されている．これがハイゼンベルクの考えです．そして，この電荷のやりとりが頻度ωで繰り返されるなら，それに伴って(10-7)で与えられる$\pm J(r)$のポテンシャルがあらわれる，と彼は考えるのです．

このときH_2^+とのアナロジーを文字どおりに採用することは明らかにできません．なぜならH_2^+の場合には電子のやりとりで，水素原子が水素イオンに変わったり，水素イオンが水素原子に変わったりすると同時に，水素原子はエーレンフェスト-オッペンハイマーの規則によってボース粒子で，水素イオンはフェルミ粒子ですから，統計がボースからフェルミに，フェルミからボースに，といった具合にかわりばんこに変わっている．しかるに中性子と陽子の場合はどちらもフェルミオンで，したがって統計は一定不変です．しかし仮に，何かスピン0のボソン電子ともいうべき粒子と陽子とで中性子ができていると考えるなら（これはラザフォードの中性子の一種のヴァージョンです），そのボソン電子が中性子と陽子の間を往き来する，という具象的な描像を考えることも不可能ではない．こういうことをハイゼンベルクも一応言っている．しかし，結局こういう考え方をしても，その往き来に量子力学が使えるかどうかわからない，という理由からでしょうか，彼はその考え方をとらず，中性子も陽子と同等な一人前の素粒子だと考え，そのとき$\frac{2}{\hbar}J(r)$の頻度で中性子が陽子に，陽子が中性子にと，かわりばんこに変わるのは，これら

の粒子が持って生れた性質であって、その背後にボソン電子の存在など考えないほうが正しいだろう、と結論しました.[68]

それでは、ボソン電子などを導入しないで、交換力を数学的に定式化するにはどうしたらよいか. H_2^+ の場合には、交換力のポテンシャルが $-J(r)$ になるか $+J(r)$ になるかは、変換 $x \to -x$ に対してシュレーディンガー関数が対称であるか反対称であるかによって決まったのでしたね. しかし、このとき x は電子（あるいはボソン電子）の座標でした. ですから、交換力の背後に電子（あるいはボソン電子）を考えないなら、この定式は使えないわけです. それではどうするか. ハイゼンベルクはここでスピンからの類推で「荷電スピン」の概念に導かれ、x を使わないで交換力を定式化するやりかたを確立したのです.

第5話でスピン・スピン間にあらわれる見かけ上の強い相互作用の話をしましたね. さっき H_2^+ の話をしたとき、第5話の (5-14), (5-16)$_s$, (5-16)$_a$ を思い出してもらいましたが、そこでも H_2^+ の問題と同様、対称状態と反対称状態があらわれ、そのどちらかでエネルギーの差ができることを知りました. そして、この差が見かけ上のスピン・スピン相互作用と考えられたわけです. 第5話では交換力ということばを用いませんでしたが、この見かけ上の力はまさに交換力であったのです. この交換力は電子の軌道運動を起源としているにもかかわらず、あたかもそれが2つのスピンの向きかたに関係するスピン間の相互作用のようにみなせたのでした.

第5話でも話したように、スピン・スピン相互作用の議論で主役を演じたのはハイゼンベルクです. ですから、核内の交換力を、その背後にボソン電子があってもなくても、何かスピン・マトリックスに似たものを用いて定式化できる、と彼が考えたことはまったくうなずけることです. そこで荷電スピンの話に入りましょう.

*

さっき H_2^+ の問題について話したとき、$-\dfrac{r}{2}$ のところの粒子と $\dfrac{r}{2}$ のところの粒子とがかわりばんこに中性原子になったり陽イオンになったりしている、という言いかたをしましたね. このとき、$-\dfrac{r}{2}$ のところの粒子が中性原子で $\dfrac{r}{2}$ のところの粒子が陽イオンになっている状態が $\psi_1(x)$ であり、$-\dfrac{r}{2}$ のところの粒子が陽イ

---

[68] ハイゼンベルクが1932年の論文 Über den Bau der Atomkerne I（原子核の構造について I）に書いているところを訳すと次のとおり：「交換力を、スピンをもたずボース統計にしたがう電子の描像で直観的にすることもできる. しかし、おそらく交換力は、電子の運動に帰するのではなく、陽子と中性子の対の基本的な性質と見るほうが、より正しいであろう.」

オンで $\frac{r}{2}$ のところの粒子が中性原子になっている状態が $\psi_{\mathrm{II}}(x)$ でした．そうすると，(10-4)$_{\mathrm{s}}$ の ϕ_{s} は，中性原子を陽イオンに変え，陽イオンを中性原子に変えたとき変化しない，という性質を持っており，(10-4)$_{\mathrm{a}}$ の ϕ_{a} はそのとき符号が変わる，という性質を持っていることになります．このことを"中性原子を陽イオンに変え，陽イオンを中性原子に変える変換に対して，ϕ_{s} は対称であり，ϕ_{a} は反対称である"と言うことができます．そして前者の場合には引力 $-J(r)$ が，後者の場合には斥力 $+J(r)$ があらわれることをわれわれは学んだ．この最後の点が交換力と普通の力とを区別する点で，普通の力なら ϕ の対称性に関係なく同一のポテンシャルがあらわれるわけです．

ここまでは H_2^+ の話でしたが，このような言いかたで交換力の特徴をあらわすなら，そこではすでに電子の座標 x は影を消していますから，それを中性子・陽子間の交換力の特徴とみなすことができます．それには，H_2^+ の場合に"中性原子"と言ったところを"中性子"と言いかえ，"陽イオン"と言ったところを"陽子"と言いかえればよい．これがハイゼンベルクの考えです．

それでは，中性子を陽子に変え陽子を中性子に変える，ということを数学的に表現するにはどうしたらよいか．そこなのです，ハイゼンベルクが荷電スピンを用いたのは．その目的のために，彼はまず中性子と陽子とを異なる素粒子と考えるかわりに，それを同一の素粒子の異なった状態だと考えるのです．この素粒子はのちに"nucleon"（核子）と呼ばれるようになりましたが，この用語を用いるなら，中性子状態と陽子状態という2つの状態を持つところの，核子という素粒子が原子核の構成要素である，と言うことができます．そして，中性子がスピン $\frac{1}{2}$ のフェルミオンであるとしたことから，核子は2つの状態のどちらでもスピン $\frac{1}{2}$ のフェルミオン，したがって核子自体がスピン $\frac{1}{2}$ のフェルミオンだと考えることができます．このとき，核子が2つの状態をとることができるとすれば，必然的にそれは x, y, z とスピン自由度のほかに，第5自由度を持つと考えねばならぬことになります．

この第5自由度は，2つの状態だけしかとらないという点で，スピン自由度に似ています．そこでハイゼンベルクは，この自由度を記述するものとして，

$$\rho^\xi = \begin{pmatrix} 0 & 1 \\ 1 & 0 \end{pmatrix}, \quad \rho^\eta = \begin{pmatrix} 0 & -i \\ i & 0 \end{pmatrix}, \quad \rho^\zeta = \begin{pmatrix} 1 & 0 \\ 0 & -1 \end{pmatrix} \qquad (10\text{-}8)$$

という2行2列のマトリックスを導入しました．ごらんのとおり，これはスピンの場合のパウリ・マトリックスと同じ形です．そしてハイゼンベルクは，スピンの場

合にスピン上向きの状態を $\sigma_z=+1$ で，下向きの状態を $\sigma_z=-1$ であらわしたことからの類推で，ρ^ζ の固有状態で固有値 $+1$ に属するものを中性子状態，固有値 -1 に属するものを陽子状態と約束しました[69]．そうすると，ρ に対するシュレーディンガー関数（それは2成分量です）を

$$\alpha = \begin{pmatrix} \alpha_1 \\ \alpha_2 \end{pmatrix} \tag{10-9}$$

と書いたとき，

$$\alpha^n \equiv \begin{pmatrix} 1 \\ 0 \end{pmatrix}, \quad \alpha^p \equiv \begin{pmatrix} 0 \\ 1 \end{pmatrix} \tag{10-9'}$$

がそれぞれ中性子状態，陽子状態をあらわす固有関数になることがすぐわかる．このとき，スピンの場合と同様，

$$\begin{aligned}
\rho^\xi \alpha^n &= \alpha^p, & \rho^\xi \alpha^p &= \alpha^n, \\
\rho^\eta \alpha^n &= i\alpha^p, & \rho^\eta \alpha^p &= -i\alpha^n, \\
\rho^\zeta \alpha^n &= \alpha^n, & \rho^\zeta \alpha^p &= -\alpha^p,
\end{aligned} \tag{10-10}$$

が成り立つことを指摘しておきましょう．

そこで2個の核子があったとして，それぞれの核子をⅠ，Ⅱという添字で区別しましょう．そうすると，核子Ⅰが中性子で核子Ⅱが陽子である，という状態のシュレーディンガー関数は，それを $\alpha^{n,p}$ と書くことにすると，

$$\alpha^{n,p} = \alpha_I^n \alpha_{II}^p \tag{10-11}_{n,p}$$

のように α_I^n と α_{II}^p という関数の積で与えられ，核子Ⅰが陽子で核子Ⅱが中性子である，という状態のシュレーディンガー関数は

$$\alpha^{p,n} = \alpha_I^p \alpha_{II}^n \tag{10-11}_{p,n}$$

で与えられます．さっきの H_2^+ のアナロジーでいくと，$\alpha^{n,p}$ が ψ_I に，$\alpha^{p,n}$ が ψ_{II} に対応するものです．ここまでくると，"中性子を陽子に変え，陽子を中性子に変える"という変換は，n を p に変え，p を n に変えることにほかならないことがわかります．次に H_2^+ の場合の ϕ_s や ϕ_a に相当するものをつくると，それは

---

[69] 今日では $\rho^\zeta=1$ を陽子，$\rho^\zeta=-1$ を中性子にあてる．$\rho^\zeta/2=T_3$ と書き，重粒子数 N_B と合わせて電荷を $Q=T_3+N_B/2$ と表わす．ストレンジネス S まで入れれば $Q=T_3+N_B/2+S/2$ となる．

$$\alpha^{\mathrm{s}} = \alpha_{\mathrm{I}}{}^{\mathrm{n}}\alpha_{\mathrm{II}}{}^{\mathrm{p}} + \alpha_{\mathrm{I}}{}^{\mathrm{p}}\alpha_{\mathrm{II}}{}^{\mathrm{n}} \qquad (10\text{-}12)_{\mathrm{s}}$$

と

$$\alpha^{\mathrm{a}} = \alpha_{\mathrm{I}}{}^{\mathrm{n}}\alpha_{\mathrm{II}}{}^{\mathrm{p}} - \alpha_{\mathrm{I}}{}^{\mathrm{p}}\alpha_{\mathrm{II}}{}^{\mathrm{n}} \qquad (10\text{-}12)_{\mathrm{a}}$$

で与えられます．ここで α^{s} は n を p に p を n に変える変換に対して対称，α^{a} はそれに対して反対称になることはすぐわかる．

ここまでくると，対称状態で $-J(r)$，反対称状態で $+J(r)$ になるようなマトリックスをつくることは直ちにできます．すなわち

$$-\frac{1}{2}(\rho_{\mathrm{I}}{}^{\xi}\rho_{\mathrm{II}}{}^{\xi} + \rho_{\mathrm{I}}{}^{\eta}\rho_{\mathrm{II}}{}^{\eta})J(r) \qquad (10\text{-}13)$$

がそういう性質を持っています．ただし，いま言った要求だけなら，（ ）のなかは $\rho_{\mathrm{I}}{}^{\xi}\rho_{\mathrm{II}}{}^{\xi}$ だけでも，$\rho_{\mathrm{I}}{}^{\eta}\rho_{\mathrm{II}}{}^{\eta}$ だけでもよいのですが，ハイゼンベルクは陽子同士あるいは中性子同士の間に核力はないと考えますから，核子 2 つともが中性子状態のとき，あるいは 2 つとも陽子状態のときには核力が働かないようにしようというので (10-13) を用いたのです．このとき

$$\begin{aligned}
\frac{1}{2}(\rho_{\mathrm{I}}{}^{\xi}\rho_{\mathrm{II}}{}^{\xi} + \rho_{\mathrm{I}}{}^{\eta}\rho_{\mathrm{II}}{}^{\eta})\alpha^{\mathrm{s}} &= \alpha^{\mathrm{s}} \\
\frac{1}{2}(\rho_{\mathrm{I}}{}^{\xi}\rho_{\mathrm{II}}{}^{\xi} + \rho_{\mathrm{I}}{}^{\eta}\rho_{\mathrm{II}}{}^{\eta})\alpha^{\mathrm{a}} &= -\alpha^{\mathrm{a}} \\
\frac{1}{2}(\rho_{\mathrm{I}}{}^{\xi}\rho_{\mathrm{II}}{}^{\xi} + \rho_{\mathrm{I}}{}^{\eta}\rho_{\mathrm{II}}{}^{\eta})\alpha_{\mathrm{I}}{}^{\mathrm{n}}\alpha_{\mathrm{II}}{}^{\mathrm{n}} &= 0 \\
\frac{1}{2}(\rho_{\mathrm{I}}{}^{\xi}\rho_{\mathrm{II}}{}^{\xi} + \rho_{\mathrm{I}}{}^{\eta}\rho_{\mathrm{II}}{}^{\eta})\alpha_{\mathrm{I}}{}^{\mathrm{p}}\alpha_{\mathrm{II}}{}^{\mathrm{p}} &= 0
\end{aligned} \qquad (10\text{-}14)$$

が成り立つことは，(10-10) を用いて直ちに証明されます．この (10-14) のはじめの 2 つから，状態 α^{s} において (10-13) は $-J(r)$ の値を持ち，状態 α^{a} でそれは $+J(r)$ の値を持つことがわかり，あとの 2 つからは，核子が 2 個とも中性子であったり陽子であったりすると力が働かないことが結論されます．さらにここで"波束"

$$\alpha^{\mathrm{s}} e^{-iJ_{\mathrm{s}}(r)t/\hbar} \pm \alpha^{\mathrm{a}} e^{-iJ_{\mathrm{a}}(r)t/\hbar}$$

をつくることによって，中性子から陽子へ，陽子から中性子へ，という移り変わり

が $\omega = 2J(r)/\hbar$ の角振動数で起ることが確かめられます．

いままでは2個の核子だけを考えましたが，一般に N 個の核子が存在するなら，結局，交換力の総和をあらわすマトリックスとして

$$-\frac{1}{2}\sum_{K>L}^{N}(\rho_K{}^{\xi}\rho_L{}^{\xi}+\rho_K{}^{\eta}\rho_L{}^{\eta})J(r_{KL}) \tag{10-15}$$

が得られます．この交換力以外に，陽子間にはクーロン力も働きますから，そのポテンシャルを考えに入れるなら，さらに

$$+\frac{1}{4}\sum_{K>L}^{N}(1-\rho_K{}^{\xi})(1-\rho_L{}^{\xi})\frac{1}{4\pi\varepsilon_0}\frac{e^2}{r_{KL}} \tag{10-15'}$$

を付け加えればよい．このようにして核の全ハミルトニアンとしては

$$\begin{aligned}H = \frac{1}{2m}\sum_K^N p_K{}^2 &- \frac{1}{2}\sum_{K>L}^{N}(\rho_K{}^{\xi}\rho_L{}^{\xi}+\rho_K{}^{\eta}\rho_L{}^{\eta})J(r_{KL}) \\ &+ \frac{1}{4}\sum_{K>L}^{N}(1-\rho_K{}^{\xi})(1-\rho_L{}^{\xi})\frac{1}{4\pi\varepsilon_0}\frac{e^2}{r_{KL}}\end{aligned} \tag{10-16}$$

を用いればよいことになった．これがハイゼンベルクの考えです．このとき核子の質量が大きい結果，核内で核子の速度は小さく，したがってハミルトニアンは非相対論的なものでよいのです．

このハミルトニアン (10-16) からハイゼンベルクはいろいろな結論を導いています．またもっとも簡単な重水素核では問題が2体問題ですから，数学的にきわめてはっきりした扱いが可能です．それをやってみると，(10-16) のハミルトニアンにいくつかの訂正すべき点が見つかります．そのひとつは，(10-16) のなかで $J(r)$ の符号を変えねばならないことです．なぜなら，もとのままでは重水素核のスピンが0になるから（彼がこの論文を書いたときは，まだマーフィーたちの実験は出ていませんでした）．さらにもうひとつの点は，彼のハミルトニアンではヘリウム核の大きな安定性が説明できないこと，および重水素核の ϕ_s 状態での斥力（$J(r)$ の符号を変えましたから，これは斥力です）があまりに強くなりすぎ，中性子・陽子の衝突問題で実験と合わなくなることです．しかし，この点は交換力にさらに $(\boldsymbol{\sigma}_K \cdot \boldsymbol{\sigma}_L)$ というスピンを含むものを付け加えれば改良できます（この $(\boldsymbol{\sigma}_K \cdot \boldsymbol{\sigma}_L)$ を含む核力を提案者の名をとってマジョラナ力と言います）[70]．

また1936年ごろになると，陽子・陽子間にもクーロン力以外に核力が働き，しかもそれが ϕ_s 状態での中性子・陽子間の核力に等しい，という注目すべきことが

実験で示されました．そこで中性子・中性子間にもやはり同じ核力が働くものとすると，その注目すべき事実は，(10-15) に用いられた因子 $(\rho_K{}^\xi \rho_L{}^\xi + \rho_K{}^\eta \rho_L{}^\eta)$ のところに

$$(\rho_K{}^\xi \rho_L{}^\xi + \rho_K{}^\eta \rho_L{}^\eta + \rho_K{}^\zeta \rho_L{}^\zeta) = (\boldsymbol{\rho}_K \cdot \boldsymbol{\rho}_L)$$

を用いることによって理論のなかに取り入れることができます．ここで $\boldsymbol{\rho}$ と書いたのは，$(\rho^\xi, \rho^\eta, \rho^\zeta)$ を $\xi\eta\zeta$ 空間でのベクトルと考えたことを意味しますが，核力の表式のなかで $\rho^\xi, \rho^\eta, \rho^\zeta$ が $(\boldsymbol{\rho}_K \cdot \boldsymbol{\rho}_L)$ の形であらわされることは，スピン成分 $\sigma^x, \sigma^y, \sigma^z$ がそのなかで定義されるところの xyz 空間と同様，$\xi\eta\zeta$ 空間が核力に関する限り等方的であることを意味します．そういう点からみて $\boldsymbol{\rho}$ は単に核力を定式化するための便利な道具であっただけでなく，$\boldsymbol{\sigma}$ と同様，非常に基本的な物理量であることがわかる．そういうわけで，$\frac{1}{2}\boldsymbol{\sigma}$ がスピンであったこととの関連において $\frac{1}{2}\boldsymbol{\rho}$ を「荷電スピン」と呼ぶようになったのです．この考え方をすると，$J_s(r)$ と $J_a(r)$ の 2 種類のポテンシャルがあらわれるのは，核子 I と II の荷電スピンが平行に向いているか逆平行に向いているかによるのだ，という言いかたができます．

E. マジョラナ（1906 - 1938）.

ここで，荷電スピンの考えが一役する例をひとつだけあげておきましょう．ハイゼンベルクの考え，すなわち中性子と陽子とは別の素粒子でなく同一の素粒子の，すなわち核子の，異なる状態だという考えを延長すると，たとえば C^{14}, N^{14}, O^{14} という 3 つの核種は同一の核の異なる状態だと考えることができます．なぜなら，それらのいずれも 14 個の核子からできているからです．そしてそのときクーロン相互作用を無視した近似では，全荷電スピンとその ζ 成分はハミルトニアンと可換であり，したがって

$$\left(\sum_{K=1}^{N} \frac{1}{2}\boldsymbol{\rho}_K\right)^2 = T(T+1), \qquad \sum_{K=1}^{N} \frac{1}{2}\rho_K{}^\zeta = T^\zeta$$

は保存される量で，それらの固有値に関連する数 T と T^ζ を核の状態をあらわす

---

70) この問題に関する著者自身の研究について：朝永振一郎「量子力学と私」，『量子力学と私』（朝永振一郎著作集 11）(p. 127 の注 43 に前出), pp. 6-61, 特に pp. 32-33；同『量子力学と私』（注 43，岩波文庫），pp. 15-84, 特に pp. 48-50．著者が自身の計算結果を湯川秀樹に知らせた 1933 年の手紙が『仁科芳雄往復書簡集 I』，中根良平・仁科雄一郎・仁科浩二郎・矢崎裕二・江沢 洋編，みすず書房 (2006) に書簡 310 として収録されている．その中で後に湯川ポテンシャルとよばれるようになる $e^{-\lambda r}/r$ を用いていることが注目される（先に G. Wentzel が 1926 年に用いていたが）．

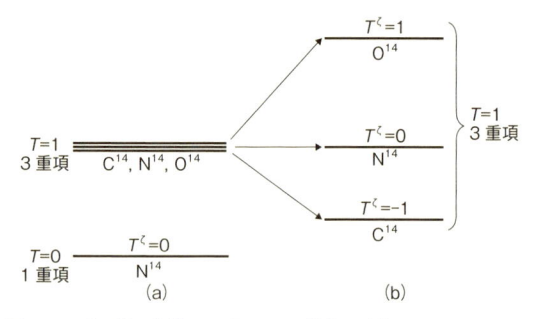

図 11 C^{14}, N^{14}, O^{14} 核のエネルギー準位. (a) はクーロン・エネルギーを無視したとき, (b) はクーロン・エネルギーを考えに入れたときの3重項の分離を示す.

量子数として用いることができます. このことは分光学で原子の準位をあらわすのに $\left(\sum_K \frac{1}{2}\sigma_K\right)^2 = s(s+1)$ の s と, $\sum_K \frac{1}{2}\sigma_K{}^z = s^z$ を用いたのと同様です.

そこで C^{14}, N^{14}, O^{14} の場合にこの考えを適用しますと, いろいろな実験から, N^{14} の基底状態は $T=0$, $T^\zeta=0$ の状態であり, C^{14} の基底状態と N^{14} の第1励起状態と O^{14} の基底状態の3つが $T=1$ の状態であることがわかります. そして, この3つの状態のうち, C^{14} のは $T^\zeta=-1$, N^{14} のは $T^\zeta=0$, O^{14} のは $T^\zeta=+1$ の状態になっている. ですから分光学の用語を使うなら, N^{14} の基底状態は1重項であり, あとの3つの状態は3重項だということになる. この3重項の3つの準位は, 陽子間のクーロン力を考えに入れなければ重なっていますが, それを入れると, 分光学で3重項が内部磁場で3つに分れたように, それが3つの準位に分れます. そしてその分れかたが計算と実験とで非常によく合うのです[71]. そういう状況を図11に図示しておきましょう. とにかくこの例でわかるように, 荷電スピンを使って, 互いにアイソバーになっている核種のエネルギー準位を分光学の場合の多重項の取り扱いと同じ方法で互いに関連づけることが可能になったのです. そういう意味で英語では荷電スピンのことを isobaric spin と言います. (それを isotopic spin[72] と呼ぶ人もいますが, これはあまりいい呼び方ではないとぼくは思う).

荷電スピンの概念は, このような核の"分光学"で重要な役をするのみならず,

---

71) E.P. ウィグナーのいわゆるスーパー・マルチプレット (超多重構造) 理論である. 次の注72の論文を見よ.
72) そう命名したのはウィグナーである (E. P. Wigner, On the Consequences of the Symmetry of the Nuclear Hamiltonian on the Spectroscopy of Nuclei, *Phys. Rev.* **51** (1937) 106-119).

あとでお話するように，フェルミ理論でもユカワ理論でもそれが一役買っています．このようにこの概念が，はじめ予想もしていなかったような意味を持っていた，という事実は，ハイゼンベルクの見通しが如何に的を射たものであったかを物語るわけです．彼は荷電スピンの考えをスピンからの類推によって得たわけですが，彼の考え方の大きな特徴のひとつは，この種の類推にあるとぼくは思うのです．しかも彼の類推は単なる現象論的方法であるだけでなく，非常に多くの場合，本質的なものにつながってゆくのです．ディラックのアクロバット，パウリの正攻法，そしてハイゼンベルクの類推法，みなそれぞれに強い個性が見られて，彼らの仕事をたどってみるとき，それがわれわれを飽かせないのです．

*

ハイゼンベルクの理論から核内の問題に量子力学を用いる道が開けたわけで，前回お話したように中性子の統計やスピンや磁気能率が重水素核のそれを通じて得られましたが，それが可能になったのは重水素核に対して量子力学を用いることが許されたからでした．また核の統計については，エーレンフェスト-オッペンハイマーの規則を用いて，A が $\begin{cases} 偶数 \\ 奇数 \end{cases}$ なら核は $\begin{cases} ボース統計 \\ フェルミ統計 \end{cases}$ に従うという結論が導かれますが，一方スピンについては角運動量の合成法則によって，スピン $\frac{1}{2}$ の粒子が $\begin{cases} 偶数個 \\ 奇数個 \end{cases}$ あれば，それらの粒子の合成角運動量は $\begin{cases} 整数値 \\ 半整数値 \end{cases}$ になるということが結論されます．そこでこの2つの結論をまとめると，結局スピンが $\begin{cases} 整数値 \\ 半整数値 \end{cases}$ であるとき核は $\begin{cases} ボース統計 \\ フェルミ統計 \end{cases}$ に従う，という結論が出ます．このことは第8話でお話したパウリの関係が複合粒子に対しても成立していることを意味します．また，これらの規則のスピンのところを荷電スピンでおきかえることもできます．さっきの C^{14}, N^{14}, O^{14} では1重項と3重項とがあらわれていますが，これは合成された荷電スピンが整数値であることを意味し，ちゃんと規則に合っています．こういう結論は，すべて核内で量子力学が成立したからこそ導くことができたのです．

しかし，さすがのハイゼンベルクも，ボーアの影響力に勝てなかったせいか，β 崩壊に関しては量子力学が成り立たないと考え，それにはあえて手を触れませんでした．このボーア流の考えをしりぞけ，パウリの中性微子をとりあげて，β 崩壊までを量子力学の枠内に入れたのが，ほかならぬフェルミでした．その仕事は1934年にあらわれました．

フェルミは，核内に電子など存在せず，$\rho^{\zeta} = \pm 1$ という第5自由度を持ついくつ

E. フェルミ（左，1901-1954）と N. ボーア．1931 年撮影．

かの核子だけが存在している，というハイゼンベルクの考え方から出発しました．いま質量数 A の核を考えてみましょう．これは A 個の核子からできている力学系です．そのときいろいろな原子番号の核種がアイソバーとして存在しているでしょうが，それらのなかでもっともエネルギーの低いものの Z を Z_0 とします．そうすると，アイソバーのうちで $Z \geqq Z_0+1$ であるような核種や $Z \leqq Z_0-1$ であるような核種は，われわれの核子系の励起状態と考えることができます（さっきの 14 個核子系の話で C^{14} と O^{14} の基底状態は，N^{14} の基底状態に対して励起状態と考えました）．そこで $Z=Z_0-1$ の核を考えると，この核では中性子状態の核子が Z_0 核のそれより 1 個多く，陽子状態の核子がそれより 1 個少なくなっている勘定ですね．このとき励起エネルギーが電子の静止エネルギー mc^2 より大きいなら，核のなかの中性子状態の核子のどれかが電子とパウリの中性微子とを放出し（ただし中性微子の質量を 0 として），核は基底状態 Z_0 に遷移する．そういうことが起るだろう．それが β 崩壊だ，とフェルミは考えました．

　彼のこの考えをどういうふうに量子力学に組み入れるか．それに答えるには，励起した原子が光子を放出して基底状態に遷移する，というすでによく知られた過程が手本になります．この問題を取り扱うには，第 6 話で話したように，まず光の場を量子化し，その量子化した場と原子内の電子との相互作用エネルギーをハミルトニアンのなかに組み入れ，そしてシュレーディンガー方程式を立て，それを解けばよかった．フェルミのやったことは，実際このやり方の延長でありました．

　フェルミはまず電子場と中性微子の場とを量子化しました．電子場の量子化についてはすでにわかっていますが，中性微子場については，まずそれがボソンかフェルミオンかを決めなければならない．しかし中性子も陽子もともに $\frac{1}{2}$ のスピンを持っていることから，中性子状態から陽子状態への遷移において，角運動量の大きさは整数値だけ変化する．このことから，そのとき発生する電子と中性微子の角運動量の合成値は，角運動量の保存則からやはり整数でなければならず，したがって

電子角運動量と合わさって整数値をつくるには，中性微子のスピンが半整数であることが要求されます．そこでフェルミはもっとも簡単なものとして，中性微子のスピンは $\frac{1}{2}$ であると仮定しました．そうすれば中性微子はディラック方程式を満たすことになり，負エネルギーの困難から逃れるには，それがフェルミオンだとしなければならない．

このように中性微子の満たすべき方程式と統計とがわかると，その場の量子化はすぐできます．また電子・中性微子場と核子との相互作用エネルギーの形も，共変性の要請と，電荷保存の要請とから，そうやたらな可能性はないことがわかります．このとき，その相互作用エネルギーは荷電スピンの $\rho^\xi = \begin{pmatrix} 0 & 1 \\ 1 & 0 \end{pmatrix}$ や $\rho^\eta = \begin{pmatrix} 0 & -i \\ i & 0 \end{pmatrix}$ を含む必要があります．なぜなら，そうでなかったら，相互作用エネルギーのマトリックス要素のうち，中性子状態と陽子状態とを結ぶものが 0 になり，中性子状態 ⇄ 陽子状態という遷移は起ることができなくなるからです．このような条件を満たすもっとも簡単な相互作用エネルギーとして，フェルミがどんなものをとったか書くだけ書いておくと，それは

$$g \sum_K V(\boldsymbol{x}_K) \tag{10-17}$$
$$= g \sum_K \left\{ \frac{1}{2}(\rho_K{}^\xi - i\rho_K{}^\eta) \Psi^\dagger(\boldsymbol{x}_K) \Phi(\boldsymbol{x}_K) + \frac{1}{2}(\rho_K{}^\xi + i\rho_K{}^\eta) \Phi^\dagger(\boldsymbol{x}_K) \Psi(\boldsymbol{x}_K) \right\}$$

です．ただし $\Psi(\boldsymbol{x})$ は量子化した電子の波動関数，$\Phi(\boldsymbol{x})$ は量子化した反中性微子の波動関数で，そのどちらもディラック方程式を満たす 4 個の成分を持っています．そして $\Psi^\dagger(\boldsymbol{x}_K)\Phi(\boldsymbol{x}_K)$ とか $\Phi^\dagger(\boldsymbol{x}_K)\Psi(\boldsymbol{x}_K)$ とか書いたのは，それはそれぞれ $\sum_{\alpha=1}^{4} \Psi^\dagger{}_\alpha(\boldsymbol{x}_K) \Phi_\alpha(\boldsymbol{x}_K)$ とか $\sum_{\alpha=1}^{4} \Phi^\dagger{}_\alpha(\boldsymbol{x}_K) \Psi_\alpha(\boldsymbol{x}_K)$ のことで，$\boldsymbol{x}_K, \rho_K{}^\xi, \rho_K{}^\eta$ は言うまでもなく核子 K の空間座標と荷電スピンを意味し，g は相互作用常数です．

フェルミが (10-17) を相互作用エネルギーとしたことの背後には，光の場からの類推があったのです．荷電粒子と光の場の場合，光の場を記述する電場のポテンシャルを $V(\boldsymbol{x})$ としたとき，粒子の速度が光速 c にくらべて小さいなら，粒子と場との相互作用は $e \sum_K V(\boldsymbol{x}_K)$ でよかった．これをわれわれの場合に適用できるように一般化したのがフェルミの (10-17) なのです．すなわち (10-17) を見ると，荷電粒子と光の場のとき $V(\boldsymbol{x}_K)$ が用いられていたところに $\Psi^\dagger(\boldsymbol{x}_K) \Phi(\boldsymbol{x}_K)$ とか $\Phi^\dagger(\boldsymbol{x}_K) \Psi(\boldsymbol{x}_K)$ とかいう積が用いられていますが，それは，光の場のときは光子と

いうただ1種の粒子だけが関与していたのに対し，β 崩壊においては電子，中性微子という2種の粒子が関与しているからです．さらに (10-17) は $\frac{1}{2}(\rho_K{}^\xi - i\rho_K{}^\eta)$ とか $\frac{1}{2}(\rho_K{}^\xi + i\rho_K{}^\eta)$ とかいうものが使われていますが，それは中性子 ⇌ 陽子の遷移が起ることに対応している．実際 (10-8) から $\frac{1}{2}(\rho_K{}^\xi - i\rho_K{}^\eta) = \begin{pmatrix} 0 & 0 \\ 1 & 0 \end{pmatrix}_K$ および $\frac{1}{2}(\rho_K{}^\xi + i\rho_K{}^\eta) = \begin{pmatrix} 0 & 1 \\ 0 & 0 \end{pmatrix}_K$ がわかりますが，それらはそれぞれ中性子→陽子，および陽子→中性子という遷移に関与するマトリックスなのです．

なお，われわれは例として $Z = Z_0 - 1$ の場合を考えましたが，$Z = Z_0 + 1$ の場合にも，エネルギー関係が許すなら，やはり β 崩壊は可能です．ただ，このときは，陽電子と反中性微子が放出されます．事実，さっきの C^{14}, N^{14}, O^{14} の場合には，$C^{14} \to N^{14}$ と $O^{14} \to N^{14}$ と2種の β 崩壊が観察されており，前者の場合には電子が，後者の場合には陽電子が出ています．

このようにして，フェルミは β 崩壊を量子力学の枠内に持ち込むことに成功したのです．時勢にくらべてあまりにも進みすぎていたパウリの中性微子の考えは，チャドウィックの発見とハイゼンベルクの理論とが契機になって，4年後にフェルミによってとりあげられることになったのです．ですから，パウリの言った desperate conclusion は，じつは promising conclusion であったわけですねえ．

*

フェルミ理論の成功から，人々の間には，このフェルミ流のやり方で，ハイゼンベルクが避けて通ったことがら，すなわち交換力の背後に何か粒子の往き来があるという描像ですね，そういう描像を，ボソン電子のかわりに電子・中性微子の往き来として具体化できないか，という考え方が出てきました．しかし，この試みはすべて失敗しました．というのは，この考えでは，実験から期待されるような強い核力は決して出てこないからです．もう少しくわしく言うと，交換力の強さは，粒子が往き来する頻度に比例するわけで，したがって強い交換力を得るためには，電子・中性微子の往き来が非常に頻繁に行なわれねばならず，そうすると，その過程の途中で電子・中性微子が核外に漏れ出るチャンスもそれに応じて大きくならねばならず，そうなると核の β 崩壊に対する寿命は，実験で見出された値より桁ちがいに短くなってしまうのです．

そこでユカワは "heavy quantum" という未発見の荷電ボソンが存在していて，この荷電粒子が中性子と陽子の間を往き来しているのだと考えました．そして彼は，こ

の粒子が電子の100倍程度の質量を持てば，核力の到達距離が10^{-15} m程度になることを結論したのです．彼は，荷電粒子の間に働く力が電磁場を媒介としてあらわれるということからの類推によって，核力も何か核力場ともいうべき未知の場を媒介としてあらわれると考えました．そしてこの場の方程式としてクライン－ゴルドン場を採用するなら，電磁場のときのクーロン場をあらわす解$\frac{1}{4\pi\varepsilon_0}\frac{e^2}{r}$に相当して$\frac{g^2}{r}e^{-\kappa r}$があらわれること，そしてまたドゥブロイ－アインシュタインの関係から，その場を量子化したとき電磁場では質量ゼロのボソン（光子）があらわれるところに，核力場では質量$\frac{\kappa\hbar}{c}$のボソンがあらわれることを彼は思い起したのです．そして$\frac{1}{4\pi\varepsilon_0}\frac{e^2}{r}$がクーロン力のポテンシャルであったのと同様に，$g^2\frac{e^{-\kappa r}}{r}$が核力のポテンシャルになるであろう，という考えから，このポテンシャルの到達距離$\approx\frac{1}{\kappa}$に対して，$\frac{1}{\kappa}\simeq 10^{-15}$mとおいて核力ボソンの質量を計算し，さっき言った100×電子質量を得たのです．[73]こうして，このボソンは陽子よりは軽いが電子より重く，光量子よりはるかに重い．そこで彼はlight quantumに対して，これをheavy quantumと名づけたのです．ユカワもときには，しゃれを言うこともあるようですね．

さらにユカワは，核力ボソンは10^{-6}s程度の寿命で電子（あるいは陽電子）と中性微子とに崩壊すると考え，原子核のβ崩壊を次のように考えました．すなわち，フェルミ理論では中性子$\rightleftarrows$陽子の過程で直接電子・中性微子が出ると考え，したがってこの頻度が大きくなれば，核の寿命は短くなって困るが，ユカワの考えでは核内での中性子$\rightleftarrows$陽子の過程は核力ボソンの往き来によって行なわれ，核のβ崩壊は，この往き来の過程のどこかでそのボソンが"ふと"電子と中性微子に壊れるときはじめて起るのです．だから，この"ふと"がめったに起らなければ，β崩壊もめったに起らず，したがって核の寿命が短くなる心配はないのです．

しかし，きみたちは次の点を心配するかもしれない．すなわち大きな核力を説明するほど大きな頻度で核力ボソンが核子の間を往き来しているなら，その過程の途中でそのボソン自身が核の外に漏れ出るチャンスも大きくなり，核がこのボソンを

---

73) 湯川は，核力が短距離力であることをよくあらわす$U(r) = e^{-\kappa r}/r$がクライン－ゴルドン方程式

$$\left[\frac{1}{c^2}\frac{\partial^2}{\partial t^2} - \left(\frac{\partial^2}{\partial x^2} + \frac{\partial^2}{\partial y^2} + \frac{\partial^2}{\partial z^2}\right) + \kappa^2\right]U(r) = 0 \quad (r > 0)$$

をみたし，このことから力の到達距離$1/\kappa$が中間子の質量mと$1/\kappa = \hbar/mc$の関係で結ばれることに気づいたのである．

放出して崩壊することが観察されるはずではないのか，と．しかしこれに対する答えは簡単です．すなわちこのボソンは電子の 100 倍もの質量を持っており，したがってその mc^2 は 10^8eV にもなる．したがって，この大きなエネルギーの供給がない以上，それは核外に出ることはできない．ところでこんなに高く励起された核は天然には存在しないし，またそんなに高エネルギーの加速器も当時つくられていなかった．

しかし宇宙線のなかには，10^8eV 程度の運動エネルギーを持った粒子はたくさん存在しています．ですから，そういう粒子が原子核に衝突するなら，核力ボソンが原子核から打ち出される可能性はあります．そういうわけで，ユカワは宇宙線中にこの粒子が見つかるかもしれない，と言っています．ところがユカワの論文が出た次の年，すなわち 1936 年にアンダーソンとネッダマイヤーが共同の実験でそれらしき粒子を宇宙線のなかに見つけました[74]．そしてこの粒子には meson（中間子）という名がつけられました．

ついでですから，ユカワ理論においても荷電スピンが重要な役をしていることを話しておきましょう．ユカワはフェルミの (10-17) から示唆されて，核子と核力場との相互作用エネルギーとして

$$g \sum_K \left\{ \frac{1}{2}(\rho_K{}^\xi - i\rho_K{}^\eta) U^\dagger(\boldsymbol{x}_K) + \frac{1}{2}(\rho_K{}^\xi + i\rho_K{}^\eta) U(\boldsymbol{x}_K) \right\} \quad (10\text{-}18)$$

の形のものを用いました．ただし，ここで $U(\boldsymbol{x})$ は量子化した核力場で，それは第 6 話で話したパウリ－ワイスコップの $\Psi(\boldsymbol{x})$ と同様，クライン－ゴルドン方程式を満たす複素数的な波動です．このとき 2 個の実数的な場 U^ξ と U^η を導入して，

$$U = \frac{1}{2}(U^\xi - iU^\eta), \quad U^\dagger = \frac{1}{2}(U^\xi + iU^\eta) \quad (10\text{-}19)$$

とおくと，(10-18) は

$$g \sum_K \frac{1}{2} \left\{ \rho_K{}^\xi U^\xi(\boldsymbol{x}_K) + \rho_K{}^\eta U^\eta(\boldsymbol{x}_K) \right\} \quad (10\text{-}18')$$

の形に書けるが，ごらんのとおり (10-18)，(10-18') のいずれにせよ，荷電スピンが一役しているでしょう．さらに，さっき話したように，陽子・陽子間および中性子・中性子間にも交換力が働きますから，それを説明するために，電気的に中性

---

[74] p. 155 の注 49 を参照.

な中間子の存在も考える必要が出てきました．このとき，この交換力が ϕ_s 状態での中性子・陽子間の交換力と同一になるためには，中性中間子の場を $U^\zeta(x)$ と書いたとき，(10-18′) のかわりに

$$g\sum_K \frac{1}{2}\Big\{\rho_K{}^\xi U^\xi(x_K) + \rho_K{}^\eta U^\eta(x_K) + \rho_K{}^\zeta U^\zeta(x_K)\Big\} = g\sum_K \frac{1}{2}\boldsymbol{\rho}_K \cdot \boldsymbol{U}(x_K)$$

(10-18″)

を用いねばならないことがわかります（このとき，粒子が中性になるためには $U^\zeta(x)$ は実数的です）．この最後の形では，U が $\xi\eta\zeta$ 空間のベクトルと考えられていますが，このことは，核子の第5自由度に相当する新しい自由度を核力ボソンも持っているという解釈を可能にします．この解釈を採用するなら，核子の荷電スピンが $\frac{1}{2}$ であったのに対して，核力ボソンのそれは1だということになる．そしてこのとき，この荷電スピンの ζ 成分は $+1$，0，-1 という3つの値をとりますが，それが $+1$ のとき核力ボソンは正中間子，0 のとき中性中間子，-1 のとき負中間子の状態にあるということになるのです．これは核子の場合，荷電スピンの ζ 成分が $+\frac{1}{2}$ のときそれは中性子状態にあり，$-\frac{1}{2}$ のとき陽子状態にある，ということに相当します．さらに (10-18″) を見ればわかるように，中間子論においても $\xi\eta\zeta$ 空間はまったく等方的になっている．そういう意味で，この空間や，そのなかで定義される荷電スピンは，ますます基本的な意味を持つことになったのです．

H. ユカワ (1907 - 1981) 1957年撮影．

ユカワが核力の起源に関する彼の考えを論文の形で発表したのは1935年でしたが，しばらくの間それは人々の注目を引きませんでした．しかもアンダーソンたちの発見があったあとでさえ，たとえばオッペンハイマーはユカワの見解に賛成しませんでした．しかし，ユカワたちのグループは，その間にもユカワの考えを整備し拡充し，スカラー場を用いたはじめの考えから，ベクトル場を考えることによって，核力中の $(\boldsymbol{\sigma}_K \cdot \boldsymbol{\sigma}_L)$ を含む項の説明や，核子の異常磁気能率の起源の説明（これらはスカラー場では説明できませんでした）を試みたりし，定性的にその説明が可能であることを示しています．

そうこうしているうちに，一方ヨーロッパのほうでも，アンダーソンたちの発見した粒子と核力とを結びつけようという，ユカワと同じ考えが数名の人たちの心の

なかに生まれ，それらの人々はユカワのやったのと同じことを，それとは知らずにやりはじめたのです．(75) そして彼らは，ユカワがすでに早くその考えを発表し，そして彼らがやっていることをユカワたちがすでに同じころにやっていた，ということを知って驚いたのです．彼らにとっては，ユカワを発見した驚きのほうが，中間子そのものの発見に対する驚きより大きかったようです．

ぼくは1937年から1939年にかけてドイツのライプチヒ大学（ここにハイゼンベルクとフントがいました）にいましたが，それまで日本から寄贈される *Proceedings of the Physico-Mathematical Society of Japan* は，届いてもすぐ書庫にかたづけられ，誰にも読まれたことはなかったそうです．しかるにユカワの論文がそれに出はじめたころから，それは堂々と物理教室の図書室に並べられ，ユカワたちの論文の載っているページは，読む人の手ずれで黄色っぽくなっていました．

ユカワの heavy quantum の考えが人々の注目を引かなかったのは，このように雑誌が人々の目に触れなかったせいもあるのでしょうが，それはパウリの中性微子の考えと同様，ユカワの考えがあまりにも時勢に先んじていたせいでしょう．現に，ボーアは1937年に来日していますが，そのときユカワの仕事について聞かされていながら，それにあまり興味を示さなかったという話です．またハイゼンベルクは，彼の論文のなかで，交換力の背後にスピン0のボソン電子が往き来している，という考えに言及していながら，彼はむしろその考えに背を向ける方向に歩んでしまった．それやこれや考えてみますと，その理由は，ひとつひとつその壁が取り払われていったにもかかわらず，核内に聖域がある，という考えが人々の心にしみ込んでおり，また一方，かずかずの発見にもかかわらず，新粒子アレルギーが人々の間に根強く残っていたからでしょう．ここで気がつくことは，聖域の壁を順々に取り払っていったハイゼンベルク，フェルミ，ユカワたちの働いていた場所が，ボーアのいたコペンハーゲンから順々に遠くなっていることです．これは，遠方へ行くほど

---

75) チューリッヒのE.C.G.ステュッケルベルクは，湯川と同じ考えを出したが同僚のパウリに却下されたという (R.P.クリース・C.C.マン『セカンド・クリエイション』上，鎮目恭夫・小原洋二訳，早川書房 (1991), p.232)．湯川の論文は1935年に出たが，ステュッケルベルクは1936年，それを知らずに同様の論文を発表した．彼は，1937年6月に湯川の論文に気づき，仁科に手紙で湯川のところで勉強したいといってきた (p.155の注49にあげた『仁科芳雄往復書簡集II』に収められたステュッケルベルクの書簡600)．

　イギリスのN.ケンマー，H.フレーリッヒ，W.ハイトラー，H.J.ババ等も中間子論を手がけたが，その始まりは1938年で，湯川の論文を見た上でのことであった．ハイゼンベルクも1938年に湯川の論文を引用して論文を書いた．

ボーアの影響が弱くなっていることを意味するのでしょうか.

　しかしながら,ハイゼンベルクからフェルミへ,フェルミからユカワへと進んだことで,核内の聖域がゼロになった,とはまだ言えません.まだ残っている聖域は,いわゆる発散の困難として核内だけでなく,核の内外を問わず,あらゆる素粒子にまといついて残っているのです.その聖域の壁は無限に高く立ちはだかっていて,今日なお人々の立ち入りを拒みつづけているのです.[76]

*

　パウリのスピンと統計の理論の背景にはこういう展開があったのです.

　今日の話から,1930年ごろの人々の考え方が1932年ごろから大きく変わりはじめ,1940年にかけて物理学者の働く世界は原子・分子から原子核へ,さらに素粒子へと次第に拡大し,自然の奥深く進む下地がつくられていった,そういう経過をきみたちが知ってくだされば幸いです.1940年といえば,その前年の1939年にはヨーロッパにおいて第二次大戦の火ぶたがすでに切られており,日本も1941年になって,ついに戦争の渦中に身を投じてしまった.そういうわけで,1940年ごろからそれぞれの国の物理学者たちもしばらくは苦難の道を歩むことになり,戦前整備されたこういう下地のなかから素粒子論が芽ばえ,枝葉をのばし,やがて多彩に花開くようになるのには,なお何年かの間,戦争の終結を待たねばならなかったのです.

---

76) 発散の困難は,まず量子電磁力学において朝永・J.シュウィンガー・R.P.ファインマンのくりこみ理論によって回避された.当時はゴミを敷物の下に掃きこむようなものだといわれたが,実験との一致は桁はずれによく,またくりこみ可能性は素粒子の標準理論にいたる理論構築の指導原理ともなった.その基礎は,くりこみ群の観点から見直されている.

第11話　再びトーマス因子について
　　──異常磁気能率に対してトーマス理論は有効か──

　前回の話で，1940年ごろ物理の歴史は戦前最後のクライマックスをむかえたことがおわかりと思います．このクライマックスのところでぼくの長ばなしを終ってもよいのだが，一昨年（1972年）日本へやって来たイェンゼンがぼくに宿題を残していったので，その話を今日やっておく必要がある．

　第9話でお話したように，陽子の異常磁気能率が1933年に発見され，中性子のそれもその翌年に決定されました．そこで今日お話するのは，こういう異常磁気能率についてトーマス因子はどうなるか，という問題です．第2話でトーマスの考え方をざっと話しましたが，一昨年の或る日，イェンゼンがふらりとぼくの家へやって来て（ふらりというのは，ネクタイもしないでサンダルをつっかけてという彼の姿の形容です），物理の歴史の話をしてよいかと言うから，どうぞとぼくが言うと，トーマス因子というの知ってるだろう，ということで話がはじまった．イェンゼンの言うところによると，トーマス理論はヨーロッパでたいへんなセンセーションを巻き起し，その賛否をめぐってけんけんごうごうの議論があったのだそうです．しかし，とにかく彼の理論からは，実験の要求する因子 $\frac{1}{2}$ がちゃんと出てくることは確かです．ですから，この $\frac{1}{2}$ がトーマス理論の正しさを証拠立てるものか，あるいは単に幸福な偶然の一致にすぎないのか，その点をはっきりさせる必要がある．そこで異常磁気能率にトーマスの考えを適用してみること，またそれに新しい量子力学を適用してみること，そして，その2つの結果をくらべてみること，そうすればトーマスの考えが正しいものだったかどうかわかるだろう．イェンゼンがぼくのうちへやって来たとき話した彼の思いつきはこれだったのです．

　ちなみに異常磁気能率に量子力学を適用するための下地は，すでに1933年にパウリによって用意されていました．1933年といえば，シュテルンが陽子の異常磁気能率を測定した年で，またラビがそれをさらに精密に測定したのは，その次の

L. H. トーマス (1903-1992)

1934年のことでした．第9話で話したように，パウリはシュテルンの実験室を訪れたころ陽子の磁気能率は正常値 $\dfrac{eh}{2m_\mathrm{p}}$ だと信じ切っていたわけで，信じてもいない異常値の料理に必要な材料を彼がそのころすでに持っていて，あとでお話しますように，それを発表していたということは，一見ちょっと異常ですが，しかし見ようによっては，また如何にもパウリらしいことでもある．

トーマス因子の話をしたのはもう半年以上も前のことで，きみたちはお忘れかと思うので簡単にそれを繰り返しておきましょう．問題はアルカリ2重項の説明ですが，それをするのに，電子が核のまわりをまわっていると考えるかわりに，電子がじっとしていて，核が電子のまわりをまわっている，そういう座標系を考えます（これを電子の静止系と呼びます）．そうすると，電子のまわりを運行する核によって磁場が電子のところにつくられ，電子の磁気能率は当然それと相互作用するから，それによって準位は2つに分れる．これがアルカリ2重項の説明でした．ところが，第2話の話のように，それだと2重項の間隔が実験の2倍に出てしまう．

この困難を解決したのがトーマスで，彼によれば，電子が静止していて核がまわっている座標系，というものが，じつはちょっと考えるほど簡単なものでなかったのでした．彼はここで相対論，特にローレンツ変換の特殊な性質，をじゅうぶん注意して考慮に入れる必要性に気づきました．そのとき，電子が等速運動をしているなら，簡単にローレンツ変換によって，電子の静止系がすぐ定められます．しかし粒子が加速度を持っていると，そこでいろんなことを考慮に入れなければならない．これがトーマスの考えの中心点です．第2話では"しんどすぎる"という理由でトーマスの計算のくわしい話を省略しましたが，それを抜かしてはイェンゼンの宿題に答えることにはならないので，少しややこしくても，久しぶりに相対論のおさらいをするのも悪くないな，ぐらいに考えて話を聞いてください．

*

ローレンツ変換とは何かということ，きみたちはよく知っているだろうが，順序としてそれからはじめよう．

いま任意の2つの慣性系 I と I' とを考え，I 系上に固定して1つの直交座標系 S を，I' 系上に固定して1つの直交座標系 S' を考え，S の原点を O，座標軸を X, Y, Z 軸とし，S' の原点を O'，座標軸を X', Y', Z' 軸とします．次に，この2つの慣性系から何か或る出来事を見たとき，I 系ではそれが点 (x, y, z) で時刻 t に起ったと観測し，I' 系ではそれが点 (x', y', z') で時刻 t' に起ったと観測したとします．そのとき，I 系でも I' 系でも，座標原点や時間の零点はどこにとってもよいから，$t=t'=0$ という時刻で O と O' とが一瞬重なっているようにとるのが便利です．そうすると，変数の組 $\{x, y, z, t\}$ と $\{x', y', z', t'\}$ との間に

$$x^2+y^2+z^2-c^2t^2 = x'^2+y'^2+z'^2-c^2t'^2 \qquad (11\text{-}1)$$

を満たすような斉一次関係が成り立ちます．この (11-1) は相対論の要請から出てくる基本的な関係ですが，$\{x, y, z, t\}$ と $\{x', y', z', t'\}$ との間に (11-1) を満たすところの関係が成り立つとき，この変数の2組は互いにローレンツ変換によって結びつけられている，というのです．このとき (x, y, z) と (x', y', z') とは，出来事の起こった場所の"空間座標"ですが，それに対して出来事の起った時刻をあわせ考えた $\{x, y, z, t\}$ と $\{x', y', z', t'\}$ を，その出来事のそれぞれの慣性系での"時空座標"と呼びます．

　慣性系 I 系上と I' 系上にとる座標系 S と S' のとりかたはいろいろありますが，それに従っていろいろな形のローレンツ変換があらわれます．で，それを非回転性のものと回転性のものとにわけるのが便利です．

　非回転性のローレンツ変換のなかでも，もっとも簡単な形をしているのは，ご承知の

$$x' = \frac{x-vt}{\sqrt{1-v^2/c^2}}, \quad y' = y, \quad z' = z, \quad t' = \frac{t-\dfrac{v}{c^2}x}{\sqrt{1-v^2/c^2}} \quad (11\text{-}2)$$

です．これを解くと，逆変換

$$x = \frac{x'+vt'}{\sqrt{1-v^2/c^2}}, \quad y = y', \quad z = z', \quad t = \frac{t'+\dfrac{v}{c^2}x'}{\sqrt{1-v^2/c^2}} \quad (11\text{-}2')$$

が得られる．この変換の物理的意味を考えるために，I' 系上に固定した点 P' を考え，S' 系に準拠してその座標を $(x'_\mathrm{P}, y'_\mathrm{P}, z'_\mathrm{P})$ とします．そうすると I 系から見

たその点の座標は，S 系に準拠したとき

$$x_{\mathrm{P}'} - vt = \sqrt{1-v^2/c^2}\, x'_{\mathrm{P}'}, \quad y_{\mathrm{P}'} = y'_{\mathrm{P}'}, \quad z_{\mathrm{P}'} = z'_{\mathrm{P}'}$$

で与えられることが (11-2) からわかります．この関係は

$$x_{\mathrm{P}'} = \sqrt{1-v^2/c^2}\, x'_{\mathrm{P}'} + vt, \quad y_{\mathrm{P}'} = y'_{\mathrm{P}'}, \quad z_{\mathrm{P}'} = z'_{\mathrm{P}'}$$

と書けますが，これからわかるように，I 系から点 P' を見ると，それは時刻 t で

$$(x_{\mathrm{P}'},\, y_{\mathrm{P}'},\, z_{\mathrm{P}'}) = (\sqrt{1-v^2/c^2}\, x'_{\mathrm{P}'} + vt,\, y'_{\mathrm{P}'},\, z'_{\mathrm{P}'}) \tag{11-3}$$

という場所にあることがわかる．したがって I 系から見ると P' 点は速度 $\boldsymbol{v}_{\mathrm{P}'} = (v, 0, 0)$ で X 軸方向に動いており，その x 座標に対しては $\sqrt{1-v^2/c^2}$ という因子でローレンツ収縮が起っていることがわかる．特別の場合として P' が S' 系の原点だとすると，それを I 系から見たときの座標は

$$(x_{\mathrm{O}'},\, y_{\mathrm{O}'},\, z_{\mathrm{O}'}) = (vt, 0, 0) \tag{11-4}$$

したがって，これまた速度

$$\boldsymbol{v}_{\mathrm{O}'} = \boldsymbol{v}_{\mathrm{P}'} = (v, 0, 0) \tag{11-5}$$

で X 軸方向に動いており，またベクトル $\mathrm{O}'\mathrm{P}'$ を考えると，I 系の S 座標でのその成分

$$(x_{\mathrm{P}'} - x_{\mathrm{O}'},\, y_{\mathrm{P}'} - y_{\mathrm{O}'},\, z_{\mathrm{P}'} - z_{\mathrm{O}'})$$

は，S' 系のそれと

$$\begin{aligned} x_{\mathrm{P}'} - x_{\mathrm{O}'} &= \sqrt{1-v^2/c^2}\,(x'_{\mathrm{P}'} - x'_{\mathrm{O}'}), \\ y_{\mathrm{P}'} - y_{\mathrm{O}'} &= y'_{\mathrm{P}'} - y'_{\mathrm{O}'}, \\ z_{\mathrm{P}'} - z_{\mathrm{O}'} &= z'_{\mathrm{P}'} - z'_{\mathrm{O}'} \end{aligned} \tag{11-6}$$

で結びつけられていることがわかります．ここでも x 成分がローレンツ収縮を受けています．

次に (11-3) で点 P' として X' 軸上の点をとってみます．そうすると，この点については $y'_{\mathrm{P}'} = z'_{\mathrm{P}'} = 0$ ですから，$y_{\mathrm{P}'} = z_{\mathrm{P}'} = 0$ となり，したがって I 系の X' 軸を

I 系から見ると,それは X 軸に平行であることがわかる.同様に I' 系の Y' 軸を I 系から見ると,それは Y 軸に平行,I' 系の Z' 軸を I 系から見ると,それは Z 軸と平行になっている.

　これまでは I' 系上に固定された点,ベクトル,座標軸を I 系から見るとどう見えるかをしらべました.逆に I 系上に固定された点,ベクトル,座標軸を I' 系から見るとどう見えるか.それは (11-2′) を用いて同様にしらべることができます.結論は,I 系上に固定された点を I' 系から見ると,それはすべて速度 $-v$ で X' 軸方向に走っており,同じく I 系上に固定されたベクトルは,すべて速度 $-v$ で X' 軸方向に平行移動しており,このとき x' 成分はローレンツ収縮 $\sqrt{1-v^2/c^2}$ を受ける.さらに I 系の座標軸 X, Y, Z は I' 系から見ると,それぞれ X' 軸,Y' 軸,Z' 軸に平行である.これらのことを式で書くと,(11-3) に相当して

$$(x'_\mathrm{P}, y'_\mathrm{P}, z'_\mathrm{P}) = (\sqrt{1-v^2/c^2}\, x_\mathrm{P} - vt',\ y_\mathrm{P},\ z_\mathrm{P}) \qquad (11\text{-}3')$$

が成り立ち,(11-4) に相当して

$$(x'_\mathrm{O}, y'_\mathrm{O}, z'_\mathrm{O}) = (-vt', 0, 0) \qquad (11\text{-}4')$$

が成り立ち,(11-5) に相当して

$$\boldsymbol{v}'_\mathrm{O} = \boldsymbol{v}'_\mathrm{P} = (-v, 0, 0) \qquad (11\text{-}5')$$

が成り立ち,(11-6) に相当して

$$\begin{aligned}
x'_\mathrm{P} - x'_\mathrm{O} &= \sqrt{1-v^2/c^2}\,(x_\mathrm{P} - x_\mathrm{O}), \\
y'_\mathrm{P} - y'_\mathrm{O} &= y_\mathrm{P} - y_\mathrm{O}, \\
z'_\mathrm{P} - z'_\mathrm{O} &= z_\mathrm{P} - z_\mathrm{O}
\end{aligned} \qquad (11\text{-}6')$$

が成り立っている,ということになる.

　このようにして,(11-2) あるいは (11-2′) の形のローレンツ変換では,両方の系の3つの座標軸がそれぞれ平行になっています.〔この言いかたは少しズボラで,一方の系から他方の座標軸を見たとき,それが自分の座標軸に平行だというのが本当の意味です.しかしズボラなほうが便利なのは世の常です.〕そういう意味で,この変換は確かに座標軸の回転を含まず,したがって非回転性の変換です.座標軸が平行になっている変換は (11-2) 以外に,その式中の x, y, z をサイクリックに変

えた変換も同様な性質を持っています．そしてこれらの変換はもっとも簡単な形をしている特殊なものなので，しばしば特殊ローレンツ変換と呼ばれています．

特殊ローレンツ変換では X 軸と X' 軸とが，Y 軸と Y' 軸とが，および Z 軸と Z' 軸とが，平行になっていますから，ちょっと考えると，S 系での成分が (a_x, a_y, a_z) であるような I 系内のベクトル a と，S' 系での成分が (a'_x, a'_y, a'_z) であるような I' 系内のベクトル a' とがあったとき，その成分間に $a_x : a_y : a_z = a'_x : a'_y : a'_z$ の関係があるなら，a と a' とは平行だ（これもズボラな言いかたですが），と言えそうです．しかしそれは成り立ちません．なぜなら（11-6'）で明らかなように，a を I' 系から見ると，その成分は $(\sqrt{1-v^2/c^2}\,a_x, a_y, a_z)$ であって，$a'_x : a'_y : a'_z = a_x : a_y : a_z$ を満たすような I' 系のベクトル (a'_x, a'_y, a'_z) とこのベクトルとは $a_x = a'_x = 0$ のときか，$a_y = a'_y = a_z = a'_z = 0$ のとき以外，決して平行になりません．しかし座標軸 S と S' とが平行であるとき，$a_x : a_y : a_z = a'_x : a'_y : a'_z$ が成り立つような I 系のベクトル a と I' 系のベクトル a' とがしばしばあらわれ，それが特別の役をすることがあるので，そのような a と a' とは互いに "準平行" である，という言いかたをするのが便利です．一般にローレンツ変換は，$\sqrt{1-v^2/c^2}$ を1とみなしてよい極限では，ガリレー変換になりますが，そういう極限では準平行はまさに平行になります．

さっき特殊ローレンツ変換は非回転性だと言いましたが，もっと一般的な非回転性変換に進みましょう．それはどんなものかというと，I 系上と I' 系上にとったこれまでの直交座標系 S と S' とのかわりに（それは X 軸と X' 軸とが平行，Y 軸と Y' 軸とが平行，Z 軸と Z' 軸とが平行な，そういう座標系でした），新しい直交座標系 $\bar{S}$ と $\bar{S}'$ とを，$\bar{X}$ 軸と $\bar{X}'$ 軸とが準平行，$\bar{Y}$ 軸と $\bar{Y}'$ 軸とが準平行，$\bar{Z}$ 軸と $\bar{Z}'$ 軸とが準平行，になるようにとるのです．さっき言った準平行の定義に従えば，$\bar{X}$ 軸と $\bar{X}'$ 軸とが準平行だということから，$\bar{X}$ 軸の X, Y, Z 軸に対する方向余弦と，$\bar{X}'$ 軸の X', Y', Z' 軸に対する方向余弦とは相等しく，同様なことが $\bar{Y}$ 軸と $\bar{Y}'$ 軸，$\bar{Z}$ 軸と $\bar{Z}'$ 軸との間にも成り立っています．ですから，結局，S 系の軸と S' 系の軸とに同一の回転を与えることによって，$\bar{S}$ 系の軸と $\bar{S}'$ 系の軸とが得られることになる．このとき，何か或る出来事の時空座標を，$\bar{S}$ 系で $\{\bar{x}, \bar{y}, \bar{z}, \bar{t}\}$，$\bar{S}'$ 系で $\{\bar{x}', \bar{y}', \bar{z}', \bar{t}'\}$ としたとき，$\{\bar{x}, \bar{y}, \bar{z}, \bar{t}\} \rightleftharpoons \{\bar{x}', \bar{y}', \bar{z}', \bar{t}'\}$ の変換を非回転性ローレンツ変換と呼ぶのです．この場合には，$\bar{S}$ 系の $\bar{X}, \bar{Y}, \bar{Z}$ 軸と $\bar{S}'$ 系の $\bar{X}', \bar{Y}', \bar{Z}'$ 軸とは準平行であり，その意味で，$\bar{S}$ と $\bar{S}'$ とは非回転の関係にあると考えてよいのです．言うまでもなく，$\sqrt{1-v^2/c^2}$ を1とみなしてよい極限では，$\bar{S}$ と

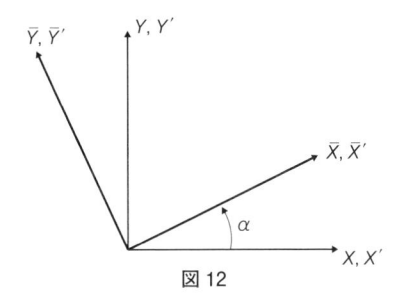

再びトーマス因子について 225

図12

$\bar{S}'$ との座標軸はまさに平行です.

なお,$\bar{S}$ 系と $\bar{S}'$ 系との軸が準平行である場合,$\bar{S}$ 系のベクトル $\bar{a}=(\bar{a}_x,\bar{a}_y,\bar{a}_z)$ と $\bar{S}'$ 系のベクトル $\bar{a}'=(\bar{a}'_x,\bar{a}'_y,\bar{a}'_z)$ とにおいて,$\bar{a}_x:\bar{a}_y:\bar{a}_z=\bar{a}'_x:\bar{a}'_y:\bar{a}'_z$ が成り立つなら $\bar{a}$ と $\bar{a}'$ とは準平行です.証明はわけないからはぶきます.そういうわけで,ベクトル a と a' とが準平行だということは,必ずしも平行な軸を持つ座標系を用いないでも定義することが可能であり,かつそれは $\bar{S}$ 系,$\bar{S}'$ 系のとりかたに無関係な概念,したがってそれは空間座標の変換に対して不変な意味を持つものです.

それでは非回転性ローレンツ変換の一般形はどんなものでしょうか.しかし,あまり一般的にやると話が長くかつ複雑になり,かえって問題の本質が見失われますから,ここではあとの議論に必要な程度の一般形で我慢しましょう.いま言ったように,$\bar{S}$ 系の軸と $\bar{S}'$ 系の軸とは,(11-2),(11-2′)のとき用いられていた座標系 S と S' との軸に同一の回転を与えることによって得られます.そこで,その回転として Z 軸および Z' 軸のまわりに角 α だけ X 軸,Y 軸,および X' 軸,Y' 軸をまわしたものを考え,それをそれぞれ $\bar{S}$ 系および $\bar{S}'$ 系とします.図12をごらんください.そうすると,S 系での座標が (x, y, z) であった点は,$\bar{S}$ 系では

$$\begin{aligned}\bar{x} &= x\cos\alpha + y\sin\alpha, \\ \bar{y} &= -x\sin\alpha + y\cos\alpha, \\ \bar{z} &= z\end{aligned} \quad (11\text{-}7)$$

で与えられるところの $(\bar{x}, \bar{y}, \bar{z})$ という座標を持ち,S' 系での座標が (x', y', z') であった点は,$\bar{S}'$ 系では

$$\bar{x}' = x'\cos\alpha + y'\sin\alpha,$$
$$\bar{y}' = -x'\sin\alpha + y'\cos\alpha, \qquad (11\text{-}7')$$
$$\bar{z}' = z'$$

で与えられるところの $(\bar{x}', \bar{y}', \bar{z}')$ という座標を持っていることになります（このとき言うまでもなく $\bar{t}=t$, $\bar{t}'=t'$ です）．ところが一方，(x,y,z) と (x',y',z') とは (11-2) あるいは (11-2′) で結びつけられていますから，ちょっとした計算の後

$$\bar{x}' = \left\{\frac{1}{\sqrt{1-v^2/c^2}}\cos^2\alpha + \sin^2\alpha\right\}\cdot\bar{x} - \left\{\frac{1}{\sqrt{1-v^2/c^2}}-1\right\}\sin\alpha\cos\alpha\cdot\bar{y}$$
$$\quad -\frac{v\cos\alpha}{\sqrt{1-v^2/c^2}}\cdot t,$$

$$\bar{y}' = -\left\{\frac{1}{\sqrt{1-v^2/c^2}}-1\right\}\sin\alpha\cos\alpha\cdot\bar{x} + \left\{\frac{1}{\sqrt{1-v^2/c^2}}\sin^2\alpha + \cos^2\alpha\right\}\cdot\bar{y}$$
$$\quad +\frac{v\sin\alpha}{\sqrt{1-v^2/c^2}}\cdot t, \qquad (11\text{-}8)$$

$$\bar{z}' = z' = \bar{z},$$

$$\bar{t}' = t' = \frac{t}{\sqrt{1-v^2/c^2}} - \frac{\dfrac{v}{c^2}\{\cos\alpha\cdot\bar{x}-\sin\alpha\cdot\bar{y}\}}{\sqrt{1-v^2/c^2}}$$

が得られます．これの逆関係，すなわち $\bar{x},\bar{y},\bar{z}$ を $\bar{x}',\bar{y}',\bar{z}'$ で与える式は，上の式の $\bar{x}'$ と $\bar{x}$ とを入れ換え，$\bar{y}'$ と $\bar{y}$ とを入れ換え，$\bar{z}'$ と $\bar{z}$ とを入れ換え，さらに v を $-v$ でおき換えれば得られます．

変換 (11-8) あるいはその逆変換からすぐわかることは，$\bar{S}$ 系から見た O' の座標は（O' とは S' 系の座標原点ですが，それは同時に $\bar{S}'$ 系の原点 $\bar{O}'$ でもあります）

$$\bar{x}_{O'} = v\cos\alpha\cdot t, \quad \bar{y}_{O'} = -v\sin\alpha\cdot t, \quad \bar{z}_{O'} = 0 \qquad (11\text{-}9)$$

であり，$\bar{S}'$ 系から見た O の座標は

$$\bar{x}'_O = -v\cos\alpha\cdot t', \quad \bar{y}'_O = v\sin\alpha\cdot t', \quad \bar{z}'_O = 0 \qquad (11\text{-}9')$$

であることです．したがって $\bar{S}$ 系から見た O' の速度は

$$\bar{v}_{O'} = (v\cos\alpha,\ -v\sin\alpha,\ 0) \qquad (11\text{-}10)$$

で，$\bar{S}'$ 系から見た O の速度は

$$\vec{v}'_{\mathrm{O}} = (-v\cos\alpha,\ v\sin\alpha,\ 0) \qquad (11\text{-}10')$$

になる．そこで結局

$$\bar{v}_{\mathrm{O}'} = -\vec{v}'_{\mathrm{O}} \qquad (11\text{-}11)$$

であり，かつ

$$|\bar{v}_{\mathrm{O}'}| = |\vec{v}'_{\mathrm{O}}| = |v| \qquad (11\text{-}11')$$

が導かれる．このように $\bar{v}_{\mathrm{O}'}$ と $\vec{v}'_{\mathrm{O}}$ とが逆向きになっていることは，非回転性のローレンツ変換の特性です．〔特殊ローレンツ変換では，その上に $\bar{v}_{\mathrm{O}'}$ が X, Y, Z 軸のどれかの方向に，$\vec{v}'_{\mathrm{O}}$ がその逆方向に向いていました．〕

　最後にもっとも一般的なローレンツ変換，すなわち回転性のローレンツ変換を問題にしましょう．回転性のローレンツ変換とは，I 系上にとった座標系の軸と I' 系上にとった座標系の軸とが準平行でない場合です．その座標系をそれぞれ $\bar{\bar{S}}$, $\bar{\bar{S}}'$ としましょう．このとき一般性を失うことなく $\bar{\bar{S}} = \bar{S}$ ととってよいことは明らかですから，そうすることにします．そうすると，$\bar{\bar{S}}$ 系の座標軸はさっきとった $\bar{X}, \bar{Y}, \bar{Z}$ 軸でよいけれど，$\bar{\bar{S}}'$ 系の座標軸は，$\bar{S}'$ 系の座標軸 $\bar{X}', \bar{Y}', \bar{Z}'$ に何か或る回転を与えたものになっているはずです．ここで前と同様，その回転は $\bar{S}'$ 系を $\bar{Z}'$ 軸のまわりに角度 β だけまわしたものに限りましょう．そうすると，$\bar{S}'$ 系で座標 $(\bar{x}', \bar{y}', \bar{z}')$ を持っていた点の座標は，$\bar{\bar{S}}'$ 系では

$$\begin{aligned}\bar{\bar{x}}' &= \cos\beta \cdot \bar{x}' + \sin\beta \cdot \bar{y}', \\ \bar{\bar{y}}' &= -\sin\beta \cdot \bar{x}' + \cos\beta \cdot \bar{y}', \\ \bar{\bar{z}}' &= \bar{z}'\end{aligned} \qquad (11\text{-}12)$$

で与えられる $(\bar{\bar{x}}', \bar{\bar{y}}', \bar{\bar{z}}')$ になりますね．このとき

$$\bar{\bar{t}}' = \bar{t}' \qquad (11\text{-}13)$$

は明らかです．そこで (11-12) と (11-8) とから $\bar{x}', \bar{y}', \bar{z}', \bar{t}'$ を消去すると，$\{\bar{\bar{x}}', \bar{\bar{y}}', \bar{\bar{z}}', \bar{\bar{t}}'\}$ を $\{\bar{x}, \bar{y}, \bar{z}, \bar{t}\}$ であらわす式と，その逆の式が得られます．しかしその式を表むき使うことはないので，ここにそれを書くことは省略しましょう．実際この式を用いなくても，$\bar{S}$ 系の原点 O を $\bar{\bar{S}}'$ 系から見たときの座標や，$\bar{\bar{S}}'$ 系の原

図 13

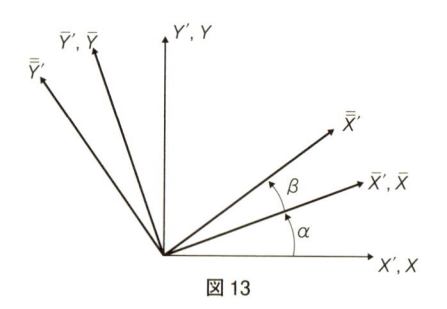

点 O′（それは $\overline{\overline{S}}'$ 系の原点と同じです）を $\overline{S}$ 系から見たときの座標などを求めることができます．たとえば $\overline{\overline{S}}'$ 系から見たときの O の座標は，すでに (11-9′) で与えられていますから，それを (11-12) に代入して，直ちに

$$\overline{\overline{x}}'_O = -v\cos(\alpha+\beta)\cdot t',$$
$$\overline{\overline{y}}'_O = v\sin(\alpha+\beta)\cdot t', \qquad (11\text{-}14)$$
$$\overline{\overline{z}}'_O = 0$$

が得られ，したがって O を $\overline{\overline{S}}'$ 系から見たときは，それは

$$\overline{\overline{\boldsymbol{v}}}'_O = (-v\cos(\alpha+\beta),\ v\sin(\alpha+\beta),\ 0) \qquad (11\text{-}14')$$

の速度で走っていることがわかる．このとき角度 $\alpha+\beta$ があらわれることは，図 13 を見れば明らかでしょう．さらに $\overline{\overline{S}}'$ 系の原点 O′ については，それを $\overline{S}$ 系から見たとき (11-9) や (11-10) がそのまま用いられ，

$$\overline{x}_{O'} = v\cos\alpha\cdot t,\quad \overline{y}_{O'} = -v\sin\alpha\cdot t,\quad \overline{z}_{O'} = 0 \qquad (11\text{-}15)$$

が成り立ち，そしてまたそれは

$$\overline{\boldsymbol{v}}_{O'} = (v\cos\alpha,\ -v\sin\alpha,\ 0) \qquad (11\text{-}15')$$

の速度で走っていることがわかる．このとき

$$\overline{\boldsymbol{v}}_{O'} \neq -\overline{\overline{\boldsymbol{v}}}'_O \qquad (11\text{-}16)$$

に注意してください．そして (11-14′) と (11-15′) とをくらべると，

$$-\overline{\overline{v}}'_{Ox} = \cos\beta\cdot\overline{v}_{O'x} + \sin\beta\cdot\overline{v}_{O'y}$$
$$-\overline{\overline{v}}'_{Oy} = -\sin\beta\cdot\overline{v}_{O'x} + \cos\beta\cdot\overline{v}_{O'y} \qquad (11\text{-}17)$$

が成り立っていることがわかる．これは $\overline{\overline{S}}'$ 系の座標軸が $\overline{S}$ 系のそれを角度 β だけまわして得られるものだったことから当然予期される結果です．このとき $\bar{v}_{0'} = -\bar{\bar{v}}'_0$ は成り立たなくても，

$$|\bar{v}_{0'}| = |\bar{\bar{v}}'_0| = |v| \qquad (11\text{-}17')$$

は成り立っています．

　こうして特殊ローレンツ変換，非回転性ローレンツ変換，回転性ローレンツ変換の3種を得ました．ここでわれわれは Z 軸（および Z' 軸）のまわりの回転だけしか考えませんでしたが，もし座標軸の回転を全部含めれば，それであらゆるローレンツ変換が含まれることが証明されます．さっき，回転性の変換では (11-16) が特徴的であり，非回転性のそれは (11-11) が特徴的であると言いましたが，回転を Z 軸（および Z' 軸）のまわりのものに限る場合には，逆に (11-11) が成り立てばその変換は非回転性になることが確かめられます．しかし一般の回転の場合には，(11-11) が成立していても，変換が回転性になることもあります．この問題をここで論ずることは割愛しましょう．

*

　ローレンツ変換のおさらいにずいぶん時間をとりましたが，それは，ローレンツ変換の持っている性質のうちでトーマス因子を引き起す重要な点が，これだけの準備なしにはどうしても理解できないと思ったからなのです．さて，それではトーマス因子を引き起すのは何であるか．

　いま3つの慣性系，I と I' と I'' とを考え，I の上に座標系 S を，I' の上に S' を，I'' の上に S'' を考えましょう．そして，そのとき S の軸と S' の軸とが準平行，S' の軸と S'' の軸も準平行，というふうにとってあるものとします．〔ここで座標系を S とか S' とか S'' とか，上に棒を引かない記法を用いていますが，このことは必ずしも S と S' と，あるいは S' と S'' とが特殊ローレンツ変換で結ばれているとはかぎらないことを注意しておきます．念のため．〕そういう場合，S の座標軸と S'' の座標軸は準平行になるかどうか．この問の答えは，ガリレー変換のときは"当然然り"です．しかしローレンツ変換のときは，"必ずしも然らず"です．言いかえれば $\{x, y, z, t\} \rightleftarrows \{x', y', z', t'\}$ の変換が非回転性，$\{x', y', z', t'\} \rightleftarrows \{x'', y'', z'', t''\}$ が非回転性であっても，$\{x, y, z, t\} \rightleftarrows \{x'', y'', z'', t''\}$ の変換は，特別の場合を除き，

一般には回転性になるのです．

　議論を一般的にやるとごたごたするばかりですから，次のような簡単な例についてこのことを示しましょう．まず $\{x, y, z, t\} \rightleftarrows \{x', y', z', t'\}$ の変換が

$$x' = \frac{x - ut}{\sqrt{1 - u^2/c^2}}, \quad y' = y, \quad z' = z$$

$$t' = \frac{t - \dfrac{u}{c^2} x}{\sqrt{1 - u^2/c^2}} \tag{11-18}$$

であるとします．このとき S 系の座標軸と S' 系のそれとは準平行どころか平行です．次に $\{x', y', z', t'\} \rightleftarrows \{x'', y'', z'', t''\}$ が

$$x'' = x', \quad y'' = \frac{y' - vt'}{\sqrt{1 - v^2/c^2}}, \quad z'' = z',$$

$$t'' = \frac{t' - \dfrac{v}{c^2} y'}{\sqrt{1 - v^2/c^2}} \tag{11-19}$$

であるとします．このとき S' 系の軸と S'' 系の軸とは，これまた準平行どころか平行になっている．そこで (11-18) と (11-19) とから $\{x', y', z', t'\}$ を消去してみれば，すぐわかるように $\{x, y, z, t\} \rightleftarrows \{x'', y'', z'', t''\}$ は

$$x'' = \frac{x - ut}{\sqrt{1 - u^2/c^2}}, \quad y'' = \frac{\sqrt{1 - u^2/c^2} \cdot y + \dfrac{uv}{c^2} x - vt}{\sqrt{1 - u^2/c^2}\sqrt{1 - v^2/c^2}}, \quad z'' = z,$$

$$t'' = \frac{t - \dfrac{u}{c^2} x - \dfrac{v}{c^2} \sqrt{1 - u^2/c^2} \cdot y}{\sqrt{1 - u^2/c^2}\sqrt{1 - v^2/c^2}} \tag{11-20}$$

で与えられます．この (11-20) から，S'' 系の原点 O'' を S 系から見たときの座標を $(x_{O''}, y_{O''}, z_{O''})$ とすると，それは

$$x_{O''} = ut, \quad y_{O''} = \sqrt{1 - u^2/c^2}\, vt, \quad z_{O''} = 0 \tag{11-21}$$

であり，S 系の原点 O を S'' 系から見たときの座標を (x''_O, y''_O, z''_O) とすると，それは

$$x_0''=-\sqrt{1-v^2/c^2}\,ut'',\quad y_0''=-vt'',\quad z_0''=0 \qquad (11\text{-}21')$$

であることが直ちにわかる．したがって，O'' を S 系から見た速度を $\boldsymbol{w}_{O''}$ とし，O を S'' 系から見た速度を $\boldsymbol{w}_O''$ とすると，

$$\boldsymbol{w}_{O''}=(u,\ \sqrt{1-u^2/c^2}\,v,\ 0) \qquad (11\text{-}22)$$

$$\boldsymbol{w}_O''=(-\sqrt{1-v^2/c^2}\,u,\ -v,\ 0) \qquad (11\text{-}22')$$

であることがわかります．だから明らかに $\boldsymbol{w}_{O''}\neq-\boldsymbol{w}_O''$ です．しかし $\boldsymbol{w}_{O''}$ と $\boldsymbol{w}_O''$ の大きさは等しくて

$$|\boldsymbol{w}_{O''}|=|\boldsymbol{w}_O''|=\sqrt{u^2-\frac{u^2v^2}{c^2}+v^2} \qquad (11\text{-}23)$$

が成り立つことがわかる．さっきも言ったように $\boldsymbol{w}_{O''}\neq-\boldsymbol{w}_O''$ であることは，$\{x,y,z,t\}\rightleftarrows\{x'',y'',z'',t''\}$ の変換が回転性であることを明らかに示しています．

それでは，その回転とはどんなものであるか．すなわち，S'' 系の座標軸は S 系の座標軸をどれくらい回転したものであるか，あるいはズボラでなく言うと，S'' 系の X'' 軸に準平行な $\bar{X}$ 軸を I 系内に想定し，同じく Y'' 軸に準平行な $\bar{Y}$ 軸を I 系内に想定したとき，$\bar{X}$ 軸，$\bar{Y}$ 軸と Z 軸でつくられる I 系内の座標系 $\bar{S}$ は，もともとの S 系をどれだけ回転したものになっているか．この問に答えるには次のように考えればよい．

まず I 系内に想定された $\bar{S}$ 系の軸は S'' 系のそれと準平行ですから，$\{\bar{x},\bar{y},\bar{z},\bar{t}\}\rightleftarrows\{x'',y'',z'',t''\}$ という変換は非回転性です（このとき，(11-20) によって $\bar{z}=z''$）．ですから，このとき $\bar{S}$ から見た O'' の速度と S'' から見た O の速度との間には (11-11) が成り立ちます．したがって，$\bar{S}$ から見た O'' の速度を $\bar{\boldsymbol{w}}_{O''}$ としますと，

$$\bar{\boldsymbol{w}}_{O''}=-\boldsymbol{w}_O'' \qquad (11\text{-}24)$$

が成り立っています．一方，図 14 に示すように $\bar{S}$ 系が S 系を角度 θ だけ回転したものになっているものとすれば（われわれの場合 $\bar{z}=z''$ が成立していますから，Z 軸のまわりの回転だけを考えればそれでじゅうぶんです），$\bar{\boldsymbol{w}}_{O''}$ の成分 $\bar{w}_{O''x},\bar{w}_{O''y}$ と $\boldsymbol{w}_{O''}$ の成分 $w_{O''x},w_{O''y}$ との間には

図14

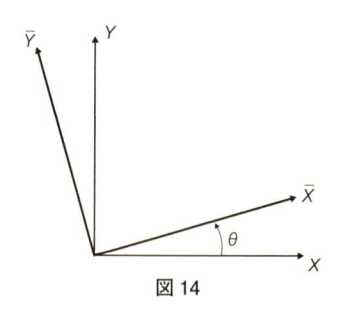

$$\begin{aligned}\bar{w}_{O''x} &= w_{O''x}\cos\theta + w_{O''y}\sin\theta \\ \bar{w}_{O''y} &= -w_{O''x}\sin\theta + w_{O''y}\cos\theta\end{aligned} \quad (11\text{-}25)$$

が成り立ちます．したがって，ここで (11-24) を用いて左辺を $\boldsymbol{w}''_O$ の成分であらわしておいて，(11-22) と (11-22′) とを用いると，

$$\begin{aligned}\sqrt{1-v^2/c^2}\,u &= u\cos\theta + \sqrt{1-u^2/c^2}\,v\sin\theta \\ v &= -u\sin\theta + \sqrt{1-u^2/c^2}\,v\cos\theta\end{aligned} \quad (11\text{-}26)$$

が得られる．この方程式から直ちに

$$\begin{aligned}\cos\theta &= \frac{\sqrt{1-v^2/c^2}\cdot u^2 + \sqrt{1-u^2/c^2}\cdot v^2}{u^2 - \dfrac{u^2v^2}{c^2} + v^2} \\ \sin\theta &= \frac{uv\{\sqrt{1-u^2/c^2}\sqrt{1-v^2/c^2}-1\}}{u^2 - \dfrac{u^2v^2}{c^2} + v^2}\end{aligned} \quad (11\text{-}27)$$

が導かれます．ですから，結局 S'' 系の座標軸は S 系の座標軸を（正確には S'' 系の軸に準平行な $\bar{S}$ 系の座標軸は S 系のそれを）Z 軸（$=Z''$ 軸）のまわりに (11-27) の角度 θ だけまわしたものだ，という結論が出てきます．そういうわけで，非回転性の変換を 2 度行なうと，結果が回転性になることがわかりました．この事情なのです，トーマスが目をつけたのは．

*

それではトーマスの理論に入りましょう．トーマスはここで「粒子の固有座標軸」という概念を導入しました．今日の話のしょっぱなで"電子がじっとしていて

核がまわっている座標系"ということを言いましたが，そういうように，粒子が原点で静止しているかのように見える座標系を考え，それをその粒子の静止系と呼びましょう．一般に粒子が等速運動をしているなら，そういう静止系としては，粒子といっしょに等速で移動していく慣性系を考え，その系の上に，粒子のいる場所を原点とする座標軸を考えればそれでよく，そこには何の問題もありません．しかし，粒子の速度が一定でなく時々刻々変化していく場合には，まずそれぞれの瞬間ごとに，その瞬間での粒子速度で動いている慣性系を考えるべきでしょう．そこまではよいとして，その慣性系上の座標軸はどうとればよいか．まず瞬間ごとに，粒子の位置を座標原点と考えるべきことは明らかです．しかし次に座標軸の向きかたをどうとるべきか．そこにちょっとややこしい問題が出てくる．座標軸の向きを瞬間ごとに勝手にとっていたのでは，とてもちゃんとした理論などできっこない．そこでトーマスは次のようなやり方を提案しました．

まず任意の瞬間においての静止系と，その瞬間から無限小時間後の次の瞬間においての静止系とを考えましょう．そのとき後者の軸を前者の軸と準平行になるようにとろう，というのがトーマスの考えです．そして，どの瞬間でもその瞬間での静止系の軸が，無限小時間前の静止系での軸と準平行になるように，次々と軸をとっていきます．そのようにすると，粒子の運動が与えられているなら，出発の瞬間での軸の向きを定めれば，その後のすべての瞬間での軸の向きは次々と一意的に定まります．このようなやり方でおのおのの瞬間ごとに静止系の座標軸を定めたとき，それを粒子の固有座標軸と言うのです．

こういう事柄を一般的に論ずるのはとてもやっかいですから，ここでは (11-18) と (11-19) と，そこから導かれたいろんな関係が使えるような簡単な場合について考えていきましょう．実験室系を I 系として，その上に固定された座標系 S を考えます．このとき時刻 $t=0$ において粒子が一瞬座標原点 O にいるとします．さらに粒子の，この時刻での速度を u としたとき X 軸を u の方向にとることにします．Y 軸と Z 軸とは勝手にとってよろしい．そこで，この実験室系とローレンツ変換 (11-18) すなわち

$$x' = \frac{x-ut}{\sqrt{1-u^2/c^2}}, \quad y'=y, \quad z'=z, \quad t' = \frac{t-\frac{u}{c^2}x}{\sqrt{1-u^2/c^2}} \quad (11\text{-}28)$$

で結びつけられている S' 系を考えます．そうすると，この系の原点 O′ は $t=0$ に

においてOと重なっており，かつS系においてこの瞬間に速度$\boldsymbol{u}=(u,0,0)$で動いていた粒子は，S'系では原点O'にこの瞬間静止している．したがってS'系は，$t=0$においての，粒子の静止系になっていることは明らかです．そしてそれは，X'軸，Y'軸，Z'軸がそれぞれX軸，Y軸，Z軸に対して平行にとられているような静止系です．

次に，意味はあとでつけることにして，とにかくI''系という慣性系と，その上に固定された座標系S''を考え，S''系とS'系との間の変換が（11-19）で与えられるものとします．ただし，このときあとの便宜上，vのところをΔvと書きます．したがって変換は

$$x''=x', \quad y''=\frac{y'-\Delta v\cdot t'}{\sqrt{1-(\Delta v)^2/c^2}}, \quad z''=z'$$

$$t''=\frac{t'-\dfrac{\Delta v}{c^2}y'}{\sqrt{1-(\Delta v)^2/c^2}} \tag{11-29}$$

の形です．そこでわれわれは，実験室系から見て，$t=\Delta t$の瞬間には粒子がS''系の原点O''と重なりつつ動いているものと考えます．そのことは，S''系が$t=\Delta t$の瞬間において粒子の静止系であることを意味する．われわれは，このようにしてひとまずS''に意味を与えました．それではそういう粒子の運動はどんなものか．言いかえれば，実験室系から見て$t=\Delta t$で粒子はどこにおり，どういう速度で動いているか．ところで粒子はO''と重なりつつ動いていると考えたのですから，それは実験室系Sから見たO''の位置と速度にほかならない．

そこで（11-21）を思い出してください．すなわちS系から見たO''の座標$(x_{O''},y_{O''},z_{O''})$は（11-21）で与えられます．ただしわれわれの場合，tとしてΔtを用いる必要があります．そうすると，粒子の座標はこの瞬間に

$$\boldsymbol{x}=(u\Delta t,\ \sqrt{1-u^2/c^2}\,\Delta v\cdot\Delta t,\ 0) \tag{11-30}$$

で与えられることがわかります．粒子の速度はどうかというと，（11-22）を思い出せばわかるように，それは

$$\boldsymbol{w}=(u,\ \sqrt{1-u^2/c^2}\,\Delta v,\ 0) \tag{11-31}$$

です．そこで $t=0$ のときの粒子速度が $\boldsymbol{u}=(u,0,0)$ であったことを思い出すと，粒子は Δt という時間の間に $\boldsymbol{u}$ に直角な速度変化 $(0,\sqrt{1-u^2/c^2}\cdot\Delta v,0)$ をしたことになる．そこで Δt を無限小にとると，粒子の持つ加速度を $\boldsymbol{a}$ としたとき，それは

$$\boldsymbol{a}=(0,a,0),\quad a=\sqrt{1-u^2/c^2}\frac{\Delta v}{\Delta t}, \tag{11-32}$$
$$\boldsymbol{a}\perp\boldsymbol{u}$$

で与えられることがわかります．さらに Δt が無限小なら Δv は無限小ですから，(11-23) のなかで v^2 の項は無視することができて

$$|\boldsymbol{w}|=|\boldsymbol{u}|=|u| \tag{11-33}$$

がわかる．したがって $t=0$ と $t=\Delta t$ とで粒子の速度の方向は変わるが，その大きさは等しい．

次に S' 系から S'' 系への変換は非回転性です（われわれの場合，S' 系の座標軸と S'' 系のそれとは準平行であるどころか平行でした）．したがって S'' 系は，$t=\Delta t$ の瞬間に粒子の静止系になっているだけでなく，その軸は粒子の固有座標軸になっています．そこでこの S'' 系の固有座標軸が実験室系 S の軸をどれくらいまわしたものになっているか．その答えは (11-27) で与えられます．ただし，そこで v を Δv と書き，それに応じて θ を $\Delta\theta$ と書くものとします．さらに Δv は無限小ですから，その式のなかで $(\Delta v)^2$ の項は無視してよい．そうすると (11-27) から

$$\Delta\theta=\frac{\Delta v}{u}\{\sqrt{1-u^2/c^2}-1\} \tag{11-34}$$

が得られ，ここで (11-32) を用いると

$$\Omega\equiv\frac{\Delta\theta}{\Delta t}=-\left\{\frac{1}{\sqrt{1-u^2/c^2}}-1\right\}\frac{a}{u} \tag{11-35}$$

が導かれます．この結論をことばでいうと，S'' 系の座標軸，すなわち粒子の固有座標軸は，この Ω という角速度の回転を Z 軸のまわりに持っている，ということになります．

われわれはこの結論を導くとき，最初の瞬間 $t=0$ での静止系 S' の座標軸として，実験室系 S の軸と平行なものを用いました（変換 (11-28) は特殊ローレンツ変換

でした). しかし座標軸として, S' のそれのかわりに, それを Z 軸のまわりに角 α だけ回転して得られた $\bar{S}'$ のそれを用いて出発しても, 得られる結論は変わりません. なぜなら, その場合 $t=\Delta t$ の瞬間で用いるべき $\bar{S}''$ 系の固有座標軸は $\bar{S}'$ 系のそれに準平行, よってそれは S'' 系の軸から同じ角 α の回転で得られ, したがって S 系から見たとき, $\bar{S}'$ の軸と $\bar{S}''$ の軸との相対的な関係 (たとえば, その間の角度 $\Delta\theta$) は, S' 軸と S'' 軸の間のそれとまったく同一になるからです. そういうわけで固有座標軸の回転速度は, 最初の瞬間でとられた座標軸に関係しない, したがって固有座標軸の回転速度は粒子の速度と加速度だけで決定され, 座標軸にはよらない不変的な意味を持つ量である, と考えることができます. 言いかえれば, それは粒子の運動に内在する量なのです.

これまでの考察では $t=0$ と $t=\Delta t$ という 2 つの瞬間だけを問題にしましたが, 同様なことを $t=\Delta t$ と $t=2\Delta t$ の瞬間, $t=2\Delta t$ と $t=3\Delta t$ の瞬間, ……について論ずることができます. このとき, どの瞬間でも加速度 $\boldsymbol{a}$ が速度 $\boldsymbol{u}$ に直角に, しかも $|\boldsymbol{a}|$ の値が一定であるようにしますと, 次々に定められる固有座標軸は (11-35) で与えられる回転をずっとつづけていくでしょう. そういうわけで, 固有座標軸は, ひとつの瞬間と次の瞬間とで常に準平行にとられているにもかかわらず, それは, 実験室系から見ると, (11-35) の角速度で回転をつづけているのです. 本当をいうと, (11-35) の回転は実験室系から見た固有座標軸そのものの回転ではなく, 固有座標軸に準平行な 3 つのベクトルを実験室系内に想定したとき, それの回転であったわけです. しかし, 原子のなかの電子のように $u^2/c^2 \ll 1$ の場合には, (11-35) を固有座標軸そのものの回転とみなしてよいことが証明できます. (証明は割愛しますが).

さらにまたこの近似では, (11-35) のなかで

$$\frac{1}{\sqrt{1-u^2/c^2}} \approx 1 + \frac{u^2}{2c^2}$$

とおくことができ, そうすると

$$\Omega = -\frac{ua}{2c^2} \qquad (11\text{-}35')$$

が得られます. 言うまでもないことなのですが, すべての瞬間で $\boldsymbol{a} \perp \boldsymbol{u}$, $a=$ 一定であるような粒子の運動は等速円運動であり, その角速度は

$$\omega = \frac{a}{u}, \qquad (11\text{-}36)$$

その円の半径は

$$r = \frac{u^2}{a} \qquad (11\text{-}37)$$

です．この ω とくらべると

$$\Omega = -\frac{1}{2}\frac{u^2}{c^2}\omega \qquad (11\text{-}35'')$$

となり，したがって固有座標軸の回転はたしかに相対論のあらわれです．

 以上の話で，われわれは簡単のために粒子が等速円運動をしていると仮定しました．しかしそうでない一般の場合にも，固有座標軸の回転角速度は粒子の速度と加速度が与えられるときちんと決まることがわかります．トーマスの計算によれば，速度を u とし，加速度を a としますと，求める角速度は

$$\Omega = \frac{-1}{2c^2}(u \times a) \qquad (11\text{-}38)$$

になります．われわれの (11-35′) はこれの特別な場合ですが，これからあとの議論では一般式 (11-38) を使うほうが便利です (第 2 話の (2-14) は (11-38) にほかなりません)．

*

 そこで，いよいよスピンの話に入りましょう．まず，普通の力学に従うコマの運動から出発しましょう．具体的にはジャイロ・コンパスをのせて航海している船を考えましょう．そうするとジャイロのなかのコマにトルクが働かないなら，船がどんな加速度で運動していても，そのコマの回転軸は空間内でいつも一定の方向を向いている．ここで，空間内で一定の方向，と言ったのは明確には，恒星系に固定された座標軸に対してと言うべきでした．さらにこのコマにトルクが働くと，コマは首ふり運動 (プリセッション．首ふり運動と言うより，首まわし運動と言ったほうがよい) をすることもご承知でしょう．

 このことからの類推で粒子のスピンを考えてみましょう．しかも相対論的にです．ところで相対論をとり入れることになると，古典論のように恒星系に固定した座標軸の絶対性を認めることはできません．それではどうするか．トーマスはここ

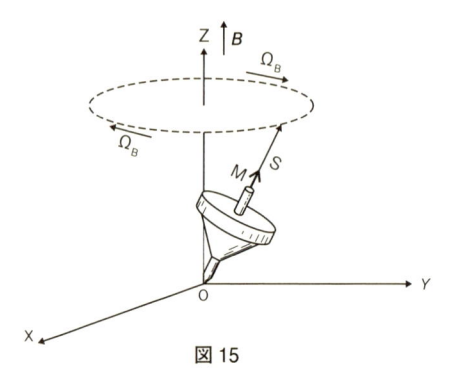

で彼の導入した固有座標軸をとるべきだと考えました．彼はまずスピンを持った粒子はコマのように自転していると一応考えます．そのとき，粒子の運動は，さっき話したジャイロ・コンパスをのせた船のように，実験室系で加速度を持っていてもよい．しかしこの粒子の回転軸に外からトルクが働かないなら，粒子のスピン（すなわち回転軸）は，固有座標軸に対して，常に一定な方向を保っている．これがトーマスの仮定です．この考えは普通のコマからの類推としてごく自然なもので，それは，ニュートン力学の絶対時間の役目を，相対論では粒子の運動に内在する固有時間にやらせるように，恒星系に固定した座標軸の役目を，粒子の運動に内在する固有座標軸にやらせる，というそういう思想なのです．

図 15

この考え方からどういう結論が導かれるか．トーマスの考えに従えば，粒子にトルクが働かず，したがってそのスピンが固有座標軸に対して一定の方向をとりつづけるならば，それは，実験室系から見ると，(11-38) の角速度を持ってプリセッションをしていることになる．このプリセッションは，トルクが働かなくても起るのです．これがトーマスの得た結論で，したがってそれは，しばしば「トーマス・プリセッション」と呼ばれます．

それではトルクが働くとどうなるか．古典的なコマの場合，それの軸を磁気能率 M の棒磁石でつくり（ここでは磁気能率を普通の単位ではかります），コマを磁場 B のなかでまわせば，そういうトルクを具体化することができます．このとき，トルクがあまり大きくないなら，コマの回転軸は磁場方向のまわりにゆっくりとプリセッションをはじめます．図 15 を見てください．コマの古典力学によれば，このプリセッションの角速度 $\boldsymbol{\Omega}_B$ は，

$$S\boldsymbol{\Omega}_B = -MB \qquad (11\text{-}39)$$

で与えられます．ここで S はコマの自転の角運動量です（ただしこの S は普通の単位ではかります）．

さて，この古典的な結論をスピン $\frac{1}{2}$ の粒子にとり入れるには，S と M に対して

を用いればよい．ここで電子の場合には $g=g_0=2$ ですが，陽子の場合には $g \neq g_0$ で，しばしばディラックの理論値

$$M_\mathrm{D} = \frac{-e}{2m} g_0 S \qquad (11\text{-}40')$$

を正常なスピン磁気能率と呼びますが，$g \neq g_0$ の場合の M を

$$M = M_\mathrm{D} + M' \qquad (11\text{-}41)$$

のように，正常な部分と非正常な部分とに分けて書くのが便利です（中性子の場合 M_D は 0 です）．言うまでもないことですが，陽子の場合には (11-40) の第2式の右辺の m として陽子の質量 m_p を用いねばなりませんし，また e の符号を変えねばなりません．しかし，今日の話ではどちらの質量も区別なしに m と書くことにし，同様に陽子の電荷も常に $-e$ と書くことにします．

このようにスピンに対して古典的なコマのモデルを採用するとしても，その場合には (11-39) が成立するのは粒子の静止系においてであり，かつその固有座標軸に対してであることを忘れてはいけません．そのとき固有座標軸自身 (11-38) で回転していますから，(11-39) を用いて計算されるプリセッションがそのまま，実験室系から見たプリセッションにはなりません．すなわち固有座標軸の回転 $\boldsymbol{\Omega}$ の結果として，その軸に対して角速度 $\boldsymbol{\Omega}_B$ でまわっているプリセッションは，実験室系から見ると，

$$\boldsymbol{\Omega}_\mathrm{lab} = \boldsymbol{\Omega}_B + \boldsymbol{\Omega} \qquad (11\text{-}42)$$

の角速度でプリセッションをやっていることになります．さらにもうひとつ考えに入れねばならぬことは，静止系での磁場は，実験室で外からかけている磁場 $\boldsymbol{B}$ のほかに，ビオ－サバールの法則で与えられるところの内部磁場 $\overset{\circ}{\boldsymbol{B}}$ が加わっていることです．ですから (11-39) は

$$S\boldsymbol{\Omega}_B = -M(\boldsymbol{B} + \overset{\circ}{\boldsymbol{B}}) \qquad (11\text{-}43)$$

の形で用いねばならず，したがって (11-42) からは

$$S = \frac{1}{2}\hbar, \qquad M = \frac{-e}{2m} gS \qquad (11\text{-}40)$$

$$S\boldsymbol{\Omega}_{\text{lab}} = -M(B+\mathring{B}) + S\boldsymbol{\Omega} \tag{11-44}$$

が導かれます.

ところで原子内の電子の加速度に対しては

$$\boldsymbol{a} = \frac{-e}{m}E, \tag{11-45}$$

が成り立っているはずです〔中性子に対して $e=0$ ですから,

$$\boldsymbol{a} = 0 \tag{11-45}_{\text{中性子}}$$

で,これはあとで別に論じます.〕

そこで (11-45) を (11-38) に用いると,

$$\boldsymbol{\Omega} = \frac{-e}{2mc^2}[E \times u] \tag{11-46}$$

が導かれます.一方,第2話で話したように $\mathring{B}$ は

$$\mathring{B} = \frac{1}{c^2}[E \times u] \tag{11-47}$$

で与えられますから(第2話の (2-11) をごらん),(11-46) の $\boldsymbol{\Omega}$ を($g_0=2$ とおいた (11-40′) を参照しながら)

$$\boldsymbol{\Omega} = \frac{-e}{2m}\mathring{B} = \frac{1}{2S}M_{\text{D}}\mathring{B} \tag{11-46′}$$

と書くことができ,これを (11-44) に代入すると

$$S\boldsymbol{\Omega}_{\text{lab}} = -MB - \left(M - \frac{1}{2}M_{\text{D}}\right)\mathring{B} \tag{11-48}$$

が得られます.

この最終結果から,次のことが結論されます.

まず電子に対しては,$M=M_{\text{D}}$ ですから,

$$S\boldsymbol{\Omega}_{\text{lab}} = -M_{\text{D}}B - \frac{1}{2}M_{\text{D}}\mathring{B} \tag{11-48}_{\text{電子}}$$

が導かれます.ごらんなさい,右辺の第2項にはちゃんと $\frac{1}{2}$ があらわれています.これは,外部磁場 B に対して磁気能率は M_{D} として働くのに,内部磁場 $\mathring{B}$ に対しては,それは見かけ上 $\frac{1}{2}M_{\text{D}}$ のようにしか働かないことを意味します.ですから,

この $\frac{1}{2}$ はまさにトーマス因子です．このとき"見かけ上"の $\frac{1}{2}$ が出てきたわけは，もともと粒子の速度と加速度で決まるところの運動学的な量 $\boldsymbol{\Omega}$ が，クーロン場のなかで運動する粒子の場合には，(11-46′) のように，見かけ上，あたかも M_D と $\mathring{\boldsymbol{B}}$ との相互作用で出てくるかのようにあらわされるからです．

次に陽子に対しては (11-41) を用い，

$$S\boldsymbol{\Omega}_\mathrm{lab} = -(M_\mathrm{D}+M')\boldsymbol{B} - \left(\frac{1}{2}M_\mathrm{D}+M'\right)\mathring{\boldsymbol{B}} \qquad (11\text{-}48)_\text{陽子}$$

が得られます．すなわち M の正常部分 M_D に対してはトーマス因子 $\frac{1}{2}$ があらわれるが，非正常部分 M' に対してはそれはあらわれません．

最後に中性子に対しては $\boldsymbol{a}=0$ ですから，$\boldsymbol{\Omega}=0$，そして $M_\mathrm{D}=0$ で，したがって (11-48) と (11-41) を用いて，

$$S\boldsymbol{\Omega}_\mathrm{lab} = S\boldsymbol{\Omega} = -M'\boldsymbol{B} - M'\mathring{\boldsymbol{B}} \qquad (11\text{-}48)_\text{中性子}$$

となります．ですから，このときトーマス因子はまったくあらわれません．ちなみに任意の M に対して成り立つ (11-48) の関係はすでにトーマスの論文に出ています．ですから，彼は異常磁気能率に対する結論もすでに出していたわけです．また，さっきの (11-44) は，(11-46) と (11-40) とを用いて，

$$\boldsymbol{\Omega}_\mathrm{lab} = \frac{e}{2m}g\boldsymbol{B} + \frac{e}{2m}(g-1)\mathring{\boldsymbol{B}}$$

とも書けますが，ここで $g=g_0$ とおけば，(11-48)$_\text{電子}$ は

$$\boldsymbol{\Omega}_\mathrm{lab} = g_0\frac{e}{2m}\boldsymbol{B} + (g_0-1)\frac{e}{2m}\mathring{\boldsymbol{B}}$$

と書けることがわかる．これが第 2 話の (2-18′) です．

ずいぶんながながとスピンの古典論をやりましたが，このへんで量子論に移らねばなりません．

*

今日の話のはじめに，異常磁気能率の量子力学的取り扱い法は 1933 年ごろすでにパウリによって用意されていた，と言いました．そのいきさつはこうなのです．第 3 話で話したように，電子がなぜスピン角運動量 $\frac{1}{2}\hbar$ を持ち，磁気能率 $\frac{-e\hbar}{2m}$ を持つか，というのは，ディラック方程式の発見によって答えられましたが，1933

O. シュテルン (1888 - 1969)

年に *Handbuch der Physik* の第2版が出たとき，パウリが分担執筆した「波動力学の一般原理」のなかで彼はディラック方程式について論じています．そのとき，相対論その他の要請を満たす1階の方程式はディラック方程式だけではないことを指摘しました．すなわち彼は，第3話で与えたディラック方程式に「パウリ項」とのちに言われるようになった1つの項を付け加えても，その方程式は必要なすべての要請を満たすことに一応注意をうながしているのです．しかし，この項を付け加えると，粒子の磁気能率が $\dfrac{-e\hbar}{2m}$ とちがってくるので，彼は次のように言って，この項についての議論はやめにしているのです．彼の言を意訳して引用すると，"……しかしこの項を付け加えなくても，磁気能率 $\dfrac{-e\hbar}{2m}$ も含めて，電子の（もしくは陽子の）スピンが自動的に出てくる．だから以下の議論はこの項なしでやる" と言う．この "もしくは陽子" と言っているところをみると，パウリが *Handbuch* の原稿を書いたのはシュテルンの実験結果が出るより前であって，彼が書いていることとシュテルンに会ったとき言ったことばとは完全に辻つまが合いますね．

粒子の電荷を $-e$ と書いたときのディラック方程式は第3話の (3-20) で与えましたが，それは

$$\left\{\left(\frac{W}{c}+eA_0\right)-\sum_{r=1,2,3}\alpha_r\left(-i\hbar\frac{\partial}{\partial x_r}+eA_r\right)-\alpha_0 mc\right\}\phi=0 \qquad (11\text{-}49)_\text{D}$$

でしたね．ただし，ここでは $\psi=e^{-iWt/\hbar}\phi$ とおいて，定常状態の固有関数 ϕ を問題にすることにしました．ご承知のように，そうすれば W はこの状態でのエネルギーです．このとき $\alpha_1, \alpha_2, \alpha_3, \alpha_0$ は第3話の (3-23) で与えられる4行4列のマトリックスですが，これからの議論のためには，そこでも言いましたように

$$\sigma_1=\begin{pmatrix}0 & 1\\ 1 & 0\end{pmatrix},\ \sigma_2=\begin{pmatrix}0 & -i\\ i & 0\end{pmatrix},\ \sigma_3=\begin{pmatrix}1 & 0\\ 0 & -1\end{pmatrix} \qquad (11\text{-}50)$$

という2行2列のパウリ・マトリックスと

$$1=\begin{pmatrix}1 & 0\\ 0 & 1\end{pmatrix},\ 0=\begin{pmatrix}0 & 0\\ 0 & 0\end{pmatrix} \qquad (11\text{-}51)$$

という2行2列のマトリックスとを用いて，

$$\alpha_1 = \begin{pmatrix} 0 & \sigma_1 \\ \sigma_1 & 0 \end{pmatrix}, \quad \alpha_2 = \begin{pmatrix} 0 & \sigma_2 \\ \sigma_2 & 0 \end{pmatrix},$$
$$\alpha_3 = \begin{pmatrix} 0 & \sigma_3 \\ \sigma_3 & 0 \end{pmatrix}, \quad \alpha_0 = \begin{pmatrix} 1 & 0 \\ 0 & -1 \end{pmatrix} \tag{11-52}$$

のように書くのが便利です．また，それに応じて 4 成分の ϕ を

$$\phi^+ = \begin{pmatrix} \phi_1 \\ \phi_2 \end{pmatrix}, \quad \phi^- = \begin{pmatrix} \phi_3 \\ \phi_4 \end{pmatrix}$$

のように 2 つの 2 成分量に分けるのが便利です．

そうするとディラック方程式 $(11\text{-}49)_\mathrm{D}$ は

$$\{W + ceA_0 - mc^2\}\phi^+ = c \sum_{r=1,2,3} \sigma_r \left(-i\hbar \frac{\partial}{\partial x_r} + eA_r\right)\phi^- \tag{11-53}_{\mathrm{D}_1}$$

$$\{W + ceA_0 + mc^2\}\phi^- = c \sum_{r=1,2,3} \sigma_r \left(-i\hbar \frac{\partial}{\partial x_r} + eA_r\right)\phi^+ \tag{11-53}_{\mathrm{D}_2}$$

のような連立方程式の形に書けます．

ところでパウリは $(11\text{-}49)_\mathrm{D}$ の $\{\ \}$ のなかに，さらに

$$- M'\left\{\frac{1}{i}\sum_{\text{cyclic}} \alpha_0 \alpha_2 \alpha_3 B_1 - i\frac{1}{c}\sum_r \alpha_0 \alpha_r E_r\right\} \tag{11-49}_\mathrm{P}$$

の形の項を付け加えても，方程式は相対論その他の要請を満たしていることを指摘したのです．ただし，ここで (B_1, B_2, B_3) は粒子に働く磁場 $\boldsymbol{B}$ の成分，(E_1, E_2, E_3) は同様な電場 $\boldsymbol{E}$ の成分であり，$\displaystyle\sum_{\text{cyclic}}$ というのは添字 $(1, 2, 3)$ の項と添字 $(2, 3, 1)$ および $(3, 1, 2)$ の項とを加え合わすことを意味します．このとき $(11\text{-}49)_\mathrm{P}$ のなかのマトリックスは第 3 話の最後で話した 6 元ベクトルで，具体的には

$$\frac{1}{i}\alpha_0\alpha_2\alpha_3 = \begin{pmatrix} \sigma_1 & 0 \\ 0 & -\sigma_1 \end{pmatrix}, \quad \frac{1}{i}\alpha_0\alpha_3\alpha_1 = \begin{pmatrix} \sigma_2 & 0 \\ 0 & -\sigma_2 \end{pmatrix},$$
$$\frac{1}{i}\alpha_0\alpha_1\alpha_2 = \begin{pmatrix} \sigma_3 & 0 \\ 0 & -\sigma_3 \end{pmatrix}, \quad i\alpha_0\alpha_1 = \begin{pmatrix} 0 & i\sigma_1 \\ -i\sigma_1 & 0 \end{pmatrix}, \tag{11-54}$$
$$i\alpha_0\alpha_2 = \begin{pmatrix} 0 & i\sigma_2 \\ -i\sigma_2 & 0 \end{pmatrix}, \quad i\alpha_0\alpha_3 = \begin{pmatrix} 0 & i\sigma_3 \\ -i\sigma_3 & 0 \end{pmatrix}$$

です．さらに $(11\text{-}49)_\mathrm{P}$ の頭にある係数 M' は磁気能率のディメンジョンを持つ定数です．

さて，さっきも言ったように，ディラック方程式 (11-53)$_D$ から電子スピン $\frac{1}{2}\hbar$，磁気能率 $\frac{-e\hbar}{2m}$，トーマス因子 $\frac{1}{2}$ などみんな出てきますが，それについてのディラックの論法は少し不完全なところがありますから，もっとちゃんとそれをやってみます．それは，さっき言った $Handbuch$ にのっているパウリのやりかたで，(11-53)$_D$ を半相対論的に近似する方法です．半相対論的とは，$W-mc^2$ や ceA_0 および ceA_r が mc^2 にくらべて小さいとして，いろいろな量を $1/c$ の巾で展開し，$1/c^2$ の項までは考慮に入れるが，$1/c^3, 1/c^4, \cdots\cdots$ の項はすべて捨てる近似です．

この計算を行なうのに

$$\left(-i\hbar\frac{\partial}{\partial x_r}+eA_r\right)\equiv \pi_r \tag{11-55}$$

とおくのが便利です．そうすると，まず (11-53)$_{D_2}$ から

$$\phi^- = \frac{c}{W+ceA_0+mc^2}\Big(\sum_{r=1,2,3}\sigma_r\pi_r\Big)\phi^+$$

が得られます．そこで

$$W+ceA_0+mc^2 = 2mc^2+(W-mc^2)+ceA_0$$

と書き，

$$W-mc^2 \ll mc^2, \qquad ceA_0 \ll mc^2$$

として近似の第2項までとると，

$$\phi^- = \left\{\frac{1}{2mc}-\frac{W+ceA_0-mc^2}{(2mc)^2c}\right\}\Big(\sum_{r=1,2,3}\sigma_r\pi_r\Big)\phi^+$$

が得られます．ここで { } のなかの第2項は一見 $1/c^3$ の項で，捨ててよさそうですが，すぐにわかるような理由で，この項は残しておかねばいけない．そこでこの ϕ^- を (11-53)$_{D_1}$ の右辺に代入します．そうすると2成分 ϕ^+ の満たすべき方程式が得られ，これが第3話や第7話であつかったパウリ方程式になることがわかるのです．それではこの計算をやってみましょう．

まず，いま話した代入をやってみます．そうすると，$\pi_r A_0 = [\pi_r, A_0]+A_0\pi_r$ を用いて

$$(11\text{-}53)_{D_1} \text{の右辺} = \left[\frac{1}{2m}\left\{1 - \frac{W + ceA_0 - mc^2}{2mc^2}\right\} \sum_{r=1,2,3} \sigma_r \pi_r \sum_{s=1,2,3} \sigma_s \pi_s \right.$$
$$\left. - \frac{ce}{(2mc)^2}(-i\hbar) \sum_{r=1,2,3} \sigma_r \frac{\partial A_0}{\partial x_r} \sum_{s=1,2,3} \sigma_s \pi_s \right]\phi^+$$

が得られる．ごらんなさい，さっき $1/c^3$ を含んだ項は $(11\text{-}53)_{D_1}$ の右辺の頭にある因子 c が掛かって $1/c^2$ の項になるのです．だからこれを捨ててはいけなかった．

次に，
$$\sigma_r^2 = 1, \quad \sigma_1\sigma_2 = i\sigma_3, \quad \sigma_3\sigma_1 = i\sigma_2, \quad \sigma_2\sigma_3 = i\sigma_1$$
という関係から導かれる公式
$$\sum_{r=1,2,3} \sigma_r F_r \sum_{s=1,2,3} \sigma_s G_s$$
$$= \sum_{r=1,2,3} F_r G_r + i \sum_{\text{cyclic}} \sigma_1 (F_2 G_3 - F_3 G_2) \tag{11-56}$$
を用います（ここで F_r や G_r は q-数であってもよい）．そうすると

$$(11\text{-}53)_{D_1} \text{の右辺} = \left[\frac{1}{2m}\left\{1 - \frac{W + ceA_0 - mc^2}{2mc^2}\right\} \sum_{r=1,2,3} \pi_r \pi_r \right.$$
$$+ \frac{1}{2m}\left\{1 - \frac{W + ceA_0 - mc^2}{2mc^2}\right\} i \sum_{\text{cyclic}} \sigma_1 (\pi_2 \pi_3 - \pi_3 \pi_2)$$
$$\frac{ce}{(2mc)^2}\hbar \sum_{\text{cyclic}} \sigma_1\left(\frac{\partial A_0}{\partial x_2}\pi_3 - \frac{\partial A_0}{\partial x_3}\pi_2\right) - \frac{ce}{(2mc)^2}(-i\hbar) \sum_{r=1,2,3} \frac{\partial A_0}{\partial x_r}\pi_r \right]\phi^+$$

が導かれます．ところで，すぐわかるように
$$\pi_2\pi_3 - \pi_3\pi_2 = -ie\hbar\left(\frac{\partial A_3}{\partial x_2} - \frac{\partial A_2}{\partial x_3}\right) = -ie\hbar B_1$$
（およびその $1, 2, 3$ をサイクリックに変えたもの）

が成り立ちますし，また
$$-c\frac{\partial A_0}{\partial x_r} = E_r, \quad r = 1, 2, 3$$

であることに注意しましょう．それから古典論では粒子の速度を $\boldsymbol{u} = (u_1, u_2, u_3)$ としたとき，
$$\pi_r \equiv \frac{mu_r}{\sqrt{1 - u^2/c^2}}, \quad r = 1, 2, 3 \tag{11-57}$$

が成立していましたから，ここでこれと同形の関係式によって q-数 u_r を導入すると，$1/c^3$ の項を捨てて

$$(11\text{-}53)_{D_1} \text{ の右辺} = \left[\frac{1}{2}m\frac{u^2}{1-u^2/c^2} - \frac{W+ceA_0-mc^2}{4c^2}u^2 \right.$$
$$+ \frac{e\hbar}{2m}\sum_{r=1,2,3}\sigma_r B_r + \frac{1}{2}\frac{e\hbar}{2m}\sum_{\text{cyclic}}\sigma_1\left(E_2\frac{u_3}{c^2} - E_3\frac{u_2}{c^2}\right)$$
$$\left. + \frac{i}{2}\frac{e\hbar}{2m}\sum_{r=1,2,3}E_r\frac{u_r}{c^2} \right]\phi^+$$

が得られます．そこでこれを $(11\text{-}53)_{D_1}$ に用いると，ϕ^+ の満たすべき方程式として

$$\left\{ \frac{1}{2}m\left(1+\frac{u^2}{c^2}\right)u^2 - M_D(\boldsymbol{\sigma}\cdot\boldsymbol{B}) - \frac{1}{2}M_D\left(\boldsymbol{\sigma}\cdot\left[\boldsymbol{E}\times\frac{\boldsymbol{u}}{c^2}\right]\right) \right.$$
$$\left. - \frac{i}{2}M_D\left(\boldsymbol{E}\cdot\frac{\boldsymbol{u}}{c^2}\right) - \left(1+\frac{1}{4}\frac{u^2}{c^2}\right)(W+ceA_0-mc^2) \right\}\phi^+ = 0 \quad (11\text{-}58)$$

が導かれます．ただし $M_D = \dfrac{-e\hbar}{2m}$ です．ここでいくらかコンシステントでない近似になるが，{ } 中の第 1 項の因子 $\left(1+\dfrac{u^2}{c^2}\right)$ と最後の項の因子 $\left(1+\dfrac{1}{4}\dfrac{u^2}{c^2}\right)$ とを 1 とおくと（これらのことは質量の相対論的変化をネグることになる），{ } のなかの第 1 項 $\dfrac{1}{2}mu^2$ は粒子の運動エネルギー，最後の項 $-(W+ceA_0-mc^2)$ のなかの $-ceA_0$ は電場による粒子の位置エネルギー，mc^2 は粒子の静止エネルギーを意味するわけですが，そのほかに第 2 項，第 3 項および第 4 項がエネルギーに付け加わっているのが見られます．そしてこのとき第 2 項の

$$-M_D(\boldsymbol{\sigma}\cdot\boldsymbol{B}) \quad (11\text{-}59)_1$$

は電子の磁気能率と外部磁場との相互作用エネルギーと解釈することができる．さらに第 3 項については (11-47) を思い出すと，

$$-\frac{1}{2}M_D\left(\boldsymbol{\sigma}\cdot\left[\boldsymbol{E}\times\frac{\boldsymbol{u}}{c^2}\right]\right) = -\frac{1}{2}M_D(\boldsymbol{\sigma}\cdot\mathring{\boldsymbol{B}}) \quad (11\text{-}59)_2$$

で，したがってそれは電子の磁気能率と内部磁場の相互作用エネルギーです．ごらんなさい，$(11\text{-}48)_{電子}$ の右辺とくらべてわかるように，古典的なトーマス理論でのプリセッションのときと同様，ここにちゃんとトーマス因子 $\dfrac{1}{2}$ があらわれています．それに対して外部磁場との相互作用は $(11\text{-}59)_1$ であり，したがって，これま

た (11-48)$_\text{電子}$ の右辺と同様,そこには $\frac{1}{2}$ はあらわれません.なお (11-58) の第 4 項は古典論では存在しないものですが,この項はスピン変数を含まず,したがってトーマス因子には関係がない.ですから,ここでそれについての議論はやめにします.

ここで,第 1 項 $\frac{m}{2}u^2$ に関して補足しておきます.すなわち (11-55) と (11-57) から,近似的に

$$\frac{m}{2}u^2 = \frac{1}{2m}p^2 + \frac{e}{2m}\{(A\cdot p)+(p\cdot A)\}$$

が得られますが,外部磁場が均一なときには $A = \frac{1}{2}[B\times r]$ と書けますので,結局

$$\frac{1}{2}mu^2 = \frac{p^2}{2m} + \frac{e\hbar}{2m}(B\cdot l)$$

が得られる.こうして (11-59)$_1$,(11-59)$_2$ とこれとを用いると,パウリ方程式 (7-28) がパウリ項 (11-49)$_\text{P}$ をつけないで (11-58) からちゃんと出てくることがわかります.

*

それでは,さらにパウリの付加項 (11-49)$_\text{P}$ を付け加えたときはどうなるか.それを付け加えると,(11-54) によって,方程式は

$$\left(W+ceA_0-mc^2+M'\sum_{r=1,2,3}\sigma_r B_r\right)\phi^+ = c\sum_{r=1,2,3}\left\{\sigma_r\pi_r + \frac{iM'}{c^2}\sigma_r E_r\right\}\phi^-$$
$$\left(W+ceA_0+mc^2-M'\sum_{r=1,2,3}\sigma_r B_r\right)\phi^- = c\sum_{r=1,2,3}\left\{\sigma_r\pi_r - \frac{iM'}{c^2}\sigma_r E_r\right\}\phi^+$$

$$(11\text{-}53)_{\text{D+P}}$$

になります.このとき $M'B_r$ は $1/c$ のオーダーのものです.ですから第 2 式の左辺で $M'\sum\sigma_r B_r$ の項は捨ててもよい.したがってその近似で

$$\phi^- = \left\{\frac{1}{2mc} - \frac{W+ceA_0-mc^2}{(2mc)^2 c}\right\}\sum_{r=1,2,3}\left\{\sigma_r\pi_r - \frac{iM'}{c^2}\sigma_r E_r\right\}\phi^+$$

を用いることができます.そこで,これを第 1 式の右辺に用い,再び公式 (11-56) を用いて計算すると,ごちゃごちゃといろんな項が出てきますが,$1/c^3$,$1/c^4$,…… の項をバサリバサリと切り捨てていくと,結局,(11-53)$_\text{D}$ の場合に得られた項

(11-59)$_1$ と (11-59)$_2$ のほかに

$$-\frac{M'}{2mc^2}\sum_{\text{cyclic}}\sigma_1(E_2\pi_3-\pi_2E_3+\pi_3E_2-E_3\pi_2)$$
$$+\frac{iM'}{2mc^2}\sum_{r=1,2,3}(E_r\pi_r-\pi_rE_r) \qquad (11\text{-}60)$$

という項だけが残ります．ここで

$$F\pi_r-\pi_rF=i\hbar\frac{\partial F}{\partial x_r}$$

を用いると，

$$(11\text{-}60)\text{ の第 1 項}=-\frac{M'}{mc^2}\sum_{\text{cyclic}}\sigma_1(E_2\pi_3-\pi_2E_3)$$
$$-\frac{M'\hbar}{2imc^2}\sum_{\text{cyclic}}\sigma_1\left(\frac{\partial E_2}{\partial x_3}-\frac{\partial E_3}{\partial x_2}\right)$$

となり，また第 2 項については

$$(11\text{-}60)\text{ の第 2 項}=-\frac{M'}{2mc^2}\hbar\,\text{div}\,\boldsymbol{E}$$

が得られます．しかしこの第 2 項はスピン変数を含まず，したがってトーマス因子には関係がないので，この項についての議論はやはりやめにします．一方，第 1 項のほうでは，時間を含まぬ $\boldsymbol{E}$ や $\boldsymbol{B}$ について rot $\boldsymbol{E}=0$ を思い出すと，結局 M' から出てくる付加項でスピンを含むものは

$$-\frac{M'}{mc^2}\sum_{\text{cyclic}}\sigma_1(E_2\pi_3-\pi_2E_3)$$

だけです．ここで $\pi_r=mu_r$ を用い，さらに (11-47) に注意すると，それは

$$-M'\left(\boldsymbol{\sigma}\cdot\left[\boldsymbol{E}\times\frac{\boldsymbol{u}}{c^2}\right]\right)=-M'(\boldsymbol{\sigma}\cdot\mathring{\boldsymbol{B}}) \qquad (11\text{-}61)$$

になることがわかります．さらに (11-53)$_{\text{D+P}}$ の左辺には，前になかった付加項

$$-M'(\boldsymbol{\sigma}\cdot\boldsymbol{B}) \qquad (11\text{-}62)$$

が存在しています．結局 ϕ^+ の満たすべき方程式のなかのスピンに関係する付加項は，前に得られた (11-59)$_1$ と (11-59)$_2$ とに (11-61) と (11-62) とを合せて，

$$-(M_\mathrm{D}+M')(\boldsymbol{\sigma}\cdot\boldsymbol{B})-\left(\frac{1}{2}M_\mathrm{D}+M'\right)(\boldsymbol{\sigma}\cdot\mathring{\boldsymbol{B}})$$

$$(11\text{-}63)_{陽子}$$

となります.そこでこれを古典的にトーマスの考えて得られた結果 $(11\text{-}48)_{陽子}$ とくらべると,まったく相似形をしていることがわかります.さらに中性子については,$e=0$,したがって $M_\mathrm{D}=0$ であり,結局 $(11\text{-}63)_{陽子}$ で $M_\mathrm{D}=0$ とおいたのが量子力学的な付加項です.したがってそれは

$$-M'(\boldsymbol{\sigma}\cdot\boldsymbol{B})-M'(\boldsymbol{\sigma}\cdot\mathring{\boldsymbol{B}}) \quad (11\text{-}63)_{中性子}$$

で,これまたトーマスの理論で得られた $(11\text{-}48)_{中性子}$ と相似形になっている.さらに,トーマス理論で得

J. H. D イェンゼン (1907–1973) (1972 年,菊池俊吉撮影).

られた結果と量子論で得られた結果とは相似形をしているのみならず,対応原理を用いて翻訳すれば,相互に完全な一致が得られるのです.ですから,結局,イェンゼンが提示した問題には肯定的な答えが出ました.つまり,異常磁気能率に対しても,トーマス流にやった答えと,量子力学的にやった答えとは完全に一致するのです.

どうもイェンゼンと会ったときのぼくの印象では,彼は,異常磁気能率のとき,トーマス理論は正しい答えを与えまい,と予想していたようです.だけど,いま彼の真意を確かめるすべはない.ぼくが手紙を書こう書こうと思っているうちに,彼は惜しいことに 1973 年の春,病気で逝去してしまいました.しかし彼のおかげで,ぼくはあらためてトーマスの仕事を見直す機会を得ました.パウリがトーマスの仕事を知ってから,スピンは古典的に記述不可能だ,という彼の考えを改めたという話を前にしましたが,パウリを改心させるだけの内容をトーマスの仕事はたしかに持っていたのです.

さて,話はめぐりめぐって,再びトーマスの時代に逆もどりしてきました.このひとめぐりしたところで,ぼくの話を終りにしたいと思います.しかし肩のこる今日の長ばなしのあと,1 回だけ,あっさりした清談を用意しています.それでは次回まで,さようなら.

第12話　最終講義
　　——付け足しと思い出ばなし——

　今日は清談をするという約束でしたね．ところで清談の意味はきみたちも知っていると思うが，むかし中国の晋の時代，竹林の七賢という連中がいたという話．この七人が，かたくるしい儒学の教えに反抗し，世を捨て，竹林にこもり，琴を弾じ酒をのみ，山水の美に我を忘れ，詩を論じ老荘を談じた，そういうのを清談というのだそうです．しかし，今日のぼくは，この七賢人のまねをするなんて大それたことをするつもりはないので，ただ最後の1回を，これまでのようなかたくるしい話はやめて，いままでの話をおぎなったり，最終講義というのでよくやるように，むかしの思い出ばなしなどを心に浮かぶままにしてみようというのです．このたわいない思い出ばなしによって，ぼくの目を通した一断面にすぎませんが，これまでの話の舞台になった1925〜1940年ごろの日本の様子はどんなであったか，ということをいくらか浮かびあがらせることもできたら，というのがぼくの念願なのです．

　じつはこの一連の話の第1回を終ったころに，[77]『自然』の石川くんが *Theoretical Physics in the Twentieth Century* という本を持ってきてくれたんです．この本は，もともとパウリの還暦を祝うつもりで企画されたものですが，それが結局，彼の追悼の書になってしまったという因縁を持つ本で，そこにはいろいろとスピンをめぐる話が書いてある，というのが石川くんがそれを持ってきた理由なのです．しかしぼくとしてみれば，それを読んでしまうと，しゃべりたいと思っていたことは誰かがすでにそこに書いていて，ぼくのしゃべることがなくなっては，と思った．そういうわけで，結局，この本をぼくは始めしばらく読まなかったのです．それで，あとになってそれをひろい読みしたわけですが，読んでみたら，ぼくが誰かに聞いて

---

[77] ここに著者が書いている「第1回を終ったころ」は雑誌『自然』での連載の1回めを指している．連載は1973年1月号から10月号まで10回であったが，本にするとき1回めの記事を3分割して，その最初の3分の2の内容は新たに書き下ろされ（第1話と第2話），残り3分の1は大幅に加筆され第3話となった．

うろ覚えでしゃべった話が，それほど間違っていなかったので，ほっとしたのです．

そのひとつはクローニッヒのこと．クローニッヒが自転する電子という着想を得たとき，パウリにそれを話したら，頭から反対されてしまったという挿話ですね．この話は，ぼくが理研に来たころ，仁科芳雄先生よりちょっと先にヨーロッパから帰って来られた杉浦義勝先生からうかがったように記憶しています．ところでこの挿話をクローニッヒ自身，さっき言ったパウリ追悼の本に書いているのです．それで本にするとき第2話ではそれをだいぶん受け売りさせてもらいました．

次にウーレンベック－カウシュミットの話です．クローニッヒの考えがパウリやコペンハーゲンの連中にあまり賛成されなかったので彼が発表をあきらめてから1年ほどのち，カウシュミット，ウーレンベックの二人がクローニッヒとまったく同じ自転電子の考えに思いつき，今度はそれを雑誌に投稿するところまでいった．しかし，そこでやはりいろんな批判を受け，その結果二人はその発表を引っ込めようと思った．しかし，そのとき，すでに論文は出版社の手に送られてしまった，という話を第2話でしましたね．この挿話をぼくはパイエルス (R.E. Peierls) から聞いたのですが，先日，その間のいきさつをくわしく書いた資料を仁田勇先生からいただきました．それは *Delta* というオランダの英文の雑誌で，そこにカウシュミットの思い出ばなしがのっているのです．〔このカウシュミットの思い出ばなしは，『自然』1973年12月号に在米の桜井邦朋くんが全訳をのせていますから，ごらんなさい．〕

この思い出ばなしによると，カウシュミットはエーレンフェストのところで勉強していたそうです．おそらくエーレンフェストは，カウシュミットが数理的推理能力より実験からのアプローチを得意とすることを見抜いたのでしょう．ボンのパーシェンに会って話を聞くことを彼にすすめたんだそうです．パーシェンのところにはバックもいて，彼らが見つけたパーシェン－バック効果や，またゾンマーフェルトの計算した水素準位の微細構造の実験的検証などがそこで行なわれていました．カウシュミットは，ここでいろいろと実験の結果を知り，実験家と話をしているうちに，パウリが排他原理に関連して持ち込んだ第4の量子数からヒントを得て，ベクトル l と s とのカップリングでアルカリ2重項を説明するという考えに導かれました（彼はクローニッヒが彼と同じ考えをしようとしたことを，もちろん知らずにです）．それからパーシェンの実験室で彼が知った重要な事柄は，水素準位の微細構造のことでした．それはゾンマーフェルトの理論では当然禁止されるはずの線が，

パーシェンの実験ではたしかに観察されているということでした．カウシュミットは，水素の微細構造をアルカリ2重項と同様に考える新解釈（これもクローニッヒが考えたことです）をすれば，その線は禁止線ではなく，あらわれて当り前になることに気がつきました．

しかしカウシュミットは，自分でも言っているように，あまりよい理論屋でなかったので，第4自由度とか，自転する電子という考えは彼には思い浮かばなかった．しかし彼は，この禁止線が実際には禁止されなかったことの説明を彼が与えたことについて，大いに自負しています．

そこでカウシュミットは，これらの考えを論文にまとめて，クローニッヒやクラマースの意見を聞くために，それをコペンハーゲンに送った．クローニッヒからは長い手紙が返ってきたが，そのなかにはいろんなことがたくさん書いてあるのに，カウシュミットの考えに関してはひとことも触れてなく，クローニッヒはそれにまったく興味がなかったようだ，とカウシュミットは思い出ばなしで言っている．こうしてクローニッヒはカウシュミットの考えを無視して，ほかのことに話をそらせてしまったわけで，その点で彼は，どうやらパウリから受けた仕打ちを，そのままカウシュミットにしているみたいですね．嫁はやがて姑になる，とは洋の東西を問わず真理のようですなあ．

このころからウーレンベックが参加したようです．彼はオランダ人ですが，事情によりイタリアで勉強をしていた．しかし，そこでは古典物理学の教育は受けたが，新しい量子物理や分光学の知識はまったく得られなかった．その彼がオランダに帰って来てエーレンフェストのグループに参加したので，エーレンフェストはカウシュミットといっしょに仕事をするようにお膳だてをしたらしい．カウシュミットによると，ある日，彼はエーレンフェストに呼ばれて，"きみはウーレンベックとしばらくいっしょに仕事をしなさい，そうすれば彼はきみから新しい原子構造論やスペクトルのことをいろいろ習うことができるだろう"と言われたそうです．エーレンフェストはうまいことを言ったが，頭のうしろのほうでは"そうすればお前は，ウーレンベックから本当の物理が何物かということをいくらか学ぶかもしれない"と考えていたにちがいない，とカウシュミットは言っています．いずれにせよ，エーレンフェストという人は，弟子たちの才能を認めると，その足りないところを補い，それぞれがそれぞれの個性を伸ばすよう，非常に親切な人間味にあふれた教育をする，ほんとにすぐれた教育者であったようですね．〔エーレンフェストは自分

で，自分は学者ではない，田舎教師にすぎない，と謙遜していたそうです．しかしぼく思うに，それは謙遜ではなく，彼の心の奥そこから根ざした彼の深い気持であって，彼が未熟な学生に対して示した愛情も，それと無関係には考えられないようにぼくには思われる．ローレンツが老齢でやめるとき，エーレンフェストはその後任者になりましたが，そのときも自分はその任でないと何回も辞退したという話で，ローレンツに説きふせられて結局は承諾したものの，彼は，自分はそんな資格はないという考えから一生離れられず，ついに自殺という悲劇的行為によってその生を終ったそうです．]

　さて，パウリは第4量子数を「古典的に記述不可能な二価性」と言って，それについてあらゆる力学的なイメージを拒否していましたが，それを電子の第4自由度のあらわれと考え，さらに具体的に，それを電子の自転である，と考えたのはウーレンベックのほうでした．カウシュミットは電子が自転するという考えをじゅうぶん理解できなかったが，とにかくそれが気に入り，そこで二人は考えをまとめあげ，二人の共著論文として，それをエーレンフェストに渡しました．その間にウーレンベックのほうは，古典理論に通暁しているだけに，ローレンツの意見を聞かなければと考え，ローレンツに会い，自転電子の着想を話したのです．そうしたらローレンツから"その考えは非常にむつかしい．なぜかというと，その考えでは磁気的な自己エネルギーが大きくなりすぎ，電子の質量は陽子より重くなる"と言われた．これを聞いてウーレンベックはすっかり臆病になってしまい，エーレンフェストのところに行き，"あの論文は出版しないでください，あれはおそらく間違っています"と言ったところ，エーレンフェスト曰く"もうおそすぎる．あれはもう送ってしまった"と．一方カウシュミットのほうは，そんなにシリヤスに考えていなかったようで，自転電子の考えが間違いだなどとは夢にも思ったことがなかったそうです．カウシュミットの記憶しているエーレンフェストのことばは，彼らが二人の論文をエーレンフェストに渡したとき，"それはよい考えだ．その考えは間違っているかもしれないが，きみたち二人はまだなんの名声もない若者だから，馬鹿な間違いをしても失うものは何もないよ"というのだそうです．このようにして二人の若者の論文は世に出ることになったのです．

　この論文はエーレンフェストの手で*Naturwissenschaften*誌の編集者に送られ出版されましたが，さらにこの論文が出てしばらくのちにウーレンベックたちはもう一つの論文を*Nature*誌に出しており，その論文に対してクローニッヒが手きび

しい批判を書いたという話を第 2 話でしましたが，さっきの『20 世紀の理論物理』という本でクローニッヒはちょっと言いわけみたいなことを書いています．それは，彼が彼の考えをコペンハーゲンで話したときすごく冷淡にあつかわれたのに，1 年しかたたないうちにボーアはじめそこのおえら方がすっかり豹変してしまった以上，自転電子を考えてもうまくゆかない点に注意を喚起するよりほかに自分のできることはなかったのだ，と言っています．

　ほかにもこの論文の反響はありました．たとえばハイゼンベルクはさっそくカウシュミット宛てに手紙を寄せた．そこには"あなたがたの「勇敢な」論文拝見いたしました"からはじまり，式を 1 つ書いて，"けれどもあなたがたはこの因子 2 をどう考えますか"という質問がしてあった．これを見て，カウシュミットは，なぜ自分たちの論文がそんなに「勇敢」なのか，因子 2 とは何のことか，さっぱりわからなかったそうです．ところでウーレンベックのほうは，ローレンツに指摘された困難のほかに，因子 2 の困難も知っていたようで，*Nature* 誌にのせた二人の論文ではそのことをはっきり認めています．ウーレンベックにとっては一度は引っ込めようと考えたぐらいですから，まさにそれが「勇敢」な論文であったことは重々承知していたでしょう．

　そうこうするうちにトーマスの論文が出ました．そうして，一応因子 2 に関する困難は解決しました．カウシュミットたちにさいわいだったことは，エーレンフェストがランデとちがって，パウリに相談しろと言わなかったことです．仁田先生からいただいた資料のなかにトーマスからカウシュミットに宛てた手紙の写真版が挿入されていますから，それをここに引用しておきましょう．

> "… I think you and Uhlenbeck have been very lucky to get your spinning electron published and talked about before Pauli heard of it.……more than a year ago Kronig believed in the spinning electron and worked out something; the first person he showed it to was Pauli, Pauli ridiculed the whole thing so much that the first person became also the last and no one else heard anything of it. …"

トーマスの論文が出るまで，パウリはえこじなまでに自転電子の考えに反対しました．ハイゼンベルクは，"「勇敢な」論文"とか，"因子 2 をどう考えるの"といった，なかば皮肉まじりのやわらかな調子で反対の気持を表現していますが，パウ

リは，ボーアがウーレンベック-カウシュミットの論文を推奨したことにかみついているのです．すなわちボーアは，*Nature* 誌に出た二人の論文につづいて，それをたたえる一文を草しているのですが，パウリは，ボーアともあろう人がそんなことをするとは，また新しい邪説が原子物理のなかに導入されるだけだ，と言って嘆いたそうです．しかし，前にも話したように，トーマスの論文が出て実験と理論の間の食いちがいの因子 2 が除去され，古典的なトーマスの理論でアルカリ 2 重項の正しい間隔がみごとに導かれたのを見ては，さすがのパウリも「古典的に記述不可能」などとは言えなくなりました．そしてトーマスの論文が出るとすぐ，カウシュミットは"自分はいま自転電子の考えを信ずるようになった"というパウリのハガキを受け取ったという話です．

このように，スピン発見の歴史は，いろいろちがった強い個性を持った学者の人間的なからみ合いとして見ても，面白い経過をたどったものと言えましょう．さっき話した『20 世紀の理論物理』のなかで，ファン・デル・ウェルデンもスピンをめぐるパウリ対クローニッヒ，ウーレンベック，カウシュミットらの関係をくわしく書いていますから読んでごらんなさい．

*

次にパウリの"中性子"の話です．

1930 年ごろ，彼がいろんな人にそれについての手紙を書いた話を第 9 話でしましたね．そのときぼくが引用した手紙はイェンゼンのノーベル講演に引かれていたのを孫引きしたものですが，東京教育大の原康夫くんは，別のもっとくわしいのがアメリカの高校生用の物理の副読本に出ていると教えてくれました．イェンゼンのは，おそらく理論屋向けの手紙だったのでしょうが，これは実験屋向けのもので，そういう粒子をなんとか実験で探すことをお願いするという趣旨のものです．原くんはそのコピーを送ってくれましたから，ここに引用しましょう．[78]

Zürich, December 4, 1930

Dear radioactive ladies and gentlemen,

    I beg you to most favorably listen to the carrier of this letter. He will tell you that, in view of the "wrong" statistics of N and Li^6 nuclei and of the

---

78) パウリの手紙は，もっと長い．p. 190, 注 64 に挙げたパウリの著書を見よ．

continuous beta spectrum, I have hit upon a desperate remedy to save the laws of conservation of energy and statistics. This is the possibility that electrically neutral particles exist which I will call neutrons, which exist in nuclei, which have a spin 1/2 and obey the exclusion principle. ⋯ The mass of the neutrons should be of the same order of the electrons, ⋯ So, dear radioactive people, examine and judge. ⋯

Your most obedient servant,
W. Pauli

この手紙で見ると,パウリはβスペクトルの困難だけでなく,N核(およびLi^6核)の統計やスピンの矛盾も彼の"中性子"で解決しようとしていたわけですね.ちなみに radioactive lady というのは,リーゼ・マイトナー(L. Meitner)女史のことだそうです.

余談ですが,こんな話を高校生の読本に書いたら,日本の教育ママは何んて言うでしょうか.文部省は何んて言うでしょうかねえ.[79]

*

ここで少し話題を変えましょう.パウリがいつもディラックの考え方を評して,アクロバティックだと言っていたという話,これは仁科先生から聞いた話なのです.「パウリの裁可」という話も仁科先生から聞きました.なんでもハイゼンベルクが積の交換不可能な量(すぐあとにそれがマトリックスだということになりましたが)を用いるという新しい考えを出したとき,まずパウリに意見を求めたんだそうです.そうしたらパウリは直ちにそれに裁可を与えたんだそうです.仁科先生や,あるいはあとでお話しますが,理研の杉浦義勝先生は,よくヨーロッパの学者たちのことやそこでの研究生活の話を聞かせてくださいました.

---

79) 原康夫さんの話:朝永さんが代表執筆者だった高校物理教科書の原稿が,1960年ごろ文部省の検定で不合格になった.執筆者の一人だった福田信之氏によれば,朝永さんは検定意見に納得できなかったので,修正せず不合格になることを選んだ.

仁科先生の話のなかに，当然クラインと共同の，いわゆるクライン‐ニシナ公式を導いたときの苦心談があります．それによると，あの計算をやるとき，あるところまで2人別々に計算してはそれを突き合せ，さらにまた別々に計算しては突き合せる，というそういうやり方をしたという．いまではこのやり方は定石でしょうが，そういうやり方は，ぼくたちには耳新しいことでした．ぼくたちも，坂田（昌一）くんや玉木（英彦）くんや小林（稔）くんたちといっしょに仕事するとき，このやり方をしたのですが，それでもお互い間違いばかりして手こずっていたとき，仁科先生は，クラインといっしょに仕事をしたときに，やはり2人でなかなか計算が合わなくて苦労した話をされ，それを聞いてわれわれも，おれたちだけではないなと思って，一息ついたものでした．

クライン‐ニシナの公式と言えば，きみたち，たぶんハイトラー（W. Heitler）の『輻射場の量子論』にあるようなやり方で計算が行なわれたと思っているだろうが，そうではないのです．お2人が計算をやりはじめたころはまだ場の量子化が生まれていないころで，そのころは過渡的な方法，すなわち電子場と電磁場を一応古典的な場のように考えて古典論的に計算し，その結果に対して対応原理を使ってそれを量子論に翻訳する，という方法がとられていたのです[80]．ここで電子場を古典論的に取り扱うということは，とりもなおさず電子波を3次元空間内の波とみなすシュレーディンガーの考えにもとづいていることに注目してください．こういう対応論的なやり方で電子波と電磁場との相互作用を論じよう，という考えは，1926年ごろクラインとゴルドンとによって独立に展開されたもので，彼らはまず相対論的な電子波の方程式をスカラー場と考え，コンプトン効果の計算などをしているのです．そういういきさつから，電子に対するスカラー方程式をクライン‐ゴルドン方程式と呼ぶようになったのですが，彼らが狙ったのは，この方程式それ自体にあったわけでなく，コンプトン効果の説明が本来の目的だったのです．ですから，ディラック方程式が出るやいなや，クラインたちが，それじゃディラック方程式を用いてコンプトン効果を計算してみようと考えたのは，まったく自然な順序だったのです[81]．

いま言いましたように，クラインにしてもゴルドンにしても，電子の波動を座標空間内でなく，3次元空間内の波と考えよう，というシュレーディンガーの挫折し

---

[80] 仁科の残した計算ノートが解読されている：矢崎裕二「Klein‐仁科公式導出の過程（I），（II）—理研の仁科資料を中心に」，科学史研究 31 (1993) 81-91, 129-137.

た考えを，対応原理を用いるという手で救い上げたわけですが，このやり方は，ついで出現した場の量子化の前駆であったと見ることができます．なぜかというと，粒子の運動を古典的に論じ，その解に対応原理を用いる，という前期量子力学のやり方がハイゼンベルクのマトリックス力学によって定式化されたことからみて，波動場の古典論に対応原理を用いるクラインやゴルドンのやり方が，場の量をq-数と考えることによって定式化されるであろう，という期待に進んでいくことはきわめて自然だからです．事実クラインは，ψを量子化するという考えを1926年ごろから持っていたようで，プライオリティーはディラックのアクロバットに先をこされましたが，同じ考えを持っていたヨルダンと協力して，彼はヨルダン－クラインの仕事を1927年に完成させている（この話は第6話で述べました）．

それはともかく，ハイトラーの本に書いてあるやり方なら，クライン－ニシナ公式はおそらく10日もあれば計算できたでしょうし，ファインマン（R. Feynman）流なら3時間もあればできたでしょう．しかし仁科先生がクラインといっしょにそれをやられたころは，それはじつにたいへんな計算であったらしいのです．ついでに付け加えておきますが，クライン－ニシナの連名論文のすぐあとに仁科先生単独の論文が出ていますが，これは散乱されたγ線の偏りの計算で，これまた輪をかけたややこしい計算であったらしい．それで計算をチェックする役を当時大学院学生だったメラー（C. Møller）がやったそうです．もちろん仁科先生は，論文の終りでメラーに感謝しています．[80][82]

シュレーディンガーのψが座標空間内の波か3次元空間内の波か，という問題は，ぼくたちが京都大学の3年生として量子力学の勉強をやっていたとき，ぼくたちの間でもやはり気になることでした．ぼくたちが3年生になったのは1928年のことで，そのころすでにヨルダン－クラインの論文なども出ていたはずですが，なにぶん3年生になって量子力学の"リョ"の字からはじめた若僧は，そんなことまだ知りませんでした（またそういうことを教えてくれる先生もいませんでした）[83]．ぼく

---

81) O. クラインの話として，コンプトン効果の計算はクラインが仁科にもちかけたとされているが（O. クライン「研究の日々」，小泉賢吉郎訳，玉木英彦・江沢 洋編『仁科芳雄』所収，みすず書房（1991），pp. 93-97），クラインにコペンハーゲンで再会する前の1928年2月25日に，仁科はハンブルクからディラックにあてて「コンプトン効果の計算をしたいので，君の相対論的電子論の論文の別刷りを送ってください」という手紙を出している．『仁科芳雄往復書簡集I』（p. 207の注70に既出）書簡59，注a）．

82) O. クラインから仁科への書簡を参照．『仁科芳雄往復書簡集I』（p. 207 注70に既出），書簡73, 82.

83) 第二次大戦後の学制改革（1948/9年）まで，大学教育は3年間であった．

のほうはただ，わからん，わからん，と言っていただけでしたが，湯川くんのほうは，ψは3次元空間の波であるべきだ，と信じていたようで，彼はヘリウムの問題をなんとかして6次元空間のψを使わずに解こうと考えていたようです．その結果彼が考えついたのは，核の電場$\frac{Ze}{r}$のほかに電気密度$-e\psi^*\psi$のつくる電場を考えに入れて3次元空間内にシュレーディンガー方程式を立て，それを解くというやり方でした．そうしたら，かなりよく実験と合うヘリウムのエネルギーが出た，といったようなことを彼が話してくれたのを記憶しています．すでにお気づきと思うが，これは要するにハートリー近似であったわけです．[84]

それに関連して思い出すのは，大学3年の終り近くに，3年生が自分で読んだ論文を紹介をする雑誌会があります．そこでわれわれも生まれてはじめての報告をしたのですが，そのときのことです．ぼくはハイゼンベルクの「Mehrkörperprobleme und Rezonanz in der Quantenmechanik」の報告をしましたが，湯川くんの選んだのはクラインの論文「Elektrodynamik und Wellenmechanik von Standpunkt des Korrespondenzprinzip」でした．これはさっき話したクラインの論文で，そのときにも言ったように，それは電子波を3次元空間内の波と考えるわけで，湯川くんがこの論文を選んだのも，彼の主張からしてきわめて自然なことだったのでしょう．一方ぼくのほうはといえば，このハイゼンベルクの論文は，粒子の交換に対してψが対称であるか反対称であるかによって，粒子がボース統計に従うか，フェルミ統計に従うかが決まるのだ，という議論ですから，そこではまさに座標空間内のψが考えられている．そういう点から見ると，ぼくのほうは座標空間内のψという考えに引かれていたようにも見えますね．しかしこの論文にぼくが引かれたのは，ハイゼンベルク一流の類推法にあったようです．つまり，2つの振子の共振という，きわめて日常的な，親しい現象から話がはじまって，それがいつのまにかψの対称性と粒子の統計といったきわめて高度な問題に進んでいく，その類推の妙味にぼくは引かれたらしいのです．その証拠には，同じ問題を論じていながら，ディラックの論文のほうに，ぼくはいっこうに引かれなかった．

ところが或る日，図書室で湯川くんと会ったとき，彼はヨルダン－クラインの論文とヨルダン－ウィグナーの論文の載った*Zeitschrift für Physik*を机の上にひろげて，3次元空間のψをカノニカルな交換関係によって量子化したり，あるいは反

---

84) 歴史的な話なので$1/(4\pi\varepsilon_0)$はつけずにおく．

ぼくが大学を出た1929年9月にW.ハイゼンベルクとP.A.M.ディラックが来日した．左より仁科芳雄，二人おいてハイゼンベルク，長岡半太郎（1865-1950），ディラック，右端，杉浦義勝（1895-1960）．

交換関係によって量子化すると，座標空間の ψ を用いて対称関数をとったり，あるいは反対称関数をとったりするのとまったく同じ結論が出るのだという驚くべき仕事のあったことをぼくに教えてくれました．というわけで，ぼくもさっそくこの論文を読んでみましたが，3次元の波か多次元の波かという，何かもやもやして気持の悪かった問題が，ここで完全に，しかもきれいさっぱりと答えられていることをぼくは見出したのです．[85]

*

ぼくたちが大学を卒業したのは1929年のことですが，この年の9月にハイゼンベルクとディラックが日本にやってきました．そして東京と京都で講演をやりました．ぼくはそのとき勇気を振い起して東京に出かけて講演を聞いたのです．この講演は，9月2日から9日にかけて東大と理化学研究所で行なわれました．その題目をかかげてみますと，

---

85) pp. 126-127 および注43を参照．

ハイゼンベルク

1．Theory of Ferromagnetism.
2．Theory of Conduction.（これはブロッホ（F. Bloch）の電気伝導の理論です）
3．Retarded Potential in the Quantum Theory.（これは有名なハイゼンベルク－パウリの理論です）
4．The Indeterminacy-Relations and the Physical Principles of the Quantum Theory.

ディラック

1．The Basis of Statistical Quantum Mechanics.（これは密度マトリックスの話です）
2．Quantum Mechanics of Many-Electron Systems.（これは電子の座標に対する置換演算子をスピン変数であらわすことと，その応用です）
3．Relativity Theory of Electron.（これは言うまでもなく，ディラック方程式の話です）
4．The Principle of Superposition and the Two-Dimensional Harmonic Oscillator.

です．このうち1〜3は東大で，4は理研で講演されました．ごらんのとおり，講演の中身は当時としては最先端をいったものでした．

ぼくはさいわいにして，これらの話に関連する論文は一応目を通しておりましたので（ただし，それにはたいへんな苦労があったことをあとでお話します），不思議にも内容の理解がほぼできたように記憶しています．ただし，京都という田舎から東京に出てきて，長岡半太郎先生だとか，仁科先生とか杉浦先生だとかいうえらいかたがたの姿を見，また見るからに頭のよさそうな東大出の秀才たちの間で圧倒された気持になりながら，ぼくはうしろのほうの席にこっそりと隠れるように坐って講演を聞いていたのです．そこに京都の三高を経て東大の物理を出た高校でのぼくの先輩が一人いて，あれが仁科先生だ，あそこにいるのが仁科先生のコロキウムにしょっちゅう出て量子力学の勉強をしている小谷（正雄）とか犬井（鉄郎）とかいう連中だ，きみもあの連中と知り合いになっておけ，などと言われても，そのときは尻込みをするばかりでした．そんななかでいま思い出したことは，第3の講演

ぼくが大学を卒業した翌年，仁科先生が京都にみえた．前列右より二人目より仁科芳雄，木村正路（1883-1962）．最後列右より二人目がぼく，左隣が湯川くん（1907-1981）．

のあとでディラックがハイゼンベルクにした質問です．ご承知でしょうが，ハイゼンベルクとパウリとは彼らの理論のなかで，div $E=4\pi\rho$ を q-数間の関係でなく，状態ベクトル ψ に対する附加条件 div $E \cdot \psi = 4\pi\rho \cdot \psi$ として導入していますね．それに対してディラックは，div $E - 4\pi\rho$ の固有値 0 は離散的か連続的かという質問をしたのです．これはハイゼンベルクにとっても予想しない質問だったようで，彼はすぐには答えられず，しばらく考えてから，たぶん連続的だと思う，と答えた．

東大での講演の最後の日には長岡先生が挨拶に立ち，ハイゼンベルクやディラックが二十代の若さで新理論の建設という大事業をなしとげた功績をたたえるとともに，日本の学者たちはいまなお欧米の糟粕をなめるばかり，学生は学生でその講義をノートにとるばかり，そういうふがいない現状はなんとなさけないことだ，ハイゼンベルクやディラックを見ならえ，といった趣旨の演説をやられたのが頭に残っています．[86]〔ただし長岡先生は，これを長岡調の英語でまくしたてられたので，ぼくは正確に聞きとれず，勝手にぼく流に受け取ったのかもしれない．〕

---

86) 長岡半太郎「HeisenbergとDiracの講演に際し歓迎の辞」，『仁科芳雄往復書簡集I』所収（p. 207 の注70を見よ），文書127．

*

　大学3年で専攻を決めるとき，量子論を選んでしまったことにぼくは何度か後悔したことがあります．なにしろ，当時教育的に書かれた量子力学の教科書などひとつもなく，本といえばシュレーディンガーの論文集か，ボルンの書いた『原子力学の諸問題』ぐらいで，大部分の勉強は原論文をひとつひとつあたらねばならない．そうすると，それにはいっぱいほかの論文が引用してあって，それを読まなければ，書いてあることがまったくわからない．そういうわけで，たくさんな論文の大海のなかで，ぼくはひとりでアップアップしていたのです．おまけにそのころ，ぼくは健康すぐれず，学士号はもらったが，すっかりノイローゼになってしまっていた．こうして，何度か，もう量子力学をやめようと思いながら，しかしどうやら1年半ほどたってみると，ほぼハイゼンベルクやディラックの講演なども理解できる程度には追いついたことに気づきました．しかし追いついたときに，敵はまた前進している．いくら長岡先生にハッパをかけられても，いっこうどうにもなりません．

　そのころ世界の大勢から完全に取り残されていた保守的な京大の先生がたも，量子論といった新しい物理が燎原の火のごとくに世界中に拡がっている事情を見ては，何とかせねばならないという空気が出てきたのは当然でした．当時京大には木村正路先生という海外でも名を知られた分光学の先生がおられました．先生は実験家で，はじめは理論物理をあまり好まれなかったという話でしたが，そのころ海外視察をされ，欧米の大勢をその目で見られ，日本でもいままでのような古典物理一点ばりではだめだと考えられ，さいわい先生は理研の主任研究員も兼ねておられた関係で，理研の杉浦先生に京大で量子力学の集中講義をすることを依頼されたのです．そういういきさつで，多分1930年のはじめごろだったと思いますが，杉浦先生が京都に来られました．なんでも寒いときのことで，ストーブをたいた教室で講義を聞いたような記憶があります．[87]それから，さらに次の年の初夏だったと思いますが，仁科先生が講義にみえました．

　杉浦先生は，湯川くんとぼくが量子力学を勉強していることを知られ，もしやる気があるならテーマを出してあげようと言われました．さっきも話しましたように，1929年夏ごろまでに，スロー・ペースのぼくもどうやら一応量子力学に追いつい

---

87) 杉浦義勝は1928年4月にも理化学研究所で「新量子力学と其応用」と題して講演した．その記録は残っている（日本数学物理学会誌，第二巻・第一号・付録（1928）14-88）．

たわけですが，そのことと自分で何か仕事をすることとは別のものです．量子力学はそのころまでには理論体系はほぼ完成し，また原子の問題もほぼ全部解かれてしまい，そういう分野ではもうやることはあまりない．そこでぼくは，分子にいくらか興味を持ち，フントの仕事などを勉強し，分子構造に関することで何かやることはないかと物色したりしました．しかし，そこでも物理的な問題はおおかたやられてしまっていて，むしろ化学者のやるようなことしか残っていないようにみえた．そういうわけで，そのころぼくたちが働く余地のありそうなところは，物性論の分野，原子核の分野，それから相対論的量子力学の分野しかないように思われた．それでは，そのどれに向って進んだらよいか，ぼくは迷いに迷ってなかなかふんぎりがつかなかった．どれに進むにしても，ぼくの能力はまだ不十分だ，としかどうしても思われなかったのです．だから，杉浦先生からテーマを与えてもよいという話をうかがったとき，これをきっかけに，ひとつ自分の進む方向になんとかふんぎりをつけよう，という気になりました．

一方，湯川くんのほうは，はやくから原子核とか相対論的量子論に進む決心がついていたようにぼくにはみえました（湯川くん，ちがっていたら訂正してください）．そして彼は，独力で核のスピンによるスペクトルの超微細構造理論などに手をつけたりしておりました．しかし彼も一応，杉浦先生から出されるテーマがどんなものか聞いてみよう，という心境だったのでしょう，ぼくら二人は杉浦先生のおられる部屋に行きました．

そのとき先生がぼくに与えられた課題は Na_2 分子の問題で（ぼくが分子のことに興味を持っていたことを先生は知っておられたのかどうか，そのへんのことはわかりません），それはハイトラー－ロンドンの H_2 の理論を Na_2 にあてはめる，という仕事です．ぼくは，そのころもはや分子には興味を失っていたのですが，いつまでも他人の論文ばかり読んでいるより，つまらなくても何か自分でやってみるほうが薬になると思い，思い切って"やってみましょう"と言ったのです．しかし，やってみると，頭から数値計算ばかりで，大した勉強になりそうもない（しかし根気のよくなる修養にはなりました）．そうして，なにか杉浦先生の糟粕ばかりなめているみたいで，味気ないことおびただしい．しかも，計算をやってみると，おかしなことがいっぱい出てきて，どうもうまくゆかない．

湯川くんのほうにも杉浦先生からテーマが与えられたのですが，それはベルゲン・デビス（Bergen Davis）[88]の実験というたいへん奇妙な実験の結果を理論的に説

明する仕事でした．ところが，この実験の詳細をしらべてみると，どうもあやしい．どう考えても何か間違った実験らしい．そんなことがいろいろとあって，もたもたがしばらく続いたころ，仁科先生が京大へ講義に来られたのです．

仁科先生の講義では，ハイゼンベルクの *Physikalische Prinzipien der Quantentheorie* という本がテキストに使われました．杉浦先生のときは，横長の黒板の，端から端までつながるような長い長い式（コンフルエント・ハイパージオメトリック・ファンクションとかいう）を書いて，ご自分の仕事の話をされました．それはたしかに独創に満ちたお話だったのかもしれませんが，初学者にはあまりにも専門的でいっこうわけがわからなかった．一方，仁科先生のそれは，種本の受け売りと言えばそうですが，なかばハイゼンベルクの手柄であったにしても，それをきっかけにした講義のあとに出た討論はじつに印象深いものでした．木村先生の実験家らしい発想の発言，それに答えられる仁科先生の説明，こういうやりとりの空気がそうさせたのでしょうか，いままでこういう席では口もきけなかった臆病なぼくも，何度かためらったあげくですが，やっとの思いで仁科先生に質問をしたところ，先生は親切に答えてくださり，またぼくのような青二才の意見にも耳をかたむけてくださったのでした．

仁科先生が京都滞在中のある日，湯川くんとぼくとは仁科先生によばれて夕食のごちそうになりました．そのとき二人が杉浦先生から与えられた仕事の話をしましたら，先生はベルゲン・デビスの実験は間違いであることがはっきりわかったという話をされ，シンチレーションを使う実験では実験する人の心理が実験結果にあらわれることがよくある，というようなことを言われました．

ぼくのほうの仕事については，先生は，もっと面白いことがほかにもたくさんある，というようなことを言われました．そして先生は，クラインから最近もらった手紙というのをぼくたち二人に披露され[89]，ボーアが原子核のなかでは量子力学は成り立たないと言っているという，そのなかに書かれている話などを聞かせてくださいました．ボーアの考えでは，量子力学は，観測が対象に及ぼす作用を h より小さくはできない，という事情を取り入れた点で古典力学より進んでいるが，そのほか

---

88) この実験について『仁科芳雄往復書簡集I』（p. 207 の注 70 に前出）の書簡 155（J.C. Jacobsen → 仁科，1930 年 1 月 10 日付），書簡 167（仁科 → S.A. Goudsmit，1930 年 1 月 31 日付）に書かれている．仁科が京大に講義に行ったのは 1931 年 4 月末である．

89) この O. クラインの手紙は残っていないが，『仁科芳雄往復書簡集I』（p. 207 の注 70 に前出）の書簡 185 は，それに対する仁科の返事かもしれない．

に観測装置それ自身が陽子や電子でできているということから，観測操作に何か原理的な制限があらわれるであろう．だから核内では，おそらくそういう制限のため，それを考慮に入れていないいまの量子力学は成立しないだろう．たぶんその制限の結果，核内で電子は個性を失うだろう．こういうのがボーアの考えだ，と先生は話してくださいました．〔じつはここでこうはっきり聞いたように書きましたが，当時ぼくがむつかしい話をそんなにはっきり聞きとる力があるはずはないので，目が覚めてから夢の話を人にするときのように，たぶんに起きてからの辻つま合せが入っているのです．〕

*

　こういういきさつがいろいろありましたが，1932年のはじめごろ仁科先生から一通の手紙がぼくのところに届きました．そこには，理化学研究所へ来て仁科研究室で勉強する気はないかという趣旨のことが書いてありました．しかしぼくは，いったいぼくが理研というような日本最高の場所で，世界的な先生がたにお応えできるような能力があるだろうか，という尻込みの気持と，しかしせっかくのお話だから行ってみようか，という気持と入り混じって，なかなかふみきりがつかなかったのです．それで正直にこの気持を書いた手紙を先生に出しましたら，先生から，それではとにかく試験的に 2, 3 ヵ月のつもりで来てごらん，あの Na_2 の計算をやるのもよいし，またもっと面白い仕事もあるから，そしてあとどうするかは，そのうえで決めればよい，というご返事が来ました．そういうわけで 1932 年の 4 月末ごろぼくは上京して，理研の仁科研究室の一員になったのです．

　仁科研究室に行きますと，先生は Na_2 のほうはどうなってるかと言われるので，どうもおかしな結果が出てきてそのままになっていると答えますと，先生は，それよりひとつ中性子について，きみに計算してほしいことがあるからそれをやってみないかと言われ，中性子という粒子がどういうものか，くわしく説明してくださいました．ぼくは杉浦先生のところにもご挨拶に行き，こんど仁科研究室で勉強させていただくことになり，中性子についての計算をやることになりましたので，と申し上げると，杉浦先生は，それはよかった，Na_2 よりそのほうがよい，と言ってくださって，いろいろとヨーロッパでの話などを聞かせてくださいました．例のコンフルエント・ハイパージオメトリック・ファンクションの仕事をパウリにほめられたというような話，そのほか先生が勉強をされたゲッティンゲン大学の空気など

（そのとき，そこにディラックやオッペンハイマーがいたそうです）の話も出ました．そのときだったと思います，クローニッヒとパウリの話をうかがったのは．

仁科先生の出された問題というのは，中性子が物質を通過するとき，物質原子を励起したりイオン化したりするだろうから，その断面積を計算してほしい，ということでした．1932年というのはちょうど中性子が発見された年ですが，当時宇宙線の本体はよくわかっていなかった．仁科先生は，宇宙線の本体は中性子ではなかろうか，という考えを持たれ，そこでこういう計算をぼくにやらせよう，ということになったのです．そのとき，ハイゼンベルクの核構造に関する論文はまだ先生の手元に到着していないころで，核力の考えはまだ先生も持っておられなかった．そして先生は，中性子は中性であっても，電気能率や磁気能率を持っているだろうから，そういう双極子的な力でそれが電子と作用し，そして原子を励起したりイオン化することがあるだろうと考えられたのです．

ところで，この計算をするには，中性であって電気能率や磁気能率を持つ粒子の波動方程式が必要ですね．そのころ，前回お話した *Handbuch der Physik* はまだ出ていませんから，パウリ項というものをぼくは知らなかった．しかし相対論の要求から，それは $M'\rho_2\{(\sigma \cdot E/c) - i(\alpha \cdot B)\}$ の形[90]をしていなければならないというので，いまのことばでいうパウリ項をつけた中性の（$e=0$ とおいた）ディラック方程式を用いることにしました．〔これは自慢するほどむつかしいことではないので，ただ事実をお話しているだけです．〕ところがそうしている間に，ハイゼンベルクの論文が東京にも届きました．そうなると，中性子・電子の相互作用より，中性子・原子核の相互作用のほうがはるかに大きいことがわかりました．さらに重水素が発見されると，この2体問題を解いて核力の性質を決めるほうが大事な問題だということで，そっちのほうに方針を変えました．

そういうわけで，重水素の結合エネルギーとか，陽子による中性子の散乱とか捕獲とか，そういう現象に関する計算にぼくはとりかかることになったのです．ハイゼンベルクは核力を交換力と考え，交換力のポテンシャル $J(r)$ を導入しました．

---

90) 本書には ρ_2, σ の定義は与えられていない．ディラック（*Proc. Roy. Soc.* **117** (1928) 610-624）によれば

$$\rho_2 = \begin{pmatrix} 0 & -iI \\ iI & 0 \end{pmatrix}, \quad \sigma = \begin{pmatrix} \sigma & 0 \\ 0 & \sigma \end{pmatrix}$$

である．ここに I は 2×2 の単位行列，（…）の中の σ はパウリのスピン行列で，これらを用いれば，この式は $(11\text{-}49)_P$ に一致する．

そして核力は，そのポテンシャルが $r \gtrsim 10^{-15}$ m では 0 になるような，そういう到達距離の短い力であろうと考えました．そこでこんどは，その大きさを決める必要があります．一方，実験のほうで重水素核の結合エネルギーがわかってきましたから，結合エネルギーの理論値が実験値と合うように核力の大きさを決めることができます．そしてそれを用いて，散乱の問題や捕獲の問題を論ずることができます．ところで実験事実がだんだんわかってくると，中性子の陽子による弾性衝突の断面積も，捕獲の断面積も，おそい中性子に対して異常に大きくなることがわかり，この点が仁科先生の注意を引きました．

ところが，ぼくがいま言ったようなやり方で重水素核の結合エネルギーから $J(r)$ を決め，それを散乱に用いてみると，そんな結論は出てこないのです．このとき $J(r)$ として，井戸型とか，$-e^{-r/a}$ 型とか，$-\frac{1}{r}e^{-r/a}$ 型とか，いろいろの形のものを仮定して計算してみても，結論はその形にはほとんど関係しませんでした．そのときぼくがふと気づいたことは，中性子・陽子の 2 体系において，重水素状態の S 準位のほかに，エネルギー 0 のところすれすれにもうひとつ S 準位が存在するなら，入射中性子波中の S 波がそれに共振して，0 エネルギーの中性子が大きな散乱断面積を示すということです．しかも，こういう準位はハイゼンベルクの交換力だけからは出てこないけれど，マジョラナ (E. Majorana) が提案した交換力 (マジョラナ力の話は第 10 話で触れました) を付け加えると，そういう準位が可能だということに気がついたのです．それでこの散乱実験によって，ハイゼンベルク力とマジョラナ力との比を決定してみようとぼくは考えました．やってみると，この考えは弾性散乱に関するかぎりうまくゆき，2 つの力の比などを決めることに成功しました(91)．

この成果にぼくはかなり得意になり，仁科先生も満足され，1933 年の仙台での日本数学物理学会の年会から 1935 年の理研の秋の講演会にかけて順次それらの結果を発表したのです．しかし仁科先生は実験のほうの仕事でいろいろお忙しいせいか，これらの結果をなかなか論文にして発表されませんでした．そんなわけで，ぼくがひとりでやきもきしているうちに，ベーテ (H. Bethe) とパイエルスとがまったく同じことをやって先に発表してしまいました．ぼくはホゾをかむ思いで，仁科先生をうらんだものです．

---

91) p. 207 の注 70 を参照．

弾性散乱のほうはこの考えでうまくゆきましたが，中性子捕獲のほうはこの考えでもなかなかうまくゆかない．計算してみると，捕獲の断面積は中性子のエネルギーを0にすると0になってしまう．その理由は，捕獲のときは$\hbar\omega$が出ねばならないが，通常の選択規則によれば，このような過程は$P \to S$でなければならず，そうだとすると，エネルギー0すれすれのところにS準位が存在していても，P波にはなんの影響もない．その結果，結局，入射中性子のエネルギーが0になると，断面積も0になってしまうのです．エネルギー0すれすれにP準位が存在すれば話は変わるが，そのためには遠心力に打ち勝つほど$J(r)$を思いきり変えねばならず，そうするとほかのほうでの一致がすっかりやぶれてしまう．

ところが，このとき中性子や陽子が磁気能率を持つことから，通常の選択規則に従う$\hbar\omega$放出（すなわち電気双極子による$\hbar\omega$の放出）のほかに，磁気双極子による$\hbar\omega$の放出が可能で，それに対しては$S \to S$も許される，という可能性があったのです．そしてフェルミがこのことをはじめて指摘しました．このフェルミの論文を見てぼくはヤラレタと思いました．すなわちぼくたちは，通常の分光学の常識にとらわれて，磁気双極子による$\hbar\omega$の放出は小さくて近似的には禁止される，という先入観にとらわれていたのです．ここで唯一の慰めは，ベーテとパイエルスもこの可能性に気づかなかったということでしたが，先入観にとらわれないということは，なかなかむつかしいことですねえ．

このほかにも仁科研究室での思い出ばなしはたくさんあります．たとえば空孔理論を用いて陽電子の関与するいろいろな現象について行なった計算のことなどです．しかし，あまり話をひろげては時間もなくなりますから，ほぼ前回までの一連の話と関係あることにとどめましょう．ただはっきり言えることは，京都でどちらに進もうかと迷いに迷っていたぼくが，原子核とか宇宙線とか量子電磁力学の方面に進むことになったのには，仁科先生のお手伝いをしていたこの時期が決定的であったのです．

*

東京でぼくたちが1933～1935年ごろこんな仕事をしているとき，大阪で湯川くんは中間子の考えをだんだんと暖めていったようです．1932年にハイゼンベルクの交換力の論文が出ると間もなく，彼はβ崩壊の理論をつくろうと考えたようです．つまりハイゼンベルクの考えでは陽子は電子を出して中性子に変わるというので，

彼の荷電スピンを使えば崩壊の記述ができるというのが湯川くんの考えだったようです．いつごろのことかよく覚えていないのですが，湯川くんが彼の考えを書いた書きものを仁科先生に送り，それを先生がぼくに見せたことがあるような気がします．ぼくの記憶に間違いがなければ，そのとき電子場はフェルミ場として量子化されており，そして中性微子の考えは入っていなかったので，理論のあちこちに矛盾が出て，湯川くんはだいぶ困っているな，という印象をぼくは持ったのです．そうこうするうちにフェルミの β 崩壊の理論が出てしまった．そこでいろんな人がフェルミの理論を用いて陽子・中性子間の力を電子・中性微子の交換で説明しようと試みたわけですが，それがうまくいかないこともわかってきました．

たしか 1933 年の仙台の数物学会年会のとき，湯川くんが大学の運動場の土の上に棒で式を書きながらぼくに話してくれたのが，電子の 100 倍ほどの質量の粒子の考えだったような気がします．そういう"けったいな"粒子を考えれば核力の説明ができるというのが，そのときの話だったと思う．そして，たまたまぼくと仁科先生の発表の題目が「陽子・中性子間の力についてのノート」というのであったので，彼はぼくたちがどんな話をするかたいへん気にしていた，という話を大阪大学のどなたかから聞いたような気がします．ちなみに湯川論文の標題は「素粒子間の力について」でした．題だけ見ると，ぼくたちの仕事も中間子論のように見えますものね．ぼくのこれらの話は間違いかもしれぬと思いますが，湯川くんが真相を語る迎え水になれば幸いです．

*

中間子論が 1936～37 年ごろからヨーロッパでも展開された話を第 10 話でしましたが，1939 年には，この新しい理論の展開をテーマとして，ソルベー会議が開かれることになりました．湯川くんは日本人としてはじめてのこの会議に招待されることになり，その会に出席するためにヨーロッパに来ましたが，会がはじまる少し前に，当時ぼくのいたライプチヒに彼はやって来ました．あいにく大学は夏休みに

---

92) この学会で，ディラックの方程式をみたす電子場を核力の場としようとしていた湯川に，仁科芳雄は「ボース統計に従う電子を考えたら」と示唆した．湯川秀樹『旅人——ある物理学者の回想』，角川文庫 (1960)，p. 225. 中間子論にいたる道筋も書かれている．湯川は「核力の理論的研究にもとづく中間子の存在の予言」に対して 1949 年にノーベル賞を受けた．
93) 著者のライプチヒ留学については「滞独日記」がある：『日記・書簡』(朝永振一郎著作集 別巻 2)，みすず書房 (1985)，pp. 5-194; 抄録が『量子力学と私』(p. 127, 注 43 に前出の岩波文庫)，pp. 149-192 にある．

入り，教室にはハイゼンベルクもフントも，そのほかの若い連中も誰もいませんでしたので，彼は物理の図書室で新刊の雑誌などに目を通すだけしかできずにベルリンの宿にもどりました．そうこうするうちに，のちに第二次世界大戦にまで拡がった英独戦がはじまり，在独の日本人はすべて引きあげるべし，という電報がベルリンの大使館から来たりして，結局湯川くんもぼくもヨーロッパを離れる運命になったのです．言うまでもなく，ソルベー会議はお流れになりました．

このソルベー会議では，パウリが一般的な相対論的場の量子化という大きなテーマの話を展開することになっており，そこでは，第8話でお話したようなスピンと統計の関連をはじめとして，パウリ一流の緻密で整然とした，そして規模雄大な議論が用意されておりました．そのなかには，もちろん4次元的な交換関係も含まれておりました．このパウリが用意したソルベー講演の予稿は湯川くんのもとに送られていたので，日本に帰ってから彼はこれをガリ版でコピーし，国内のあちこちに配ってくれました．ぼくが戦争中に超多時間理論をつくりあげたとき4次元的交換関係が大事なポイントのひとつになっていたので，この予稿がなかったら，ぼくは理論をつくるうえでもっと苦労しただろうと思います．なるほど，電磁場の4次元的交換関係については，パウリとヨルダンの共著論文が1927年に出ていますが，任意のボース場および任意のフェルミ場に対する4次元的交換関係のくわしい議論は，戦前のこのソルベー会議の予稿以外になかったので，したがってこれが手に入っていなかったら，超多時間理論をつくるのにもっと時間がかかったと思います．[94]

*

これでぼくの話を終りますが，長い間ご静聴ほんとにありがとう．また，いろいろと興味ある資料を提供してくださった仁田先生はじめ多くのかたがたにここで厚くお礼を申し上げます．さらに湯川くんに関する話については，あやしい記憶をもとにしており，たぶんにぼくの想像と主観が入っているわけで，あるいはご迷惑をかけるのではないかとおそれているのです．しかしさっきも言いましたように，中間子存在の予言という大きな仕事が混沌のなかからどういうふうにして形をなして

---

94) この理論とその発展については，著者のノーベル賞受賞講演「量子電磁力学の発展——個人的回想」などを見よ．『量子電気力学の発展』（朝永振一郎著作集 10），みすず書房（1983），pp. 3-20; それを再現した同じ題の講演が『量子力学と私』（p. 127，注 43 に前出の岩波文庫），pp. 195-236. 本書 p. 217 の注 76 も参照．著者の受賞は 1965 年，アメリカの J.S. シュウィンガー，R.P. ファインマンと一緒で「量子電磁力学の基礎的研究」に対してであった．

きたか，ということがご本人によって語られることはきわめて望ましく，ぼくの話がそのための迎え水にでもなれば，という念願であえてそういう話をした次第です．そういうわけですから，湯川くんには，どうかお許しくださいと申し上げます．

　最後に『自然』の石川くんですが，彼はぼくがたのんだ論文を探し出してコピーをとる，という骨のおれる仕事を引き受けてくれました．それどころか，ぼくの知らない論文その他の文献を見つけてきては，先生こういうものがありましたよ，と教えてくれました．ちょうどヨルダン - クラインやヨルダン - ウィグナーの論文を湯川くんがぼくに教えてくれたように．石川くん，テレなくてもいいよ．大いにその文献は役に立ったのですから．

参照文献

この物語を編むにあたって参照した文献を明らかにするためにこの付録をつけた．本文の話のなかでこの表にあがっていないものは，耳学問かあるいは孫引きしたものである．

第 1 話

原子の芯と光る電子，原子スペクトルの概観
F. Hund : *Linienspektren u. Periodisches System d. Elemente* (Julius Springer, Berlin 1927), Kap. II.

方向量子化
A. Sommerfeld : *Physikal. Zeitschr.*, **17** (1916), 491.

内部量子数，異常ゼーマン効果，代用モデル
A. Sommerfeld : *Ann. d. Physik*, **63** (1920), 221 ; **70** (1923), 32 ; *Physikal. Zeitschr.*, **24** (1923), 360.
A. Landé : *Zeitschr. f. Physik*, **15** (1923), 189 ; **19** (1923), 112 ; *Naturwissenschaften*, **11** (1923), 726.
W. Pauli : *Zeitschr. f. Physik*, **16** (1923), 155 ; **20** (1924), 371.
A. Sommerfeld : *Zeitschr. f. Physik*, **8** (1922), 257.
W. Heisenberg : *Zeitschr. f. Physik*, **8** (1922), 273.

第 2 話

微細構造公式
A. Sommerfeld : *Ann. d. Physik*, **51** (1916), 125.

2重項準位間隔
W. Heisenberg : *Zeitschr. f. Physik*, **8** (1922), 273.
A. Landé : *Zeitschr. f. Physik*, **16** (1923), 391 ; **24** (1924), 88 ; **25** (1924), 46.

古典的記述不可能な二価性，排他原理
W. Pauli : *Zeitschr. f. Physik*, **31** (1925), 373 ; **31** (1925), 765 ; *Nobel Lectures 1942〜1962* (Elsevier Publishing Co., 1964), 27.

非力学的強制
N. Bohr : *Ann. d. Physik*, **71** (1923), 228 (特に 276).

自転電子
G. E. Uhlenbeck, S. A. Goudsmit : *Naturwissenschaften*, **13** (1925), 953 ; *Nature*, **117** (1926), 264.
R. de L. Kronig : *Nature*, **117** (1926), 550 ; *Theoretical Physics in the Twentieth Century* (Interscience Publications Inc., New York, 1960), 5.
S. A. Goudsmit : *Delta*, **15** (1972), 77.

トーマス因子
L. H. Thomas : *Nature*, **117** (1926), 514 ; *Philosoph. Mag.*, **3** (1927), 1.

自転電子仮説にもとづく代用モデル
F. Hund : *Linienspektren u. Periodisches System d. Elemente* (Julius Springer, Berlin 1927), Kap. III.

クローニッヒ，ウーレンベック，カウシュミット，とパウリとの関係
B. van der Waerden : *Theoretical Physics in the Twentieth Century* (Interscience Publishers Inc., New York, 1960), 209.

第 3 話

マトリックス力学と波動力学との同等性
E. Schrödinger : *Ann. d. Physik*, **79** (1926), 734.

量子力学の変換理論
P. A. M. Dirac : *Proc. of the Roy. Soc. of London*, **113** (1927), 621.

ドゥブロイ-アインシュタイン関係
L. de Broglie : *Ann. de Physique*, (10) **3** (1925), 22.

クライン-ゴルドン方程式
E. Schrödinger : *Ann. d. Physik*, **81** (1926), 109 (特に §6).
W. Gordon : *Zeitschr. f. Physik*, **40** (1926), 117.
O. Klein : *Zeitschr. f. Physik*, **41** (1927), 407.

スピンのマトリックス力学
W. Heisenberg, P. Jordan : *Zeitschr. f. Physik*, **37** (1926), 263.

スピンに対するパウリ方程式
W. Pauli : *Zeitschr. f. Physik*, **43** (1927), 601.

ディラック方程式
P. A. M. Dirac : *Proc. of the Roy. Soc. of London*, **117** (1928), 610.

参照文献

ディラック方程式による微細構造公式の導出
C. G. Darwin : *Proc. of the Roy. Soc. of London*, **118** (1928), 654.
W. Gordon : *Zeitschr. f. Physik*, **48** (1928), 11.

ディラックはなぜ微細構造公式を導かなかったか
P. A. M. Dirac : *The Development of Quantum Theory* (Gordon and Breach Science Pub. 1971).

第 4 話

シュレーディンガー関数の対称性と粒子の統計
W. Heisenberg : *Zeitschr. f. Physik*, **38** (1926), 411 ; **41** (1927), 239.
P. A. M. Dirac : *Proc. of the Roy. Soc. of London*, **112** (1926), 661.

バンド・スペクトルの理論,分子の比熱
F. Hund : *Zeitschr. f. Physik*, **40** (1927), 742 ; **42** (1927), 93.
R. de L. Kronig : *Bandspectra and Molecular Structure* (Cambridge University Press, 1930).

核スピンの存在
W. Pauli : *Naturwissenschaften*, **12** (1924), 741 ; *Nobel Lectures 1942〜1962* (Elsevier Publishing Co., 1964).
S. A. Goudsmit : *Physics Today*, **14** (June 1961), 18.

H_2 バンド・スペクトルの実験
T. Hori : *Zeitschr. f. Physik*, **44** (1927), 834.

H_2 の比熱,陽子の統計とスピン
D. M. Dennison : *Proc. of the Roy. Soc. of London*, **115** (1927), 483.

第 5 話

アルカリ土類スペクトルの古い解釈,特に強いスピン・スピン相互作用の必要性
F. Hund : *Linienspektren u. Periodisches System d. Elemente* (Julius Springer, Berlin 1927), Kap. Ⅳ (特に §21).

アルカリ土類スペクトルの新しい解釈,見かけ上のスピン・スピン相互作用
W. Heisenberg : *Zeitschr. f. Physik*, **39** (1926), 499, (特にⅡ.§1).

強磁性の量子論
W. Heisenberg : *Zeitschr. f. Physik*, **49** (1928), 619.

アインシュタイン-ドゥハースの実験
A. Einstein, W. J. de Haas : *Verhandlungen d. Deutschen Phys. Gesellschaft*, **17** (1915), 152.
S. J. Barnet : *Reviews of Mod. Physics*, **7** (1935), 129.

物理量としての粒子交換
P. A. M. Dirac : *Proc. of the Roy. Soc. of London*, **123** (1929), 714 ; *Principles of Quantum Mechanics*, 4-th Edition (Oxford University Press 1963), Chap. IX.[95]

第 6 話

第2量子化
P. A. M. Dirac : *Proc. of the Roy. Soc. of London*, **114** (1927), 243.
P. Jordan, O. Klein : *Zeitschr. f. Physik*, **45** (1927), 751.
P. Jordan, E. P. Wigner : *Zeitschr. f. Physik*, **47** (1928), 631.

電磁場の量子化
M. Born, W. Heisenberg, P. Jordan : *Zeitschr. f. Physik*, **35** (1926), 557, (特に Kap. 4, §3).

クライン-ゴルドン場と電磁場との量子化
W. Pauli, V. Weisskopf : *Helvetica Physica Acta*, **7** (1934), 709.

ディラック場と電磁場との量子化
W. Heisenberg, W. Pauli : *Zeitschr. f. Physik*, **56** (1929), 1 ; **59** (1930), 168.

空孔理論
P. A. M. Dirac : *Proc. of the Roy. Soc. of London*, **126** (1930), 360.
J. R. Oppenheimer : *Physical Review*, **35** (1930), 562.
H. Weyl : *Gruppentheorie u. Quantenmechanik*, 2. Aufl. (S. Hirzel, Leipzig 1931), Kap. IV, §13.[96]

多時間理論
P. A. M. Dirac : *Proc. of the Roy. Soc. of London*, **136** (1932), 453.

第 7 話

ディラック理論をテンソル形にする試みの失敗
C. G. Darwin : *Proc. of the Roy. Soc. of London*, **118** (1928), 654.

空間座標軸の回転に対する2成分量の共変性
W. Pauli : *Zeitschr. f. Physik*, **43** (1927), 601.

ローレンツ変換に対する4成分量の共変性
P. A. M. Dirac : *Proc. of the Roy. Soc. of London*, **117** (1928), 610.

---

95) リプリント版，みすず書房 (1963)；邦訳もある．『量子力学』朝永振一郎ほか訳，岩波書店 (1968)．
96) 邦訳もある．『群論と量子力学』山内恭彦訳，裳華房 (1932).

回転群の二価表現
E. P. Wigner：(日本語版)『群論と量子力学』(森田正人, 森田玲子訳, 吉岡書店, 1959), 第 15 章.
H. Weyl：*Gruppentheorie u. Quantenmechanik*, 2. Aufl. (S. Hirzel, Leipzig 1931), (特に §16, III).[96]

スピノル算法.
B. van der Waerden：*Gruppentheoretische Methode in d. Quantenmechanik* (Julius Springer, Berlin 1932).
O. Laporte, G. E. Uhlenbeck：*Physical Review*, 37 (1931), 1380.
H. Umezawa：*Quantum Field Theory* (North-Holland Publishing Co., Amsterdam 1956). Chap. III, §8.

神秘的な種族
P. Ehrenfest：*Zeitschr. f. Physik*, 78 (1932), 555.

第 8 話

クライン-ゴルドン場の電気電流ベクトル, エネルギー運動量テンソル
E. Schrödinger：*Ann. d. Physik*, 81 (1926), 109, (特に §6).
W. Gordon：*Zeitschr. f. Physik*, 40 (1926), 117.
O. Klein：*Zeitschr. f. Physik*, 41 (1927), 407.

ディラック場の電気電流ベクトル, エネルギー運動量テンソル
W. Gordon：*Zeitschr. f. Physik*, 50 (1928), 630.

素粒子のスピンと統計
W. Pauli：*Physical Review*, 58 (1940), 716.

電磁場に対する4次元交換関係
P. Jordan, W. Pauli：*Zeitschr. f. Physik*, 47 (1928), 151.

第 9 話

中性子の発見.
木村一治, 玉木英彦：『中性子の発見と研究』, (大日本出版株式会社, 1950).
J. Chadwick：*Nobel Lectures 1922~1941* (Elsevier Publishing Co., 1965), 389.

重水素のバンド・スペクトル, 重水素核の統計とスピン
G. M. Murphy, H. Johnston：*Physical Review*, 46 (1934), 95.

陽子の磁気能率
I. Estermann, O. Stern：*Zeitschr. f. Physik*, 85 (1933), 17.
I. I. Rabi, J. M. B. Kellog, J. R. Zacharias：*Physical Review*, 46 (1934), 157.

重水素核の磁気能率
I. I. Rabi, J. M. B. Kellog, J. R. Zacharias : *Physical Review*, 46 (1934), 163.

エーレンフェスト - オッペンハイマーの規則
P. Ehrenfest, J. R. Oppenheimer : *Physical Review*, 37 (1931), 333.

中性微子に関するパウリの手紙
J. H. D. Jensen : *Nobel Lectures 1963〜1970* (Elsevier Publishing Co., 1972), 40. [97]

第 10 話

核構造,核子間の交換力,荷電スピン
W. Heisenberg : *Zeitschr. f. Physik*, 77 (1932), 1 ; 78 (1932), 156 ; 80 (1932), 587.
E. Majorana : *Zeitschr. f. Physik*, 82 (1933), 137.

陽子 - 陽子間の核力
M. A. Tuve, N. Heydenberg, L. R. Hafstad : *Physical Review*, 50 (1936), 806.
G. Breit, E. U. Condon, R. D. Present, *Physical Review* 50 (1936), 825.

C^{14}, N^{14}, O^{14} の核準位と荷電空間の等方性
D. M. Brink : *Nuclear Forces* (Pergamon Press, Oxford. 1965) §46.

β崩壊の理論
E. Fermi : *Zeitschr. f. Physik*, 88 (1934), 161.

核力の中間子論
H. Yukawa : *Proc. of the Physico-Mathematical Soc. of Japan*, 17 (1935), 48 ; 19 (1937), 712.
H. Yukawa, S. Sakata : *Proc. of the Physico-Mathematical Soc. of Japan*, 19 (1937), 1084.
H. Yukawa, S. Sakata, M. Taketani : *Proc. of the Physico-Mathematical Soc. of Japan*, 20 (1938), 319.
J. R. Oppenheimer, R. Serber : *Physical Review*, 51 (1937), 1113.

ヨーロッパ物理学者の驚き
N. Kemmer : *Problems on Fundamental Physics* (Edited by M. Kobayasi, Kyoto 1965), 602.

第 11 話

トーマス・プリセッション
C. Møller : (日本語版)『相対性理論』(永田恒夫,伊藤大介訳,みすず書房,1959), §22.
L. H. Thomas : *Philosoph. Mag.*, 3 (1927), 1.

---

97) 該当する邦訳がある.中村誠太郎・小沼通二編『ノーベル賞講演 物理学9』,講談社(1979), p. 192. なお,p. 190 の注 64 も参照.

異常磁気能率を持つ粒子の相対論的波動方程式
W. Pauli : *Handbuch d. Physik*, 2. Aufl. (Julius Springer, Berlin 1933) Kap. II, §2, (特に 233 ページ).

ディラック方程式からパウリの2成分方程式を導くこと
W. Pauli : *Handbuch d. Physik*, 2. Aufl., Kap. II, §3, (特に(89)式).

同上のことを異常磁気能率を含めて行ない，トーマス理論の結果とくらべる問題
J. H. D. Jensen : 1972 年 9 月，東京において口頭で著者に提起.

第 12 話

　第 12 話は雑談であって，多くは著者の記憶によるものである．したがって，ここでは記憶を補うために用いた以下の資料をあげるに止める．
Theoretical Physics in the Twentieth Century, (Interscience Publishers Inc., New York 1960).
S. A. Goudsmit : *Delta*, **15** (1972), 77.
ハイゼンベルク
ディラック }講演，『量子論諸問題』：啓明会紀要，**11** (1932), （仁科芳雄訳述）.

　最後の文献は，1929 年 9 月来日したハイゼンベルクとディラックとが東大および理研において行なった講演の記録である．ちなみに啓明会とは 1918 年に創立された学術振興のための財団であって，基金は壱百万円，理事長は当時理研所長であった大河内正敏である．上述の紀要は当時定価 80 銭で市販されたものを石川君が 700 円で掘り出してきたものである．

あとがき

　この「スピンはめぐる」は，もと『自然』1973年1月号から10月号にかけて連載したものを大幅に加筆したり訂正したりして，一冊の本にまとめたものです．もともとこの連載ものは，はじめもっと短く手軽にまとめるつもりで出発したのです．しかし書いているうちにだんだん長くなり，また中身もひどく立ち入ったものになってしまった．それは，いろいろ古い論文を引っぱり出して読んでいるうちに，昔それらを読んだころのことがしきりに思い出され，そのころぼくが感じたこと，考えたこと，気づいたこと，またむつかしくて困ったことなどを，もう一度再現してみたい気持が起ってきたからなのです．そして，あとからあとから筆が動いてしまった．そういうわけで，軽くさばけばよい事柄についても，読者諸氏にご迷惑なたくさんな数式などが出てきて，いともこちたきものになった．スピンということばを英語の字引でしらべると，くるくるまわるという意味のほかに，糸をつむぐという意味と，それからきたのでしょうか，長く引きのばすという意味があるらしい．特に spinning a yarn という言いかたがあって，それは，年老いた船乗りが若いころの冒険の物語などをながながとやることを言うらしいのです（石川くんが教えてくれました）．

　いずれにせよ，この本の舞台になった1920年代から1940年代にかけての時期は，物理学の歴史のなかで特筆に値する充実した時代であって，それは量子力学が次第に成熟していった時期にあたるのです．またこの時代の大きな特徴は，そこで活躍した連中たちの若さにあります．たとえばパウリが排他原理を発表したのは彼が25歳のときであり，ハイゼンベルクがマトリックス力学の着想を得たのは彼が24歳のときのことでした．またディラックは彼の方程式を26歳のときに発見しています（本文中に挿入した人物写真の下にその人の生れ年をつけておきましたから，文献表にある論文発表の年とそれとをくらべて，他の人についても同様なことをしらべてごらんなさい）．そして何年かおくれてですが，時代の流れは日本にも伝わ

ってきました．そういうわけで，その流れのなかで研究上の成長期をすごし，その歴史の一端を直接見聞きした誰かが時代の記録を残しておくのも，何かしら意義あることかもしれぬと思い，『自然』に連載したものをさらに完全に近づける方向で加筆し，それを「自然選書」のなかに加えていただくことにしたのです．

　しかし，書きあげてみて心配になってきたことは，いったいお前さん，どういう読者を目あてに，何をねらってこれを書いたのか，と言われそうなことです．たしかに，自分だけの好みに溺れて，読む人のことをあまり考えずに，この本はできてしまったようですものね．

1974 年 5 月

著者しるす

付　　録

A　補注
1　アブラハムの電子の模型
2　パウリの S が角運動量の交換関係にしたがうこと
3　スピン磁気能率は電子の震え運動から
4　堀 健夫日記
5　物質の安定性と排他律
6　座標系の回転
7　(7-33) のユニタリ変換が存在すること
8　スピンの二価性の明証

B　スピン，その後
1　電子のスピン磁気能率は測れない
2　π 中間子とアイソスピン
3　新粒子
4　パラ統計
5　アイソスピン・ゲージ

C　電磁気関連の旧版の表式（CGS ガウス単位系）

付録 A　補注

1　アブラハムの電子の模型 (本文, p. 40)

ウーレンベックとカウシュミットは，電子が自転しているという考えを提出した論文で，電子の角運動量や磁気能率の値をアブラハム (M. Abraham) の 1903 年の論文[1]から引用している．アブラハムは，電子は半径 a の球で，その表面に，あるいは球の内部まで一様に帯電しているとし，電磁場一元論の立場から電子の運動量や角運動量も電子のつくる電磁場が担うとした．

これからアブラハムの理論を簡単化して説明しよう．電子の電荷 $-e$ は電子の表面に一様に分布しているとする．

電子は静止しているときには，まわりの位置 r に電場

$$E(r) = \frac{-e}{4\pi\varepsilon_0}\frac{r}{r^3} \tag{A1.1}$$

をつくる．内部には電場はない．その電子は，速度 v で等速運動しているときには，まわりに磁場

$$B(r) = \frac{1}{c^2}[v\times E] \tag{A1.2}$$

もつくるので，この電磁場は運動量密度

$$\frac{1}{c^2}[E\times H] = \frac{1}{c^4\mu_0}\{E^2 v - (E\cdot v)E\} = \frac{e^2}{(4\pi)^2\varepsilon_0 c^2}\frac{r^2 v - (r\cdot v)r}{r^6}$$

をもつ．電子の外の空間全体にわたって積分すれば

$$p = \frac{2}{3}\frac{1}{4\pi\varepsilon_0}\frac{e^2}{c^2 a}v \tag{A1.3}$$

となるが，これをアブラハムは電子の運動量と見るのである．$p = m_e v$ とおいて質量にすれば

$$m_e = \frac{2}{3}\frac{1}{4\pi\varepsilon_0}\frac{e^2}{c^2 a} \tag{A1.4}$$

となる．

アブラハムは電子の自転も考えた．自転の角速度を Ω とする．電子の中心を座標原点とすれば，表面の位置 r' にある表面密度 $\sigma = -e/(4\pi a^2)$，面積要素 dS の電荷は電流

$$i(r')dS = \sigma dS[\boldsymbol{\Omega} \times r']$$

をなし,全体としてベクトル・ポテンシャル

$$\boldsymbol{A}(r) = \frac{\mu_0}{4\pi} \int \frac{i(r')}{|r - r'|} dS \tag{A1.5}$$

をつくる.この積分をするのに,ひとまず r の方向に z 軸をとろう.そうすると

$$\boldsymbol{\Omega} \times r' = (\Omega_y z' - \Omega_z y', \ \Omega_z x' - \Omega_x z', \ \Omega_x y' - \Omega_y x')$$

となるから,電子の外 $(r > a)$ では

$$\int \frac{i_x}{|r - r'|} dS = a^3 \sigma \int_0^\pi \sin\theta' d\theta' \int_0^{2\pi} d\phi' \frac{\Omega_y \cos\theta' - \Omega_z \sin\theta' \sin\phi'}{\sqrt{r^2 - 2rr'\cos\theta' + r'^2}}$$

$$= \frac{4\pi a^4 \sigma}{3} \frac{\Omega_y}{r^2}$$

となる.同様にして

$$\int \frac{i_y}{|r - r'|} dS = -\frac{4\pi a^4 \sigma}{3} \frac{\Omega_x}{r^2}, \quad \int \frac{i_z}{|r - r'|} dS = 0$$

が得られる.$4\pi a^2 \sigma = -e$ とおき,$\boldsymbol{\Omega}$ を一般の方向に戻せば

$$\boldsymbol{A}(r) = \frac{\mu_0}{4\pi} \frac{-ea^2}{3} \frac{\boldsymbol{\Omega} \times r}{r^3} \tag{A1.6}$$

となる.これは,電子の磁気能率が

$$\boldsymbol{\mu}_e = -\frac{ea^2}{3} \boldsymbol{\Omega} \tag{A1.7}$$

であることを意味している.自転電子のつくる磁場 $B = \operatorname{rot} A$ は

$$\boldsymbol{B}(r) = \frac{\mu_0}{4\pi} \frac{-ea^2}{3} \frac{3(r \cdot \boldsymbol{\Omega})r - r^2 \boldsymbol{\Omega}}{r^5} \tag{A1.8}$$

となる.

この自転電子のまわりの運動量密度は,電子の外のみにあって

$$\frac{1}{c^2}[E \times H] = \frac{1}{(4\pi)^2 \varepsilon_0} \frac{e^2 a^2}{3c^2} \frac{\boldsymbol{\Omega} \times r}{r^6} \tag{A1.9}$$

となり,その空間積分は 0 である.角運動量密度は

$$r \times \frac{1}{c^2}[E \times H] = \frac{1}{(4\pi)^2 \varepsilon_0} \frac{e^2 a^2}{3c^2} \frac{r^2 \boldsymbol{\Omega} - (r \cdot \boldsymbol{\Omega})r}{r^6} \tag{A1.10}$$

となる.これを空間積分するには,$\boldsymbol{\Omega}$ の方向に z 軸をとる.そうすると,角運動量 S の z 成分以外の積分は 0 となり,S_z の積分は

$$S_z = \frac{1}{(4\pi)^2 \varepsilon_0} \frac{e^2 a^2}{3c^2} \frac{8\pi}{3} \frac{1}{a} \Omega$$

を与える．これを電子の自転角運動量と見るのだから

$$S = \frac{2}{9} \frac{1}{4\pi\varepsilon_0} \frac{e^2 a}{c^2} \Omega \tag{A1.11}$$

となる．電子の質量を用いて書けば

$$S = \frac{1}{3} m_e a^2 \Omega \tag{A1.12}$$

となり，アブラハムの値に一致している．磁気能率と自転角運動量との比をつくると

$$\frac{\mu_e}{S} = 2 \frac{e}{2m_e} \tag{A1.13}$$

となって，$g_0 = 2$ となる．

　これまで，電子の軌道運動については，この比が $e/(2m_e)$ であって，自転電子の考えが出る前には何故ある種の実験に $g_0 = 2$ が現れるのかが謎とされていたのである（本文 p. 22 の (1-37)，本文 p. 41, 63 参照）．ウーレンベックとカウシュミットは，球の表面にだけ電荷があって自転するという彼らの電子のモデルが，この謎を解いたと言っている．アブラハムのモデルでも電子の全体が一様に帯電しているとしたら $g_0 = 126/125$ になってしまうのだ．

　しかし，アブラハムの電磁気一元論によらず，力学的に電子の自転角運動量を計算すると軌道運動に対するのと同じ $g_0 = 1$ になる．この違いはアブラハムも注意している．("因子2の問題"と一口にいうが，$g_0 = 2$ の問題とトーマスによって解決される問題と2つあるので注意．)

　ウーレンベックたちは，自転電子の角運動量 (A1.11) を量子化して $\hbar/2$ とおくと，電子の表面の速さが，赤道上では

$$a\Omega = \frac{9}{4} \left(\frac{1}{4\pi\varepsilon_0} \frac{e^2}{\hbar c} \right)^{-1} c$$

となって光速 c の 200 倍を超えてしまうことを彼らのモデルの困難として述べている．ここに $e^2/(4\pi\varepsilon_0 \hbar c) = 1/137.036$ は微細構造定数である．

　電子が自転しているという考えに反対したパウリが，本文の注 13, 16 に引いた超微細構造の論文 (1924) で原子核が角運動量をもつ可能性を考えたのは，上の $a\Omega$ の式で e を Ze でおきかえると，たとえば，パウリが考えた水銀の場合 $Z=80$ で核表面の速さが c を超えないためであったろうか？

2　パウリの S が角運動量の交換関係にしたがうこと（本文，p.56, 59）

パウリのスピン演算子，つまり本文の（3-4″）と（3-11）が角運動量の交換関係を（近似的に）みたすことを証明する．

本文の（3-4″）に与えられた演算子

$$S_z = -i\hbar \frac{d}{d\varphi}, \quad \varphi = \varphi \cdot \text{（掛け算演算子）} \quad (A2.1)$$

をとって，本文の（3-11）の演算子に $\hbar$ をかけたものとの交換関係を計算すると

$$[S_z, S_x] = -i\hbar \left[\frac{d}{d\varphi}, \sqrt{S^2 - S_z^2} \cos\varphi \right] \quad (A2.2)$$
$$= i\hbar \sqrt{S^2 - S_z^2} \sin\varphi = i\hbar S_y,$$

$$[S_y, S_z] = i\hbar \left[\frac{d}{d\varphi}, \sqrt{S^2 - S_z^2} \sin\varphi \right] \quad (A2.3)$$
$$= i\hbar \sqrt{S^2 - S_z^2} \cos\varphi = i\hbar S_x$$

となる．ここで，S_z と $S^2 - S_z^2$ は可換であるとした．これは $S_x^2 + S_y^2$ に等しく，φ にはよらないからである．可換性は角運動量の交換関係から証明される，というと，いまその交換関係を証明しようとしているので循環論法の誹りを受けるだろう．

$[S_x, S_y]$ を計算するには途中で近似をしなければならない．

$$[AB, CD] = A[B, C]D + [A, C]BD + CA[B, D] + C[A, D]B \quad (A2.4)$$

に

$$A = C = \sqrt{S^2 - S_z^2}, \quad B = \cos\varphi, \quad D = \sin\varphi \quad (A2.5)$$

を代入して

$$[S_x, S_y] = \left[\sqrt{S^2 - S_z^2} \cos\varphi, \sqrt{S^2 - S_z^2} \sin\varphi \right]$$
$$= \sqrt{S^2 - S_z^2} [\cos\varphi, \sqrt{S^2 - S_z^2}] \sin\varphi + \sqrt{S^2 - S_z^2} [\sqrt{S^2 - S_z^2}, \sin\varphi] \cos\varphi \quad (A2.6)$$

を計算するのである．

そのために，公式を1つ用意する．$p = -i\hbar d/dx$ とすれば，$f = f(x), \psi = \psi(x)$ に対して

$$e^{i\alpha p}(f\psi) = e^{\hbar\alpha d/dx}(f\psi) = \sum_{k=0}^{\infty} \frac{(\hbar\alpha)^k}{k!} \frac{d^k}{dx^k}(f\psi)$$
$$= \sum_{k=0}^{\infty} \frac{(\hbar\alpha)^k}{k!} \sum_{m+n=k} \frac{k!}{m!n!} \left(\frac{d^m}{dx^m}f\right)\left(\frac{d^n}{dx^n}\psi\right) = (e^{i\alpha p}f)(e^{i\alpha p}\psi)$$

したがって

$$[e^{i\alpha p}, f]\psi = [(e^{i\alpha p}-1)f]e^{i\alpha p}\psi$$

すなわち

$$[e^{i\alpha p}, f(x)] = [(e^{i\alpha p}-1)f]e^{i\alpha p} \tag{A2.7}$$

ここまでは近似はない．これを用いて（A2.6）を計算すると

$$[\cos\varphi, \sqrt{S^2-S_z^2}] = \frac{1}{2}\{[e^{i\varphi}, \sqrt{S^2-S_z^2}] + [e^{-i\varphi}, \sqrt{S^2-S_z^2}]\} \tag{A2.8}$$

であるが，演算子として

$$\varphi = i\hbar\frac{d}{dS_z}, \qquad S_z = S_z \cdot \text{（掛け算演算子）} \tag{A2.9}$$

をとって，$e^{\pm i\varphi} = e^{\mp\hbar d/dS_z}$ とすれば

$$[\cos\varphi, \sqrt{S^2-S_z^2}]$$
$$= \frac{1}{2}[\{(e^{-\hbar d/dS_z}-1)\sqrt{S^2-S_z^2}\}e^{-\hbar d/dS_z} + \{(e^{\hbar d/dS_z}-1)\sqrt{S^2-S_z^2}\}e^{\hbar d/dS_z}]$$
$$= \frac{1}{2}[(\sqrt{S^2-(S_z-\hbar)^2} - \sqrt{S^2-S_z^2})e^{-\hbar d/dS_z} + (\sqrt{S^2-(S_z+\hbar)^2} - \sqrt{S^2-S_z^2})e^{\hbar d/dS_z}]$$
$$= \frac{\hbar}{2}\frac{S_z}{\sqrt{S^2-S_z^2}}\{e^{-\hbar d/dS_z} - e^{\hbar d/dS_z}\}$$
$$= i\hbar\frac{S_z}{\sqrt{S^2-S_z^2}}\sin\varphi \tag{A2.10}$$

ここで

$$\sqrt{S^2-S_z^2} - \sqrt{S^2-(S_z-\hbar)^2} = \hbar\frac{d}{dS_z}\sqrt{S^2-S_z^2} = -\hbar\frac{S_z}{\sqrt{S^2-S_z^2}} \tag{A2.11}$$

のような近似をした．

同様に

$$[\sqrt{S^2-S_z^2},\ \sin\varphi] = \frac{i}{2}\{[e^{i\varphi},\ \sqrt{S^2-S_z^2}]-[e^{-i\varphi},\ \sqrt{S^2-S_z^2}]\}$$

$$= \frac{i}{2}[\{(e^{i\varphi}-1)\sqrt{S^2-S_z^2}\}e^{i\varphi}-\{(e^{-i\varphi}-1)\sqrt{S^2-S_z^2}\}e^{-i\varphi}] \quad (A2.12)$$

これは

$$[\sqrt{S^2-S_z^2},\ \sin\varphi]$$
$$= \frac{i}{2}[\{(e^{-\hbar d/dS_z}-1)\sqrt{S^2-S_z^2}\}e^{-\hbar d/dS_z}-\{(e^{\hbar d/dS_z}-1)\sqrt{S^2-S_z^2}\}e^{\hbar d/dS_z}]$$
$$= \frac{i}{2}[(\sqrt{S^2-(S_z-\hbar)^2}-\sqrt{S^2-S_z^2})e^{-\hbar d/dS_z}-(\sqrt{S^2-(S_z+\hbar)^2}-\sqrt{S^2-S_z^2})e^{\hbar d/dS_z}]$$
$$= \frac{i\hbar}{2}\frac{S_z}{\sqrt{S^2-S_z^2}}\{e^{-\hbar d/dS_z}+e^{\hbar d/dS_z}\}$$
$$= i\hbar\frac{S_z}{\sqrt{S^2-S_z^2}}\cos\phi \quad (A2.13)$$

となる．(A2.10)，(A2.13) を (A2.6) に代入して

$$[S_x,\ S_y] = [\sqrt{S^2-S_z^2}\cos\varphi,\ \sqrt{S^2-S_z^2}\sin\varphi]$$
$$= i\hbar\left\{\sqrt{S^2-S_z^2}\cdot\frac{S_z}{\sqrt{S^2-S_z^2}}\sin\varphi\cdot\sin\varphi+\sqrt{S^2-S_z^2}\cdot\frac{S_z}{\sqrt{S^2-S_z^2}}\cos\varphi\cdot\cos\varphi\right\}$$
$$= i\hbar S_z \quad (A2.14)$$

以上で Pauli の S が角運動量の交換関係に（$[S_x,\ S_y]$ は近似的に）したがうことが証明された．

実は (A2.10)，(A2.13) の計算，たとえば (A2.11) は $S=\sqrt{3}\hbar/2$ では許されない．

3 スピン磁気能率は電子の震え運動から（本文，p.70）

電子のスピン磁気能率は電子の震え運動によることを説明しよう．

まず，電子の震え運動とは何か？

ディラック電子のハミルトニアンは，本文 (3-21) から分かるように

$$H = c\boldsymbol{\alpha}\cdot\hat{\boldsymbol{p}}+\alpha_0 m_e c^2 \quad (A3.1)$$

である[†]．ここに $\hat{\boldsymbol{p}}$ は運動量の演算子である．したがって，ディラック電子の速度は，

[†] α_0 は，本書『スピンはめぐる』中の記法．しばしば β とも書く．

ハイゼンベルク描像では,位置座標の演算子 $\hat{r}$ の時間微分であって

$$\dot{r} = \frac{i}{\hbar}[H, r] = c\alpha \tag{A3.2}$$

となり,そのどの成分も固有値は光速 c,または $-c$ である.電子の速度は,どの成分も観測すれば $\pm c$ という結果になる.しかし,運動量が p の状態で $c\alpha$ の期待値をつくると p/m となるから,電子は平均としては正常な速度 v で運動している.ここに $m = m_e/\sqrt{1-(v/c)^2}$.瞬間的な速度 c と平均の速度 v との差は振動的であって,いわゆる震え運動(Zitterbewegung)[2]となる.

その震え運動が電子のスピン磁気能率をつくる[3].電子のハミルトニアン(A3.1)を用いて

$$\frac{\hbar}{2ic}\frac{d}{dt}\alpha_0[r\times\alpha] = \frac{1}{2c}[H, \alpha_0[r\times\alpha]]$$

を計算しよう.記号

$$\varepsilon_{klm} = \begin{cases} 1 & \text{偶置換の場合} \\ -1 & (klm) \text{ が } (123) \text{ の 奇置換の場合} \\ 0 & \text{その他の場合} \end{cases} \tag{A3.3}$$

を用い(1つの項の中で2度くりかえす添字については1から3まで加える)

$$[c\alpha_j p_j + \alpha_0 m_e c^2,\ \alpha_0 \varepsilon_{klm} r_l \alpha_m]$$

とし,$[\alpha_j, \alpha_0 \alpha_m] = -2\alpha_0 \delta_{jm}$ に注意すれば

$$\frac{1}{2c}[H, \alpha_0[r\times\alpha]] = m_e c[r\times\alpha] - \alpha_0[r\times p] - \hbar\alpha_0\sigma \tag{A3.4}$$

が得られる.この量の期待値を考えよう.ディラック電子に対する期待値は $\bar{\psi} \equiv \psi^* \alpha_0$ を用いて $\langle\bar{\psi}, \cdots \psi\rangle$ とすべきことに注意する.

(A3.4)の左辺の期待値は定常状態 u では 0 である.そこで,(A3.2)および $\alpha_0^2 = 1$ に注意して(A3.4)を書き直し

$$-\frac{e}{2}\langle\bar{u}, [r\times\alpha_0\dot{r}]u\rangle = -\frac{e}{2m_e}\langle\bar{u}, Lu\rangle - \frac{e}{m_e}\langle\bar{u}, Su\rangle \tag{A3.5}$$

とすることができる.ここに $L = r\times p$ は平均の(震え運動を含まない)軌道角運動量,$S = (\hbar/2)\sigma$ はスピン角運動量である.右辺の第1項は電子の平均の軌道角運動量がつくる磁気能率,第2項はスピンの磁気能率である.スピンの g 因子が正しく 2 になっていることに注意! これらの和が左辺の電子の瞬間的な速度がつくる磁気能率に等しいというわけで,これはスピンの磁気能率が電子の震え運動に由来することを示している.

(A3.5)の左辺が電子の瞬間的な速度がつくる磁気能率に等しいことを説明しておこ

う．電子の電荷を $q = -e$ とすれば，一様な磁場 B におけるハミルトニアンは，ベクトル・ポテンシャル $A = \dfrac{1}{2} B \times r$ を用いて

$$H = c\boldsymbol{\alpha} \cdot (\boldsymbol{p} - q\boldsymbol{A}) + \alpha_0 m_e c^2 \tag{A3.6}$$

となる．磁気的エネルギーは，したがって

$$-\frac{cq}{2}\boldsymbol{\alpha}\cdot[B\times r] = -\frac{cq}{2}[r\times\boldsymbol{\alpha}]\cdot B$$

となる．ゆえに，磁気能率は（A3.2）を用いて

$$\boldsymbol{\mu}_e = \frac{cq}{2}[r\times\boldsymbol{\alpha}] = \frac{q}{2}[r\times\dot{r}] \tag{A3.7}$$

となる．

（A3.5）の左辺がもつ因子 α_0 が気になるが，これは運動量 p の平面波状態で期待値をつくると，p に相当する速さを v として

$$\langle \bar{u},\, \alpha_0 u \rangle = \frac{1}{\sqrt{1-(v/c)^2}} \tag{A3.8}$$

となり，$v = 0$ なら 1 である．

4 堀 健夫日記（本文，p. 86）

堀 健夫は欧州留学のため神戸を出発した 1926 年 3 月 18 日から克明な日記をつけていた．[4] その中から H_2 分子の回転スペクトルに関わる記述を含む記録のいくつかを摘記する．多少の注釈を加えるが，日記はカタカナなので注釈はひらがなで書く．今日の目で見ると理解に苦しむところもあるが，そのままにして時代の記録とする．判読できない文字は□とした．日付の書式は簡略化している．

1926 年

8/13　Kopenhagen 着．突然「アナタハ堀サンデハアリマセンカ」トイフ声ニビックリシテ見ルト小ガラノ日本人ガ目ノ前ニ立ッテイル．「私ハ仁科デス．」

12/1　liq. air 中デ hydrogen ノ disch. ヲヤリタイ．ソノ design ヲハジメル．

12/6　liq. air 中ノ exposure ヲヤッタガドーシタノカ plate ニ fogging ガ起ッテドーシテモイイノガトレナイ．大イニ癪ニ触ッタガ訳ガ分カラズ　ヤリ直シ．

12/19　◎Einstein-Bose Statistics, ◎anti-symmetric fn. ト symmetric fn.

1927 年

1/1　◎[前略] Spinning electron ノ mag. mom. ガ 1/2 デアルトイウ事ガ何故カ分ラナ

イトイフ．一体ソレハ何ヲ意味スルノダラウ．［本文 p. 45 のトーマス因子のこと］．
1/27　Bd ノ Analysis ガ成功シテユク．痛快々々．コレナラ Hydrogen ノ moment of inertia □ガ正確ニ calc. 出来ルゾ．［後略］
2/1　Inst. デー日計算．段々進行シテ行ク．Analysis トミニ進捗．モウ先ガ見エタ．重要ナル結果ニナリ得ル自信ガアル．愉快愉快．
2/3　中塚サンガ Institute ヲ見ニ来タ．Werner 及 Hund ガ来テ Hydrogen-Band ニツイテノ discussion ヲヤル．［後略］
2/4　一日計算．Dr. Hund 再来ル．specific heat ノ方カラノ結果ト difference ノ大キイノニ失望シテ居タ．［水素分子の比熱の計算を含むフントの論文が *Zeitschrift* に受理されるのは 2 月 7 日である．本文 pp. 84-86 を参照．］
　calculation ハ中々厄介ナレド結果が出テ来ルノデ実ニ愉快ダ．［後略］
2/12　Bohr サンガ部屋ニ来ラレル．小生ノ analysis ノ結果ヲ見テ大満足．色々ト話シテ行カレタ．大イニ激励モサレタ．
　夕方．仁科サント Dr. Hund ノトコロヘ Hydrogen molecule ノ spec. term ニ関シテ聞キニ行ク．中々当方ノ考ヘテ居タヨリモ複雑ナ theory デアル事ヲ知ッテ，モシコレガ日本ダッタラ誰ニ相談スル事ガ出来ルダロウカト感慨ニ耽ッタモノデアッタ．少［ナ］クトモコーシタ学問界デハ欧州ノ天地ガドレ丈日本ヨリモイイカシレヌ．羨シイモノガアル．Bohr サンノ人格象□ヲ称ヘ同時ニコノ愉快ナ研究室ノ気分ヲ味フコトノ出来タ自分ノ幸福ヲモ今更顧ミタ．［後略］
2/15　◎［中略］Dr. Hund 来タリテ再 discussion ヲヤル．rotation ノ q. no. ガ $\frac{1}{2}$, $2\frac{1}{2}$, ……ノトキハ eigenfunction は symmetrisch, $1\frac{1}{2}$, $3\frac{1}{2}$, $5\frac{1}{2}$ ……ノトキハ anti-symmetrisch ［後略］
2/28　Nature ニ Dennison（今 Zürich）──── Michigan 大学────ガ水素ノ Rotation ニ関スル theory ヲ出シタ．Werner Band analysis ヲ一寸ヤリカケテイル．大変々々．大急ギ．［後略］
3/3　［前略］午後 Dennison ガヤッテ来タ．自己紹介ノ後シバラク話ヲスル．自分ガヤッタ H_2 Band ノ analysis ハ rough ナモノダ．アナタノ analysis ガ definite ナ結果ヲ与エテクレル事ハ喜バシイ云々．［後略］
3/9　Dennison ガ来テ Band spec. ニツイテ色々ト教ヘテクレタ．感謝ノ外ハ無イ．才蔭デ大助カリ．［中略］
　ココデーツ difficulty ガ出テ来タ．ソレハ m^3（PR branch ノ）ノ coeff. ε ガ theoretically ニハ negative トナルベキ筈デアルノニ小生ノデハ positive トナッテル事デアル．イクラ頭をヒネクッテモ theoretical ノ説明ガ出来サウモ無イ．些カ悲観ナリ．……

3/12 Prof. Fues ニ昨日ノ質問ノ解答ヲ聞キニ行ク．［中略］

　Fues ノ解答ハ小生ヲシテ些カ失望サセルモノダッタ．トイフ意味ハ決シテ Fues ガ不親切ナ返事ヲシタノデモナンデモナイ．特別親切ニ色々ト theory ノ方ノ説明ヲシテクレタ結果ガヤッパリ小生ノ analysis ノ結果ガ矛盾スル様ニナッテ了ッタカラダ．一旦ヤレヤレト失望シタガ，同時ニ非常ナ歓喜ニ満チタ気持ガ湧イテ来タ．コレデコソコノ Institute ニ居ル有難味ガアルノダト．コノ矛盾ヲ取リ去リ何等カノ方法ヲキット考エ出シテヤロウトイフドエライ決心サエシタ．夕方散歩シナガラ独リ静カニ進ムベキ方針ニツイテ考ヲ練ル．忽然トシテ良策ウカブ．矛盾ハ即 combination defect デ説明デキル！　　ソーダ，ソコニ Ausweg ガキットアル．［後略］

3/17 手紙来ル．Prof. Bohr ト Werner ガ来ラレル．仕事ヲ見テ行カレタ上，論文ヲ早ク書キ給ヘ［ト］催促サレタ．［中略］練習ノ意味モアリ，Z. f. Phys. ガ何トイッテモ一番イイ雑誌ダカラーツ独逸語で書イテヤロウ．愉快々々．[5]

4/8 Kolloquium Prof. Darwin, Spinning electron ヲ如何ニシテ Undulations-mechanik ニ取リ入レルカニツイテ話ス．先ヅ，Spinning el'n ニ対スル objections ヲ四ツ程挙ゲル．特ニ，Relativity ノ Transformation theory ニ矛盾スル様ナモノガ出テ来ル事ニ対スル objections．コレヲトリノケルニドーシタライイカ……．［本文 p. 62］

4/19 Institut ニ出カケル．Dennison 氏ニ会ッタノデ spec. heat ノ事ニ関シテキク．［中略］Goudsmit 氏ト話［シ］スル．水素ノ比熱ノ theory ナンテ当ニナラヌモノハ無イト呵呵大笑シテ居タ．［中略］

　◎仁科氏ト食堂ニテ．Diamagnetism ト Paramagnetism と Ferromagnetism ノ区別如何トイフ事ガ話題ニ上ル．Paramag. ハ electron ノ spin デ説明スル奴［中略］magnetism ヲ spin デ説明スルノハ Pauli ガ近頃ヤッタ（Z. f. Phys. 参照）Pauli ノ Verboten ニヨッテ phase-rule ニ措ケル spin ノ state ハーツシカ存在シ得ナイ．［中略］ダカラ，ソレ［Verboten による磁性の説明］ノ analogy カライッテモ molecule モ (Kern ノ coor. ニ refer シテ) 全体ガ anti-symm. ψ を持ツトスル方ガ適切ノ様ニ思ハレル．Hund ハソレヲ symm. ψ ニシタノダ．然シ Band ノ方カラハ anti-symm ニスル必要ガアルンダ．ドーイフ風ニ spec. heat ノ theory ヲ modify スベキダラウカ!!

　◎Dennison 氏ガ前記ノ如キ計算ヲシテクレタ．ヤハリ小生ノ Data ヲ用イテ sp. h. ノ curve ハ説明出来ナイ．

　［このとき未だ Dennison は比熱を説明する鍵となった着想（本文 pp. 87-91）を得ていなかったことがわかる．Dennison の回想によれば，それを得たのは 1927 年の春も遅くケンブリッジに 6 週間滞在したときであった．］[6]

4/28 イザサラバ København ヨ!!　思イ出深イ．

5 物質の安定性と排他律 (本文, p. 110)

著者は, 本書の p. 77, 107 に, 電子に対するパウリの排他律がシュレーディンガー関数の反対称性という数学的表現を得たことを述べ, p. 109 以下には, その結果として電子のスピン同士が本来の磁気的作用とは桁違いな作用を及ぼしあい, それが鉄の強磁性といったマクロな効果を引き起こすことを説明している. マクロな効果といえば, 物質の安定な存在を支えているのもパウリの排他律なのである. それを手短かに説明しよう.

ラザフォードが原子核を発見し, 原子の太陽系模型を提唱したとき, 直ちにその安定性が問題になった. 原子核のまわりをまわる電子は加速度をもつのでマクスウェルの電磁場の理論によれば輻射を出し続けてエネルギーを失う. なにしろクーロン・ポテンシャルは正負の電荷間の距離 $\to 0$ で $-\infty$ になるものだから, 電子は, たちまち原子核に墜落する. こうして原子は崩壊してしまうことになる. この困難は量子力学によって解決された.

しかし, これで物質の安定な存在は保証されるだろうか? 一般に荷電粒子 N 個の集団を考えよう. この系のエネルギーは下に有界であろうか? もし, 有界だとして, その下限 E_0 は N の何乗に比例するだろうか?

5.1 荷電粒子系

この系が 正負に荷電した粒子, それぞれ N_+, N_- 個からなるとすれば, それらは長距離まで達するクーロン引力で引き合うから, $E_0(N)$ は正負の粒子の組み合わせの数 $N_+ N_-$ に比例して低くなるのではないか?

一歩ゆずって, $E_0(N)$ が負で, N^α に比例し $\alpha > 1$ だったとしても, このような大きな系を二つ合体させると大爆発がおこるだろうし, 単独の系でも, 十分に大きい N に対しては, 電子対を創成して $N+2$ 個の粒子からなる系に変わった方がエネルギーが低くなる. そうすると, 電子対の創成が際限なく続いて系のエネルギー $E_0(N)$ がどんどん低くなるということになるのではないか? これは破局である.

そこで, 荷電粒子の N 個からなる系のエネルギーが下限 $E_0(N)$ をもち, それが N に比例することを証明したい. これが物質の安定性の問題である.

ここでパウリの排他律がものをいうのだ. すなわち——

質量 m, 電荷 $-e$ をもち q 個の内部状態をもつ同種フェルミ粒子 (電子) N_- 個と電荷 $Z_a e$ $(a = 1, \cdots, N_+)$ の粒子 (原子核) からなる系の量子力学的なエネルギーは下に有界である:[7][8]

$$E(N_-, N_+; \{Z_a\}) \geq -Bq^{2/3}\frac{me^4}{2(4\pi\varepsilon_0)^2\hbar^2}\left(N_- + \sum_{a=1}^{N_+} Z_a^{7/3}\right) \quad (A5.1)$$

原子核はフェルミ粒子でもボース粒子でもよい．もし $Z_a \leq Z$ となる Z があれば（現実にはある），

$$N_- + \sum_{a=1}^{N_+} Z_a^{7/3} \leq N_- + Z^{7/3}N_+ \leq Z^{7/3}(N_- + N_+) \quad (A5.2)$$

となり，$E_0(N) \geq B'N$ が得られた．(A5.1) の B は，いまのところ

$$B = 7.01 \quad (A5.3)$$

であるが，これは計算の精密化により小さくする可能性がある．

重力がきいてくると，話がちがう．重力には遮蔽がないからである．

重力がきかない場合にかぎると，系が全体として電気的に中性でない場合には，粒子数 $\to \infty$ につれて過剰な電荷は無限遠方に逃げて中性な系が残る．そして正負の電荷が互いに遮蔽しあってクーロン相互作用の長距離の足を打ち消す．不等式 (A5.1) の背後にはパウリの排他律に加えて遮蔽という事実もあったのである．

5.2 重力 + 電気力

重力を考えに入れると，(A5.1) は次のように変わる[9]．

質量 m，電荷 $-e$ をもち q 個の内部自由度をもつフェルミ粒子（電子）N_- 個と，質量 M，電荷 Ze をもつ粒子（原子核）N_+ 個からなる系の，重力相互作用（相互作用定数 G）まで含めたエネルギーは下に有界である：$N_- + N_+ = N \to \infty$ では

$$E(N_-, N_+; Z, G) \geq -\left[\left(C_e\frac{mZ^2e^4}{2(4\pi\varepsilon_0)^2\hbar^2}N\right)^{1/2} + \left(C_G\frac{G^2mM^4}{2\hbar^2}N^{7/3}\right)^{1/2}\right]^2 \quad (A5.4)$$

重力に遮蔽効果がないために，エネルギーの下限に対する重力の寄与が $N^{7/3}$ という高い冪(べき)になっている．

(A5.4) の [ ] 内の 2 項をくらべて重力が電気力に勝つのは，大雑把に言って

$$N > N_{\mathrm{cr}} \equiv \left(\frac{Ze^2}{4\pi\varepsilon_0}\frac{1}{GM^2}\right)^{3/2} \quad (A5.5)$$

のときである．

電気的相互作用だけのとき系のエネルギーが N に比例したのは，系の物質密度が N によらず一定になることを示唆している．実際そうであることを証明することができる[8]．そのとき系の大きさは $N^{1/3}$ に比例し，したがって全質量の 1/3 乗に比例する．ところが N が増して (A5.5) の領域に入ると系の大きさは $N^{-1/3}$ に比例するようになる．質

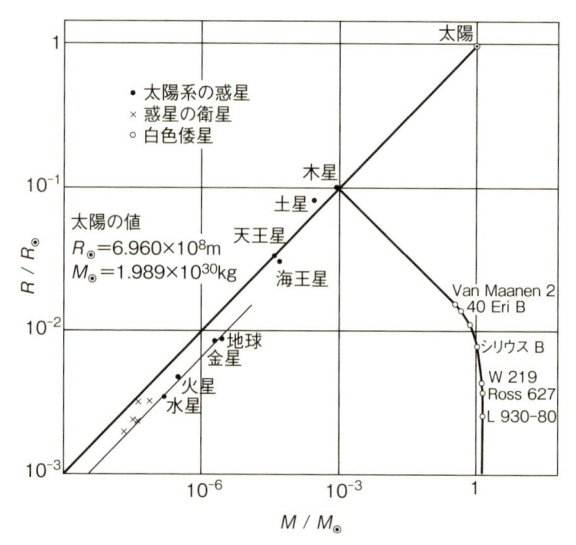

図1　冷たい星の質量 M と半径 R の関係

量の $-1/3$ 乗である．その様子を星の質量 M と半径 R の関係で見てみよう（図1）．これまでハミルトニアンのスペクトルの下限に注目してきたので，冷たい星に限っている（太陽は例外だが）．この図でシリウス B など白色矮星の半径が急激に落ちているのは，相対論的な効果で，いまの議論の限界を超えている[8]．

太陽系の惑星のうち質量が最大の木星で粒子数が（A5.5）の N_cr に達している．その主成分は液状水素で大部分が原子に解離していると考えられているが，これは電気力が重力に圧倒されはじめるという上の結果に符合している．

さらに，物質の熱力学的な安定性も証明されているが[7]，これは古典物理学に属するので省略しよう．

6　座標系の回転（本文，p.136）

座標系 R の座標軸の向きにとった単位ベクトルを e_1, e_2, e_3 とすると，点 $\mathrm{P}(x_1, x_2, x_3)$ の位置ベクトルは

$$r = e_1 x_1 + e_2 x_2 + e_3 x_3 \qquad (A6.1)$$

と書ける（図2）．座標系 R' の座標軸の向きにとった単位ベクトルを e'_1, e'_2, e'_3 とすると，この座標系に関する r の第 k 成分は

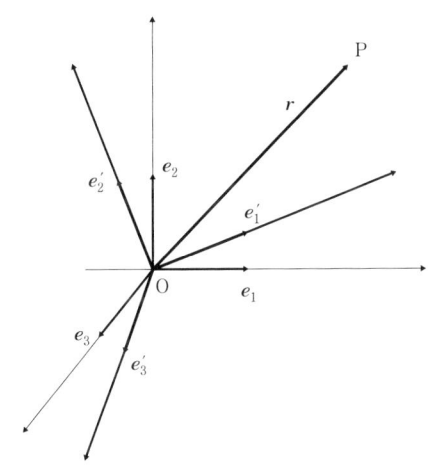

図2 座標系の回転：$(e_1, e_2, e_3) \mapsto (e'_1, e'_2, e'_3)$.

$$x'_k = (e'_k \cdot r) = (e'_k \cdot e_1)x_1 + (e'_k \cdot e_2)x_2 + (e'_k \cdot e_3)x_3 \tag{A6.2}$$

となる．本文の（7-2）にならって書けば

$$x'_k = \sum_{j=1}^{3}(e'_k \cdot e_j)x_j \tag{A6.3}$$

となる．本文で方向余弦といっている $A_{k,j}$ は $(e'_k \cdot e_j)$ のことで，これは e'_k と e_j とがなす角の cosine，つまり余弦である．

（7-3）の A が直交行列になるというのは，行列 A の転置行列を A^t と書いて

$$(A^t A)_{ij} = \sum_{k=1}^{3}(e_i \cdot e'_k)(e'_k \cdot e_j) = (e_i \cdot e_j) = \delta_{i,j} \tag{A6.4}$$

が成り立つことである．

（A6.4）を使えば，（A6.3）の両辺に $(e_i \cdot e'_k)$ をかけて k について和をとると

$$\sum_{k=1}^{3} x'_k (e_i \cdot e'_k) = \sum_{k=1}^{3}\sum_{j=1}^{3}(e_i \cdot e'_k)(e'_k \cdot e_j)x_j = \sum_{j=1}^{3}\delta_{i,j} x_j = x_i \tag{A6.5}$$

となって，本文の（7-2'）が得られる．

本文の（7-26'）は，（7-26）を使えば（7-31）であって

$$\sigma_{k'} = \sum_{j=1}^{3} A_{kj}\sigma_j = \boldsymbol{A}_k \cdot \boldsymbol{\sigma} \tag{A6.6}$$

と書ける．ただし，$\boldsymbol{A}_k = (A_{k1}, A_{k2}, A_{k3})$ である．この交換関係を計算すると

$$[\sigma'_k, \sigma'_l] = \sum_{a,b} A_{ka} A_{lb} [\sigma_a, \sigma_b] = 2i \sum_{a,b} A_{ka} A_{lb} \varepsilon_{abc} \sigma_c$$
$$= 2i [\boldsymbol{A}_k \times \boldsymbol{A}_l]_c \sigma_c = 2i [\boldsymbol{A}_k \times \boldsymbol{A}_l] \cdot \boldsymbol{\sigma}$$

となる.ただし,ε_{abc} は——付録 A の 3 でも用いたが——(abc) が (123) の偶置換なら +1,奇置換なら -1,その他の場合は 0 を表す記号である.本文の (3-12′) に呼応して $[\sigma_a, \sigma_b] = 2i \sum_c \varepsilon_{abc} \sigma_c$ が成り立つ.$\boldsymbol{A}_k$ は $x_{k'}$ 軸方向の単位ベクトルだから $\boldsymbol{A}_1 \times \boldsymbol{A}_2 = \boldsymbol{A}_3$ (cyclic) となるので

$$[\sigma'_k, \sigma'_l] = 2i\sigma'_m \quad (k, l, m) : \text{cyclic} \tag{A6.7}$$

が成り立つ.$\boldsymbol{s}' = \dfrac{1}{2} \boldsymbol{\sigma}'$ は (3-12′) と同じ交換関係をみたすのである.

7 (7-33) のユニタリ変換が存在すること(本文,p. 146)

スピンの第 3 成分であるオブザーバブル S'_3 は,変換理論によってエルミート行列であらわされ,ユニタリ変換 U_a により対角化されて,その対角要素にはスピンの第 3 成分の観測値 $\hbar/2$, $-\hbar/2$ が並ぶ.したがって,$S'_3 = (\hbar/2) \sigma'_3$ と書いた σ'_3 は

$$U_a \sigma'_3 U_a^{-1} = \begin{pmatrix} 1 & 0 \\ 0 & -1 \end{pmatrix} \tag{A7.1}$$

となるはずである.

この変換を σ'_1 に施せば,やはりエルミート行列が得られるはずだから

$$U_a \sigma'_1 U_a^{-1} = \begin{pmatrix} \alpha & \beta \\ \beta^* & \gamma \end{pmatrix} \tag{A7.2}$$

となるとしよう.また,ユニタリ変換で交換関係は変わらないから,(A6.7) を用い

$$(U_a \sigma'_3 U_a^{-1})(U_a \sigma'_1 U_a^{-1}) - (U_a \sigma'_1 U_a^{-1})(U_a \sigma'_3 U_a^{-1}) = 2i U_a \sigma'_2 U_a^{-1}$$

となるはずなので,(A7.1),(A7.2) を用いて計算し

$$\begin{pmatrix} 1 & 0 \\ 0 & -1 \end{pmatrix}\begin{pmatrix} \alpha & \beta \\ \beta^* & \gamma \end{pmatrix} - \begin{pmatrix} \alpha & \beta \\ \beta^* & \gamma \end{pmatrix}\begin{pmatrix} 1 & 0 \\ 0 & -1 \end{pmatrix} = \begin{pmatrix} 0 & 2\beta \\ -2\beta^* & 0 \end{pmatrix}$$

から

$$U_a \sigma'_2 U_a^{-1} = \begin{pmatrix} 0 & -i\beta \\ i\beta^* & 0 \end{pmatrix} \tag{A7.3}$$

が得られる.これと (A7.1) を用いれば

$$(U_a \sigma'_2 U_a^{-1})(U_a \sigma'_3 U_a^{-1}) - (U_a \sigma'_3 U_a^{-1})(U_a \sigma'_2 U_a^{-1}) = \begin{pmatrix} 0 & 2i\beta \\ 2i\beta^* & 0 \end{pmatrix}$$

となるが，これは σ'_k の交換関係から $2iU_a\sigma'_1U_a^{-1}$ に等しいはずなので（A7.2）で

$$\alpha = \gamma = 0 \tag{A7.4}$$

が知られる．

この結果を（A7.2）に用いて，（A7.3）と合わせ

$$(U_a\sigma'_1U_a^{-1})(U_a\sigma'_2U_a^{-1}) - (U_a\sigma'_2U_a^{-1})(U_a\sigma'_1U_a^{-1}) = 2i\begin{pmatrix}|\beta|^2 & 0 \\ 0 & -|\beta|^2\end{pmatrix}$$

を得るが，これは交換関係（A6.7）から（A7.1）の $2i$ 倍に等しいはずなので

$$|\beta| = 1 \quad となり \quad \beta = e^{i\phi}$$

となる実数 ϕ が存在することがわかる．まとめて

$$U_a\sigma'_1U_a^{-1} = \begin{pmatrix}0 & e^{i\phi} \\ e^{-i\phi} & 0\end{pmatrix},\ U_a\sigma'_2U_a^{-1} = \begin{pmatrix}0 & -ie^{i\phi} \\ ie^{-i\phi} & 0\end{pmatrix},\ U_a\sigma'_3U_a^{-1} = \begin{pmatrix}1 & 0 \\ 0 & -1\end{pmatrix}$$

が得られた．

これに，さらにユニタリ変換

$$U_b = \begin{pmatrix}e^{i\phi/2} & 0 \\ 0 & e^{-i\phi/2}\end{pmatrix} \tag{A7.5}$$

を施すと

$$U_bU_a\sigma'_1(U_bU_a)^{-1} = \begin{pmatrix}0 & 1 \\ 1 & 0\end{pmatrix},\ U_bU_a\sigma'_2(U_bU_a)^{-1} = \begin{pmatrix}0 & -i \\ i & 0\end{pmatrix},$$

$$U_bU_a\sigma'_3(U_bU_a)^{-1} = \begin{pmatrix}1 & 0 \\ 0 & -1\end{pmatrix}$$

となる．よって

$$U = U_bU_a \tag{A7.6}$$

ととれば（7-33）が実現されている．ユニタリ変換の積は，もちろんユニタリである．こうして，（7-33）を実現するユニタリ変換の存在が証明された．

8 スピンの二価性の明証（本文，p. 151）

著者は，本書の p. 151 でスピン 1/2 をもつ粒子の波動関数 ψ が回転群の二価表現に属することについて，「ψ の二価性から困ることは何も出てきません．なぜかというと，量子力学で物理的意味をもつのは $|\psi|^2$ の形の量であって ψ 自身ではないからです」と書いている．ディラックは 1928 年の論文でも，その後の量子力学の教科書でもなぜか

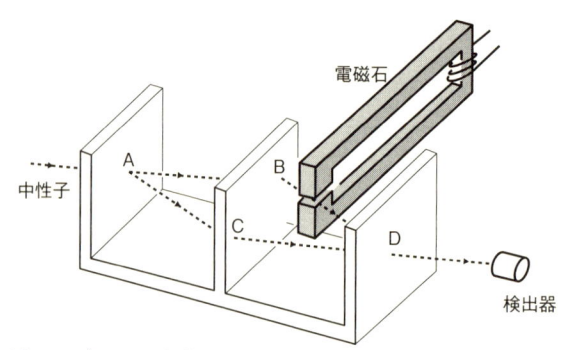

図3 スピノルの二価性を示す実験．エネルギーのきまった中性子を A から入射させ，2 手に分けて，BD を通る中性子には磁場をかけてスピンに歳差運動をさせ，CD を通る中性子には何もせず，D で重ね合わせて干渉を見る．

このことに触れていない．パウリ，ファン・デア・ヴェルデンの教科書，また然りである．ワイスコップは 1953/54 年の M.I.T. での講義で著者と同じことを述べている[10]．

ψ の 2 価性を明示する実験が 1975 年にオーストリアの H. ラウフ，A. ツァイリンガー，U. ボンズたちとアメリカの S.A. ウェルナー，A.W. オーヴァーハウザーたちにより独立になされた[11]．著者は，この実験について，J.J. Sakurai（桜井 純，当時カリフォルニア大学ロスアンジェルス校教授）の話を原 康夫を介して聞き，『自然』の編集者，石川 昂にこう洩らした．「本を書くということはこわいね．国内だけでなく外国にいる人も見ているんだからね．ぼくの扱った時代は戦前のところまでだ．こんな新しい話はもっと若い人に書いてもらうんですね．」[12]

その実験というのは，次のようなものである（図3）．

図の左からシリコン単結晶の点 A に入射したエネルギー一定の中性子線を，結晶格子の透過とブラッグ反射を利用して 2 手に分け，B から D に向かうビームは長さ l の磁場 B を通して中性子のスピンに歳差運動をさせ，C から D に向かうビームには何もしない．2 つのビームを D で重ね合わせ，干渉の結果として検出器に到達する中性子の 1 分あたりの数を数える．

中性子の磁気モーメントをボーア磁子 μ_N の g 倍とすれば（$g = -1.913$），z 方向の磁場 B の中でのスピンの運動は，シュレーディンガー方程式

$$i\hbar \frac{d}{dt} \begin{pmatrix} a(t) \\ b(t) \end{pmatrix} = -g\mu_N \sigma_z B \begin{pmatrix} a(t) \\ b(t) \end{pmatrix} \quad (A8.1)$$

にしたがう．したがって，中性子が磁場の中で時間 t を過ごして D にきたビームの状態は，路 ABD の長さを L' とすれば

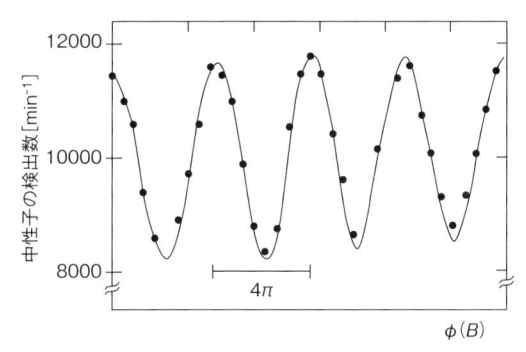

図4 $n(B)$ を $\phi(B)$ の関数として示す.周期関数であるが,周期は 2π ではなく 4π である

$$\text{A での状態が}\begin{cases}\text{上向きスピンなら} & e^{i\phi/2} \\ \text{下向きスピンなら} & e^{-i\phi/2}\end{cases} \times e^{ikL'} \qquad (A8.2)$$

となる.ここに

$$\phi(B) = -\frac{2g\mu_N Bt}{\hbar} \qquad (A8.3)$$

は歳差運動による時間 t の間のスピンの回転角で,磁場が強いほど大きい.スピンの回転角 ϕ というのは,スピン角運動量 $S = \sigma\hbar/2$ を用いて

$$e^{iS_z\phi/\hbar}\begin{pmatrix}\alpha \\ \beta\end{pmatrix} = \begin{pmatrix}\alpha e^{i\phi/2} \\ \beta e^{-i\phi/2}\end{pmatrix} \qquad (A8.4)$$

となる角 ϕ である(本文の (7-46) を参照).

一方,C を通って D にきたビームの状態は,路 ACD の長さが L なら

$$\text{A での状態が}\begin{cases}\text{上向きスピンなら} & 1 \\ \text{下向きスピンなら} & 1\end{cases} \times e^{ikL} \qquad (A8.5)$$

である.

したがって,D で重ねあわされたビームの状態は

$$\text{A での状態が}\begin{cases}\text{上向きスピンなら} & e^{ikL} + e^{ikL'}e^{i\phi/2} \\ \text{下向きスピンなら} & e^{ikL} + e^{ikL'}e^{-i\phi/2}\end{cases} \qquad (A8.6)$$

となる.検出器に飛び込む中性子の数は,A での状態について平均して

$$n(B) \propto \frac{1}{2}\{|e^{ikL} + e^{ikL'}e^{i\phi/2}|^2 + |e^{ikL} + e^{ikL'}e^{-i\phi/2}|^2\}$$

$$= \left\{1 + \cos\left(\delta + \frac{\phi}{2}\right)\right\} + \left\{1 + \cos\left(\delta - \frac{\phi}{2}\right)\right\}$$

となる.ここに

$$\delta = k(L' - L) \tag{A8.7}$$

である．したがって

$$n(B) \propto 1 + \cos\delta \cos\frac{\phi(B)}{2} \tag{A8.8}$$

となる．

実験では，磁場の強さ B を変えて，それに応ずる中性子の 1 分あたりの検出数 $n(B)$ を測定した．その結果を図 4 に示す．確かに $\cos\dfrac{\phi(B)}{2}$ 型の周期 4π の振動を示している．これがスピノル波動関数の特徴である．

参 考 文 献

[1] M. Abraham, *Ann. d. Phys.* **10** (1903) 105.
[2] E. Schrödinger, Über die kräftfreie Bewegung in der relativistischen Quantenmechanik, *Sitzung der phys.-math. Klasse vom Juli 1930, Mitteilung vom 17, Juli*.；湯川秀樹・豊田利幸編『量子力学 I』，岩波講座・現代物理学の基礎，岩波書店 (1978)，§7.8.
[3] K. Huang, On the Zitterbewegung of the Dirac Electron, *Am. J. Phys.* **20** (1952) 479-485.
[4] 堀 健夫，日記, Danmark の巻，北海道大学図書館蔵．
[5] T. Hori, Über die Analyse des Wasserstoffbandenspektrums im äussersten Ultraviolett, *Z. f. Phys.* **44** (1927) 834.
[6] D.M. Dennison, Recollections of physics and of physicists during the 1920's, *Am. J. Phys.* **42** (1974) 1051.
[7] E.H. Lieb,「なぜ物質は安定に存在するのか」，科学, **49** (1979) 301, 385;*The Stability of Matter : From Atoms to Stars*, Springer (1991)．
[8] 江沢 洋「物質の安定性」,『量子物理学の展望』下，江沢 洋・恒藤敏彦編，岩波書店 (1978).
[9] J.M. Levy-Leblond, *J. Math. Phys.* **10** (1969) 806.
[10] V.F. Weisskopf, *Relativistic Quantum Mechanics*, CERN 62-15 (30 March 1962), p. 38.
[11] H. Rauch et al., *Phys. Lett.*, **54A** (1975) 425 ; S.A. Werner et al., *Phys. Rev. Lett.*, **35** (1975) 1053.
[12] 原 康夫「桜井 純さんとスピンの二価性と」，自然, 1983 年 3 月号．

付録B　スピン，その後

著者はスピンの物語を第二次世界大戦が始まった1940年代で閉じている．ここでは，ボーアの歴史的な話に加えて戦後の発展からいくつかの話題をひろって紹介しよう．

1　電子のスピン磁気能率は測れない

著者は，本書のp.74に「電子スピンの本性がこんなものだったとすれば，それはまさに「古典的記述不可能」でしたね」と書いている．パウリも，p.48の注21に紹介したように同様の感慨を述べている．すなわち「私の最初の疑いや「古典論によって記述できない二重性」という私の表現は，スピンが電子の本質的に量子力学的な性質であるというボーアの証明によって確証を得たのです．」

ボーアは不確定性原理によって二つのことを証明したのだ．第一に，電子のつくる磁場を観測して電子の磁気能率を決定することはできない．第二に，電子のスピン上向き，下向き状態はシュテルン - ゲルラッハの実験の方法では分離できない．[1]

1.1　ボーアの推論 - (1)

ディラックの相対論的な電子の方程式に刺激されてか，1928年の秋にボーアは考えた．原子のなかの電子については，その磁気能率の大きさも方向もスペクトルの観測からわかる．自由な電子でも不均一磁場の中では磁気能率の向きによって進路が2手に分かれるだろう．電子のつくる磁場を観測すれば磁気能率が決定できるだろうか？

12月には，ひとつの結論に達し，翌年の4月には研究所の会議で発表し，皆を驚かせた．それをN.F.モットは（ボーアの考えとして）論文に記し，教科書（N.F.モット，H.S.W.マッセイ『衝突の理論』I，高柳和夫訳，吉岡書店（1961），p.73）にも載せているので，これによって説明しよう．

ボーアの結論は，こうであった：電子のつくる磁場を観測して電子の磁気能率を決定することはできない．いま，電子の位置が不確定性 Δr の範囲でわかっているとし，そこから距離 r の点に電子がつくる磁場を測るとしよう．このとき

$$\Delta r \ll r \tag{B1.1}$$

でなければ，電子の磁気能率について何かを引き出すことはできまい．電子の磁気能率を M とすれば，それがつくる磁場は

の程度である．しかし，電子が速さ v で運動していると

$$B' \sim \mu_0 \frac{-ev}{r^2}$$

の磁場もつくる．したがって，$|B| \gg |B'|$，すなわち

$$\mu_0 \frac{|M|}{r^3} \gg \mu_0 \frac{ev}{r^2}$$

でないと磁気能率 M を知ることはできない．$M = (-e\hbar)/(2m)$ であるから，これは，両辺に $(m/\mu_0)\,\Delta r/\hbar$ をかけると，不確定性原理によって

$$\frac{\Delta r}{r} \gg (mv)\Delta r \frac{1}{\hbar} > 1$$

となり

$$\Delta r \gg r \qquad (\text{B1.2})$$

となる．これは（B1.1）に矛盾する．

1.2　ボーアの推論 $-(2)$

ボーアは，また電子のスピン状態はシュテルン・ゲルラッハの実験の方法では分離できないことを示した．これもモット・マッセイの教科書（前掲，pp. 73-75）を参考にして述べよう．パウリも，これについてボーアとモットの仕事として 1930 年のソルヴェイ会議「磁性」で話している．

$-z$ 方向に進む電子を y 方向に不均一な磁場に通すとしよう．電子ビームの y 方向の厚さは，さしあたり 0 とする．電子は，その磁気能率 M のために磁場から

$$f_y^{\pm} = \pm M \frac{\partial B_y}{\partial y} \qquad (\text{B1.3})$$

の力を受ける．上の符号は下向きスピン，下の符号は上向きスピンの場合である．ところが，電子は電荷をもっているから，磁場からローレンツの力

$$f'_y = evB_x \qquad (\text{B1.4})$$

も受ける．O-yz 面から距離 Δx の点での磁場は

$$B_x = \frac{\partial B_x}{\partial x}\Delta x = -\frac{\partial B_y}{\partial y}\Delta x$$

である．ここで div $\boldsymbol{B} = 0$ を用いた．したがって

$$f'_y = -ev\frac{\partial B_y}{\partial y}\Delta x \qquad (B1.5)$$

磁場のz方向の長さをL_1とすれば，力$f_y^\pm$を時間L_1/vのあいだ受けて電子のy方向の運動量は$f_y^\pm(L_1/v)$だけ変わる．磁場を出てから距離L_2だけ進んで写真乾板にあたり痕跡を残すとすれば，乾板の上には

$$\Delta y = (f_y^+ - f_y^-)\frac{L_1}{v}\frac{1}{mv}\cdot L_2 \qquad (B1.6)$$

だけ離れた2本の痕跡ができる．いや，実は(B1.5)の力f'_yもあるから痕跡はΔxが大きいほどy方向にずれて，そのズレは

$$\Delta'y(\Delta x) = f'_y\frac{L_1}{v}\frac{1}{mv}\cdot L_2 \qquad (B1.7)$$

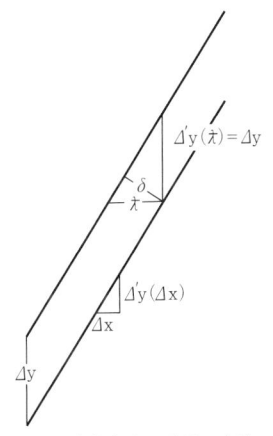

図1 写真乾板上の電子の痕跡．入射電子ビームのy方向の厚さは0として描いた．

となる．ところが，(B1.3)，(B1.5)，(B1.6)によれば

$$\frac{\Delta'y(\Delta x)}{\Delta y} = \frac{ev\Delta x}{2(e\hbar/2m)} = \frac{\Delta x}{\lambdabar} \qquad (B1.8)$$

である．ここに$\lambdabar = \hbar/(mv)$である．$M = \mu(-e\hbar)/(2m)$のμは1とした．したがって，$\Delta x = \lambdabar$にとると$\Delta'y(\Delta x) = \Delta y$となる．2本の痕跡は，一方を$x$軸の方向に$\lambdabar$だけずらすと互いに重なるのである．2本の痕跡の間隔δは，図1から

$$\delta < \lambdabar \qquad (B1.9)$$

である．これまで電子ビームのy方向の厚さ，したがって痕跡の太さは0としてきたが，これは電子のドゥブロイ波長$\lambdabar$より小さくはあり得ないので，(B1.9)のもとでは2本の痕跡は重なって区別ができない．よってシュテルン・ゲルラッハの実験は電子では不成功に終わるはかない．これがボーアの結論であった．

パウリは，ディラック方程式の古典極限から粒子の古典力学的な軌道が得られ，そこにスピンは入らないこと，スピンがきく近似では回折効果が顕著になり軌道概念が失われることからボーアの主張が裏づけられているとしている．[2]

1.3 電子の磁気能率の測定

ボーアが電子の磁気能率は測れないと言いたかったのだとしたら，それは反証された．最初に電子の磁気能率を精密に測ったのはI.I. ラビらで[3]，それを$g\mu_B s$と書けば$g = 2.0024$であった．これは，水素，重水素，ナトリウムなどの原子スペクトルの超微

細構造から得た値であるが，1960年代には次の巧妙な工夫により $g-2$ が測られた．電子を磁場 B の中で円運動させると，その角振動数は eB/m であって，もし $g=2$ であれば磁気能率の歳差運動の角振動数と一致する．したがって，電子に円運動させて n 周のあいだの磁気能率の首振り角を測れば $g-2$ がもとまるはずである．この方法で D.T. ウィルキンソンと H.R. クレインは $g-2 = 0.002\,319\,244(27)$ を得たが，A. リッチが補正が不十分であることを見出し

$$g-2 = 0.002\,319\,114(60)$$

に訂正した[4]．括弧内の数字は末尾2桁の不確定である．

1970年代になると，真空中に1個の電子を宙吊りにして外場のなかでの磁気能率を精密にはかる実験が成功した．

1.3.1 ペニング・トラップ

電子1個を捕えるには，図2のようなペニング・トラップを用いる[5]．図の上下にある回転双曲面（キャップ）とそれを取り巻く回転双曲面（リング）は電極で，それぞれ負と正に帯電させる．内部の電位は，回転対称軸を z 軸とする円柱座標系で

$$\phi(r, z) = A(r^2 - 2z^2) \tag{B1.10}$$

となる．これによって電子は z 軸方向には座標原点に向かう $-4eAz$ の引き戻し力を受けて，角振動数 $\omega_z = \sqrt{4eA/m_e} = 400$ MHz で振動する．しかし，r 方向には外側に向かう力を受けて安定しない．そこで z 軸方向に強い磁場 B_0 をかける．電子の $z = $ const. 平面上での等速円運動に対する運動方程式は，電子の軌道半径を r，回転角速度を ω とすれば $m_e r \omega^2 = er\omega B_0 - 2eAr$ となるから，ω は

$$\left.\begin{array}{c} \omega'_c \\ \delta_c \end{array}\right\} = \frac{1}{2m_e}(eB_0 \pm \sqrt{(eB_0)^2 - 8m_e eA}).$$

$$\tag{B1.11}$$

したがって，$B_0 \geq \sqrt{8m_e A/e}$ なら電子は安定に閉じ込められる．

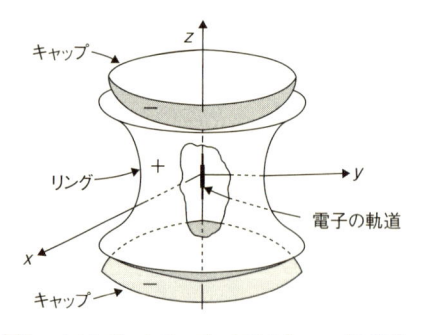

図2 ペニング・トラップ．上下のキャップの距離，$2Z_0 = 0.67 \times 10^{-2}$ m，リングの最小半径，$R_0 = \sqrt{2}\,Z_0$，キャップとリングの電位差，$V_0 = 10$ V．(B1.10) の $A = V_0/(4Z_0^2) = 230$ kV/m^2．加えて z 軸方向に一様な磁場 $B_0 = 5$ T をかける．そして，全体を4 Kの液体ヘリウムに浸す[5]．

いま，$B_0 = 5\,\mathrm{T} \gg \sqrt{8m_e A/e} = 3.2 \times 10^{-3}\,\mathrm{T}$ だから，$\omega_c = eB_0/m_e$ として

$$\omega'_c = \omega_c = 880\,\mathrm{GHz}, \quad \delta_c = \omega_z^2/2\omega_c = 82\,\mathrm{kHz} \qquad (\text{B1.12})$$

である．こうして，$z = \mathrm{const.}$ 平面上の運動は角速度 ω'_c の速いサイクロトロン運動に角速度 δ_c の周転円運動が重なったものとなる．

サイクロトロン運動は，エネルギー量子が $\hbar\omega'_c = 5.8 \times 10^{-10}\,\mathrm{eV}$ で温度にすれば $\hbar\omega'_c/k_B = 6.77\,\mathrm{K}$ であって，いま装置は $4\,\mathrm{K}$ の液体ヘリウムに浸してあるから，基底状態にあるとみられ，その半径は $\sqrt{\hbar/m_e\omega'_c} = 11\,\mathrm{nm}$ の程度である．周転円運動は激しい熱雑音で乱されている．これに対して $\hbar\omega_z = 2.6 \times 10^{-7}\,\mathrm{eV}$ で温度にすれば $\hbar\omega_z/k_B = 3.1\,\mathrm{mK}$ であるから，z 方向の振動もやはり熱的に揺らいでいる．これらの熱揺らぎに共鳴する外部回路をつなぎ，その抵抗でエネルギーを発散させて電子を冷やすことができる[5],[6]．

なお，電場 (B1.10) と磁場 $\boldsymbol{B}_0$ のなかでの電子の運動は A.A. ソコロフと Yu.G. パヴィエンコが量子力学的に解いている[7]．

ペニング・トラップと類似の装置にパウル・トラップがある[8]．これを用いて空間に静止させた 1 個の Ba^+ イオンの写真が見事だ[5],[9]．

1.3.2 磁気能率の測定

スピン磁気能率を測定するには，ペニング・トラップの磁場 $\boldsymbol{B}_0$ に小さな磁場

$$b_x = -\beta z x, \quad b_y = -\beta z y, \quad b_z = \beta\left(z^2 - \frac{1}{2}r^2\right) \qquad (\text{B1.13})$$

を加える．すると，磁場勾配 $\partial b_z/\partial z = 2\beta z$ のためにスピンの磁気能率 $(g/2)\mu_B$ に力

$$f_z^{\mathrm{spin}} = -(g/2)\mu_B m \cdot 2\beta z \qquad (\text{B1.14})$$

がはたらく．ただし，スピンの向きによって $m = 1/2$（上向き），$-1/2$（下向き）とする．電子はサイクロトロン運動（量子数 n）と周転円運動（量子数 q）のために磁気能率をもつから，それにも力がはたらくので，それを

$$f_z^c = -g_c(n,\,q)\mu_B \cdot 2\beta z \qquad (\text{B1.15})$$

としておこう．電子には電場 (B1.10) からの力 $-m_e\omega_z^2 z$ がはたらいていたから，新しく加わる力を入れて，電子の z 方向の角振動数は

$$\omega'_z = \sqrt{\frac{m_e\omega_z^2 + \{gm + 2g_c(n,\,q)\}\cdot\mu_B\beta}{m_e}} = \omega_z + \frac{\mu_B\beta}{2m_e\omega_z}\{gm + 2g_c(n,\,q)\}$$

$$(\text{B1.16})$$

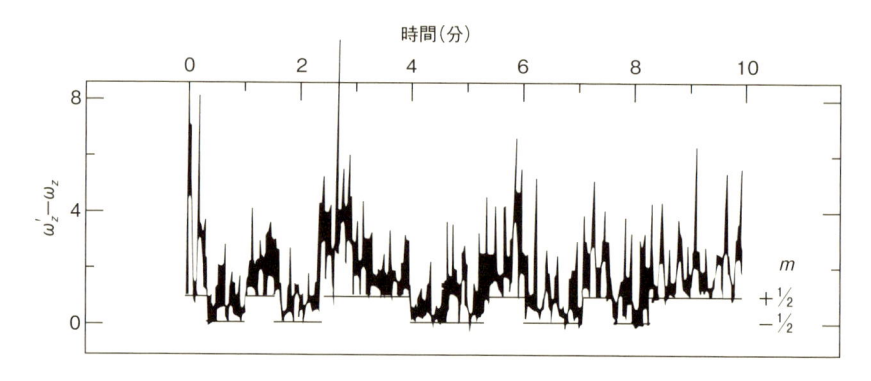

図3 共鳴点の時間変化[10]

となる．この振動数のズレの m 依存性を検出すれば電子の磁気能率をあたえる g がもとまることになる．そのために，ペニング・トラップの2つのキャップの間に弱い振動電圧 $V_1(t) = K \sin \omega t$ をかけて電子に強制振動させ，その振幅の ω 依存性を見る．印加した振動電圧の角振動数 ω が ω_z' のとき共鳴がおこる．

検出の時間経過を図3に示す．スピンがランダムに引っくり返って $m = \pm 1/2$ に応じて共鳴点（B1.16）の"台"

$$\omega_z' - \omega_z = \frac{\mu_B \beta}{2 m_e \omega_z} gm + \cdots \qquad (B1.17)$$

が上下しているのが分かる．ペニング・トラップに捕えられた1個の電子のスピン状態 m が刻々に観測されているのであって，連続シュテルン・ゲルラッハ実験といわれる所以である．台から上に伸びている線は（B1.17）の $\cdots$ で $g_c(n, q)$ の熱的な揺らぎによる共鳴点の変化を表わす．

上下の台の高さの差から電子の磁気能率を与える g が得られる．あるいは，振動数 ω を固定して単位時間あたりスピンが引っくり返る回数 $N(\omega)$ を数え，その数を ω を変えてもとめ共鳴のおこる点を見出すなど精密化への努力がなされた[11]．

このようにして，電子に対して

$$g = 2.002\ 319\ 304\ 376(8) \qquad (B1.18)$$

が得られ，陽電子に対しても完全に同じ値が得られた（粒子・反粒子の対称性！）[10]．括弧内の8は最後の桁に8だけの不確定があることを示す．量子電磁力学のくりこみ理論からの当時の理論値は $g = 2.002\ 319\ 304\ 266(58)$ で，よく一致している．

前の2小節に述べたボーアの主張が「古典力学的な実験では電子の磁気能率は測れな

い」だったとすれば，上の実験は彼の考え及ばなかった方法で反証したことになる．[12]

(B1. 18) の実験からほぼ 20 年，2006 年に，同じくペニング・トラップを用い精度を向上した実験の結果が発表された[13]：

$$g = 2.002\,319\,304\,361\,70(152). \tag{B1. 19}$$

量子電磁力学による g の摂動計算も電子の電荷 $-e$ の 8 次まで進められ，ここまでくると強・弱の相互作用も取り入れることが必要になる．この計算に実験結果 (B1. 19) を用いて微細構造定数 α を逆算し[13],[14]

$$1/\alpha = 137.035\,999\,710(12)(30)(90) \tag{B1. 20}$$

が得られた．最初の ( ) は 8 次の摂動計算の不確定，最後の ( ) は g の測定値の不確定によるもの，中央は 10 次の摂動の効果の大まかな見積もりによる．

ちょうど，別の方法による α の決定が発表された．ひとつはセシウム原子のスペクトルの精密測定による[15]

$$1/\alpha(\text{Cs}) = 137.036\,000\,00(110) \tag{B1. 21}$$

であり，もうひとつは，光学格子によるルビジウム原子の反跳の測定による[16]

$$1/\alpha(\text{Rb}) = 137.035\,998\,78(91) \tag{B1. 22}$$

である．これらは不確定の範囲で相互に一致しているばかりか，量子電磁力学からの結果 (B1. 20) ともよく一致している．これだけの桁数が一致することは，朝永 - シュウィンガー - ファインマンのくりこみ理論の正しさの証明であって，おどろくべき成功であるといわなければならない．これはまた，電子に量子電磁力学と素粒子の標準理論を超える構造があるとしたら $R < 6 \times 10^{-24}$ m 程度のスケールであり，それに関与する粒子の質量にすれば 34000 TeV/c^2 以上であることを意味する．[13]

2 π 中間子とアイソスピン

2.1 π 中間子の人工創成

第二次大戦後すぐの 1946 年 12 月，カリフォルニア大学に磁極の直径 184 インチ (4 m 67 cm) のシンクロサイクロトロンが完成し，重陽子なら 200 MeV まで，α 粒子なら 400 MeV まで加速できるようになった．このくらいのエネルギーになると相対性理論のいう質量の速度依存がきいてきて粒子の周回時間がエネルギーによらないというサイクロトロンの特徴が破れるので，加速電圧の周波数を粒子のエネルギーにあわせて

変えることになる.これが 1945 年にソヴィエトの V.I. ヴェクスラーと E.M. マクミランが提案したシンクロサイクロトロンである[17].

π 中間子は,当時 105 MeV くらいの質量とされていたので,1 核子あたり 100 MeV の加速が実現すると,その人工創成に期待が高まった.この加速ではエネルギーが不足だと思われるかもしれないが,原子核内の核子に衝突させると,核の結合エネルギーもあり,たまたま入射粒子に向かってくる核子に衝突することもあろうから π 中間子の人工創成も不可能ではない.E.M. マクミラン – E. テラーの後をうけて木庭二郎も 1948 年 1 月に「中間子を実験室で造り得るか?」を論じた[18].

そして実際,1948 年に 380 MeV の α 粒子を炭素に当てて人工創成は実現した.できた粒子が π 中間子であることは,写真乾板内の飛跡を宇宙線で見慣れているイギリスの C.M.G. ラッテスを招いて確認してもらった[19].彼らは言う:「中間子を実験室の制御可能な条件下で研究する道が開けた.宇宙線に比べて強度が 10^8 倍も高いから,この分野の研究は大きく加速されるだろう.†」やがて,335 MeV の電子をプラチナに当てて出した X 線を炭素に当て π 中間子をつくる実験も成功した[21].『素粒子をつくる時代』がはじまった[22].

2.2 アイソスピンの保存

カリフォルニア大学に続いてシカゴ大学,コロンビア大学など多くの大学でサイクロトロンは建設され,中間子の研究は急速に進んだ[23].π 中間子の質量は

$$m(\pi^+)c^2 = m(\pi^-)c^2 = 139.6\,\mathrm{MeV}, \quad \{m(\pi^-) - m(\pi^0)\}c^2 = 4.6\,\mathrm{MeV}$$
(B2.1)

と決定され,スピンは 0 で場の型はギ・スカラーとわかった.

本書で著者のいう荷電スピンは,アイソスピンと呼ばれるようになるが,π 中間子について本文 p. 215 にある「大きさ 1」が確認され,その第 3 成分(ζ 成分)は π^+ で $+1$,π^- で -1,π^0 で 0 とされた.それに応じて中間子の場は 3 成分をもつアイソ・ベクトル U となり,核子との相互作用は本文の (10-18″) にある $H' = g(\rho/2)\cdot U$ 型の,アイソ空間で等方的なものであることも,あらためて確認された.$\rho/2$ は (10-8) の 1/2 倍で核子のアイソスピンを表わす.

π 中間子と核子の相互作用がアイソ空間で等方的(回転不変)であることは,π 中間子のアイソスピン T と核子のアイソスピン $\rho/2$ の和

$$I = T + \frac{1}{2}\rho$$
(B2.2)

---

† 日本での π 中間子の人口創成(1962 年 4 月)については [20] を見よ.

がπと核子の相互作用を通じて保存されることを意味する．著者が本文 p. 209 に「アイソ空間やその中で定義されるアイソスピンは，ますます基本的な意味をもつようになった」という趣旨を述べているのは，このことである．アイソスピンの保存は，さまざまの局面で現れるが，ここでは 1 つの例を示そう．

2.2.1 (3-3) 共鳴

図 4 は，散乱

$$\text{(a)}\ \pi^+ + \text{p} \to \pi^+ + \text{p}, \quad \text{(b)}\ \pi^- + \text{p} \to \begin{cases} \pi^- + \text{p}, \\ \pi^0 + \text{n} \end{cases} \quad \text{(B2.3)}$$

の，それぞれの全断面積の $E_\pi(\text{lab})$（p の静止系における π の運動エネルギー）への依存性を示す（[23] の p. 112, 116）．どちらも $E_\pi(\text{lab}) = 200$ MeV に極大をもち，極大値の比が 3：1 であることが注目される．これがアイソスピン保存の証拠である．それを説明しよう．

全断面積の極大（共鳴）は，π 中間子と核子 N の衝突で核子の励起状態 N* ができて，それが再び π と N に壊れたことを思わせる．

π 中間子のアイソスピンは 1 で，その ζ 成分は π^+ で 1，π^0 で 0，π^- で −1 である．朝永の『角運動量とスピン』[24]，p. 55 の表 15 の書き方では，それぞれ Y_1^1, Y_1^0, Y_1^{-1} で表される．N のアイソスピンは 1/2 で，その ζ 成分は p で 1/2，n で −1/2 であって，朝永の書き方では，それぞれ α, β となる．

いま (B2.2) のアイソスピン I の保存を仮定すれば，π^+p の I_ζ は 3/2 だから，N* の I と I_ζ はともに 3/2 でなければならない．アイソスピンの (I, I_ζ) 状態を $|I, I_\zeta\rangle$ と書けば，π 中間子と核子の系の合成アイソスピンの大きさ j，ζ 成分 μ の状態は前記の朝永の表 15 で与えられる．l は π のアイソスピンの大きさで 1 である．

たとえば，$j = 1+1/2 = 3/2, \mu = 3/2$ の状態は，$|3/2, 3/2\rangle$ と書くが，表の第 1 列，第 1 行から

$$\left|\frac{3}{2}, \frac{3}{2}\right\rangle = Y_1^1 \alpha = |\pi^+, \text{p}\rangle \quad \text{(a)}$$

となる．$j = 1+1/2 = 3/2, \mu = 1+1/2-2 = -1/2$ の状態は，表の第 1 列，第 3 行から

$$\left|\frac{3}{2}, -\frac{1}{2}\right\rangle = \sqrt{\frac{1}{3}} Y_1^{-1} \alpha + \sqrt{\frac{2}{3}} Y_1^0 \beta = \sqrt{\frac{1}{3}} |\pi^-, \text{p}\rangle + \sqrt{\frac{2}{3}} |\pi^0, \text{n}\rangle \quad \text{(b)}$$

そして，$j = 1-1/2 = 1/2, \mu = 1+(1/2)-2 = -1/2$ の状態は，表の第 2 列，第 3 行から

(a)

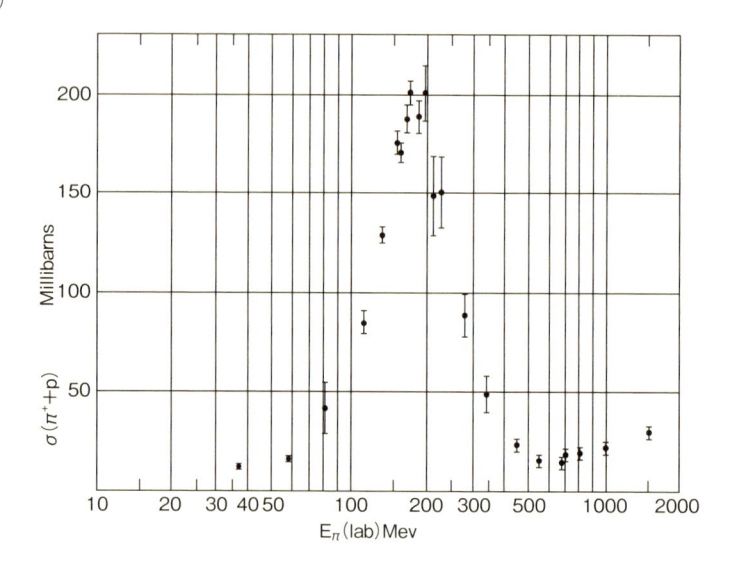

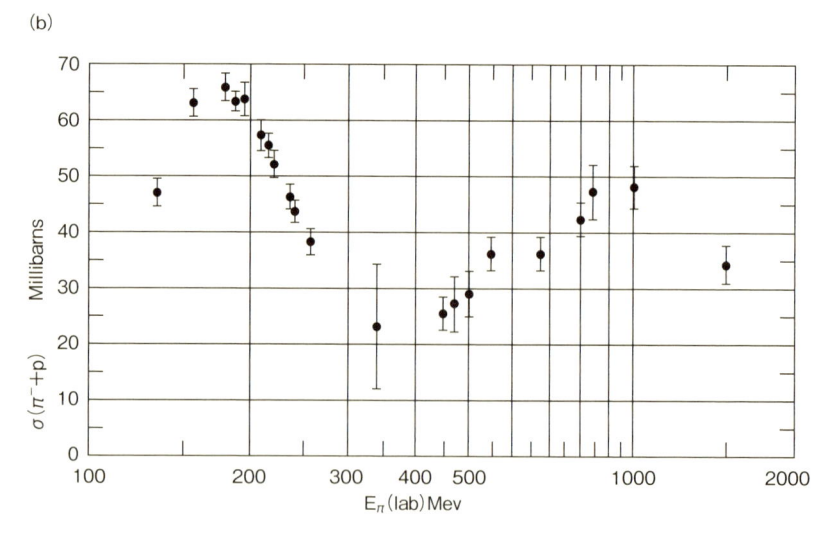

(b)

図4 π-p 散乱の全断面積. (a) $\sigma(\pi^+ + p)$, (b) $\sigma(\pi^- + p)$. 共通に共鳴が現れている.

$$\left|\frac{1}{2},-\frac{1}{2}\right\rangle = \sqrt{\frac{2}{3}}Y_1^{-1}\alpha - \sqrt{\frac{1}{3}}Y_1^0\beta = \sqrt{\frac{2}{3}}|\pi^-,\text{p}\rangle - \sqrt{\frac{1}{3}}|\pi^0,\text{n}\rangle \quad \text{(c)}$$

となる。††

この (a), (b), (c) から

$$|\pi^+,\text{p}\rangle = \left|\frac{3}{2},\frac{3}{2}\right\rangle \tag{d}$$

$$|\pi^-,\text{p}\rangle = \sqrt{\frac{1}{3}}\left|\frac{3}{2},-\frac{1}{2}\right\rangle + \sqrt{\frac{2}{3}}\left|\frac{1}{2},-\frac{1}{2}\right\rangle \tag{e}$$

$$|\pi^0,\text{n}\rangle = \sqrt{\frac{2}{3}}\left|\frac{3}{2},-\frac{1}{2}\right\rangle - \sqrt{\frac{1}{3}}\left|\frac{1}{2},-\frac{1}{2}\right\rangle \tag{f}$$

を得る.

(a)-(f) によって, 遷移の振幅を書けば, 振幅は I_3 にはよらないから

$$|\pi^+,\text{p}\rangle \xrightarrow{1} N^* \xrightarrow{1} |\pi^+,\text{p}\rangle, \quad |\pi^-,\text{p}\rangle \xrightarrow{\sqrt{1/3}} N^* \begin{cases} \xrightarrow{\sqrt{1/3}} |\pi^-,\text{p}\rangle \\ \xrightarrow{\sqrt{2/3}} |\pi^0,\text{n}\rangle \end{cases}$$

となり, 遷移の確率は遷移振幅の 2 乗で与えられるから

$$\sigma(\pi^++\text{p}\to\pi^++\text{p}):\sigma(\pi^-+\text{p}\to\pi^-+\text{p}):\sigma(\pi^-+\text{p}\to\pi^0+\text{n}) = 1:1/9:2/9 \tag{B2.4}$$

となることがわかる. 後の二者を一緒にすれば

$$\sigma(\pi^++\text{p}\to\pi^++\text{p}):\sigma\left(\pi^-+\text{p}\begin{matrix}\nearrow\pi^-+\text{p}\\ \searrow\pi^0+\text{n}\end{matrix}\right) = 3:1 \tag{B2.5}$$

となって, 図 4 の断面積の比にあう. より詳しい (B2.4) の比も実験で確かめられた.[26]
この核子の励起状態 N^* は藤本陽一・宮沢弘成が 1950 年に中間子と核子の強結合理論によって予見していた.[27] N^* は $T=3/2$ をもちスピンが 3/2 なので (3-3) 共鳴と名づけられ, 以後, 新しい加速器が建設され衝突エネルギーが上がるにつれて続々と発見される共鳴状態のさきがけとなった.

3 新粒子

"新粒子発見" の報告は, まず 1944 年にロシアからきた. 1946 年には 56 トンの大型

---

†† 朝永の本 [24] では $|1/2,-1/2\rangle$ の位相が多くの量子力学の教科書 [25] と π だけ違っている.
  すなわち $|1/2,-1/2\rangle_{朝永} = -|1/2,-1/2\rangle_{多くの本}$.

磁石で宇宙線の軟成分の運動量を測り，少なくとも電子の 2000, 1000, 500 倍の質量をもつ粒子が存在するとして，これらをヴァリトロンとよんだ．研究はさらに進められた．[28]

1947 年に G.D. ロチェスターと C.C. バトラーが高エネルギーの宇宙線粒子が霧箱の中においた鉛板にあたってつくるシャワーの中に V 字型の 2 本の飛跡を発見したが，これは既知のどんな過程をもってきても解釈できず，おそらく未知の中性粒子が鉛板の中でつくられ 2 個の荷電粒子に崩壊したものと考えられた．

観測例が増えると，すくなくとも 2 種の中性粒子が存在することが明らかになった．ひとつは陽子と π^- に崩壊するもので Λ と名づけられた．他のひとつは π^+, π^- に崩壊するもので θ とよばれた．このほかにも 1949 年に C.F. パウエルの発見した 3 個の π に壊れる τ 粒子があり，θ とほぼ同じ質量をもつので，まとめて K 族とよばれた．宇宙線によってつくられるほかに 1953 年，1955 年に完成した加速器コスモトロン，ベバトロンにより人工的につくられるもの，そして先に述べたような共鳴状態を加えて新粒子の発見がつづいた．[22]

新粒子には奇妙な点がいくつもあった．θ と τ とは質量が同じなのに，なぜ同じ粒子ではないのか？ 一方は 2 つの π に壊れ他方は 3 つに壊れるので，π がギ・スカラーである以上 2 つは内部パリティを異にする別の粒子でなければならないのだった．もうひとつ，新粒子は強い相互作用でつくられるのに崩壊に時間がかかる．[29]

第一の疑問は，弱い相互作用におけるパリティ非保存の発見により解決された．

第二の疑問は，西島和彦らと M. ゲルマンにより新粒子がストレンジネスという新しい量子数をもつとすることで解決された．新粒子が強い相互作用でつくられることから見て，これら粒子は π-N 相互作用にも小さくない影響をおよぼしているだろう．しかし，π-N 相互作用ではアイソスピンがよく保存されているように見える．とすれば，新粒子の強い相互作用でもアイソスピンは保存されているに相違なく，これを用いて新粒子の各々にアイソスピンをきめてやることができるはずだ．π 中間子はアイソスピンが 1 で，その荷電（素電荷 e を単位にして書く）との間に $Q(\pi) = I_\zeta(\pi)$ の関係があったが，核子のアイソスピンは 1/2 だから，この関係は $Q(N) = I_\zeta(N) + 1/2$ に修正しなければならない．右辺につけた 1/2 は，これも保存が知られている重粒子数 B の 1/2 倍と見ることにしてみよう．$Q = I_\zeta + B/2$ である．中間子の仲間は重粒子数が 0 であるから，この式は π でも成り立っている．

新粒子に目を転じて，Λ^0 は π^+, π^0 のように荷電空間で組む相手がいないからアイソスピンは 0 としよう．Λ は p と π^- に壊れるので B は 1 であるから，この式は成り立たない．ここに "新粒子らしさ" があると考えて，上の式を

$$Q = I_\zeta + \frac{B}{2} + \frac{S}{2} \qquad (B3.1)$$

と修正し，S をストレンジネス（奇妙さ）とよぼう．Λ の S は -1 となる．

K中間子は K^+ と K^0 が組み，その反粒子が K^- と $\bar{K}^0$ であると考えてアイソスピンを 1/2 としてみる．重粒子数 B は 0 だからストレンジネス S は $+1$ となる．

そうだとしたら，宇宙線粒子（普通の，奇妙でない粒子！）の衝突で $\Lambda + K^+ +$（いくつかの π）ができるとすれば，生成粒子のストレンジネスの和は 0 となり，この過程でストレンジネスは保存される．そこで強い相互作用はストレンジネスを保存し，保存しない相互作用は弱いと考えてみるのである．すると，Λ の強い相互作用による崩壊は，ストレンジネスと重粒子数を保存する必要があるが，そのような行き先の粒子がないので崩壊は不可能だということになる．こうして，強い相互作用で生成はされるが，崩壊はできないことが理解された．

この後，新粒子が——ストレンジネスをもつものも，もたないものも——続々と発見され，その数は数百におよび，素粒子をつくる基本粒子としてクォークが考えられることになるが，そこまでの道程は長いので，ここでは説明を割愛する．[32]

4　パラ統計

クォーク模型について，一つだけ述べておきたいことがある．それはボース統計，フェルミ統計に加えて，同一の状態に複数の，しかし定まった数までの粒子が入れるという統計——これをパラ統計とよぶが——も自然界に実現されているという説が出されたことがあるという話である．

それはクォークに表 1 の 3 種類 u, d, s が考えられていた時代のことである．いまでは表 1 に示す c, b, t も見出されているが，これらは前の組より質量が格段に大きいので，別に扱われる．

表 1　クォーク．スピンはどれも 1/2，S はストレンジネス

名　前	u	d	s	c	b	t
質量/MeV	1.5〜4.5	5〜8.5	80〜155	$(1.0\sim1.4)\times10^3$	$(4.0\sim4.5)\times10^3$	$(174.3\pm5.1)\times10^3$
電荷/e	2/3	$-1/3$	$-1/3$	2/3	$-1/3$	2/3
I	1/2	1/2	0	0	0	0
S	0	0	-1	0	0	0

3 種類のクォーク u, d, s の結合状態としてできる粒子は 3 個から 3 個を（くりかえしを許して）とる仕方の数 $3^3 = 27$ 種類あるが，u, d, s を対称的にあつかう $SU(3)$ 理論の

操作で互いに結びつくもの（群の既約表現）を組にすると図5のような10種の粒子が10重項をつくる．これらのほかに8, 6, 3重項ができて全体で27種になる．[33]

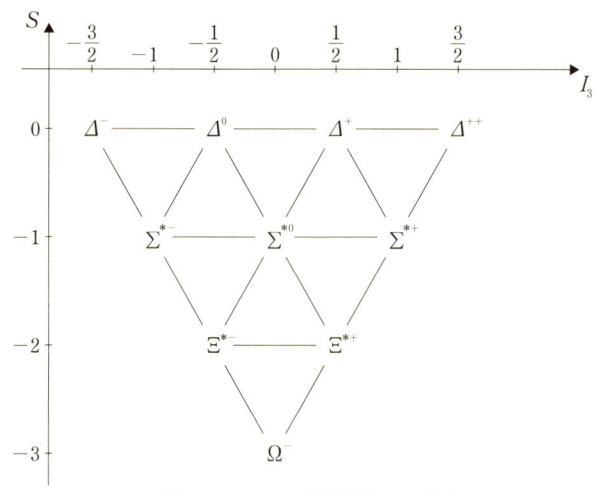

図5 クォークの結合状態の10重項

このうち Δ 粒子は前に述べた $(3, 3)$ 共鳴の N^* である．Σ も Ξ も $SU(3)$ 理論の提案より前に発見されていた．この理論が正しければ Ω^- も存在するはずである．探索の末，1963年に Ω^- が対称性理論の予言した質量のところに発見されたとき，この理論への信頼が高まり，これを一歩進めたクォーク模型の提案となった．[34]

しかし，この粒子は大きな問題をかかえていた．Ω^- はストレンジネスが -3 でスピンが $3/2$ なので，s クォーク3個の，スピンの向きがそろった結合状態と見なければならず，その軌道角運動量は基底状態の常として0であろう．そうだとしたら波動関数は粒子の入れ替えに関して対称になる．一方，クォークはスピン $1/2$ をもちスピンと統計の関係が成り立つなら波動関数は反対称でなければならない．フェルミ粒子が同一の状態に3個はいることはできない，といってもよい．

そこで，以前から調べられていたパラ統計も自然界は使用しているのではないか，という説が出されたのである．[35]

しかし，クォークには，それまで考えられなかった3つの（赤，緑，青といった）量子数をとる新しい自由度（色）があり，同一の状態に3個のクォークが入ると思ったその状態が，色の量子数で3つに区別されるのだという考えも提出された．そして，その自由度に関わるゲージ群が粒子たちの相互作用の決定に大きな役割をするという方向に

理論は発展した（量子色力学）[36]．統計はボースとフェルミだけですむことになった．

5 アイソスピン・ゲージ

強い相互作用におけるアイソスピンの保存が確立されると，次の考えが浮かぶ．電磁相互作用においては電荷が保存されるが，それは——後で説明するように——電子場のラグランジアンが場の位相変換（ゲージ変換）で不変なことから導かれる．この位相変換は全時空間あらゆるところで一斉に行うのだが，そもそも場というのは時空間の場所場所に定義され，相互作用も場所場所で局所的におこる．とすれば，場の位相変換も時空の場所場所で異なっていてよいのではないか．時空の場所場所で異なる位相変換をしても理論は共変（不変）であるべきではないだろうか？　この共変性の要求から——これも後で説明するが——電磁場の存在が要求され，電子との相互作用がきまってしまうのである．同じことがアイソスピンについてもあるのではないか？

アイソ空間が時空の各点に付属して無数にあるとすれば，その $\xi\eta\zeta$ 軸の向きのとり方は時空の点ごとに異なってよく，その向きを変えることが電磁気の場合の位相変換にあたるだろう．この変換をアイソスピン・ゲージの変換とよぼう．この変換で理論が共変であるという要請から存在が要求される場とはどんなものか？　その場の π 中間子や核子などとの相互作用はどうか？　この問題に立ち向かったのがC.N.ヤンとR.L.ミルズで，1954年のことであった[37]．それから13年，ヤン－ミルズ理論はS.ワインバーグとA.サラムによる電磁相互作用と弱い相互作用の統一理論に結実し[38]，やがてクォークに適用され素粒子の標準理論の基礎となった[39]．

位相変換の考えはアイソスピンの場合には道具立てが大きくなるので，ここでは簡単な非相対論的な電子場の電磁相互作用の例で説明することにしよう．

5.1 電荷の保存

電子場のラグランジアンを，非相対論的に $L = \int \mathsf{L} dv$ としよう．ここに

$$\mathsf{L} = i\hbar\psi^* \frac{\partial \psi}{\partial t} - \frac{\hbar^2}{2m} \frac{\partial \psi^*}{\partial x_k} \frac{\partial \psi}{\partial x_k} - V(r)\psi^*\psi \tag{B5.1}$$

である．ただし，一つの項のなかで2度くりかえされる添字については x, y, z にわたって和をとるものとする（Einsteinの規約）．以下では

$$\mathsf{L} = i\hbar\psi^* \frac{\partial \psi}{\partial t} + \mathsf{L}'\left(\frac{\partial \psi^*}{\partial x_k}, \frac{\partial \psi}{\partial x_k}, \psi^*, \psi\right) \tag{B5.2}$$

として計算する．まず変分原理

$$\delta \int L dt = 0 \tag{B5.3}$$

によって運動方程式を導き出しておこう. ψ^*, ψ について変分すると, それぞれ

$$i\hbar \frac{\partial \psi}{\partial} - \frac{\partial}{\partial x_k} \frac{\partial \mathsf{L}'}{\partial (\partial \psi^*/\partial x_k)} + \frac{\partial \mathsf{L}'}{\partial \psi^*} = 0, \quad -i\hbar \frac{\partial \psi^*}{\partial t} - \frac{\partial}{\partial x_k} \frac{\partial \mathsf{L}'}{\partial (\partial \psi/\partial x_k)} + \frac{\partial \mathsf{L}'}{\partial \psi} = 0 \tag{B5.4}$$

が得られる. 電荷の保存則は

$$\text{電荷密度}: \rho = q\psi^*\psi, \quad \text{電流密度}: j_k = -\frac{iq}{\hbar}\left(\frac{\partial \mathsf{L}'}{\partial (\partial \psi/\partial x_k)}\psi - \psi^*\frac{\partial \mathsf{L}'}{\partial (\partial \psi^*/\partial x_k)}\right) \tag{B5.5}$$

に対して

$$X = \frac{\partial \rho}{\partial t} + \frac{\partial j_k}{\partial x_k} \tag{B5.6}$$

が 0 になることである. 運動方程式を用いて計算すると

$$X = -\frac{iq}{\hbar}\left(\frac{\partial \mathsf{L}'}{\partial(\partial\psi/\partial x_k)}\frac{\partial \psi}{\partial x_k} - \frac{\partial \psi^*}{\partial x_k}\frac{\partial \mathsf{L}'}{\partial(\partial\psi^*/\partial x_k)} + \frac{\partial \mathsf{L}'}{\partial \psi}\psi - \frac{\partial \mathsf{L}'}{\partial \psi^*}\psi^*\right) \tag{B5.7}$$

となる.

定数ゲージ変換は $\psi \to \psi e^{i\alpha}$, $\psi^* \to \psi^* e^{-i\alpha}$ とする. 実の定数 α を無限小とすれば

$$\psi \to \psi(1+i\alpha), \quad \psi^* \to \psi^*(1-i\alpha)$$

であるから, 左辺との差をとって

$$\delta\psi = i\alpha\psi, \quad \delta\psi^* = -i\alpha\psi^* \tag{B5.8}$$

である. いま, この変換に関して L は不変であるとする. (B5.1) は明らかに不変である. この変換によるラグランジアンの変化は (B5.1) の第 1 項は不変だから

$$\delta\mathsf{L}' = \frac{\partial \mathsf{L}'}{\partial(\partial\psi/\partial x_k)}\frac{\partial(\delta\psi)}{\partial x_k} + \frac{\partial \mathsf{L}'}{\partial(\partial\psi^*/\partial x_k)}\frac{\partial(\delta\psi^*)}{\partial x_k} + \frac{\partial \mathsf{L}'}{\partial \psi}(\delta\psi) + \frac{\partial \mathsf{L}'}{\partial \psi^*}(\delta\psi^*)$$

であるが, (B5.8) を用いれば

$$\delta\mathsf{L}' = i\alpha\left(\frac{\partial \mathsf{L}'}{\partial(\partial\psi/\partial x_k)}\frac{\partial \psi}{\partial x_k} - \frac{\partial \mathsf{L}'}{\partial(\partial\psi^*/\partial x_k)}\frac{\partial \psi^*}{\partial x_k} + \frac{\partial \mathsf{L}'}{\partial \psi}\psi - \frac{\partial \mathsf{L}'}{\partial \psi^*}\psi^*\right) \tag{B5.9}$$

となり, 定数係数を除いて (B5.7) の X と同じである. よって, ラグランジアンの不変性 $\delta\mathsf{L} = 0$ から $X = 0$, すなわち, 電荷の保存則が導かれた.

5.2 アイソ空間の軸を伝える場があり相互作用がきまる

時空間の場所場所でアイソ空間の軸が自由に変えられるとしたら，その軸の向きを伝える場が必要になる．ちょうど，電子場の位相を時空間の各点で自由に変えることにすると，その位相を知らせるため電磁場が必要になるのと同様である．

ここでも，アイソスピンの煩を避けて，電磁場の場合で説明しよう．電子場の位相を，時空間の点に依存する無限小の実数値関数 $\Lambda(x,y,z,t)$ だけ変える変換

$$\psi(x,y,z,t) \to \psi'(x,y,z,t) = \psi(x,y,z,t)\, e^{-i(q/\hbar)\Lambda(x,y,z,t)}$$

を考える．電子の電荷を q とし，因子 $q/\hbar$ は後の都合でつけた．これを ψ' から見れば

$$\psi = \left(1 + i\frac{q}{\hbar}\Lambda\right)\psi', \quad \psi^* = \left(1 - i\frac{q}{\hbar}\Lambda\right)\psi'^* \tag{B5.10}$$

となる．この変換によってラグランジアン (B5.1) はどう変わるか？

$$\psi^* \frac{\partial \psi}{\partial t} = \left(1 - i\frac{q}{\hbar}\Lambda\right)\psi'^* \frac{\partial}{\partial t}\left[\left(1 + i\frac{q}{\hbar}\Lambda\right)\psi'\right]$$

$$= \left(1 - i\frac{q}{\hbar}\Lambda\right)\left(1 + i\frac{q}{\hbar}\Lambda\right)\psi'^* \frac{\partial \psi'}{\partial t} + \left(1 - i\frac{q}{\hbar}\Lambda\right)i\frac{q}{\hbar}\frac{\partial \Lambda}{\partial t}\psi'^*\psi'$$

$$= \psi'^* \left(\frac{\partial}{\partial t} + i\frac{q}{\hbar}\frac{\partial \Lambda}{\partial t}\right)\psi' + O(\Lambda^2) \tag{B5.11}$$

等だから，$O(\Lambda^2)$ を省略すれば，変換後のラグランジアン L + δL は (B5.1) において

$$i\hbar\frac{\partial}{\partial t} \mapsto i\hbar\frac{\partial}{\partial t} - q\frac{\partial \Lambda}{\partial t}, \quad -i\hbar\frac{\partial}{\partial x_k} \mapsto -i\hbar\frac{\partial}{\partial x_k} + q\frac{\partial \Lambda}{\partial x_k} \tag{B5.12}$$

としたものになる．変換 (B5.10) によってラグランジアンは共変でない．

ラグランジアンを共変にするには，場 Φ, A_k を導入して (B5.1) を

$$\mathsf{L}(\psi, \Phi, A)$$
$$= \psi^*\left(i\hbar\frac{\partial}{\partial t} - q\Phi\right)\psi - \frac{1}{2m}\left\{\left(-i\hbar\frac{\partial}{\partial x_k} - qA_k\right)\psi\right\}^*\left(-i\hbar\frac{\partial}{\partial x_k} - qA_k\right)\psi - V\psi^*\psi$$
$$\tag{B5.13}$$

としておき，変換 (B5.10) に呼応して，この場が

$$\Phi \mapsto \Phi' = \Phi + \frac{\partial \Lambda}{\partial t}, \quad A_k \mapsto A_k' = A_k - \frac{\partial \Lambda}{\partial x_k} \tag{B5.14}$$

という変換を受けるとすればよい．実際，こうしておくと変換 (B5.10)，(B5.14) によって，ラグランジアンは

$$\mathsf{L}(\psi', \Phi', A')$$
$$= \psi'^*\left(i\hbar\frac{\partial}{\partial t} - q\Phi'\right)\psi' - \frac{1}{2m}\left\{\left(-i\hbar\frac{\partial}{\partial x_k} - qA'_k\right)\psi'\right\}^* \cdot \left(-i\hbar\frac{\partial}{\partial x_k} - qA'_k\right)\psi' + V\psi'^*\psi'$$
(B5.15)

となり，変換前のラグランジアン (B5.13) と同じ形であり，すなわち共変的になる．こうして必要になるのが電磁場 (Φ, A) である．電子と電磁場の相互作用エネルギーが $\rho\Phi + \boldsymbol{j}\cdot\boldsymbol{A}$ となっていることに注意しよう．

アイソスピンの場合には，同様な論理によってヤン‐ミルズ場 B の存在が要求される．この場合のゲージ変換は，単なる位相変換ではなく，アイソスピン行列の関わる変換になるので，非可換である．

参考文献

[1] 朝永振一郎『量子力学』I, みすず書房 (1969, 第2版), p.133.

[2] W. パウリ『量子力学の一般原理』, 川口教男・堀 節子訳, 講談社 (1975), §23.

[3] E. Nafe, E.B. Nelson and I.I. Rabi, *Phys. Rev.* **71** (1947) 914.

[4] W.H. Louisell, R.W. Pido and H.R. Crane, An Experiment of the Gyromagnetic Ratio of the Free Electron, *Phys. Rev.* **94** (1954) 7-16 ; D.T. Wilkinson and H.R. Crane, Precision Measurement of the g Factor of the Free Electron, *Phys. Rev,* **130** (1963) 852-863 ; A. Rich, Corrections to the Experimental Value for the Electron g-factor Anomaly, *Phys. Rev. Lett.* **20** (1968) 967 ; J.C. Wesley and A. Rich, High-Field Electron $g-2$ Measurement, *Phys. Rev.* A**4** (1971) 1341-1363.

[5] Dehmelt, Less is More : Experiments with an Individual Atomic Particle at Rest in Free Space, *Am. J. Phys.* **58** (1990) 17-27.

[6] R.S Van Dyck, Jr., P.B. Schwinberg and H. Dehmelt, Electron Magnetic Moment from Geonium Spectra : Early Experiments and Background Concepts, *Phys. Rev.* D**34** (1986) 722-736.

[7] A.A. Sokolov and Yu. G. Pavienko, Induced and Spontaneous Emission in Crossed Fields, *Optics and Spectroscopy*, **22** (1967) 1-3.

[8] W. Paul, Electromagnetic Traps for Charged and Neutral Particles, *Rev. Mod. Phys.* **62** (1990) 631-640. (ノーベル賞受賞講演)

[9] H. Dehmelt, Experiments with an Isolated Subatomic Particles at Rest, *Rev. Mod. Phys.* **62** (1990) 525-530. (ノーベル賞受賞講演)

[10] H. Dehmelt, New Continuous Sterm-Gerlach Effect and a Hint of "the" Elementary

Particle, *Z. Phys.* D10 (1988) 127-134.

[11] R. Van Dyck, Jr., P. Schwinberg, and H. Dehmelt, New High-Precision Comparison of Electron and Positron g Factors, *Phys. Rev. Lett.* **59** (1987) 26.

[12] D. Wick, The Impossible Observed, *The Infamous Boundary: Seven Decades of Controversy in Quantum Physics*, Birkhäuser (1995).

[13] G. Gabrielse, D. Hanneke, T. Kinoshita, M. Nio and B. Odom, New Determination of the Fine Structure Constant from the Electron g Value and QED, *Phys. Rev. Lett.* **97** (2006) 030802; B. Odom, D. Hanneke, B. D'Urso and G. Gabrielse, New Measurement of the Electron Magnetic Moment Using a One-Electron Cyclotron, *Phys. Rev. Lett.* **97** (2006) 030801.

[14] T. Kinoshita and M. Nio, Improved α^4 Term of the Electron Anomalous Magnetic Moment, *Phys. Rev.* D **73** (2006) 013003.

[15] V. Gerginov, K. Calkins, C.E. Tanner, J.J. McFerran, S. Diddams, A. Bartels and L. Hollberg, Optical Frequency Measurements of $6s^2 S_{1/2} - 6p^2 P_{1/2} (D_1)$ Transitions in ^{133}Cs and Their Impact on the Fine-Structure Constant, *Phys. Rev.* A **73** (2006) 032504.

[16] P. Cladé, E. de Mirandes, M. Cadoret, S. Guellati-Khélifa, C. Schwob, F. Nez, L. Julien and F. Biraben, Determination of the Fine Structure Constant Based on Bloch Oscillations of Ultracold Atoms in a Vertical Optical Lattice, *Phys. Rev. Lett.* **96** (2006) 033001.

[17] マクミランは，ヴェクスラーの提案を知らずに論文を出し，ヴェクスラーの抗議を受けて陳謝した．森永晴彦「原子核破壊装置 II」，自然，1949 年 3 月号．I は自然，1948 年 11 月号．

[18] E.M. McMillan and E. Teller, *Phys. Rev*, **72** (1947) 1; Horning and Weinstein, *Phys. Rev.* **72** (1947) 251; 木庭二郎，物理学ニュース，No. 1 (1948)．これは，みすず書房の前身である東西出版社が出した仁科芳雄ら監修「現代物理学大系」の月報である．

[19] E. Gardner and C.M.G. Lattes, *Science*, **107** (1948) 270. わが国の反応については，参照：武谷三男・中村誠太郎・山口嘉夫「人工中間子」，日本物理学会誌 5 (1950), 1.

[20] 熊谷寛夫「人工パイ中間子を作って」，自然，1962 年 6 月号．

[21] E.M. McMillan, J.M. Peterson and R.S. White, *Science*, **110** (1949), 579.

[22] 川口正昭『素粒子をつくる時代』，自然選書，中央公論社 (1977)．この本が扱うのは 1974 年の暮れからである．この年，量子数「チャーム」をもつ素粒子が発見された．

[23] H.A. Bethe and F. de Hoffmann, *Mesons and Fields* II, Row, Peterson and Co. (1955). 当時の状況を知るには，日本物理学会誌がよい手がかりになる：山口嘉夫「中間子」，**7** (1952) 1; 宮沢弘成「核子の励起状態」，**8** (1953) 313; 澤田克郎「最近の中間子研究——中間子核子の散乱と核力を中心として」，**9** (1954) 217.

[24] 朝永振一郎『角運動量とスピン』，みすず書房 (1989), p. 55.

[25] たとえば：J.J. Sakurai『現代の量子力学』(上), 吉岡書店 (1989), p. 293; 江沢 洋『量子力学』(II), 裳華房 (2002), p. 27.
[26] H.L. Anderson, E. Fermi, E.A. Long and D.E. Nagle, *Phys. Rev.* **85** 936 ; H.L. Anderson, E. Fermi, R. Martin and D.E. Nagle, *Phys. Rev.* **91** (1953) 155. [23] の p. 113.
[27] Y. Fujimoto and H. Miyazawa, *Prog. Theor. Phys.* **5** (1950) 1052.
[28] 早川幸男「ヴァリトロン」, 科学, **20** (1950) 52; 武谷三男「素粒子論の展開とヴァリトロン」, 科学, **20** (1950) 59.
[29] 当時の状況を知るには：小沼通二「新粒子研究の現状」, 日本物理学会誌, **10** (1955) 437; 木下東一郎「さまざまの素粒子 III」, 自然, 1953 年 4 月号. I, II は同年 1, 3 月号.
[30] T. Nakano and K. Nishijima, *Prog. Theor. Phys.* **10** (1953) 581 ; K. Nishijima, *Prog. Theor. Phys.* **12** (1954) 107, **13** (1955) 285.
[31] M. Gell-Mann, *Phys. Rev.* **92** (1953) 833 : M. Gel-Mann and E.P. Rosenbaum「奇妙な素粒子」, 自然, 1958 年 2 月号.
[32] わが国からの寄与をうかがうには：坂田昌一・大貫義郎「素粒子の統一模型」, 科学, **30** (1960) 122; 武谷三男「素粒子論の新段階」, 科学, **30** (1960) 118.
[33] G.F. Chew, M. Gell-Mann, A.H. Rosenfeld「強い相互作用の新しい分類」, 自然, 1964 年 5 月号.
[34] 山本祐靖「ブルックヘヴンでの研究生活」, 自然, 1967 年 9 月号；南部陽一郎『クォーク, 第 2 版：素粒子物理はどこまで進んできたか』(ブルーバックス), 講談社 (1998), pp. 136-139, 146-148.
[35] H.S. Green, *Phys. Rev.* **90** (1953) 270. 詳しくは, Y. Ohnuki and S. Kamefuchi, *Quantum Field Theory and Parastatistics*, Univ. of Tokyo Press (1982).
[36] 崎田文二「量子"色"力学」, 自然, 1980 年 1 月号：南部, 文献 [34].
[37] C.N. Yang and R.L. Mills, *Phys. Rev.* **96** (1954) 191.
[38] S. Weinberg, *Phys. Rev. Lett.* **19** (1967) 1264 ; A. Salam, *Elementary Particle Physics*, Nobel Symposium, No. 8, N. Svartholm ed., Almqvist Wiksell (1968), p. 367.
[39] G. 't Hooft ed., *50 Years of Yang-Mills Theory*, World Scientific (2005).

付録 C　電磁気関連の旧版の表式（CGS ガウス単位系）

新版は SI 単位系による表式を採用しているため，CGS ガウス単位系を用いていた旧版とは式の形が異なっている場合がある．特に違いの生じる電磁気関連の式については，参考のために旧版に掲載の表式を以下に挙げておく．（式番号のない場合，ページと行番号を示す．行数を数える際，物理式はすべて 1 行として数えている．）

$$\text{ボーア磁子} = \frac{eh}{4\pi mc} \tag{1-20}$$

$$E_H = -\frac{eh}{4\pi mc}(\boldsymbol{H}\cdot\boldsymbol{\mu}) \tag{1-29}$$

$$W_H = E_H$$
$$ = \frac{eh}{4\pi mc}\boldsymbol{H}\cdot\boldsymbol{m} \tag{1-30}$$

$$W_H = -\frac{eh}{4\pi mc}(\boldsymbol{H}\cdot\langle\boldsymbol{\mu}\rangle) \tag{1-29'}$$

$$(\boldsymbol{H}\cdot\langle\boldsymbol{\mu}\rangle) = -g(\boldsymbol{H}\cdot\boldsymbol{J}) \tag{1-31}$$

$$W_H = \frac{eh}{4\pi mc}Hgm \tag{1-32}$$

$$W_H = \frac{eh}{4\pi mc}H(m_K + g_0 m_R) \tag{1-36}$$

$$\Delta W_{\text{rel}} = +2\left(\frac{eh}{4\pi mc}\right)^2 \frac{1}{a_H^3}\frac{Z^4}{n^3 k(k-1)} \tag{2-1}$$

$$a_H = \frac{h^2}{4\pi^2 me^2} \tag{2-2}$$

$$\Delta W_{\text{alkali}} = +2\left(\frac{eh}{4\pi mc}\right)^2\frac{1}{a_H^3}\frac{(Z-s)^4}{n^3 k(k-1)} \tag{2-3}$$

$$\overset{\circ}{H} = -\frac{e}{c}\frac{[\boldsymbol{r}\times\boldsymbol{v}]}{r^3} \tag{2-4}$$

$$\overset{\circ}{H} = -\left(\frac{eh}{2\pi mc}\right)\frac{1}{r^3}\boldsymbol{K} \tag{2-4'}$$

$$E_{\text{mag}} = -\frac{eh}{4\pi mc}(\overset{\circ}{\boldsymbol{H}}\cdot\boldsymbol{\mu}_R) \tag{2-5}$$

$$E_{\text{mag}} = -2g_0\left(\frac{eh}{4\pi mc}\right)^2\left(\frac{1}{r^3}\right)(\boldsymbol{K}\cdot\boldsymbol{R}) \tag{2-6}$$

$$W_{\text{mag}} = -2g_0\left(\frac{eh}{4\pi mc}\right)^2\left\langle\frac{1}{r^3}\right\rangle(\boldsymbol{K}\cdot\boldsymbol{R}) \tag{2-6'}$$

$$\Delta W_{\text{mag}} = -2g_0\left(\frac{eh}{4\pi mc}\right)^2\left\langle\frac{1}{r^3}\right\rangle\left(J-\frac{1}{2}\right) \tag{2-6''}$$

$$V(r) = -\frac{Ze}{r} \tag{2-7}$$

$$\Delta W_{\text{mag}} = -2g_0\left(\frac{eh}{4\pi mc}\right)^2\frac{1}{a_H^3}\frac{Z^3}{n^3 K^2} \tag{2-6}_L$$

$$\Delta W'_{\text{mag}} = -2g_0\left(\frac{eh}{4\pi mc}\right)^2\frac{1}{a_H^3}\frac{Z^3}{n^3 k(k-1)} \tag{2-6'}_L$$

$$\Delta W''_{\text{mag}} = -2g_0\left(\frac{eh}{4\pi mc}\right)^2\frac{1}{a_H^3}\frac{(Z-s)^3}{n^3 k(k-1)} \tag{2-6''}_L$$

$$\overset{\circ}{H} = \frac{1}{c}\frac{[\boldsymbol{E}\times\boldsymbol{v}]}{\sqrt{1-v^2/c^2}} \tag{2-11}$$

$$E_{\text{rel}} = -\frac{eh}{4\pi mc}(\overset{\circ}{\boldsymbol{H}}\cdot\boldsymbol{\mu}_e)$$
$$\phantom{E_{\text{rel}}} = -g_0\frac{eh}{4\pi mc}(\overset{\circ}{\boldsymbol{H}}\cdot\boldsymbol{s}) \tag{2-12}$$

$$\overset{\circ}{H} = +\frac{Ze}{c}\frac{[\boldsymbol{r}\times\boldsymbol{v}]}{r^3} \tag{2-11'}$$

$$\boldsymbol{E} = \frac{Ze}{r^3}\boldsymbol{r} \tag{p. 39, l. 7}$$

$$\Delta W_{\text{rel}} = +2g_0 \left(\frac{eh}{4\pi mc}\right)^2 \frac{1}{a_H^3} \frac{Z^4}{n^3 k(k-1)} \quad (2\text{-}13)$$

$$\Delta W'_{\text{rel}} = +2g_0 \left(\frac{eh}{4\pi mc}\right)^2 \frac{1}{a_H^3} \frac{(Z-s)^4}{n^3 k(k-1)} \quad (2\text{-}13')$$

$$\boldsymbol{\Omega}_{\mathring{H}} = g_0 \frac{e}{2mc} \mathring{\boldsymbol{H}} \quad (2\text{-}15)$$

$$h\nu_{\mathring{H}} = g_0 \frac{eh}{4\pi mc} \langle \mathring{H} \rangle \quad (2\text{-}15')$$

$$\Delta W_{\text{rel}} = g_0 \frac{eh}{4\pi mc} \langle \mathring{H} \rangle \quad (2\text{-}15'')$$

$$\boldsymbol{\Omega}_{\text{lab}} = \boldsymbol{\Omega}_{\mathring{H}} + \boldsymbol{\Omega}$$
$$= g_0 \frac{e}{2mc} \mathring{\boldsymbol{H}} + \frac{1}{2c^2}[\boldsymbol{a} \times \boldsymbol{v}] \quad (2\text{-}16)$$

$$\boldsymbol{\Omega}_{\text{lab}} = \boldsymbol{\Omega}_{\mathring{H}} + \boldsymbol{\Omega}$$
$$= (g_0 - 1) \frac{e}{2mc} \mathring{\boldsymbol{H}} \quad (2\text{-}18)$$

$$\Delta W_{\text{rel}} = (g_0 - 1) \frac{eh}{4\pi mc} \langle \mathring{H} \rangle \quad (2\text{-}19)$$

$$E_{\text{rel}} = (g_0 - 1) \frac{eh}{4\pi mc} (\mathring{\boldsymbol{H}} \cdot \boldsymbol{s}) \quad (2\text{-}19')$$

$$\Delta W_{\text{rel}} = +2(g_0 - 1) \left(\frac{eh}{4\pi mc}\right)^2 \frac{1}{a_H^3} \frac{Z^4}{n^3 k(k-1)} \quad (2\text{-}20)$$

$$\Delta W'_{\text{rel}} = +2(g_0 - 1) \left(\frac{eh}{4\pi mc}\right)^2 \frac{1}{a_H^3} \frac{(Z-s)^4}{n^3 k(k-1)} \quad (2\text{-}20')$$

$$\boldsymbol{\Omega}_{H + \mathring{H}} = g_0 \frac{e}{2mc} (\boldsymbol{H} + \mathring{\boldsymbol{H}}) \quad (2\text{-}15''')$$

$$\boldsymbol{\Omega}_{\text{lab}} = g_0 \frac{e}{2mc} \boldsymbol{H} + (g_0 - 1) \frac{e}{2mc} \mathring{\boldsymbol{H}} \quad (2\text{-}18')$$

$$E_{H + \text{rel}} = g_0 \frac{eh}{4\pi mc} (\boldsymbol{H} \cdot \boldsymbol{s}) + (g_0 - 1) \frac{eh}{4\pi mc} (\mathring{\boldsymbol{H}} \cdot \boldsymbol{s}) \quad (2\text{-}19'')$$

$$H_1 = \frac{eh}{4\pi mc} \boldsymbol{H} \cdot (\boldsymbol{l} + g_0 \boldsymbol{s}) \quad (3\text{-}8)$$

$$H_2 = (g_0 - 1) \frac{eh}{4\pi mc} (\mathring{\boldsymbol{H}} \cdot \boldsymbol{s}) \quad (3\text{-}10)$$

$$\mathring{\boldsymbol{H}} = \frac{Zeh}{2\pi mc} \frac{1}{r^3} \boldsymbol{l} \quad (3\text{-}10')$$

$$H_2 = 2(g_0 - 1) Z \left(\frac{eh}{4\pi mc}\right)^2 \frac{1}{r^3} (\boldsymbol{l} \cdot \boldsymbol{s}) \quad (3\text{-}10'')$$

$$\left\{\left(-\frac{h}{2\pi i}\frac{\partial}{c\partial t} + \frac{e}{c}A_0\right)^2 - \sum_{r=1,2,3}\left(\frac{h}{2\pi i}\frac{\partial}{\partial x_r} + \frac{e}{c}A_r\right)^2 \right.$$
$$\left. - m^2 c^2\right\} \psi(x, y, z, t) = 0 \quad (3\text{-}19)$$

$$\left\{\left(-\frac{h}{2\pi i}\frac{\partial}{c\partial t} + \frac{e}{c}A_0\right) - \sum_{r=1,2,3}\alpha_r\left(\frac{h}{2\pi i}\frac{\partial}{\partial x_r} + \frac{e}{c}A_r\right) \right.$$
$$\left. - \alpha_0 mc\right\} \psi = 0 \quad (3\text{-}20)$$

$$E_{s,s} = \left(\frac{eh}{4\pi mc}\right)^2 \left\langle \frac{1}{|\boldsymbol{x}_1 - \boldsymbol{x}_2|^3} \right\rangle \quad (5\text{-}13)$$

$$\left[\left\{-\frac{h^2}{8\pi^2 m}\Delta_1 + V_{Z=2}(|\boldsymbol{x}_1|)\right\}\right.$$
$$+ \left\{-\frac{h^2}{8\pi^2 m}\Delta_2 + V_{Z=2}(|\boldsymbol{x}_2|)\right\} \quad (5\text{-}14)$$
$$\left. + \frac{e^2}{|\boldsymbol{x}_1 - \boldsymbol{x}_2|} - E^{(1)}\right] \psi(\boldsymbol{x}_1, \boldsymbol{x}_2) = 0$$

$$\left\langle \frac{e^2}{|\boldsymbol{x}_1 - \boldsymbol{x}_2|} \right\rangle_{n_1, l_1; n_2, l_2}^{\text{sym}} \quad (5\text{-}21)_s$$

$$\left\langle \frac{e^2}{|\boldsymbol{x}_1 - \boldsymbol{x}_2|} \right\rangle_{n_1, l_1; n_2, l_2}^{\text{ant}} \quad (5\text{-}21)_a$$

$$E_{s,s} = \left(\frac{eh}{4\pi mc}\right)^2 \left\langle\left\langle \frac{1}{|\boldsymbol{x}_1 - \boldsymbol{x}_2|^3} \right\rangle\right\rangle_{n, l; s} \quad (5\text{-}25)$$

$$V_{換}(\boldsymbol{x}) = e \int \frac{e \Psi^\dagger(\boldsymbol{x}') \Psi(\boldsymbol{x}')}{|\boldsymbol{x} - \boldsymbol{x}'|} dv' \quad (6\text{-}21)$$

付録 C

$$\left\{\frac{1}{2m}\boldsymbol{p}^2 + V(\boldsymbol{x}) + e\int\frac{e\Psi^\dagger(\boldsymbol{x}')\Psi(\boldsymbol{x}')}{|\boldsymbol{x}-\boldsymbol{x}'|}dv' + \frac{h}{2\pi i}\frac{\partial}{\partial t}\right\}\Psi(\boldsymbol{x},t) = 0 \quad (6\text{-}22)$$

$$H = \sum_{\nu=1}^{N}\left\{\frac{1}{2m}p_\nu^2 + V(\boldsymbol{x})\right\} + \sum_{\nu > \nu'}^{N}\frac{e^2}{|\boldsymbol{x}_\nu - \boldsymbol{x}_{\nu'}|} \quad (6\text{-}23)$$

$$H_0 = \frac{1}{2m}\sum_k p_k^2 - \frac{Ze^2}{r} + \frac{eh}{4\pi mc}\sum_k H_k l_k \quad (7\text{-}29)_0$$

$$H_S = \frac{eh}{4\pi mc}\sum_k H_k \sigma_k + \frac{1}{2}\frac{eh}{4\pi mc}\sum_k \mathring{H}_k \sigma_k \quad (7\text{-}29)_S$$

$$\mathring{H} = \frac{1}{mc}\frac{Ze^2}{r^3}\frac{h}{2\pi}l \quad (\text{p. 144, l. 8})$$

$$H_0' = \frac{1}{2m}\sum_k p_k'^2 - \frac{Ze^2}{r} + \frac{eh}{4\pi mc}\sum_k H_k' l_k' \quad (7\text{-}29')_0$$

$$\left\{\frac{1}{2m}\boldsymbol{p}^2 - \frac{e^2}{|\boldsymbol{x}+\frac{\boldsymbol{r}}{2}|} - \frac{e^2}{|\boldsymbol{x}-\frac{\boldsymbol{r}}{2}|} - E\right\}\phi(\boldsymbol{x}) = 0 \quad (10\text{-}2)$$

$$J_s(r) = E_s(r) + \frac{e^2}{r}$$
$$J_a(r) = E_a(r) + \frac{e^2}{r} \quad (10\text{-}5)$$

$$+\frac{1}{4}\sum_{K>L}^{N}(1-\rho_K^\zeta)(1-\rho_L^\zeta)\frac{e^2}{r_{KL}} \quad (10\text{-}15')$$

$$H = \frac{1}{2m}\sum_K^N p_K^2 - \frac{1}{2}\sum_{K>L}^{N}(\rho_K^\xi \rho_L^\xi + \rho_K^\eta \rho_L^\eta)J(r_{KL})$$
$$+ \frac{1}{4}\sum_{K>L}^{N}(1-\rho_K^\zeta)(1-\rho_L^\zeta)\frac{e^2}{r_{KL}} \quad (10\text{-}16)$$

$$\frac{e^2}{r} \quad (\text{p. 213, l. 5, 9})$$

$$\mathring{H} = \frac{1}{c}(\boldsymbol{E}\times\boldsymbol{u}) \quad (11\text{-}47)$$

$$\boldsymbol{\Omega} = \frac{-e}{2mc}\mathring{H} = \frac{1}{2S}M_D\mathring{H} \quad (11\text{-}46')$$

$$S\boldsymbol{\Omega}_{\text{lab}} = -M\boldsymbol{H} - \left(M - \frac{1}{2}M_D\right)\mathring{\boldsymbol{H}} \quad (11\text{-}48)$$

$$S\boldsymbol{\Omega}_{\text{lab}} = -M_D\boldsymbol{H} - \frac{1}{2}M_D\mathring{\boldsymbol{H}} \quad (11\text{-}48)_{\text{電子}}$$

$$S\boldsymbol{\Omega}_{\text{lab}} = -(M_D + M')\boldsymbol{H} - \left(\frac{1}{2}M_D + M'\right)\mathring{\boldsymbol{H}} \quad (11\text{-}48)_{\text{陽子}}$$

$$S\boldsymbol{\Omega}_{\text{lab}} = S\boldsymbol{\Omega} = -M'\boldsymbol{H} - M'\mathring{\boldsymbol{H}} \quad (11\text{-}48)_{\text{中性子}}$$

$$\boldsymbol{\Omega}_{\text{lab}} = \frac{e}{2mc}g\boldsymbol{H} + \frac{e}{2mc}(g-1)\mathring{\boldsymbol{H}} \quad (\text{p. 241, l. 16})$$

$$\boldsymbol{\Omega}_{\text{lab}} = g_0\frac{e}{2mc}\boldsymbol{H} + (g_0-1)\frac{e}{2mc}\mathring{\boldsymbol{H}} \quad (\text{p. 241, l. 18})$$

$$\left\{\left(\frac{W}{c} + \frac{e}{c}A_0\right) - \sum_{r=1,2,3}\alpha_r\left(\frac{h}{2\pi i}\frac{\partial}{\partial x_r} + \frac{e}{c}A_r\right) - \alpha_0 mc\right\}\phi = 0 \quad (11\text{-}49)_D$$

$$\{W + eA_0 - mc^2\}\phi^+$$
$$= c\sum_{r=1,2,3}\sigma_r\left(\frac{h}{2\pi i}\frac{\partial}{\partial x_r} + \frac{e}{c}A_r\right)\phi^- \quad (11\text{-}53)_{D_1}$$

$$\{W + eA_0 + mc^2\}\phi^-$$
$$= c\sum_{r=1,2,3}\sigma_r\left(\frac{h}{2\pi i}\frac{\partial}{\partial x_r} + \frac{e}{c}A_r\right)\phi^+ \quad (11\text{-}53)_{D_2}$$

$$-\frac{M'}{c}\left\{\frac{1}{i}\sum_{\text{cyclic}}\alpha_0\alpha_2\alpha_3 H_1 - i\sum_r \alpha_0\alpha_r E_r\right\} \quad (11\text{-}49)_P$$

$$\left(\frac{h}{2\pi i}\frac{\partial}{\partial x_r} + \frac{e}{c}A_r\right) \equiv \pi_r \quad (11\text{-}55)$$

$$\phi^- = \frac{c}{W + eA_0 + mc^2}\left(\sum_{r=1,2,3}\sigma_r\pi_r\right)\phi^+ \quad (\text{p. 244, l. 11})$$

$$W + eA_0 + mc^2 = 2mc^2 + (W - mc^2) + eA_0 \quad (\text{p. 244, l. 13})$$

$$W - mc^2 \ll mc^2, \quad eA_0 \ll mc^2 \quad (\text{p. 244, l. 15})$$

$$\phi^- = \left\{\frac{1}{2mc} - \frac{W + eA_0 - mc^2}{(2mc)^2 c}\right\}\left(\sum_{r=1,2,3}\sigma_r\pi_r\right)\phi^+$$

(p. 244, l. 17)

$(11-53)_{D_1}$ の右辺

$$= \left[\frac{1}{2m}\left\{1 - \frac{W + eA_0 - mc^2}{2mc^2}\right\}\sum_{r=1,2,3}\sigma_r\pi_r \sum_{r=1,2,3}\sigma_r\pi_r \right.$$
$$\left. - \frac{e}{(2mc)^2}\frac{h}{2\pi i}\sum_{r=1,2,3}\sigma_r\frac{\partial A_0}{\partial x_r}\sum_{r=1,2,3}\sigma_r\pi_r\right]\phi^+$$

(p. 245, l. 1)

$(11-53)_{D_1}$ の右辺

$$= \left[\frac{1}{2m}\left\{1 - \frac{W_0 + eA_0 - mc^2}{2mc^2}\right\}\sum_{r=1,2,3}\pi_r\pi_r\right.$$
$$+ \frac{1}{2m}\left\{1 - \frac{W_0 + eA_0 - mc^2}{2mc^2}\right\}i\sum_{\text{cyclic}}\sigma_1(\pi_2\pi_3 - \pi_3\pi_2)$$
$$- \frac{e}{(2mc)^2}\frac{h}{2\pi}\sum_{\text{cyclic}}\sigma_1\left(\frac{\partial A_0}{\partial x_2}\pi_3 - \frac{\partial A_0}{\partial x_3}\pi_2\right)$$
$$\left. - \frac{e}{(2mc)^2}\frac{h}{2\pi i}\sum_{r=1,2,3}\frac{\partial A_0}{\partial x_r}\pi_r\right]\phi^+$$

(p. 245, l. 9)

$$\pi_2\pi_3 - \pi_3\pi_2 = \frac{eh}{2\pi ic}\left(\frac{\partial A_3}{\partial x_2} - \frac{\partial A_2}{\partial x_3}\right) = \frac{eh}{2\pi ic}H_1$$

(p. 245, l. 11)

$$-\frac{\partial A_0}{\partial x_r} = E_r, \quad r = 1, 2, 3$$

(p. 245, l. 13)

$(11-53)_{D_1}$ の右辺

$$= \left[\frac{1}{2}m\frac{u^2}{1-u^2/c^2} - \frac{W_0 + eA_0 - mc^2}{4c^2}u^2\right.$$
$$+ \frac{eh}{4\pi mc}\sum_{r=1,2,3}\sigma_r H_r + \frac{1}{2}\frac{eh}{4\pi mc}\sum_{\text{cyclic}}\sigma_1\left(E_2\frac{u_3}{c}\right.$$
$$\left.\left. - E_3\frac{u_2}{c}\right) + \frac{i}{2}\frac{eh}{4\pi mc}\sum_{r=1,2,3}E_r\frac{u_r}{c}\right]\phi^+$$

(p. 246, l. 3)

$$\left\{\frac{1}{2}m\left(1+\frac{u^2}{c^2}\right)u^2 - M_D(\boldsymbol{\sigma}\cdot\boldsymbol{H}) - \frac{1}{2}M_D\left(\boldsymbol{\sigma}\cdot\left[\boldsymbol{E}\times\frac{\boldsymbol{u}}{c}\right]\right)\right.$$
$$\left. -\frac{i}{2}M_D\left(\boldsymbol{E}\cdot\frac{\boldsymbol{u}}{c}\right) - \left(1+\frac{1}{4}\frac{u^2}{c^2}\right)(W+eA_0-mc^2)\right\}\phi^+$$
$$= 0$$

(11-58)

$$M_D = \frac{-eh}{4\pi mc}$$

(p. 246, l. 7)

$$-(W_0 + eA_0 - mc^2)$$

(p. 246, l. 10)

$$-M_D(\boldsymbol{\sigma}\cdot\boldsymbol{H})$$

$(11-59)_1$

$$-\frac{1}{2}M_D\left(\boldsymbol{\sigma}\cdot\left[\boldsymbol{E}\times\frac{\boldsymbol{u}}{c}\right]\right) = -\frac{1}{2}M_D(\boldsymbol{\sigma}\cdot\overset{\circ}{\boldsymbol{H}})$$

$(11-59)_2$

$$\frac{m}{2}u^2 = \frac{1}{2m}p^2 + \frac{e}{2mc}\{(\boldsymbol{A}\cdot\boldsymbol{p}) + (\boldsymbol{p}\cdot\boldsymbol{A})\}$$

(p. 247, l. 7)

$$\frac{1}{2}mu^2 = \frac{p^2}{2m} + \frac{eh}{4\pi mc}(\boldsymbol{H}\cdot\boldsymbol{l})$$

(p. 244, l. 10)

$$\left(W + eA_0 - mc^2 + M'\sum_{r=1,2,3}\sigma_r H_r\right)\phi^+$$
$$= c\sum_{r=1,2,3}\left\{\sigma_r\pi_r + \frac{iM'}{c}\sigma_r E_r\right\}\phi^-$$
$$\left(W + eA_0 + mc^2 - M'\sum_{r=1,2,3}\sigma_r H_r\right)\phi^-$$
$$= c\sum_{r=1,2,3}\left\{\sigma_r\pi_r - \frac{iM'}{c}\sigma_r E_r\right\}\phi^+$$

$(11-53)_{D+P}$

$$\phi^- = \left\{\frac{1}{2mc} - \frac{W + eA_0 - mc^2}{(2mc)^2 c}\right\}$$
$$\times \sum_{r=1,2,3}\left\{\sigma_r\pi_r - \frac{iM'}{c}\sigma_r E_r\right\}\phi^+$$

(p. 247, l. 20)

$$-\frac{M'}{2mc}\sum_{\text{cyclic}}\sigma_1(E_2\pi_3 - \pi_2 E_3 + \pi_3 E_2 - E_3\pi_2)$$
$$+ \frac{iM'}{2mc}\sum_{r=1,2,3}(E_r\pi_r - \pi_r E_r)$$

(11-60)

(11-60) の第1項 $= -\frac{M'}{mc}\sum_{\text{cyclic}}\sigma_1(E_2\pi_3 - E_3\pi_2)$

$$-\frac{M'h}{4\pi imc}\sum_{\text{cyclic}}\sigma_1\left(\frac{\partial E_2}{\partial x_3} - \frac{\partial E_3}{\partial x_2}\right)$$

(p. 248, l. 6)

$(11\text{-}60)$ の第 2 項 $= -\dfrac{M'}{2mc}\dfrac{h}{2\pi}\operatorname{div}\boldsymbol{E}$ (p. 248, l. 8)

$-\dfrac{M'}{mc}\sum_{\text{cyclic}}\sigma_1(E_2\pi_3-E_3\pi_2)$ (p. 248, l. 13)

$-M'\left(\boldsymbol{\sigma}\cdot\left[\boldsymbol{E}\times\dfrac{\boldsymbol{u}}{c}\right]\right)=-M'(\boldsymbol{\sigma}\cdot\mathring{\boldsymbol{H}})$ (11-61)

$-M'(\boldsymbol{\sigma}\cdot\boldsymbol{H})$ (11-62)

$-(M_{\text{D}}+M')(\boldsymbol{\sigma}\cdot\boldsymbol{H})-\left(\dfrac{1}{2}M_{\text{D}}+M'\right)(\boldsymbol{\sigma}\cdot\mathring{\boldsymbol{H}})$ (11-63)$_{陽子}$

$-M'(\boldsymbol{\sigma}\cdot\boldsymbol{H})-M'(\boldsymbol{\sigma}\cdot\mathring{\boldsymbol{H}})$ (11-63)$_{中性子}$

$M'\rho_2\{(\boldsymbol{\sigma}\cdot\boldsymbol{E})-i(\boldsymbol{a}\cdot\boldsymbol{H})\}$ (p. 268, l. 16)

画像・資料リスト

【画　　像】

p. 2　N. ボーア
江沢 洋氏提供.

p. 5　A. ゾンマーフェルト
Courtesy of AIP Emilio Segrè Visual Archives, Physics Today Collection.

p. 6　A. ランデ
Courtesy of AIP Meggers Gallery of Nobel Laureates.

p. 6　W. パウリ
所蔵：CERN. Courtesy of AIP Emilio Segrè Visual Archives.

p. 37　R. de L. クローニッヒ, 仁科芳雄, D.M. デニソン, W. クーン, B.B. レイ.
所蔵：仁科記念財団.

p. 40　O. クライン, G.E. ウーレンベック, S.A. カウシュミット
撮影：H. Knauss. Courtesy of AIP Emilio Segrè Visual Archives.

p. 52　E. シュレーディンガーと P.A.M. ディラック
江沢 洋氏提供.

p. 84　F. フント
Courtesy of AIP Emilio Segrè Visual Archives, Franck Collection.

p. 86　仁科芳雄, 青山新一, 堀 健夫, 木村健二郎
所蔵：仁科記念財団.

p. 94　W. ハイゼンベルク
Courtesy of AIP Emilio Segrè Visual Archives.

p. 114　W. パウリ
Courtesy of AIP Emilio Segrè Visual Archives.

p. 128　V. ワイスコップ
　　江沢 洋氏提供.

p. 152　P. エーレンフェスト
　　所蔵：Leningrad Physico-Technical Institute. Courtesy of AIP Emilio Segrè Visual Archives.

p. 179　J. チャドウィック
　　撮影：Börtzells Esselte. Courtesy of AIP Emilio Segrè Visual Archives.

p. 179　W. ボーテ
　　江沢 洋氏提供.

p. 180　フレデリック・ジョリオ=キュリーとイレーヌ・ジョリオ=キュリー
　　所蔵：Société Française de Physique, Paris. Courtesy AIP Emilio Segrè Visual Archives.

p. 194　W. ハイゼンベルク
　　所蔵：Max Planck Institute. Courtesy of AIP Emilio Segrè Visual Archives.

p. 207　E. マジョラナ
　　Courtesy of AIP Emilio Segrè Visual Archives.

p. 210　E. フェルミ, N. ボーア
　　撮影：S.A. Goudsmit. Courtesy of AIP Emilio Segrè Visual Archives.

p. 215　H. ユカワ.
　　Courtesy of AIP Emilio Segrè Visual Archives E. Scott Barr Collection.

p. 220　L.H. トーマス
　　撮影：梅田 魁. 岡 武史氏提供.

p. 242　O. シュテルン
　　Courtesy of AIP Meggers Gallery of Nobel Laureates.

p. 249　J.H.D. イェンゼン
　　撮影：菊池俊吉. 岡 武史氏提供.

【資　料】

p. 9　堀 健夫日記
　　所蔵：北海道大学付属図書館, 大学文書館.

新版へのあとがき

　著者は，物理学の歴史に特別の想いをもっている．『物理学とは何だろうか』上・下（岩波新書，1979）や『量子力学』I（東西出版社，1948；みすず書房，1952），II（みすず書房，1953）などの単行本に加えて「物理学四半世紀の素描」（『量子電気力学の発展』（朝永振一郎著作集10），みすず書房，1983；『量子力学と私』，岩波文庫，1997）など多くの雑誌記事を書いてきた．

　『量子力学』，特にそのIが量子力学の幼年期の歴史に託して書いた教科書であるとすれば，本書『スピンはめぐる』は，IIと多少の重なりをもちつつ，その成熟期を描いたものである．

　重なりというのは，著者の年来の主張であるシュレーディンガー方程式の位置づけに関わる．著者は，ドゥブロイ波の場を量子化したものが，いわゆる第2量子化をした Ψ であって，高次元空間の多体シュレーディンガー方程式を実在の3次元空間によびもどし，ここにきて初めて量子力学は完成したのだという（本書，p. 123, pp. 259-261，『量子力学』II，§50）．これは本書の，また量子力学史の"山"の一つであり，著者は「第2量子化をすらすら受け入れる人が，もしいるなら，ディラックと同じくらいえらい人か，あるいは，つきつめて物事を考えないで，あやふやのまま何でもわかったような気になってしまう，ノンキ坊主かのどちらかでしょう」と言っている（本書，p. 120）．本書に詳しく説明されていることは『量子力学』IIにはなく，逆も真であるから，両方を読むことが望ましい．これは原子スペクトルの多重項や行列力学に関して『量子力学』Iについてもいえる．

　著者は『量子力学』Iの序文にこう書いた．すこし長くなるが，引用させていただこう：

　　理論物理学者の仕事を大別して2つに分けることができる．ひとつは出来上がった理論を未だ理論的に解決されていない問題に適用して現象の由来を明らか

にすることであり，いま一つは新しい理論を作り上げることである．この後の仕事は，第一の仕事に劣らず重要であるが，その場合研究者を導くのに過去に於いてそういう仕事が如何にして行われたかという例が非常に役立つであろう．

これを書いた 1948 年に，著者は量子電磁力学に革命をおこした「くりこみ理論」をつくっていた最中だった．その前年には著者は「理論物理学は今日 1 つの困難に出会って，何か根本的に考えを改めない限り我々は先に進むことは出来ない」にはじまる「量子力学的世界像」(『量子力学的世界像』(著作集 8)，1982；『量子力学と私』)を書いて困難を歴史的に分析していた．

　ここに書かれているように「研究者を導く」ことが著者の歴史に期待することの一つである．しかし，期待はそれだけではない．著者は，こう書いたことがある(「数学がわかるとはどういうことであるか」，『鳥獣戯画』(著作集 1)，1981；『科学者の自由な楽園』，岩波文庫，2000)：

　　数学を勉強してほんとにわかったという気もちは，おそらくその数学がつくられたときの数学者の心理に少しでも近づかないと起こり得ないのであろうか．ひとつひとつの証明がわかったということは，ちょうど映画の 1 こま 1 こまを 1 つずつ見るようなもので，それでは映画のすじは何もわからない．

本書を読むと随所に見いだされるように，著者は研究者の心理を見透かすところまで論文を読みこむ．研究者は歴史に影響されるから，論文は歴史的な文脈において読まなければならない．これは大変な努力を要するが避けては通れない．そこには多くのエピソードもからんで歴史を立体的にする．

　つけ加えれば，「事柄の本質を見失わないために」あるいは「事柄の核心をつかみ出すために」問題を簡単化することは，本書にもしばしば出てくる印象的な著者の方法である．問題を簡単化することが，すでに核心をつかみ出すことである．そこから出発して，これが大事な点だが，著者は自らの手で事柄を再構成する．その過程で改めて核心が見えてくるのである．読者は，ぜひこの方法を学んでほしい．著者は「紙と鉛筆なしには本は読めない」といっていたそうだが，読者も紙と鉛筆で本書の論理を確かめ数式の行間を埋めながら読み進めてほしい．

　本書では必ずしも表に出ていないが，科学とそれを支える基盤としての社会との

関連も著者の歴史への関心事のひとつであって，原子核物理の勃興期に日本の工業水準の遅れと戦った理化学研究所をめぐる「原子核物理の思い出」(『開かれた研究所と指導者たち』(著作集 6)，1982) など多くの論考にそれが見られる．著者は日本学術会議の原子核研究連絡委員会・委員長，会長として科学を社会に生かすために奮闘し，共同利用研究所の嚆矢となった京都大学・基礎物理学研究所の設立への機縁をつくり (「プリンストンの高級研究所」，「新しい型の研究所」，『開かれた研究所と指導者たち』)，原子核研究所，高エネルギー物理学研究所の創立に力をつくした．これは科学を日本社会に根づかせるための努力であったともいえよう．

著者は，本書のもとになった中央公論社版 (1974) のあと『物理学とは何だろうか』を絶筆として食道癌で 1979 年 7 月 8 日，逝去された．著者については松井巻之助編『回想の朝永振一郎』(みすず書房，1980) がある．

ぼくは，『量子力学』I や「量子力学的世界像」などを読んで早くから熱心な朝永ファンになっていたが，本書のもとになった雑誌『自然』の連載 (1973 年 1-10 月) を読み，大幅に加筆され単行本化された『スピンはめぐる』(中央公論社，1974) を読んで改めて深い感銘を受けた．著者にも，親切に教えていただいた数多くの思い出がある．いま，『スピンはめぐる』の再刊に際して注と解説を加える仕事を任されたことは大きな喜びである．本書が書かれたときから 30 年あまりたって量子力学の立役者たちの回想，伝記，書簡集など史料も増えたので，その補いをすること，数学的理解のお手伝いをすることが注の目的である．脚注には大きすぎる注は付録 A にまとめた．さらに，スピンにまつわるその後のトピックスのいくつかを付録 B としたが，これはスペースの都合もあり粗描というほかない代物で，読者のさらなる勉強にまたなければならない．参考文献として雑誌『自然』を引用したところも多い．歴史の記録として雑誌は貴重である．『自然』は古い雑誌だが，図書館に行けば見られるだろう．第二次大戦後すぐの創刊で，それ以来の読者として，1960 年からは時に筆者の端くれとしても長いお付き合いだったが，1984 年に休刊となって今日におよんでいる．これはよい雑誌だった．

注を書く上で岡 武史さんが本書の英訳の際につけた注を参考にさせていただいた．また本書に掲載した写真の多くは彼のお世話による．岡さん，どうもありがとう．注や付録を書くには，石川 昂さんにも大変お世話になった．本書の「あとがき」に著者も書いている，あの石川さんである．彼とは，ぼくも『自然』に書かせていただいて以来の付き合いが長い．彼からは，加えるべき注，付録やそれらの内

容の注文も，書いたものに対する意見もたくさんいただいたし，参考書も貸していただいた．そして，本書全体の校正まで手伝っていただいた．感謝の言葉もない．しかし，もちろん最終版の責任は，ぼくにある．注や付録がお目ざわりにならなかったら幸いである．みすず書房の市原加奈子さんにも全般にわたって終始，数々の助言やお手伝いをいただいた．心から感謝する．

2008年4月

江沢 洋

第7刷への注記

付録Aに含まれる事項と同様の補注として，本文 p. 88-91 の記述に関して説明を補足すべき点があることに気づいたので，以下に注記しておく．

デニソンの考えに関して（本文，pp. 88-91）

p. 89 の式 (4-18) は以下のようにも表すことができる．

$$\langle E_{\rm rot}\rangle = \frac{\rho}{\rho+1}\frac{1}{Z_{\rm even}}\sum_{J={\rm even}} X_J + \frac{1}{\rho+1}\frac{1}{Z_{\rm odd}}\sum_{J={\rm odd}} X_J. \tag{a}$$

ここに $X_J = g(J)E(J)e^{-\frac{1}{kT}E(J)}$, $Y_J = g(J)e^{-\frac{1}{kT}E(J)}$ で

$$Z_{\rm even} = \sum_{J={\rm even}} Y_J, \qquad Z_{\rm odd} = \sum_{J={\rm odd}} Y_J.$$

である．(a) を (4-12) とくらべると

$$\frac{\beta}{Z} = \frac{\rho}{\rho+1}\frac{1}{Z_{\rm even}}, \qquad \frac{1}{Z} = \frac{1}{\rho+1}\frac{1}{Z_{\rm odd}}$$

が得られる．したがって

$$Z = (\rho+1)Z_{\rm odd}, \qquad \beta = \frac{\rho}{\rho+1}\frac{1}{Z_{\rm even}}\cdot Z = \rho\frac{Z_{\rm odd}}{Z_{\rm even}}. \tag{b}$$

この第1式から得られる $Z = \rho Z_{\rm odd} + Z_{\rm odd}$ に第2式を用いて $Z = \beta Z_{\rm even} + Z_{\rm odd}$. これは，(4-12) の次にある Z の定義にほかならない．こうして，(4-12) と (4-18) とは，ほとんど同じ内容の式であることがわかった．β と ρ が，それぞれ互いに移り変わりうる／変わりえない2種のガスの混合比であるという違いは，(b) の関係 $\beta = \rho\frac{Z_{\rm odd}}{Z_{\rm even}}$ に現れている．この式を，著者は，p. 90 から p. 91 にかけて「たぶん

ご承知と思うが……」といって改めて導いているが，その必要はなかったのである．

　さらにいえば，著者は p. 89 で「デニソンはいろいろな ρ の値といろいろな I の値につき $C_{\rm rot}$ を計算し……$\rho=\frac{1}{3}$ を見出した」と書いているが，この計算には温度 T も必要なので，この説明は不十分である．デニソンは，$C_{\rm rot}$ の理論値が ρ と $\sigma=\hbar^2/(2IkT)$ の関数であることから，いろいろな ρ の値に対して，σ の関数である $C_{\rm rot}$ の理論値と温度 T の関数である実験値とが互いに等しいという条件から σ と T の関係を定め，$\sigma T=$（一定）となるような ρ の値をさがした．こうして彼は $\rho=\frac{1}{3}$ がもっともよいことを見出したのだ．σT の一定値から I が求められる．

索　引

本索引は本文に加え，脚注，付録も対象とした．各項目に関連する一連の記述の範囲を，その初出のページで示している（例：「アイソスピン」についての記述が A27 ページから A29 ページにわたって続く場合，その初出の A27 だけを挙げる）．n は脚注，p は写真および写真キャプション，A は付録のページであることを示す．

2 原子分子
　——のガス比熱　75
　——の第 4 の自由度　76, 78
4 次元交換関係　170, 175, 272
6 元ベクトル　62, 73
g 因子　16
　芯の——　15, 19, 22
　原子全体の——　19
　電子の——　39, 63, A4, A8, A21
　原子内電子の——　54
　鉄原子の——　110
Ω^-　A33
V 粒子　A31

ア　行

アイソスピン（isospin）　A27
　——の保存　A28, A32
　π 中間子と　A28
　——の合成　A28
　——・ゲージ　A35
アイソトピックスピン（isotopic spin）　208
アイソバーリックスピン（isobaric spin）　208
アインシュタイン，A.　Einstein, Albert　22, 38, 40, 42n
アインシュタイン - ドゥハース効果　22, 110
青山新一　86p
アブラハム，M.　Abraham, Max　41n, A2
　自転する電子の表面の速さ　40, 41n, A4
アンサンブル　117
アンダーソン，C.　Anderson, Carl　181, 155, 177
イェンゼン，J.H.D.　Jensen, Johannes Hans Daniel　185, 219, 249, 249p
異常磁気能率
　陽子の——　184, 219, 241, 271
　中性子の——　184, 241, 268, 271
　——に対するトーマス因子　219, 241
　——に対するトーマス因子（量子力学的取り扱い）　242, 246, 249
　パウリ項　243
ヴァリトロン　A32
ウェブスター, H.C.　Webster, H.C.　182
ウェルナー, S.　Werner, Sven　87
ウォルトン, E.　Walton, Ernest　177
ウーレンベック, G.E.　Uhlenbeck, George Eugene　1, 37, 40p, 40, 48, 252, A2
　2 重項準位間隔　42
エネルギー運動量テンソル　143, 166
エーレンフェスト, P.　Ehrenfest, Paul　41n, 42n, 152p, 152, 183, 186, 188, 252
エーレンフェスト - オッペンハイマーの規則　183, 186, 188, 194
オッペンハイマー, J.R.　Oppenheimer, J. Robert　183, 186, 188, 215
オブザーバブル　116, 119

カ　行

回転群　140
　——の二価表現　63, 151, A17
カウシュミット, S.A.　Goudsmit, Samuel Abraham　1, 24n, 37, 40p, 40, 48, 252, 266n
　微細構造におけるゾンマーフェルト理論とのくい違い　252, A2
角運動量　1, 13, 47, 144
　——の合成　10, 13, 63, 95, 97
　励起の——　14
核子　203
核内で量子力学は成り立たない
　窒素核の統計　188
　ベータ線のエネルギー・スペクトル　217
確率振幅　54, 121
　光子の——　128
　電子の——　128, 130
荷電共役変換　161, 169

56

荷電スピン　　193, 203, 211, 207, 214
カノニカルな運動方程式　　117
カノニカルな交換関係　　118, 122
　　ローレンツ共変な──　　172, 175
カノニカルな変数　　118
間隔規則　　15
期待値　　117
木村健二郎　　86p
木村正路　　263p, 264, 266
木村一治　　182
キュリー，イレーヌ　Joliot-Curie, I.　→ジョリオ－キュリー，イレーヌ
強磁性　　109
　　──と交換相互作用　　110
共変（形，性，量）　　136, 140, 149, 151, 169
　　物理の方程式は共変形　　141, A38
共役な運動量　　117, 122
霧函　　178n
クライン，O.　Klein, Oscar　　40p, 66, 258n, 259n, 266, 266n
　　──・パラドクス　　189, 189n
　　──－ニシナの公式　　258, 259
　　ψ の量子化の考え（1926年頃）　　259
クライン－ゴルドン方程式　　66, 113, 128
　　──の復権　　132
　　中間子論における──　　213n
　　ディラックは否定　　67
クライン－ゴルドン場　　157
　　パウリ－ワイスコップの理論　　113, 129
　　──の量子化　　130, 131, 161
　　──のエネルギー密度　　157
　　──の電気密度　　158
くりこみ理論　　47n, 217n
クローニッヒ，R.　Kronig, Ralph de Laer　　12n, 37, 37p, 40, 48, 252, 255
　　電子の表面の速さ　　40, A4
クーン，W.　Kuhn, Werner　　37p
ゲージ
　　アイソスピン・──　　A35
　　電磁相互作用の──　　A35
ゲルマン，M.　Gell-Mann, Murray　　A32
原子核
　　電子と陽子からなるという説　　186
　　核内聖域論　　188, 189n, 194, 217
　　ハイゼンベルクの──構造論　　193
　　荷電スピン多重項　　207
交換関係　　118, 122
　　反──　　129
　　ローレンツ共変な──　　170, 172, 175, 274
交換相互作用　　109

交換力　　196, 269
小柴昌俊　　156
固体物理　　93, 109, 110
コックロフト，J.D.　Cockcroft, John Douglas　　177
古典的に記述不可能な二価性　　33, 36, 45, 74, 249, 254
小林稔　　258
固有座標軸　　43, 233
　　──の回転　　235, 236
ゴールドハーバー，M.　Goldhaber, Maurice　　183
ゴルドン，W.　Gordon, Walter　　66
　　ディラック方程式による微細構造公式　　72
コンプトン，A.H.　Compton, Arthur Holly　　41n, 180
コンプトン効果　　180
　　中性子の発見前夜　　180
　　クライン－仁科の公式　　257, 258, 258n
　　クラインとゴルドンのスカラー電子場による計算　　258

サ　行

坂田昌一　　258
桜井純　　A18
座標系の回転　　136, A14
(3-3)共鳴　　A31
磁気回転効果　　22n
磁気能率
　　軌道角運動量の──　　15
　　芯の──　　15
　　陽子の異常──　　219
磁気モーメント
　　→磁気能率
重陽子
　　──の電気4重極モーメント　　185n
　　スピンと統計　　183
重水素
　　──の発見　　177, 182
　　──分子のバンド・スペクトル　　183
重水素核
　　ガンマ線による分解　　183
　　→重陽子
重粒子数　　A32
縮退　　76, 83, 101, 104
シュテルン，O.　Stern, Otto　　42n, 184, 219, 242p
シュテルン・ゲルラッハの実験　　A21, A22
連続──　　A26
シュレーディンガー，Schrödinger, Erwin　　51,

索 引

52p, 66
　——の波動方程式　47, 51
　——関数　54
　——の果たせなかった願い　124
準平行　224, 229, 231, 233
状態空間　52
状態ベクトル　52
ジョリオ-キュリー，フレデリック　Joliot-Curie, Frederick　179, 180p
ジョリオ-キュリー，イレーヌ　Joliot-Curie, Iréne　179, 180p
芯　8
　——の磁気能率　15
　——の角運動量　22
神秘的なスピノル族　153
水素原子
　——のボーア模型　1, 27, 30
水素分子
　——の回転比熱　76, 85, 88, A10
　——の慣性能率　86, 87, 88n
　パラ-，オルソ-　87, 90, 90n
　——イオンにおける交換力　196
杉浦義勝　24n, 257, 261p, 262, 264n, 266
　京都大学で講義　264
ストレンジネス　A33
スピノル　152
　4成分——　69, 72, 152
　2成分——　144, 147, 149, 151, 153
　——の場の量子化　174
スピン　48
　パウリと——　33, 36, 40, 42, 48
　古典的に記述不可能な二価性　33, 36, 48, 74, 249, 255
　クローニッヒと——　37, 40, 41
　ウーレンベック，カウシュミットと——　40, 41, 42, 48
　ボーアと——　41, 41n
　トーマスと——　42, 48
　古典論的な方法では観測できない　42, 48, 49n, 249, A21
　——波動関数の二価性　56, 63, A17
　——角運動量　70, 144, A8
　——磁気能率　70, 144, A8
　相対論的一般化　73
　陽子の——　89
　——同士の相互作用　93, 99, 109
　——と統計の関係　174, 217
スペクトル
　超微細構造　24n, 76, A24
　微細構造　48, 54, 62, 72, A4

スペクトル・ターム　2, 20, 21, 47, 81, 82
　アルカリ類の——　4, 11, 95
　アルカリ土類の——　4, 95, 105, 108, 110
　——の欠落　37
ゼーマン効果
　外磁場による——　10, 38
　内部——　10, 43
　多重項の——　17
　正常——　18, 43
　異常——　18, 54, 62
線形作用素（q-数）　52
選択規則　5, 270
　多重項間の——　5
相対論的な場の理論　166
素粒子論　217
　標準理論　217
ゾンマーフェルト, A.J.　Sommerfeld, Arnold Johannes　4, 5, 5p, 6, 27, 252
　——流の量子数　8
　Atombau und Spektrallinien　14, 70n
　微細構造公式　28

タ　行

対応原理　44, 48, 51, 258, 259
第5自由度　203
第二次世界大戦　217, 271, 272
第2量子化　119
　ディラックの——　115
　ヨルダン-クラインの——　126
　パウリ-ワイスコップの——　129
　ヨルダン-ウィグナーの——　129
　ハイゼンベルク-パウリの——　130
代用モデル
　ランデの——　11, 15, 18, 28
　ゾンマーフェルトの——　13, 18
　パウリの考え　15, 23, 24
ダーウィン, C.G.　Darwin, Charles Galton　71
　ディラック方程式による微細構造公式　72
　ディラック方程式をアンソル式にする試み　152
τ-θ パズル　A32
多重項　3, 54
　——間の選択規則　5
　アルカリ類の——　11, 28, 31, 38, 94
　——内の間隔比　16
　——の起源は電子自身に　24, 34, 39
　——内の間隔　28, 31, 39, 44, 62
　アルカリ土類の——　35, 96

多重度　3
玉木英彦　182, 258
窒素核の統計　188, 188n
チャドウィック, J.　Chadwick, James　179p, 180
　中性子の発見　181
　重水素核にガンマ線をあてて分解　183
中間子
　——の発見　155, 155n, 215
　——の人工創成　A28, A28n
　——の共鳴散乱　A29
中間子論
　核力　213, 214
　ベータ崩壊　213, 270
　荷電スピン　214
　核子の異常磁気能率　215
　マジョラナ力の説明　215
　ボーアの反応　216
中性子　183
　発見　181
　質量の決定　183
　スピン，フェルミオンであること　183
　宇宙線と——　268
　——線の干渉　A17
超多時間理論　272, 272n
超微細構造　24n, 76, A24
　原子核に起因　24n
ディラック, P.A.M.　Dirac, Paul Adrien Maurice　52p, 66, 70n, 77, 115, 125, 261p
　q数　52
　δ-関数　53
　——のアクロバット　71, 118, 209, 257, 259
　スピン-スピン相互作用　111
　第2量子化のはじめ　115
　波動場の量子化　115
　多時間理論　131
　磁気単極子の存在を予言　132
　来日　261
　物理量としての粒子交換　278
ディラック場
　——のエネルギー密度　159
　——の電気密度　159
　——の量子化　161
ディラック方程式　66, 135, 152, 268
　ディラックのマトリックス　68, 159
　スピノル　69, 72, 152
　ローレンツ共変性　70
　スピンの相対論的一般化　73
　負のエネルギー状態　113, 130
　空孔理論　130, 278

　——の非相対論的近似　142
　パウリ項　243
　中性粒子の——　268
デニソン, D.M.　Dennison, David Mathias　37p, 87, 90n, A10
デバイエ, P.　Debye, Peter　115
δ-関数　53
電荷共役変換　161, 169
電荷の粒子性　124
電気密度　114, 124, 126, 157
電子
　光る——　3, 29
　相対論的な質量変化　27, 33
　遮蔽効果　28
　——の自転　38
　自転する——の表面の速さ　40, A4
　——の磁気能率　46
　——の交換相互作用　110
　——の震え運動とスピン　A7
テンソル　135, 139, 162
　——場の量子化　173
電離函　180
統計
　フェルミ——　77
　粒子の——とシュレーデンガー関数の対称性　77, 79, 100
　ボース——　77, 271n
　スピンとの関係　174
同種粒子の交換
　シュレーディンガー関数の対称性　77, 79, 100
　——とスピン-スピン相互作用　93, 99, 109, 111
ドゥブロイ, L.　de Broglie, Louis　51n, 66
ドゥブロイ-アインシュタインの関係　67
トーマス, L.H.　Thomas, Llewellyn Hilleth　42, 42n, 220p, 255
　——プリセッション　44, 237, 238
　異常磁気能率に対する——因子　214, 241
トーマス因子　39, 45, 219, 241, 246, 249

ナ 行

内部磁場　29, 144, 239
内部量子数　4
　アルカリ類2重項の——　7
長岡半太郎
　原子スペクトルの超微細構造　24n, 261p
　ハイゼンベルク，ディラック歓迎の挨拶　263

索　引　59

西島和彦　A32
西田哲学　125
仁科芳雄　37p, 86n, 86p, 155n, 257, 261p, 262, 263p, 271n
　　『仁科芳雄往復書簡集』　155n, 178n, 207n, 216n, 258n, 259n
　　クライン－ニシナの公式　258, 259, 258n
　　電子に散乱されたγ線の偏り　259
　　京都大学で講義　266
ニュートリノ　156n, 211
　　パウリの"中性子"　189, 256
ネッダーマイヤー, S.H.　Neddermeyer, Seth H.　155, 177

ハ　行

バイエルス, R.　Peierls, Rudolf　269
ハイゼンベルク　Heisenberg, Werner　34, 42n, 51n, 54, 77, 94p, 110, 115, 128, 189, 193, 194p, 195, 255, 261p
　　Li 2重項の間隔　33, 36
　　マトリックス力学　47, 51, 258
　　電磁場のマトリックス力学　115
　　核構造論　193, 195
　　核力は交換力，荷電スピンによる表現　196, 203, 206, 268
　　――における類推の方法　209, 260
　　来日　261
　　Physikalische Prinzipien der Quantenmechanik　266
ハイゼンベルク－パウリ
　　波動場の量子化　128, 262
排他原理　34n, 37, 49, 79, 100, 109, 130, 161
　　――と強磁性　110
　　――と物質の安定性　A12
ハイトラー, W　Heitler, Walter Heinrich　188n, 216n
　　――－ロンドンの水素分子理論　265
パウエル, C.F.　Powell, Cecil Frank　A32
パウリ, W.　Pauli, Wolfgang　6, 6p, 23, 40, 42, 114p, 128, 185, 190, 252, 255, A21
　　「排他律と量子力学」　25n, 34n, 49n
　　古典的に記述不可能な二価性　33, 36, 48, 74, 249, 254
　　多重項は電子自身に起因　34
　　排他原理　34n, 36, 77, 109
　　――の御裁可　42, 49
　　マトリックス力学と波動力学の同等性　51
　　スピンの理論　55, 59, 60, A5
　　電子の角運動量　59

　　――マトリックス　60, 143, 146, A16
　　多電子系の扱い　63
　　――変換　165
　　4次元的共変な交換関係　175
　　"中性子"（ニュートリノ）　189, 256
　　――の正攻法　209
　　Theoretical Physics in the Twentieth Century　251
パウリ項（異常磁気能率）　243, 249, 268
パウリ方程式　62, 143
　　共変性　144
　　スピノル波動関数　147
パウリ－ワイスコップ理論
　　クライン－ゴルドン場の量子化　112, 129, 156
パーシェン, F.　Paschen, Friedrich　20, 253
パーシェン－バック効果　20, 35, 38
バーチャル・アンサンブル（virtual ensemble）　119
バック, E.　Back, Ernst　20, 252
発見論的　121, 125
発散の困難　217
　　くりこみ理論　47n, 217n
波動場の量子化　114, 162
　　パウリ－ワイスコップの――　112, 129, 156
　　3次元空間に実在する波動　123
　　ヨルダン－クラインの――　126
　　ハイゼンベルク－パウリの――　128, 262
　　ヨルダン－ウィグナーの――　129
　　スピンと統計の関係　162, 173
波動力学　51
　　マトリックス力学との同等性　51
バトラー, C.　Butler, Clifford　A32
パラ統計　A33
原　康夫　257, A18
パリティ非保存　A32
反交換関係　129
　　スピノル場の量子化　174
半相対論的近似　244
バンドスペクトル　78
　　――と分子の第4自由度　82
　　線の強度　84, 87
半ベクトル　152
ビオ－サバーの法則　29, 144, 239
微細構造　46, 54, 62
　　――のゾンマーフェルト理論　28
　　ゾンマーフェルト理論とのくい違い　252
比熱　75
　　2原子分子のガス――　75
　　真空の――　75
　　水素分子ガスの――　85

非力学的強制　36
ヒルベルト, D.　Hilbert, David　52
ファン・デル・ウェルデン, B.L.　van der Waerden, B.L.　152, 256
フェルミ, E.　Fermi, Enrico　128, 155, 177, 190, 191, 193, 210p, 270
　　ベータ崩壊の理論　155, 209
　　量子電気力学　47n, 128
フェルミオン　77
フォン・ノイマン, J.　von Neumann, John　52
不変スカラー関数　176
Proc. Phys.-Math. Soc. Japan　216, 280
フント, F.　Hund, Friedrich　4n, 78, 84, 84p, 265
　　Linienspektren und Periodisches System der Elemente　4n
　　水素分子の比熱　77, A10
ベクトル　135, 138
ベクトル（値）関数　142
ベータ崩壊
　　連続スペクトルの問題　189
　　パウリの"中性子"仮説　189, 211, 256
　　フェルミ理論　209
　　荷電スピン　211
　　――の相互作用による核力の理論　212
　　中間子論　213
ベッカー, H.　Becker, Herbert　179
ベーテ, H.　Bethe, Hans　269
ペニング・トラップ　A24
ヘリウム原子　23
　　――のイオン化エネルギー　23
　　ランデの考え、パウリの考え　23
ヘルツベルク　Herzberg, Gerhard　188n
変換理論　52, 146
ボーア　Bohr, Niels　1, 2p, 41, 48, 48n, 189, 210p, 255, 256, 266
　　原子模型　1, 27, 30
　　――磁子　15
　　非力学的強制　36
　　電子のスピンは測れない　49n, A21
　　核内で量子力学は成り立たない　186n, 188, 195, 266
方向量子化　2
ボソン　77
　　α粒子は――だろう（1927年頃）　77
　　"ボソン電子"　202, 271n
ボーテ, W.　Bothe, Walther　179, 179p
堀 健夫　86, 86n, 86p, A9
　　――日記　A9

ボルン, M.　Born, Max　115

マ　行

マイトナー, L.　Meitner, Lise　190n, 257
マジョラナ, E.　Majorana, Ettore　207p
　　――力　206, 215, 269
マックスウェル方程式　128
マトリックス力学　47, 51, 257
　　波動力学との同等性　51
　　対応原理の定式化　259
マーフィー, G.M.　Murphy, George Moseley　183, 194
　　重水素分子のバンド・スペクトル　183
メラー, C.　Møller, Christian　259
モット, N.F.　Mott, Nevill Francis　49n, A21

ヤ　行

湯川秀樹　127n, 133, 155n, 193, 215, 215p, 263p, 264, 271n
　　ヨルダン－クライン，ヨルダン－ウィグナーの論文　126, 127n, 129, 261, 273
　　heavy quantum　212
　　ベータ崩壊の中間子理論　213
　　核力の中間子論　213, 214
　　ユカワ理論における荷電スピン　214
　　中間子（meson）　214, 270
　　ψは3次元空間の波であるべきだ　260
　　核子の異常磁気能率　266, 215
　　"けったいな"粒子　271, 271n
ユニタリ変換　53, 125, 146, 149, A16
ユーリー, H.　Urey, Harold　177
　　重水素の発見　177, 182
陽子
　　異常磁気能率　184, 219
　　スピン　89
陽電子
　　空孔理論　131
　　発見　131, 178, 178n
ヨルダン－クラインの第2量子化　126, 127n, 259
ヨルダン－ウィグナーの第2量子化　129
ヨルダン, P.　Jordan, Pascual　54, 115

ラ　行

ラザフォード, E.　Rutherford, Ernest　182
ラビ, I.I.　Rabi, Isidor Isaac　185
ラーマー, J.　Larmor, Joseph　43

正常ゼーマン効果　18
　——プリセッション　43
ラム・シフト　47n
ランデ, A.　Landé, Alfred　6, 6p, 11, 23, 40
　——の代用モデル　11
　——の間隔規則　15, 47, 51
理化学研究所　177n
量子数, 第4の　4
量子電気力学　47n, 128
量子力学
　原子核内では成り立たない　188, 189n, 194, 217
　変換理論　52, 146
　粒子の統計をとりいれる　77
レイ, B.B.　Ray, Bidhi Busan　37p
ロシュデストウェンスキ, D.　Roschdestwenski, D.　32
ロチェスター, G.D.　Rochester, George D.　A31
ローレンツ, H.A.　Lorentz, Hendrik Antoon　40, 254
ローレンツ共変な交換関係　170, 175, 274
ローレンツ共変（不変）　166, 171, 173, 175
　——な交換関係　70, 170, 175
ローレンツ収縮　222
ローレンツ変換　38, 42, 220
　非回転性——　221, 223, 224, 227
　準平行　224
　回転性——　227
　非回転性——の積は一般に回転性　229

ワ 行

ワイス, P.　Weiss, Pierre-Ernest　109
　分子磁石　109
ワイスコップ, V.F.　Weisskopf, Victor Frederick　112, 128p, 129, 156
ワイトマン, A.S.　Wightman, Arthur Strong　157
ワイル, H.　Weyl, Hermann　131

著者略歴

(ともなが・しんいちろう　1906-1979)

1906年,東京に生まれる.京都帝国大学理学部卒業後,理化学研究所研究員を経て,東京文理科大学教授,東京教育大学教授,同大学学長を歴任.「超多時間理論」「くりこみ理論」などの世界的業績を遺した.1965年度ノーベル物理学賞受賞.『量子力学 I・II』(1952,みすず書房)をはじめとする明晰かつ独創的な教科書や解説,あるいは『鏡の中の物理学』(1976,講談社学術文庫),『物理学とは何だろうか 上・下』(1979,岩波新書)などの優れた科学啓蒙書の著者としても知られる.著書はほかに,『科学と科学者』(1968),『物理学読本』(編著,1969),Scientific Papers of TOMONAGA(全2巻,1971-76),『庭にくる鳥』(1975),『角運動量とスピン』(1989,以上みすず書房)など多数.訳書にディラック『量子力学』(原書第4版)(共訳,1968,岩波書店)などがある.学術論文以外の著作を集成した「朝永振一郎著作集」(みすず書房)が刊行されている.

江沢 洋〈えざわ・ひろし〉1932年,東京に生まれる.1960年 東京大学大学院数物系研究科修了.東京大学理学部助手.1963年 米・独に出張.1967年 帰国.学習院大学助教授,1970年 教授,2003年 名誉教授.理学博士.専攻 理論物理,確率過程論.著書に,《江沢 洋選集》(I～VI巻)(2018-2020,日本評論社),『だれが原子をみたか』(1976,岩波書店),『波動力学形成史』(1982,みすず書房),『現代物理学』(1996,朝倉書店),『量子力学 1・2』(2002,裳華房).共著『量子力学 I・II』(湯川秀樹・豊田利幸編,1978,岩波講座・現代物理学の基礎).編書『仁科芳雄』(玉木英彦と共編,1991,みすず書房),『量子力学と私』(朝永振一郎著,1997,岩波文庫).『仁科芳雄往復書簡集 I・II・III』(中根良平らと共編,2007,補巻 2011,みすず書房),ほか.2023年没.

朝永振一郎

スピンはめぐる

成熟期の量子力学

新 版

江沢洋 注

2008 年 6 月 20 日　第 1 刷発行
2024 年 3 月 25 日　第 11 刷発行

発行所　株式会社 みすず書房
〒113-0033 東京都文京区本郷 2 丁目 20-7
電話 03-3814-0131（営業）03-3815-9181（編集）
www.msz.co.jp

本文組版 プログレス
本文印刷所 理想社
扉・表紙・カバー印刷所 リヒトプランニング
製本所 誠製本
装丁 落合佐和了

© Tomonaga Atsushi 2008
Printed in Japan
ISBN 978-4-622-07369-7
［スピンはめぐる］
落丁・乱丁本はお取替えいたします